呼伦贝尔
土壤肥料科技

崔文华 主编

中国农业出版社
北 京

编 委 会

前　言

呼伦贝尔市土壤肥料机构始建于1977年，经过40多年的发展，由最初的呼伦贝尔盟土地勘测队，发展为覆盖全市比较完善的土肥水技术研发与推广体系，组织实施了多项国家和自治区级的重大科研与推广项目，取得了自主研发的各类科技成果30多项，其中有21项成果获得了各级政府和部门的奖励，编辑出版专著12部，发表论文40多篇。研发的测土配方施肥等各项新技术在农业生产上得以大面积推广应用，取得了显著的效益，为促进农业技术进步、增加农民收入做出了重要贡献。

为了总结40年来全市上壤肥料工作取得的成就，以便于各部门、各单位交流经验，不断扩大新技术推广应用范围，充分发挥土肥水技术在农业生产上的增产增效作用，自2015年起，以呼伦贝尔田园土壤肥料技术研究所为依托，在内蒙古草原英才和自治区人才开发基金项目支持下，联合全市各级农业技术部门，组织精干技术力量，通过查阅多年来的文献资料、技术档案、项目实施报告、技术研发与科技推广等资料，整理编辑了《呼伦贝尔土壤肥料科技》一书。该书是对40年来全市土壤肥料工作的概括和总结。全书共10章，分为概况、土壤与肥料、技术研发与项目实施、成果与应用四部分。其中第一部分共2章，重点介绍了呼伦贝尔市自然与农业生产概况，土壤肥料机构设置与体系建设情况；第二部分共3章，简述了全市土壤与耕地的分布与属性，以及主要肥料的基本知识、特性和施用方法；第三部分共3章，总结归纳了全市1977年以来组织实施的重大项目情况；第四部分共2章，主要介绍了获奖科技成果及应用情况，出版的专著与发表的论文摘要等内容。

该书在编辑过程中，注重了实用性和技术与史料的相结合，比较详细记录了40年来全市土壤肥料技术体系建设与发展的历程及取得的成就，具有技术集成、史志文献和工具书的特征，可作为各级农业技术部门制定项目规划与指导生产实践的参考书，也为科研和教学部门开展土肥水学术研究与教学工作提供了素材。

2001年10月10日，经国务院批准，撤销呼伦贝尔盟，设立地级呼伦贝尔市。书中所涉及的相关表述在该时间点之前的称为呼伦贝尔盟，该时间点之后改称呼伦贝尔市。书中记录的信息资料截止于2017年，相关面积数据和所表示的行政区域只为开展土壤肥料业务之用，不作为其他的行政统计与划界的依据。由于时间跨度较大，资料有限，不妥之处，恳请读者批评指正。

编　者

2019年2月

目　　录

第二部分　土壤与肥料

第三部分　技术研发与项目实施

第四部分　成果与应用

第一部分

概　况

第一章 自然与农业生产概况

第一节 自然概况

一、地理位置与行政区划

呼伦贝尔市位于内蒙古自治区东北部，地处东经115°31′～126°04′，北纬47°05′～53°20′。东西630km，南北700km，面积25.3万km^2，占自治区总面积的21.4%。南部与兴安盟相连，东部以嫩江为界与黑龙江省为邻，北和西北部以额尔古纳河为界与俄罗斯接壤，西和西南部同蒙古国交界。边境线总长1 733.3km，其中中俄边界1 051.1km，中蒙边界682.2km。

呼伦贝尔市现辖海拉尔区、扎赉诺尔区2个区，满洲里市（行政区划含扎赉诺尔区）、扎兰屯市、牙克石市、根河市、额尔古纳市5个市，阿荣旗、莫力达瓦达斡尔族自治旗、鄂伦春自治旗、鄂温克族自治旗、新巴尔虎左旗、新巴尔虎右旗、陈巴尔虎旗7个旗，共14个旗（市、区）。全市共设乡镇级机构135个。境内有高度组织化和集约化的两个大型垦区——海拉尔农牧场管理局和大兴安岭农场管理局。呼伦贝尔市人民政府驻海拉尔区。

二、气候与水文地质

（一）自然气候

呼伦贝尔市大部分地区属中温带大陆性季风气候，部分地区属寒温带大陆性季风气候，大兴安岭山脊和两麓气候差异明显。其特点是：冬季寒冷漫长，夏季温凉短促，春季干燥风大，秋季气温骤降、霜冻早。

呼伦贝尔市是我国纬度最高、位置最北的地区之一。随着纬度的增加，地面从太阳辐射得到的热量减少，气温降低。大兴安岭山脉纵贯其中，山峦起伏、地形复杂、气候多样。海拔高度的变化改变了等温线的纬向分布，使等温线与山脉走向平行。大兴安岭山脉对气温的影响冬季主要表现在对入侵冷空气的屏障作用及越山后的焚风效应。在相同纬度上，1月平均气温相差5℃之多；夏季大兴安岭山脉对气温的影响则主要表现在下垫面和海拔高度两个方面，在同纬度、同经度上，海拔高度不同，温度相差甚远。全市各地年平均气温为－5～3℃，年平均气温的地理分布是：岭西为自西南向东北，岭东为自东南向西北逐渐降低。全市气温年较差41～46℃，气温日较差12～18℃。大兴安岭北部是全国气温年较差最大的地区。

全市无霜期（日最低气温≥2℃）较短，岭西为75～120d，岭东为100～125d，大兴安岭山地为35～85d。≥10℃的有效积温自东向西、自南向北逐渐减少。

全市年平均降水量250～550mm。由于大兴安岭地形的影响，降水量由东向西递减。一年中降水集中在夏季，秋雨多于春雨。蒸发量的分布是岭西自东北向西南，岭东自西北向东南递增。大兴安岭山地年蒸发量是降水量的2倍，岭西年蒸发量是降水量的4～8倍，其他地区年蒸发量是降水量的3倍左右。

全市日照充足。大兴安岭山地年日照时数为2 100～2 700h，岭西为2 750～3 150h，岭东为2 600～2 800h。

大兴安岭两侧大风日数较多，一般全年为25～45d。岭西高平原等地的大风日数均在45d以上。

（二）农业气候季节特点

呼伦贝尔市农业气候季节为4、5月为春季，6、7、8月为夏季，9、10月为秋季，11、12月和翌年1、2、3月为冬季。农业气候季节特点为：

1. 春季天气多变，降水少、变率大 春季呼伦贝尔市处于河套—黑龙江口的东北—西南向气流辐合带北部。干旱少雨，大风日数多，天气多变，常有寒潮爆发南下。此时正值牲畜接羔期，风雪型寒潮对牧业生产影响最大。春季随着太阳直射点北移，太阳高度角逐渐增大，地面得到的热量增多，两个月中日平均气温升高近20℃。

全市春季降水量占年降水量的7%～11%，自东北向西南递减。降水相对变率大，一般为33%～66%，蒸发量是降水量的7～9倍，相对湿度是一年中最小的时期，一般为30%～45%，春旱严重，影响作物播种出苗、牧草返青和植树造林。大兴安岭山地一般没有春旱，春涝5～7年一遇。另外，每年4月末、5月初冰雪消融，一冬的积雪在很短的时间内融化下泄，常常出现凌汛；春季由于地被物干燥，是森林火灾发生的高峰期。

2. 夏季降水集中，水热同季 随着东南季风的到来，6月中旬至7月初全市先后进入雨季，雨季持续时间约两个月。夏季降水量占年降水量的70%以上。大兴安岭山地降雨量为260～400mm，岭东降雨量为330～380mm，岭西降雨量为190～260mm。降水特点：一是相对变率小，一般为13%～27%；二是暴雨日数少，但降水强度大。

最热月（7月）平均气温：大兴安岭山地大部分为16～18℃，岭东为21～22℃，岭西为19～21℃。极端最高气温一般在35～41℃之间。雨量、热量集中，高温日数少，日较差大，积温的有效性高；但热量不足，且年际变幅大，常有低温出现，给农作物和牧草生长发育带来一定的不利影响。

3. 秋季降温快，霜冻来得早 由于东南季风的迅速退却，蒙古高压重新控制本区，秋高气爽，光照充足，降水明显减少。秋季全市降水量占全年降水量的12%～17%。

随着蒙古高压的加强，冷空气不断南下，加上地面辐射冷却快，气温剧烈下降，霜冻随之来临。大兴安岭山地秋霜一般出现在8月中、下旬，岭东出现在9月中旬，岭西出现在9月上、中旬。

4. 冬季漫长严寒，白雪皑皑 呼伦贝尔市冬季在强大的蒙古高压控制下，冷空气活动频繁，地面积雪时间长，严寒干冷。

隆冬1月的平均气温岭东－22～－17℃，岭西－27～－21℃，大兴安岭山地－29～－23℃。大兴安岭的北部是我国乃至世界同纬度最冷的地方。由于纬度、海拔高度及大兴安岭对西北冷空气的阻挡滞留作用，形成图里河、根河、满归等地为一舌形低温区；大兴安岭的焚风效应使岭东扎兰屯市、博克图镇等地形成一暖脊区。全市大部分地区极端最低气温在－40℃以下。

全市冬季降雪量为7～29mm，以大兴安岭山地降雪最多，大部分地区占年降水量的6%以上，大兴安岭山地积雪期为130～160d，岭西高原为110～150d，岭东为80～110d。

（三）水文地质

1. 地表水 以大兴安岭为分水岭，形成嫩江和额尔古纳河两大水系，有大小河流3000多条，其中流域面积大于500km^2的98条，大于1 000km^2的63条。湖泊500多个，其中湖水面积大于0.1km^2以上的湖泊349个。全市湖泊面积在1～5km^2的67个，5～10km^2的5个，大于10km^2的8个，大于100 km^2的2个。

根据全国第二次水资源规划水资源评价结果，呼伦贝尔市地表水资源量298.2亿m^3，占全自治区地表水资源量的73.34%，其中嫩江流域183.0亿m^3，额尔古纳河流域115.2亿m^3。地表水资源的主要特点是年内、年际变化和地域分布差异较大。6～9月径流量占全年的60%～70%，而最大年份与最小年份径流量相差10～15倍。水资源量的地域分布也极不均匀，如嫩江流域面积9.9万km^2，占全市总面积的39%，而水资源占全市61%。牧区土地面积8.5万km^2，面积占全市的33.4%，而地表水资源量只有15.3亿m^3，占全市的5.14%。

2. 地下水 全市地下水总补给量75.4亿m^3，地下水与地表水之间重复量57.4亿m^3，地下水资源量（扣除重复量）18亿m^3，地下水可开采量12.4亿m^3。

北部岛状永冻土地区一般上层融冻层厚度为0.5～3m，其下永冻层厚度为1.5～5m，厚者可达

10～20m。永冻层上水分随气温改变而呈季节性冻结和融解，地下水由大气降水或未冻结区水源供给，矿化度很低，在大兴安岭北部杜博威森林下所采地下水矿化度为0.06g/L，水的化学类型以HCO_3-Ca型水为主。

大兴安岭西侧海拉尔河以北的草原地区，也有部分岛状永冻土分布，融冻层2～3m，冻土层厚1～6m。地下水埋藏深度为15～50m，矿化度0.4～1.0g/L，水质良好，以HCO_3-Ca型水为主或为SO_4-Ca型水。

大兴安岭东麓地下水埋藏深度随地势高低不同。丘陵地区、丘间洼地中部小于10m，向边缘增至30m。在波伏平原地区，地下水埋深波谷小于10m，波峰小于30m。及至嫩江支流的河谷平原，地下水埋深小于5m，一般在2～4m。矿化度小于1g/L，多数为小于0.5g/L的淡水。水质以HCO_3-Ca型或HCO_3-Na型水为主，局部出现HCO_3-SO_4-Na型或$SO_4-HCO_3-Na-Ca$型水。

呼伦贝尔高平原东部地区（辉河以东）地下水埋藏较深，一般在60m以上，最深达130m，矿化度小于1g/L，以HCO_3-Ca型或HCO_3-Na型水为主。辉河以西地区地下水埋深逐渐小于60m，至乌尔逊河周围地下水埋深在5～15m左右，矿化度大于2g/L，个别地区甚至高达20g/L。地下水化学类型除HCO_3-Ca型或HCO_3-Na型、$HCO_3-SO_4-Ca-Na$型外，还有$Cl-Na$型水。在河谷低地及湖滨低地地下水埋藏较浅小于5m，一般1～4m，矿化度较高，一般2～3g/L，水质以$Cl-HCO_3-Na$型或SO_4-HCO_3-Na型水为主。

三、地形地貌

呼伦贝尔市属亚洲中部蒙古高原的组成部分。大兴安岭以东北—西南走向纵贯呼伦贝尔市中部，形成三大地形单元和经济类型区域。

（一）大兴安岭山地

大兴安岭山地为林区，海拔700～1 700m，属新华夏式北北东向构造体系，纵贯呼伦贝尔市中部，构成呼伦贝尔市地块的主体。大兴安岭一带在古生物时期为地槽区，到古生代末发生强烈褶皱，同时有大规模的岩浆岩侵入形成海西期花岗岩。中生代初期地槽已转化为陆台，地壳有较长的稳定时期。至侏罗纪时期这个陆台受燕山运动的影响一度趋于活化上升，同时伴有花岗岩侵入，火山喷发也较频繁。新生代早第三纪大兴安岭处于相对稳定阶段，经长期风化剥蚀作用，夷平了燕山运动及其以前所形成的地形起伏，从而形成了大兴安岭一带兴安夷平面和布西夷平面。晚第三纪至第四纪新构造运动又趋活跃，大兴安岭继续抬升，将两级夷平面抬升到不同高度，松嫩平原则继续凹陷，两者之间有断裂活动，并有火山伴有玄武岩流的溢出，大致形成了今日的地貌。

大兴安岭主脉全长约1 400km，呼伦贝尔市境内仅为其北段，长约700km。横宽200～300km，北端有伊勒呼里山，走向近东西向，最大宽度可达450km。大兴安岭山地地势北低南高，海拔高度800～1 700m左右，以中山面积为最广，山岭两侧有低山及丘陵分布，山体平缓浑圆。岩性组成以花岗岩、玄武岩为主体，并有小面积砂岩、页岩、片岩等出露。大兴安岭两侧东西坡明显不对称。东坡陡峻，自大兴安岭至松嫩平原成2～3层的阶梯状降落，河流溯源侵蚀强烈，分水岭向西后退。西坡则平缓，逐渐向呼伦贝尔高平原过渡，河流切割较弱。大兴安岭山地气候严寒，多年冻土分布广泛，冰缘地貌十分发育，细流宽谷现象到处可见。大兴安岭是呼伦贝尔高平原与松嫩平原的天然分界线，也是额尔古纳河与嫩江的分水岭，许多河流发源于大兴安岭山脉，东侧多流入嫩江，西侧则流入额尔古纳河。

（二）呼伦贝尔高平原

呼伦贝尔高平原位于大兴安岭以西，是蒙古高原的东北边缘。呼伦贝尔高平原是受挠曲运动下降的地块，地面沉积了巨厚的第四纪上更新统海拉尔组的细砂层。海拔高度一般在650～770m之间，高原面微波起伏，一望无垠，地势东高西低，以呼伦湖附近为最低（海拔高度540m）。呼伦贝尔高平原上较大的河流有海拉尔河、乌尔逊河、伊敏河、克鲁伦河等，河流两岸形成宽展的冲积平原，由于河流的侵蚀及堆积作用，发育了河漫滩和二级阶地。呼伦贝尔高平原上湖泊众多，最大的为呼伦湖，其他还有很多湖泊，主要为盐湖与硝湖。呼伦湖与乌尔逊河以东低地，地面水流不畅，多沼泽湿地。位于海拉尔河南北两岸、呼伦湖东岸、乌尔逊河与伊敏河、辉河西岸的波状平原上，有 3 条大的沙带与零星沙丘堆积，统称为呼伦贝尔沙地，多为固定、半固定的梁窝状即蜂窝状沙丘，高度在 5～15m。丘间普遍有广阔的低平地，风蚀地貌很发育。

高平原的两侧（呼伦湖以西）为台岗状低山丘陵，海拔 650～1 000m 之间，相对高差50～100m，坡度较陡，多由花岗岩、石英粗面岩、安山岩、玄武岩等组成。由于长期风化剥蚀，山形浑圆或如平台，并有谷地、平原并列其间。

大兴安岭以西为呼伦贝尔大草原，是草原畜牧业经济区。草原与林地的过渡地带多是黑钙土，适于发展种植业，形成以国有农牧企业为主要成分的农牧结合经济带。

（三）嫩江西岸山前平原

为大兴安岭东麓向松嫩平原过渡的山前地区，形成以种植业为主的农业经济区。呈窄长条状南北延伸，东西宽约 40～50km，海拔高度多在 200～400m，主要为嫩江及其支流如甘河、诺敏河、阿伦河、雅鲁河等所形成的冲积平原，同时也包括洪积和冰积起源的平原。平原呈缓坡状起伏，其中也存在着石质丘陵和分割的丘陵状阶地以及其间的低平甸子地。

四、成土母质

成土母质是形成土壤的物质基础，对土壤的发育、形成、性状及肥力有显著影响。呼伦贝尔市成土母质因地质和地貌条件而有所不同，大兴安岭山地为各种基岩残—坡积物，高平原及山麓地带为各种洪积、冲积、湖积、风积物。

（一）残—坡积物

残—坡积物为各种基岩风化物残留原地或受重力影响堆积而成，广泛分布于大兴安岭山地，是山地森林土壤的主要成土母质。按其成因和组成可分为两大类，即块状结晶岩的风化物和疏松沉积岩的风化物。大兴安岭的中山低山石质丘陵上，结晶岩类以花岗岩、安山岩、玄武岩、石英粗面岩、花岗片麻岩等为主。沉积岩类有砂岩、页岩、砾岩等。

块状结晶岩石风化形成的残—坡积母质，含有较多的岩石碎屑，细粒的次生矿物成分较少，山体上半坡更为突出，一般土体薄而含砾石，风化壳不及 0.5m，最深也很少超过 1m。花岗岩、片麻岩等结晶岩风化物中，盐基饱和度较低约 40%，呈酸性，pH5～6，矿物组成以石英（SiO_2）为主，可达 60%～70%，多形成砾质、砂质土。玄武岩的残积物中，盐基饱和度较高可达 80%，呈微酸性至中性，pH6.5 左右，SiO_2含量较少，质地稍黏。

泥页岩、砂砾岩等残—坡积物，结持较疏松，抗风化能力弱，易被削蚀，堆积深厚。砂岩风化物含砂粒较多，页岩风化物则较黏紧。

呼伦贝尔市残—坡积物上发育的土壤主要有棕色针叶林土、暗棕壤，灰色森林土等，某些较厚的坡积物上也可发育黑土、黑钙土、栗钙土等。

（二）黄土状沉积物

大兴安岭西麓丘陵地带，部分地方覆盖着深厚的黄土状沉积物，颜色棕黄，颗粒分选均匀，不显层理，富含 $CaCO_3$，机械组成以粉砂为主，粒径 0.001～0.05mm 的颗粒占 60%～70%，物理性黏粒（<0.01mm 颗粒）占 40%～50%。矿物全量组成中以 SiO_2为主，平均含量达 60%～70%，Al_2O_3的含量比较高，碱金属含量也很显著，由于有 $CaCO_3$的存在，呈碱性反应，pH8 左右。

关于黄土状母质的成因，一般认为属晚更新世（Q_2Q_3）的沉积物，可由风成、水成及冰水沉积所致。岭西地区第四纪冰川消退时可能将风积黄土由冰水搬运重新沉积所致。黄土母质上发育的土壤土层深厚，养分较丰富，质地较细，主要发育肥沃的黑钙土。

大兴安岭东麓山前平原，也有洪积、冲积或冰水沉积形成的黄土状沉积物，但质地较黏无石灰反应，常发育为土质黏重、土层深厚的黑土。

（三）冲积—湖积物

呼伦贝尔高平原在地质构造上，属新华夏系第三沉降带的呼伦贝尔—巴音和硕盆地，沉积了巨厚的中新生代地层，第四纪松散沉积物一般厚 20～40m 以上，其中上更新统海拉尔组的细砂层（Q_3）普遍覆盖于广大高平原上。其成因属冲积、湖积类型，说明本区在上更新世以来是河流湖泊广泛发育的地区。河湖相沉积物的机械组成变化较大，河流冲积砂较粗、湖积物较细，也有粗砂细砂交替沉积。这种砂质沉积物含有 $CaCO_3$的淀积，反应呈碱性，盐基饱和，物理性砂粒（>0.01mm 的颗粒）占 75%～85%。这种母质上发育着质地较粗，易受风蚀的暗栗钙土和栗钙土。

除上更新统的砂质冲积物外，额尔古纳河水系及嫩江水系河流两岸，也广泛分布着现代河流冲积物。特点为剖面沉积层次明显，质地构型复杂，以壤质土为主，其中砾石磨圆度好，多发育为暗色草甸土或沼泽土。

（四）砂质风积物

呼伦贝尔高平原自北向南有 3 条明显的风积沙带存在。北部沙带位于海拉尔河南侧，东起霍吉诺尔湖，西至嵯岗附近，东西长约 101km，南北宽约 20km。中部沙带位于新巴尔虎左旗的阿木古郎镇，并向东和东南延伸，经辉河至伊敏河，沙带长约 140km，宽 15～70km，最宽 90km。南部沙带东从伊敏河红花尔基附近，向西南展开，一直可延续到中蒙边境。其他在河湖沿岸也有风积或冲积沙零星分布。砂质风积物的特点为砂粒分选性良好，颜色灰黄、黄棕色，物理性砂粒（>0.01mm 颗粒）达 90%左右，磨圆度好，浑圆状有麻点。矿物组成以石英为主，约占 80%左右。风积物水浸液反应中性，无 $CaCO_3$淀积。风积沙有的处于流动状态，大部分有草本植物及樟子松生长，成固定或半固定状态，其上发育着肥力较差的风沙土。

母质是构成土壤矿物质部分的基本材料，母质的矿物和化学组成直接影响土壤的理化性质。母质颗粒的粗细决定了土壤质地，发育在花岗岩、砂砾岩残—坡积物母质上的大兴安岭山地土壤质地偏砂，而发育在玄武岩、泥页岩母质上土壤质地偏黏；分布在黄土状母质上的黑土质地较黏，而砂质冲积物母质上发育的暗栗钙土则质地较粗，导致土壤的孔隙度、通透性、保水保肥性及有机质积累程度等差异。母质还影响土壤的酸碱反应和养分含量，呼伦贝尔高平原上成土母质富含 $CaCO_3$，所以形成的土壤多偏碱性，而大兴安岭山地成土母质大多不含 $CaCO_3$，因此土壤趋于酸性。

花岗岩富含钾长石和云母等含钾矿物而含硼则较少，因此全市花岗岩母质上形成的土壤含钾丰富而缺硼，而黄土状母质发育的土壤则往往缺钼。

五、土地资源概况

呼伦贝尔市土地资源丰富，类型多样。全市总土地面积 25 277 738.1hm²，分为 8 个一级地类，35 个二级地类。

（一）耕地

全市耕地面积 1 788 211hm²（2016 年统计年鉴），占全市土地总面积的 7.07%。以旱地为主，面积 1 772 166hm²，占耕地面积的 99.1%；水田面积 9 835hm²，占耕地面积的 0.55%；水浇地面积 6 209hm²，占耕地面积的 0.35%。

（二）园地

在扎兰屯市、阿荣旗、莫力达瓦达斡尔族自治旗、满洲里市、鄂伦春自治旗和海拉尔区有零星分布的果园，面积 3 414.5hm²，仅占全市总面积的 0.01%，其中 50.12%的园地分布在扎兰屯市。

（三）林地

呼伦贝尔市林地 12 014 021.5hm²，占全市总面积的 47.53%。大兴安岭山地及两侧为主要分布区域，原始林分布在山地北部，岭东扎兰屯市和阿荣旗主要分布次生林，岭西牧业四旗有少量白桦、山杨次生林、沙地樟子松分布。鄂伦春自治旗、牙克石市、额尔古纳市和根河市林地面积达 9 187 049.0hm²，占全市林地面积的 76.47%，是全市主要林区和木材产区。

林地中，有林地面积为 10 684 051.7hm²，占林地总面积的 88.93%；灌木林地 833 791.0hm²，占林地总面积的 6.94%；其他林地 496 178.9hm²，占林地总面积的 4.13%。

（四）草地

呼伦贝尔草原位于大兴安岭以西，由东向西呈规律性分布，地跨森林草原、草甸草原和干旱草原

3 个地带。面积 8 059 164.5hm²，占全市总面积的 31.88%，其中 75.47%分布在牧业四旗——新巴尔虎左旗、新巴尔虎右旗、陈巴尔虎旗和鄂温克族自治旗，面积达 6 082 449.7hm²。

草地分为人工牧草地、天然草地和其他草地，其中人工牧草地面积 190 501.8hm²，占全市草地总面积的 2.36%，主要为人工种植牧草或进行草田轮作。天然草地和其他草地面积 7 868 662.7hm²，占全市草地总面积的 97.64%。

（五）建设用地

呼伦贝尔市地广人稀，建设用地大多分布在滨洲、牙林、伊加铁路沿线及一些公路沿线，面积为 187 966.6hm²，占全市总面积的 0.74%。林区城镇较多，岭东地区农村居民点集中。城镇和农村居民点用地 144 235.7hm²，占建设用地面积的 76.73%；工矿用地 12 070.8hm²，占建设用地面积的 6.42%；交通用地为 28 301.9hm²，在建设用地中的比重为 15.06%。

（六）水域及水利设施用地

呼伦贝尔市水域及水利设施用地面积 2 263 037.9hm²，占全市总面积的 8.95%。水域主要集中在鄂伦春自治旗、新巴尔虎右旗和莫力达瓦达斡尔族自治旗。高平原地区湖泊面积大，岭东地区则河流多、水量大。

水域中，河流水面 106 865.4hm²、湖泊水面 223 880.5hm²、水库水面 115.0hm²、坑塘水面 12 333.68hm²、内陆滩涂 99 180.9hm² 和沟渠 3 499.5hm²，分别占总水域面积的 4.72%、9.89%、0.01%、0.55%、4.38%和 0.15%；水工建筑用地 681.6hm²，占总水域面积的 0.03%。

（七）其他土地

其他土地共计 868 234.2hm²，占全市总面积的 3.43%。其中设施农用地 7 627.0hm²，大多分布在鄂温克族自治旗、陈巴尔虎旗和新巴尔虎左旗；盐碱地 187 985.7hm²，99.99%分布在新巴尔虎左旗、陈巴尔虎旗和鄂温克族自治旗，0.01%分布在扎兰屯市和莫力达瓦达斡尔族自治旗；沼泽地面积 414 713.5hm²，占其他土地面积的 47.77%；裸地 11 167.6hm²，占其他土地面积的 1.29%；沙地 246 740.4hm²，占其他土地面积的 28.42%，除呼伦贝尔高平原上的 3 条沙带外，额尔古纳市、海拉尔区、鄂伦春自治旗、牙克石市和莫力达瓦达斡尔族自治旗也有 78.6hm² 沙地。

六、土壤类型

根据呼伦贝尔市土壤分类系统，全市土壤共分为暗棕壤、棕色针叶林土、灰色森林土、黑土、黑钙土、栗钙土、暗色草甸土、灰色草甸土、沼泽土、风沙土、盐土、碱土、石质土、粗骨土和水稻土15 个土类，划分为 39 个亚类、83 个土属，在岭东的农区划分出 137 个土种。暗棕壤是全市分布面积最大的一类，为 5 691 575.4hm²，占全市土壤面积的 22.52%；其次是棕色针叶林土，面积5 499 347.9hm²，占全市土壤面积的 21.76%；再次是栗钙土，面积 3 749 419.9hm²，占全市土壤面积的 14.83%。

第二节　农业生产概况

一、农业发展历史

呼伦贝尔市历史悠久，早在二三万年前就有原始氏族人类在海拉尔河一带从事游牧畜牧业，但呼伦贝尔市种植业开发较晚，17 世纪起嫩江流域一带各族人民开始从事粗放的农业生产，大面积开发历史很短。扎兰屯市农业历史约八九十年，阿荣旗农业开发约六七十年，其中大部分耕地是新中国成立后陆续开垦的。大兴安岭农场管理局自 1960 年建局以来先后在莫力达瓦达斡尔族自治旗和鄂伦春自治旗南部开垦耕地，仅 50 年历史。

岭西高平原新中国成立前仅少量种植一些蔬菜、马铃薯和小麦。1954 年海拉尔农牧场管理局成立后开始开垦，1960—1962 年扩建农牧场大面积开荒，仅 1960 年就开荒 28.4 万 hm²，由于当时缺乏严密的科学考察和论证，带有很大的盲目性，开垦了部分不宜开垦的草原，造成草场破坏，土壤风蚀沙化，加剧了农牧矛盾。1962 年大批闭耕，退耕还草 13 万 hm² 左右，现在岭西耕地主要集中在额尔古纳市南部和牙克石市西部一带。

二、农业生产现状

全市经济作物播种面积缩小，粮豆薯单产稳步提升。氮、磷、钾肥以及复合肥用量均在波动中呈增长趋势。到2017年全市农作物播种面积达到185.94万hm^2（农情信息），其中粮食作物播种面积161.82万hm^2，占总播种面积的87.03%；经济作物播种面积24.12万hm^2，占总播种面积的12.97%。

2010年呼伦贝尔市粮食产量首次超过50亿kg，2012年粮食产量达到56.5亿kg，连续3年粮食产量超百亿斤①，实现了历史性的“九连丰”。种植业结构调整进一步优化和农业基础设施进一步改善是促使全市粮食丰收的两大主要因素。在结构调整上，高油、高蛋白大豆种植面积为35.2万hm^2，占大豆种植面积的74%；优质、高效作物种植面积为137.5万hm^2，占播种面积的86%。同时，加强了大豆、玉米、马铃薯、大麦、油菜、油葵等优势作物基地建设力度。在基础设施上，通过实施测土配方施肥、高产创建、良种补贴、旱作农业、有害生物预警等建设项目，逐步完善了全市农业基础设施配套，增强了农业生产的抗灾和丰产能力。2013年粮食产量突破60亿kg，2015年粮食产量达到历史最高62.12亿kg，2017年粮食产量60.05亿kg。

农业机械化和规模经营程度高是全市农业发展的一大突出特色。2016年全市农牧业机械总值70.1亿元，农牧业机械总动力468.9万kW。农牧用拖拉机拥有量166 712台，其中大中型农用拖拉机151 509台，小型拖拉机15 203台。大中型拖拉机配套农具263 618台，联合收割机3 935台。2016年全市机耕面积93.3万hm^2，机械播种面积153.73万hm^2，机械收获面积126万hm^2（表1-1）。

表1-1 呼伦贝尔市农业生产条件汇总

名 称	2000年	2002年	2004年	2006年	2008年	2010年	2012年	2014年	2016年
农村人口数（人）	858 408	781 491	798 059	805 557	832 708	819 452	902 748	1 128 265	1 037 926
农村劳动力资源数（人）	389 948	377 962	434 345	430 926	439 855	496 677	529 841	614 275	657 236
农用机械总动力（kW）	1 486 800	1 782 448	1 694 242	2 275 697	3 345 622	3 588 375	3 811 719	4 152 349	4 689 979
化肥施用量（折纯）(t)	79 259	82 113	101 276	139 230	139 230	161 954	245 265	267 044	270 534
(1) 氮肥	27 727	25 885	31 155	40 480	40 480	45 339	67 100	77 505	83 272
(2) 磷肥	20 745	19 714	24 329	38 191	38 191	39 707	71 200	62 055	65 442
(3) 钾肥	4 371	6 328	10 903	15 755	15 755	23 824	30 100	31 335	36 864
(4) 复合肥	26 416	30 186	34 889	44 804	44 804	53 084	76 865	96 149	84 956

注：数据来源于呼伦贝尔市统计局编制的各年度统计年鉴。

三、农业生产中存在的问题

(一) 干旱

全市以旱作农业为主，旱地面积占总耕地面积的99.22%，为典型的“雨养农业”。虽然境内地表水和地下水资源比较丰富，但农田水利设施较差，水资源利用率低，耕地又多为缓坡漫岗地，因而干旱是制约农业生产发展的主要因素。据1951—2008年气象资料统计，20世纪80年代末以来全市频繁发生旱灾，发生春旱的年份占73%，其中大旱灾占42%，每年因严重的春旱、伏旱或秋旱等减产粮油约13万t。2001年因旱灾粮油减产超过了130万t，2003年的春夏季严重干旱，粮油减产76万t以上，2004年夏旱、伏旱严重，粮油减产接近48万t。特别是近几年，由过去的间歇性春旱发展为连年春旱，由春季季节性干旱发展为春夏连旱，2016年农作物旱灾面积149.5万hm^2，旱灾成灾面积92.4万hm^2，绝收面积14.5万hm^2。

① 斤为非法定计量单位，1斤=0.5kg。——编者注

（二）生态环境趋于恶化，农业基础设施差

呼伦贝尔市是北方地区重要的生态屏障，但随着经济的发展和人类活动的增加，生态环境问题不断加剧。岭西高平原地区土地有明显沙化趋势；岭东农区水土流失严重，土壤肥力下降。由于农区林地面积减少，生态屏障作用大大减弱，蓄水防洪能力降低，加之农业基础设施仍不完善，抵御自然灾害能力不强。

（三）掠夺式经营、用养失调

长期以来农业耕作方式粗放，农户施肥水平低。重用地轻养地，基本不施用有机肥，化肥投入也较少。秸秆还田、种植绿肥、合理轮作等培肥措施跟不上，耕地养分入不敷出，造成土壤肥力不断衰退。

（四）农民组织化程度不高

农业产业化经营和组织化水平仍然较低，带动力不强。农村专业合作社组织仍处在培育阶段，农产品加工、销售滞后的面貌尚未改善，农产品营销策略和手段相对落后。同时，由于农村大部分文化水平较高的青壮年劳动力外出打工，剩余农村劳动力科技文化素质低，难以掌握现代种养技术，从而制约着现代农业的发展。

第二章　机　　构

第一节　市级机构

1977 年 4 月，根据黑龙江省呼伦贝尔盟（简称呼盟）编制委员会《关于将土地利用科改为土地管理科并成立土地勘测队的批复》（呼编字〔77〕14 号），成立呼伦贝尔盟土地勘测队，编制为 20 人，这是土壤肥料工作站的前身。土地勘测队的主要任务是进行土地勘测、解决土地纠纷、开荒规划及土地划界利用。土壤肥料工作由农业技术推广站负责。

1987 年 9 月，经呼伦贝尔盟公署批准，原呼伦贝尔盟土地勘测队改建为呼伦贝尔盟土壤肥料工作站，隶属于盟农业处，成为专门从事土壤、肥料和中低产田改造工作的部门。其职责是负责土壤资源的调查、区划、研究和探索呼伦贝尔盟土壤资源的改良、利用措施，为合理利用和开发土壤提供科学依据；负责新肥料品种及施肥技术的引进、试验、示范。

1991 年盟土壤肥料工作站有职工 19 人，其中中级技术职称 4 人，初级技术职称 10 人。站内设有土壤室、肥料室、土壤肥力监测室和办公室。

1997 年 12 月，根据《呼伦贝尔盟事业单位机构和人事制度改革意见》（呼机编字〔1997〕155 号），盟机构编制委员会决定将呼伦贝尔盟土壤肥料工作站、呼伦贝尔盟农业技术推广站、呼伦贝尔盟农业多种经营站合并，组建呼伦贝尔盟农业技术推广服务站，为隶属于盟农业畜牧局的技术服务型副处级事业单位。内设大田作物科、经济作物科、土壤肥料科、基层站管理科和办公室 5 个科室，均为正科级。核定事业编制 36 名，其中站领导职数 3 名（副处 1 名，正科 2 名），科室领导职数 6 名；专业技术人员 32 名（高级职务 3 名、中级职务 15 名、初级及以下职务 14 名），行政后勤人员 4 名。其中土壤肥料科挂呼伦贝尔盟土壤肥料工作站牌子，主要职责任务是，贯彻上级有关土壤、肥料方面的政策、法规，负责全盟土壤资源和宜农荒地资源调查、评价、利用规划；负责中低产田改良计划的制定及试验、示范和推广；负责耕地土壤肥力动态监测等工作。

1999 年 10 月，经盟机构编制委员会批准（呼机编办字〔1999〕17 号），同意呼伦贝尔盟农业技术推广服务站更名为呼伦贝尔盟农业技术推广服务中心。2001 年呼伦贝尔盟撤盟设市后，呼伦贝尔盟农业技术推广服务中心更名为呼伦贝尔市农业技术推广服务中心。

三站合一后编制缩减，从事土壤肥料工作人员 5 人。之后事业编制冻结，直到 2008 年后中心陆续招录农学相关专业大学毕业生、硕士研究生共计 10 人，其中土壤肥料科新进硕士研究生 3 人。

2015 年 4 月，呼伦贝尔市机构编制委员会办公室下发《关于呼伦贝尔市农业技术推广服务中心机构设置、职责任务、人员编制和经费形式的通知》（呼机编办发〔2015〕47 号）：呼伦贝尔市农业技术推广服务中心（挂呼伦贝尔市农业资源环境保护站、呼伦贝尔市农村能源站牌子）为隶属于呼伦贝尔市农牧业局相当于副处级的事业单位。内设 7 个正科级科室，办公室、粮油作物科、经济作物科、土壤肥料科、农业资源环保与推广体系建设科、农村能源科、信息科。中心核定事业编制 35 名（其中：专业技术人员 33 名、工勤人员 2 名）；班子领导职数 3 名（副处级 1 名、正科级 2 名），内设机构科技领导职数 8 名（7 正 1 副）。土壤肥料科承担全市农作物施肥技术研发与推广、耕地地力评价与应用、肥料备案与市场监管等工作。从事土壤肥料工作人员 7 人，其中推广研究员 1 人，高级技术职称 4 人，中级技术职称 2 人。

2017 年 7 月，根据呼伦贝尔市机构编制委员会下发的《关于调整呼伦贝尔市中蒙医院等十一家事业单位机构规格的通知》（呼机编发〔2017〕43 号），呼伦贝尔市农业技术推广服务中心由副处级事业单位调整为正科级事业单位，撤销其内设机构的正科级规格。

呼伦贝尔盟土壤肥料工作站成立时的办公地点位于海拉尔市（现海拉尔区）奋斗镇奋斗三路，20 世纪 70 年代末新建的 2 层办公楼，该办公楼坐北朝南，外观白色，面积 600m^2。1999 年三站合一后，办公地点迁至新民街 1 号的三站楼。土肥科使用四楼的 2 间办公室，面积约 40m^2。2004 年市中心搬迁至海拉尔区满洲里路 12 号，土肥科使用四楼 18m^2办公室 2 间。2009 年由于人员的增加以及业务工作量的增大，又将四楼的图书阅览室改为土肥科办公室，面积 30m^2。同时，5 楼 28m^2的房间改为土壤肥料样品资料室，用以存放测土配方施肥补贴项目采集的土壤农化样品、出版的专业书籍以及其他宣传培训资料。

第二节　辖旗市区机构

一、牙克石市

牙克石市（原喜桂图旗）于 1956 年成立农业科，1968 年成立农业技术推广站，人员 3 名，负责全旗农业生产的技术指导工作。1984 年撤旗建市。1988 年在原农业技术推广站的基础上成立牙克石市农业技术推广中心，为隶属于牙克石市农牧业局管理的副科级公益性事业单位。内设农业技术推广站、土壤肥料站、植保植检站、多种经营站、农广校、办公室、财会室。主要职能是：参与制订农业技术推广计划，并组织实施；提供农业技术咨询，信息服务；开展农业新技术的试验、示范、推广工作；指导下级农业技术推广机构，群众性科技组织和农民开展技术革新；负责全市农作物病虫害预测预报及防治工作；负责植物种子及商品粮产地、调运检疫工作；开展测土配方施肥工作；进行无公害农产品的产地认证及管理；对农畜产品质量安全检测；指导农村新能源的利用；抓好农业基层体系管理工作。现有在编人员 23 人，从事土壤肥料工作人员 5 人，其中正高级技术职称 1 人、副高级技术职称 1 人、中级技术职称 1 人、初级技术职称 2 人。

二、满洲里市

满洲里市农业技术推广站成立于 1958 年，隶属于满洲里市农牧局。站内业务职能包括土壤肥料、经济作物、农业技术推广、农产品检测、农业资源环保、植保植检等工作。1974 年之前，与满洲里市农牧局合署办公，站内人员 3 人。1975 年，满洲里市农业技术推广站从满洲里市农牧局分离出来，建立独立机构。站内人员共 13 人。1996 年后，满洲里市农业技术推广站大部分技术人员被分配到东湖区新成立的二卡农技站，市站人员编制由 13 人减至 5 人。2008 年满洲里市编委（满机编办〔2008〕14 号文件）下文，站内增加 2 个编制，之后全站编制数 7 个。2012 年 5 月，满洲里市农业技术推广站有职工 8 人（编制 7 人），其中高级职称 1 人，中级职称 3 人，初级职称 1 人，其他为财会、工勤人员等。

三、根河市

根河市前身为额尔古纳左旗，旗农业技术推广站成立于 1958 年，1994 年撤旗设市，更名为根河市农业技术推广站，行政上隶属于根河市农牧水利局，经费来源由根河市财政管理拨款。2008 年 12 月开始纳入事业单位参公管理，实有编制 13 名，核定站长正职和副职各一名，站员 11 名。在全站职工中具有大学本科学历 3 人、大专学历 7 人、中专学历 1 人。站内具有农艺师技术职称 3 人、助理农艺师 2 人，由于事业单位参公管理之后不进行专业技术职称评定了，2008 年考入的职工都不具有技术职称，所以单位具有专业技术职称人员较少。全站从事土壤肥料工作人员 3 人。

四、鄂伦春自治旗

鄂伦春自治旗农业技术推广站于 1974 年 7 月 5 日批准成立。1997 年 4 月经旗机构编制委员会

《鄂伦春自治旗农牧局直属事业单位机构改革“五定”方案》批准，全站核定事业编制15名，其中专业技术人员13名，工勤人员2名。2008年11月4日，鄂伦春自治旗农业技术推广站更名为鄂伦春自治旗农业技术推广中心，为股级事业单位，内设农业技术推广站、植保植检站、土壤肥料工作站，核定事业编制15名，其中专业技术人员13名，工勤人员2名，设定领导职数2名（1正1副）。从事土壤肥料工作人员7名，全部为中级技术职称。

五、阿荣旗

阿荣旗农业技术推广中心于1984年3月建立，由原阿荣旗农业研究所和阿荣旗农业技术推广站组成，隶属于阿荣旗农业局直接领导下的事业单位，是综合性的技术指导和服务机构，人员编制55人（干部35人、工人20人）。下设农业技术推广站、植保植检站、土壤肥料工作站、化验室、农业科研站、农业广播学校和办公室。其中土壤肥料工作站岗位设置3人，副站长1人，技术人员2人。1996年根据阿荣旗机构编制委员会关于印发《阿荣旗农业技术推广中心“五定”及人事制度改革实施方案》（阿机编发〔1996〕第87号）的通知精神，将阿荣旗农业技术推广中心内设机构确定为7个，分别为综合办公室、植保植检站、农业技术推广站、土壤肥料工作站、乡镇农业服务站指导办公室、多种经营站、化验室。核定事业编制30人，领导职数3人（1正2副），专业技术人员24人，工勤人员3人。全中心具有高级技术职称5人、中级技术职称12人、初级技术职称10人，其中从事土壤肥料工作技术人员4人。

六、扎兰屯市

根据扎编发〔84〕第8号文件，扎兰屯市农业技术推广中心建立于1984年，由原布特哈旗农业技术推广站、植保植检站、农业科学研究所、农业广播电视学校、扎兰屯地区蔬菜技术指导站5个单位合并而成，为副科级事业单位，隶属扎兰屯市农业局，财政拨款预算管理单位。内部机构设置植保植检站、土壤肥料工作站（3人）、推广站、农广校、蔬菜站、办公室、财会室，实有人员编制28人。2009年，根据工作需要调整后的机构设置为植保站、推广站、土肥站、能源站、信息资料站、多种经营站、资源环保站、农产品检验检测站、行政办、财会股。2015年，中心现有在职职工43人，其中土壤肥料工作站6人，土肥站具有高级技术职称2人、中级技术职称2人、初级技术职称2人。

七、额尔古纳市

额尔古纳市前身为额尔古纳右旗，根据旗编制委员会《关于建立旗农业技术推广站等机构的批复》（额编字〔84〕第2号文件），于1984年成立了额尔古纳右旗农业技术推广站。1997年，额机编发〔1997〕46号文件《关于印发额尔古纳市农业技术推广站五定方案的通知》明确额尔古纳市农业技术推广站负责土壤调查、监测、利用改良，有机肥建设，化肥试验、示范、推广、应用等工作，核定事业编制18名。2006年根据额机编发〔2006〕18号文件《关于市编委会议批准事项的通知》，将额尔古纳市农业技术推广站更名为额尔古纳市农业技术推广中心，内设土肥站等机构。目前全中心在编人员15人，从事土壤肥料工作人员4人，土肥站具有高级技术职称1人，中级技术职称2人，初级技术职称1人。

八、莫力达瓦达斡尔族自治旗

根据莫编发〔84〕第12号文件，莫力达瓦达斡尔族自治旗农业技术推广中心于1984年建立，当时是由农业局推广站、果树场、农业广播电视学校合并而成，为正科级事业单位，隶属旗农业局，属财政拨款预算管理单位。内部机构设置植保站、土肥站（3人）、推广站、农广校、化验室、果树场、秘书股、财会股、工会、培训股，实有人员编制64人。1989年，申请成立了能源站、水稻站，2005年增设了体系站。2008年，莫力达瓦达斡尔族自治旗成立了农民培训中心，农广校脱离莫力达瓦达斡尔族自治旗农业技术推广中心，并入农民培训中心。2014年成立经作站，同年，根据《关于印发莫力达瓦达斡尔族自治旗农业技术推广中心机构设置、职责任务、人员编制和经费形式的通知》（莫机编发〔2014〕72号文件），莫力达瓦达斡尔族自治旗农业技术推广中心加挂农业资源环境保护站牌子，为隶属于莫力达瓦达斡尔族自治旗农牧业局，相当于正科级的事业单位。中心设置有植保站、土肥站（3人）、推广站、能源站、化验室、水稻站、办公室、体系站、工会、培训股、经作站、财会股。核定事业编制48名（其中：管理人员6名、专业技术人员40名、工勤人员2名），班子领导职数3名（1正2副）。

九、海拉尔区

海拉尔市农业技术推广中心于1986年5月建立，由原海拉尔市农业研究所和海拉尔市农业技术推广站组成，隶属于海拉尔市农牧业局直接领导下的事业单位，人员编制15人。中心下设农业技术推广站、植保植检站、土壤肥料工作站、多种经营站、农广校和办公室。其中土壤肥料工作站岗位设置3人，副站长1人，技术人员2人。1996年根据海拉尔市编制委员会《关于印发海拉尔市农业技术推广中心职责任务、内设机构、专业人员结构和经费来源方案的通知》（海编字〔96〕78号）文件精神，将海拉尔市农业技术推广中心内设机构确定为6个，有农技推广站、植保植检站、土肥站、多种经营站、农广校、办公室。核定事业编制15人，领导职数2人，专业技术人员10人（中级技术职称3人、初级技术职称7人），工勤人员5人。2002年，海拉尔撤市改区，海拉尔市农业技术推广中心更名为海拉尔区农业技术推广中心。2015年从事土壤肥料工作人员4人，其中高级技术职称2人，中级技术职称1人，初级技术职称1人。

十、新巴尔虎右旗

新巴尔虎右旗农业技术推广站于2009年9月8日成立，隶属于新巴尔虎右旗农牧业局，为股级事业单位。根据旗农牧业工作实际，2012年1月19日经新巴尔虎右旗机构编制委员会会议研究决定，将其职能划入旗草原工作站，实行一套人马，3个牌子。从事农业技术推广工作3人，其中中级技术职称1人、初级技术职称2人。

十一、陈巴尔虎旗

依据陈巴尔虎旗机构编制委员会文件（陈机编〔2009〕45号），陈巴尔虎旗农业技术推广中心成立于2009年11月26日，为股级事业单位，隶属陈巴尔虎旗农牧业局，系财政全额拨款管理事业单位。编制6人，其中中级技术职称4人、初级技术职称2人。

十二、鄂温克族自治旗

2010年3月8日鄂温克族自治旗机构编制办公室下发《关于旗农牧业产业化发展指导中心、种子管理站增挂牌子的通知》（鄂机编办字〔2010〕2号文件），鄂温克族自治旗种子管理站增挂农业技术推广站等单位牌子，即：鄂温克族自治旗种子管理站、鄂温克族自治旗植保植检站、鄂温克族自治旗农业技术推广站。其中农业技术推广站内设土壤肥料室、粮油作物室、经济作物室和推广体系室。编制7人实有9人。

十三、新巴尔虎左旗

新巴尔虎左旗农业技术推广中心成立于2010年4月30日（新左机编发〔2010〕23号），隶属新巴尔虎左旗农牧业局，为股级全额预算管理事业单位，在新巴尔虎左旗草原工作站增挂农业技术推广中心牌子。在编职工14人，其中高级畜牧师2人、畜牧师1人、助理畜牧师3人、技术员1人、副主任科员1人、科员2人、技术工3人、普工1人。

十四、扎赉诺尔区

扎赉诺尔区农业技术综合服务站于1996年12月16日批准成立，为副科级事业单位，核定事业编制5名，领导职数1名，其中行政管理人员1人，专业技术人员4人。1997年7月根据满洲里市政府〔1997〕第4号会议纪要指示精神，经满洲里市机构编制委员会研究决定扎赉诺尔区农业技术综合服务站增加事业单位编制5人，2009年根据工作需要，将扎赉诺尔区农业技术综合服务站事业单位编制重新调整为5人。站内主要业务职能包括农业技术培训、农业新品种新技术引进的示范和推广、农作物病虫害防治、土壤肥料等工作。扎赉诺尔区农业技术综合服务站现有职工5人，全部为初级职称。

十五、海拉尔农牧场管理局

海拉尔农牧场管理局成立于1954年，是国家三大直供垦区之一，海拉尔农牧场管理局土壤肥料不设单独机构，一系列的土肥、植保、农机管理、科技推广、培训及社会化服务工作，均由管理局及基层农业管理部门兼职承担。管理局设农机科技部，设置岗位有：农业、农机、科技、水利、气象，现有工作人员6人；农场设生产科，负责农业、农机、林业、科技、水利、气象具体工作，一般配置工作人员3～5人。管理局承担的相关土肥工作由农机科技部负责业务联系、沟通及承担相关科技项目，具体实施单位为农场生产科。

十六、大兴安岭农场管理局

大兴安岭农场管理局农业处成立于1999年，设有生产处、机务处、畜牧处，从2003年开始，将3处合并，变为科室设置。设有种植业科、科技科、水利科、农机科。主要负责全局农牧业生产计划的制定，农业技术推广，新产品和新技术的试验示范，农业技术服务等工作。2007年开始，管理局承担测土配方施肥补贴项目，又新增了测土配方施肥项目管理职能，设在种植业科，负责项目落实、指导、检查。2010年建设了土壤检测中心，负责全局土壤检测工作，隶属农业处管理。目前，农业处现有在编人员9人，从事土壤肥料相关工作3人。

第二部分

>>> 土壤与肥料

第三章　土　　壤

第一节　土壤类型与分布

本章所叙述的内容涵盖了全市自然土壤和耕地土壤。根据呼伦贝尔市土壤分类系统，全市土壤共分为暗棕壤、棕色针叶林土、栗钙土、沼泽土等15个土类、39个亚类、83个土属，在岭东的农区划分出137个土种。在主要土壤类型中，地带性土壤有棕色针叶林土、暗棕壤、灰色森林土、黑土、黑钙土、栗钙土；隐域性土壤有暗色草甸土、灰色草甸土、沼泽土、风沙土、盐土、碱土、石质土、粗骨土和水稻土。

土壤垂直分布规律为大兴安岭东坡自下而上由黑土—暗棕壤—棕色针叶林土组成垂直带谱；西坡由黑钙土—灰色森林土—棕色针叶林土组成垂直带谱。水平分布规律是自东向西依次为黑土—黑钙土—栗钙土3个土壤带。

暗棕壤是全市分布面积最大的一类，为5 691 575.4hm^2，占全市土壤面积的22.52%；其次是棕色针叶林土，面积5 499 347.9hm^2，占全市土壤面积的21.76%；再次是栗钙土，面积3 749 419.9hm^2，占全市土壤面积的14.83%。全市各土壤类型面积分布如图3-1所示。

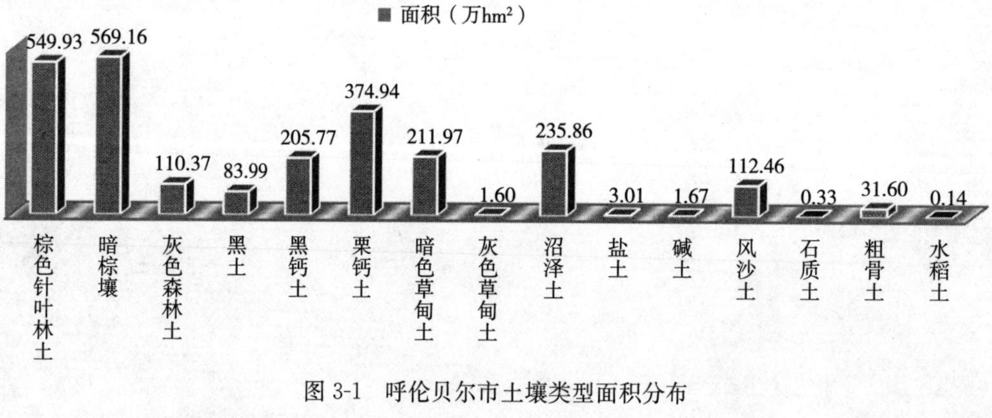

图3-1　呼伦贝尔市土壤类型面积分布

一、棕色针叶林土

棕色针叶林土分布在大兴安岭主脉及两侧中低山地，自北向南宽度渐窄，以楔形向南端沿岭脊延伸。海拔高度一般在800～1 700m之间，是全市第二大土类。主要分布在额尔古纳市的中北部、根河市全境、鄂伦春自治旗西北部、牙克石市大部、鄂温克族自治旗东南部、扎兰屯市西部地区，面积5 499 347.9hm^2，占全市土壤面积21.76%。划分为棕色针叶林土、灰化棕色针叶林土、白浆化棕色针叶林土、潜育棕色针叶林土4个亚类，面积分别为4 818 450.6hm^2、479 889.0hm^2、789.7hm^2、200 218.6hm^2。

棕色针叶林土不适用于农牧业生产，垦殖率仅为0.05%，发展方向只能林用。林业生产要注意森林合理采伐，采伐后必须及时更新，做到更新跟上采伐，提高森林覆盖率。森林更新要因地制宜，采取人工更新、人工促进天然更新和天然更新相结合，人工更新要注意适地适树，选择耐寒、耐酸的残根树种，积极营造混交林和天然幼树形成的混交林，以预防森林病虫害的发生和蔓延，并提高土壤肥力。

二、暗棕壤

暗棕壤主要分布于大兴安岭东麓丘陵山区。鄂伦春自治旗、莫力达瓦达斡尔族自治旗、阿荣旗、扎兰屯市及牙克石市均有大面积分布。为 5 691 575.4hm^2，占全市土壤面积的 22.52%，是呼伦贝尔市最大的土类。分为暗棕壤、草甸暗棕壤和暗棕壤性土 3 个亚类，面积分别为 5 587 759.7hm^2、77 866.9hm^2、25 948.9 hm^2。

暗棕壤地形以低山丘陵为主，海拔高度 550～900m 之间。全市暗棕壤已有相当部分被开垦，耕地暗棕壤面积 658 024.8hm^2，占土类面积 11.56%，现多种植玉米、小麦、大豆等作物。多年的耕作使次生林遭到破坏，造成了一定程度的土壤侵蚀。

暗棕壤是大兴安岭林区的重要森林土壤资源，现多为针阔叶混交林和阔叶次生林。由于暗棕壤多处于山区、丘陵区，所处部位坡度大，土层薄，一般不适合大规模农业开发，应以林为主，发展养蚕、养蜂业等多种经营。暗棕壤虽具有较高的土壤肥力，但由于土层薄，养分总贮量低，加之土壤热燥，所以一经开垦，土壤潜在肥力很快消耗殆尽；暗棕壤所处部位多地势高、坡度大，土壤极易遭受侵蚀。因此，对于已经开垦利用的部分，坡度大于 15°的必须坚决退耕还林还草；坡度较缓的部位应注意加强农田基本建设，搞好水土保持。生产中要注意增施肥料，补充土壤养分。

三、灰色森林土

灰色森林土是发育在森林草原地带中森林植被下的土壤。主要分布在大兴安岭西坡的额尔古纳市、根河市、陈巴尔虎旗、牙克石市、鄂温克族自治旗以及新巴尔虎左旗。面积 1 103 732.5hm^2，占全市土壤面积的 4.37%。呼伦贝尔市灰色森林土只有暗灰色森林土 1 个亚类，亚类之下根据不同的母质组成分为结晶岩暗灰色森林土和泥页岩暗灰色森林土 2 个土属，面积分别为 980 735.4hm^2、122 997.2hm^2。

灰色森林土所占据的地形主要是中山、低山，东部丘陵顶部也有少量分布。在海拔 950m 以下多位于阴坡或阳坡上部，海拔 1 000m 以上则是连片分布。

灰色森林土是一种很肥沃的土壤，单纯从土壤肥力看，灰色森林土大体与黑钙土相当，既是优良的林业用地，又能满足农作物的生长需要。但灰色森林土一般分布于山体的坡上部，坡度较大，所以不适合农业作业，垦殖率为仅 6.25%。目前灰色森林土区的次生林均处于自然演替之中，林分构成及林相密度均不十分合理。今后利用中应注意加强人工抚育，加速人工造林，植造针阔叶混交林，逐步扩大森林面积，防止水土流失。灰色森林土西部与黑钙土交界地段应加速林缘草场的开发，开辟打草场和放牧场，逐步建立林牧相结合的产业结构。

四、黑土

主要分布于大兴安岭东麓丘陵、漫岗，嫩江西岸地区的鄂伦春自治旗东南部，莫力达瓦达斡尔族自治旗东部以及阿荣旗、扎兰屯市的东南部。全市黑土属于东北平原黑土大兴安岭山地边缘的延伸部分，与暗棕壤镶嵌分布。面积 839 862.0hm^2，占全市土壤总面积的 3.32%。黑土土类分为黑土、草甸黑土和白浆化黑土 3 个亚类，面积分别为 624 481.4hm^2、210 119.1hm^2、5 261.5hm^2。

黑土的分布地形以丘陵缓坡、漫川漫岗、冲积平原为主，少数山麓坡脚亦有分布。地形比较平缓，海拔在 300～400m 之间。其上部与暗棕壤交界，下与暗色草甸土、沼泽土为邻。黑土是全市农区主要的农用土壤资源，现大多已被开垦，垦殖率达到 49.42%。

黑土地形平缓，土体深厚、肥沃，水分条件较好，是良好的宜农土壤。对于开垦年限较长的黑土应加强农田建设和地力建设，有条件应植造防护林，增施有机肥料；还应加强耕翻，变表土耕作为深翻深松，打破犁底层，加厚活土层，活化土壤养分；对于分布在丘陵上部的黑土应加强抗旱措施，防止春旱、伏旱。

五、黑钙土

分布于大兴安岭西麓丘陵、森林草甸和草甸草原地带。黑钙土在全市境内由北向南跨越额尔古纳市南部、陈巴尔虎旗东部、牙克石市西部、海拉尔区东部以及鄂温克族自治旗和新巴尔虎左旗东南部。西部与栗钙土带相接，东部与灰色森林土镶嵌，组成森林草原地带的土被组合。黑钙土属于均腐殖质土纲，总面积 2 057 746.9hm^2，居第六位，占全市土壤总面积的 8.14%。分为黑钙土和草甸黑钙土 2 个亚类，面积分别为 1 837 255.1hm^2、220 491.8hm^2。

黑钙土分布的地形大部为低山丘陵。海拔高度大体为 700～1 000m。大兴安岭山地向呼伦贝尔高平原过渡地带的低缓丘陵、波状平原、河流阶地也有大面积分布。

黑钙土地形平坦，土体深厚、肥沃，自然肥力高，是较好的农牧业土壤资源。但其所处地理位置西接草原牧区，东与林区为邻，因此在利用上一定要妥善解决农牧林矛盾，以牧为主，农、牧、林并举。在确保森林、草原不受破坏的前提下，加强农业开发，充分利用黑钙土的可垦荒原，目前黑钙土的垦殖率达到 15.15%。

六、栗钙土

全市栗钙土主要分布于呼伦贝尔高平原中西部，位于陈巴尔虎旗、海拉尔区、鄂温克族自治旗西部和新巴尔虎左旗、新巴尔虎右旗、满洲里市大部。总面积 3 749 419.9hm^2，是第三大土壤类型，占全市土壤总面积的 14.83%。分为暗栗钙土、栗钙土、草甸栗钙土、盐化栗钙土、碱化栗钙土和栗钙土性土 6 个亚类，面积分别为 1 973 847.7hm^2、1 292 767.3hm^2、97 221.3hm^2、137 337.9hm^2、9 659.7hm^2、238 586.1hm^2。

栗钙土占据的地形复杂多样。在呼伦贝尔高平原的中部，地形多为低缓丘陵、波状起伏的高平原以及河流阶地、剥蚀残丘等；而在呼伦贝尔高平原西部，扎赉诺尔—呼伦湖西岸—圣山一线以西则以石质低山丘陵地形为主，伴有侵蚀干谷谷地。海拔高度一般在 700～1 100m 之间。

栗钙土是全市主要的牧业土壤资源。栗钙土区气候干燥、降水不足、土壤水分不稳而且蒸发量大，还有风沙危害，土壤质地粗糙，大规模开荒容易导致土壤风蚀沙化。因此栗钙土不适于农业生产，目前的垦殖率仅为 0.76%。

七、暗色草甸土

该土类面积 2 119 666.0hm^2，位居第五位，占全市土壤总面积 8.39%。主要分布于河谷低地、湖泡周缘和冲积平原。山区分布于河漫滩、低阶地等地形部位。呼伦贝尔高平原上则多分布于河谷低地、干河谷的下部以及湖泊的周围。暗色草甸土多沿河流分布，呈树枝状与地带性土壤形成枝状的土被组合，而在河流的中下游，由于河流河曲发育，河谷拓宽，暗色草甸土常与沼泽土、草甸化土壤以及盐土、碱土呈复区分布。分为暗色草甸土、石灰性暗色草甸土、盐化暗色草甸土和碱化暗色草甸土 4 个亚类，面积分别为 1 655 464.0hm^2、182 692.3hm^2、205 446.3hm^2、76 063.3hm^2。

暗色草甸土养分贮量丰富、潜在肥力高，具有较好的水分条件，在不同地带都是适宜性较宽的土壤，农区暗色草甸土是较好的宜农土壤资源。耕地暗色草甸土面积 270 237.6hm^2，占该土类的 12.75%。利用上的主要问题是土壤冷浆，前期不利于幼苗生长，后期贪青晚熟、容易倒伏，土温较低养分不易释放，速效养分不足。由于所处部位较低，容易遭洪涝灾害。重者造成绝产，轻者影响播种收获。今后农业利用应加强水利设施的建设，治理低洼易涝地，增施化肥，扩大水田面积以达到以稻治涝的目的。在牧区暗色草甸土是很好的夏季牧场，适合放养各种牲畜，但由于载畜量过大，目前存在比较严重的退化。利用上应考虑定期轮流游牧、建立围栏、人工草地，调整载畜量，使之处于比较合理的数量。在条件可能的情况下可选择适宜地段加以开垦，建立饲料基地。林区的暗色草甸土由于处于河流上游，土层较薄，石块较多，应作为人工绿化地，建造人工速生丰产林，或作为种苗基地。

八、灰色草甸土

灰色草甸土主要分布于典型栗钙土亚地带境内，位于新巴尔虎右旗西南角，中蒙边界一带。面积15 985.3hm^2，仅占全市土壤总面积的0.06%。灰色草甸土分布局部，面积很小，耕地和人工牧草地上未有分布。土类之下未续分，只有灰色草甸土一个亚类。之下以表土层质地为依据，分为壤质灰色草甸土和黏质灰色草甸土2个土属，面积为8 532.6hm^2、7 452.7hm^2。

灰色草甸土的改良利用方向、措施均与暗色草甸土相同。但由于处于更加干旱的地区，草场退化问题就更应引起注意。要加强草场改良，实行轮牧。退化严重的地段要加以封闭，建立人工草库伦。

九、沼泽土

全市沼泽土面积2 358 556.6hm^2，位居第四位，占土壤总面积9.33%。沼泽土属水成土纲，为隐域性土壤，全市各地均有分布。多与暗色草甸土呈复区分布，北纬50°以北的大兴安岭山地，沼泽土山谷低地连片分布。沼泽土的分布地形多为山谷低地，河流的低河漫滩、牛轭湖边缘、已脱水的湖迹洼地等地下水位高出地表，地表常年或季节性积水的地段。大兴安岭北段山区，河流上游分布比较集中，往往直接与地带土壤毗邻；丘陵地区由于河谷拓宽，谷地宽窄往往与暗色草甸土混存，但沼泽土比例大于暗色草甸土，微地形部位低于后者；到了呼伦贝尔高平原、河流进入堆积阶段，河谷进一步拓宽，沼泽土仅在滨河漫滩、河迹洼地、牛轭湖周围有少量分布，河谷中以暗色草甸土为主，沼泽土居于从属地位。

根据各种附加过程的参与，沼泽土分为沼泽土、草甸沼泽土、腐泥沼泽土、泥炭沼泽土4个亚类，面积分别为565 608.2hm^2、1 650 926.1hm^2、6 160.2hm^2、135 862.1hm^2。亚类之下未续分。

全市沼泽土限于自然条件，目前大多未加以利用，牧区多用作大畜放牧场和打草场，农区和林区利用不多，垦殖率为5.27%。主要问题是土壤水分过多，通气不良。治理改良的主要措施是建立水利工程，实施排水疏干，改变湿草植被，促进土壤熟化，改善土壤水分和通气条件。在牧区创造优良牧场和打草基地。农区的草甸沼泽土可结合水利工程建设，开辟一定数量的水田，因地制宜地加以利用。

十、水稻土

全市水稻土面积1 384.9hm^2，占土壤总面积的0.01%，仅局部分布在扎兰屯市的成吉思汗镇。水耕历史70年左右，多发育于暗色草甸土之上，为草甸淹育型水稻土。

水稻土分布于河流两岸的河漫滩和冲积平原，垦殖率为68.41%。水稻土由于气温低，利用上低温冷浆问题比较突出，应增施热性肥料，灌水应以浅灌结合中期晒田，生长期通过调节水层来控制温度。在有条件时可采取水旱轮作措施，以改善土壤通气状况，消除还原性物质的毒害，又能改善土壤微生物活动条件，促进土壤有机质的矿化更新，提高土壤养分的有效性。

十一、盐土

盐土总面积30 062.5hm^2，仅占全市土壤总面积的0.12%。主要分布于牧业四旗，地形为呼伦贝尔高平原西部的河谷低地、河流两侧、洪积扇的扇缘洼地、扇间洼地、湖泊周围的湖滨低地、古河槽低地以及河流阶地、高平原上的闭流洼地等。地下水位一般在1～2m。盐土一般与盐化暗色草甸土、碱土呈复区分布，微地形部位低于碱土，而高于盐化暗色草甸土。分为草甸盐土、碱化盐土、沼泽盐土3个亚类，面积分别为8 721.2hm^2、16 914.8hm^2、4 426.5hm^2。

全市盐土绝大部分是苏打盐土，集中分布于西部牧区，一般很难利用和改良。在牧区应适当控制畜群活动，不使盐土面积扩大，防止草场退化。对已经严重退化的盐土草场加以治理，促进草场生产力的提高。另外，在牧区盐土大多为自然利用，作牲畜“舔碱”补充无机盐的场所。

十二、碱土

全市碱土面积16 675.1hm^2，占土壤总面积0.07%。主要分布于黑钙土、栗钙土地带的河谷低地、阶地上的闭流洼地、阶地向河滩延伸的缓长坡。仅有草甸碱土1个亚类，亚类之下未做续分。

碱土常常与碱化盐土、碱化草甸土构成复区。微地形部位处于盐土之上、暗色草甸土之下。碱土物理性质不良，pH过高并有一定浓度的Na_2CO_3，对于植物生长造成很大的障碍。但是碱土表层有机质比较丰富，含盐量较低，适合优质牧草生长，只要植被不被破坏，还是有一定的生产潜力的。目前的主要问题是由于碱土多属于近水源草场，牲畜超载现象普遍，植被遭受不同程度的破坏，加剧了碱化的进程，个别地段引起次生盐渍化，进而导致草场严重退化。碱土在今后利用上应以牧为主，调整载畜量，防止过度放牧。对于已经发生退化的地段应加以育封，人工种草，以促进草场生产力的恢复。

十三、风沙土

风沙土面积1 124 573.6hm^2，占全市土壤总面积的4.45%。主要分布于呼伦贝尔高平原上的3条沙带上或其附近，现代河流的阶地面以及阶地前沿，较大河流的汇合口的高阶地也有大面积分布。可分为流动风沙土、半固定风沙土和固定风沙土3个亚类，面积分别为4 717.1hm^2、176 565.1hm^2、943 291.4hm^2。

全市风沙土的垦殖率仅为0.12%，在利用上主要是牧业和林业两种方式。牧业利用部分存在的主要问题是草场退化，载畜力下降。生草沙土发育过程较差，植被稀疏，固定不良，在毫无保护性措施的条件下放牧，就容易引起草场的退化和风蚀沙化。今后应提倡在保护的前提下轻度加以利用。林业利用主要是松林沙土，在樟子松散生地段，植被盖度较低，风蚀沙化问题比较突出，应封山育林育草，禁止采伐和放牧，培育樟子松林，加强沙丘固定。樟子松林分布集中的地段应封山育林，防止山火，加强抚育间伐，加速人工绿化，建立樟子松种子生产基地。对于半固定风沙土应加以保护，综合治理，保护现有植被，封闭育林、育草，有条件时可以试验飞播牧草，大面积绿化，以防止风沙土向流动方向发展。

十四、石质土

该土类面积仅3 278.9hm^2，占全市土壤总面积的0.01%。主要分布于大兴安岭山地的山顶、陡坡和基座阶地的前沿，地表裸露岩石或砾石。

石质土一般处于无植被或植被稀疏地段，坡度极陡，土层薄，含大量砾石，生物作用微弱，因此这部分土壤属于难以利用的土壤，无利用价值。今后利用方向应该是发展自生林业，阶地附近可以放牧。

十五、粗骨土

面积316 011.7hm^2，占全市土壤总面积的1.25%。主要分布于山顶部、陡坡（岩石坠积坡）、侵蚀阶地前沿及高原上的侵蚀台地、侵蚀残山等。该土类一般都是零星小面积镶嵌于地带性土壤之中。分硅铝质粗骨土、钙质粗骨土2个亚类。

硅铝质粗骨土面积275 708.6hm^2，占土类面积87.25%，主要分布于大兴安岭山区，分布海拔较高，淋溶强烈，为硅铝质风化壳。坡度很陡。钙质粗骨土面积40 303.0hm^2，占土类面积的12.75%，主要分布于呼伦贝尔高平原黑钙土、栗钙土地带内的剥蚀残丘、阶地前沿。土体中有强烈的盐酸泡沫反应。

粗骨土表土层养分含量较高，但土层极薄，养分贮量不足，加之处于陡坡，极易遭受剥蚀，土体砾石含量高，一般情况下无改良利用价值。以保持原有生态环境为宜。

第二节 全市土壤养分状况

土壤养分是由土壤提供的植物生长所必需的营养元素。在自然土壤中，主要来源于土壤矿物质和土壤有机质，在耕作土壤中还来源于施肥和灌溉。呼伦贝尔市第二次土壤普查采集了剖面样10 675个、农化样8 075个、微量元素样133个，重点对土壤有机质、氮磷钾三要素和pH进行了化验测定。以下统计结果与分级均以全国第二次土壤普查数据和分级标准进行，为自然土壤与耕地土壤的综合结果。

一、有机质

土壤有机质的含量与自然成土因素有着密切联系，不同的土壤类型有机质含量相差很大。全市土壤有机质平均含量为 77.48g/kg，标准差 62.82，变异系数 0.81。表 3-1 列出了全市各土类表层有机质的平均含量。

表 3-1 全市土壤表层有机质平均含量

土壤类型	样本数	平均值（g/kg）	标准差	变异系数
棕色针叶林土	446	120.64	74.64	0.62
暗棕壤	1 554	81.01	41.96	0.52
灰色森林土	59	96.78	56.29	0.58
黑土	1 264	64.83	23.88	0.37
黑钙土	446	67.40	22.59	0.34
栗钙土	850	32.98	12.98	0.39
暗色草甸土	1 079	66.17	42.34	0.64
灰色草甸土	8	22.84	9.42	0.41
沼泽土	151	122.66	87.89	0.72
盐土	5	16.65	7.59	0.46
碱土	11	22.87	8.80	0.38
风沙土	119	31.16	21.48	0.69
粗骨土	111	95.61	58.06	0.61
水稻土	2	52.94	20.69	0.39

全市土壤总面积 24 927 879.2hm²，根据全国第二次土壤普查规定的养分分级统一标准（下同），全市土壤有机质分级面积见表 3-2。如以有机质含量>30.0g/kg 为高含量，10.1～30.0g/kg 为中等含量，≤10.0g/kg 为低含量，则全市有 86.88%的面积土壤有机质属高含量，中等含量占 12.74%，低含量仅占土壤面积的 0.38%。可见全市土壤有机质含量较高。

表 3-2 全市土壤有机质分级面积统计

分级标准	含量（g/kg）	面积（hm²）	占土壤面积（%）
高	>40.0	19 650 387.0	78.83
	30.1～40.0	2 444 753.7	9.81
中等	20.1～30.0	2 499 211.3	10.03
	10.1～20.0	46 382.3	0.19
低	6.1～10.0	38 965.0	0.16
	≤6.0	248 180.0	1.00

二、全氮

土壤全氮是指存在于土壤中各种形态氮的总和，它反映土壤中可利用的和潜在的氮素总量，可以表示氮素的供应容量。全市土壤表层全氮平均含量为 3.213g/kg，标准差 1.930，变异系数 0.60。说明全市土壤氮素的供应容量是丰富的，但不同土壤中其含量差异较大（表 3-3）。

表 3-3 全市土壤表层全氮含量

土壤类型	样本数	平均值（g/kg）	标准差	变异系数
棕色针叶林土	400	4.05	2.37	0.59
暗棕壤	1 551	3.70	1.56	0.42
灰色森林土	50	4.64	2.27	0.49
黑土	1 262	3.23	1.11	0.34
黑钙土	368	3.02	1.11	0.37
栗钙土	751	1.83	0.61	0.33
暗色草甸土	1 014	3.38	1.83	0.54
灰色草甸土	8	1.42	0.60	0.42
沼泽土	133	5.69	3.18	0.56
盐土	4	1.33	0.26	0.19
碱土	10	1.42	0.53	0.37
风沙土	80	1.47	0.83	0.56
粗骨土	91	4.13	2.13	0.52
水稻土	2	2.19	1.11	0.51

以面积来统计，全市土壤全氮分级面积见表 3-4。其中全氮达高含量的面积占 92.12%，中等含量的面积占 6.58%，低含量的面积仅占 1.3%。

表 3-4 全市土壤全氮分级面积统计

分级标准	含量（g/kg）	面积（hm^2）	占土壤面积（%）
高	>2.0	22 038 141.8	88.41
	1.51～2.0	924 845.3	3.71
中等	1.01～1.5	1 395 929.2	5.60
	0.76～1.0	244 966.7	0.98
低	0.51～0.75	—	—
	≤0.5	323 996.3	1.30

三、碱解氮

土壤碱解氮是指通过碱溶液水解出来的氮素，能够反映出近期内土壤氮素供应状况。一般可以表示当季作物所能利用的有效氮素。全市土壤碱解氮平均含量为 256.8mg/kg，标准差 130.9，变异系数 0.51。不同土壤其碱解氮含量差异极大（表 3-5）。

表 3-5 全市土壤表层碱解氮含量

土壤类型	样本数	平均值（mg/kg）	标准差	变异系数
棕色针叶林土	301	277.00	123.69	0.45
暗棕壤	817	306.92	114.25	0.37
灰色森林土	11	352.06	223.59	0.64
黑土	923	290.85	98.02	0.34
黑钙土	149	286.91	116.54	0.41
栗钙土	457	138.23	44.54	0.32
暗色草甸土	660	258.19	133.15	0.52
灰色草甸土	2	70.00	30.00	0.43
沼泽土	110	395.56	185.84	0.47
盐土	2	63.00	17.00	0.27
碱土	5	82.48	31.23	0.38
风沙土	85	115.10	51.79	0.45
粗骨土	70	281.56	129.44	0.46

根据面积统计，碱解氮含量高的土壤面积占 86.48%，中等含量的面积占 12.14%，低含量的面积仅占 1.38%（表 3-6）。

表 3-6 全市土壤碱解氮分级面积统计

分级标准	含量（mg/kg）	面积（hm^2）	占土壤面积（%）
高	>150.0	19 703 474.2	79.04
	120.1～150.0	1 853 291.5	7.43
中等	90.1～120.0	2 345 080.4	9.41
	60.1～90.0	681 890.6	2.74
低	30.1～60.0	211 222.0	0.85
	≤30.0	132 920.5	0.53

四、有效磷

土壤有效磷指土壤中水溶性和弱酸溶性磷，是判断土壤磷素供应能力的一项重要指标。全市土壤有效磷平均含量为 11.6mg/kg，标准差 12.9，变异系数 1.12。不同土壤类型有效磷含量见表 3-7。

表 3-7 全市土壤表层有效磷含量

土壤类型	样本数	平均值（mg/kg）	标准差	变异系数
棕色针叶林土	403	20.83	18.65	0.90
暗棕壤	1 543	16.88	15.96	0.95
灰色森林土	53	10.80	13.21	1.22
黑土	1 258	12.36	9.38	0.76
黑钙土	378	4.33	5.60	1.29
栗钙土	839	5.49	11.13	2.03
暗色草甸土	1 039	9.03	7.79	0.86
灰色草甸土	8	3.01	1.36	0.45
沼泽土	139	16.58	15.77	0.95
盐土	5	8.64	6.58	0.76
碱土	11	26.98	26.52	0.98
风沙土	118	5.95	6.46	1.09
粗骨土	92	12.40	12.46	1.00

以面积统计，全市有效磷含量高的土壤占土壤总面积的 22.17%，含量中等的土壤占 65.68%，含量低的土壤占 12.15%（表 3-8）。

表 3-8 全市土壤有效磷分级面积统计

分级标准	含量（mg/kg）	面积（hm^2）	占土壤面积（%）
高	>40.0	52 598.06	0.21
	20.1～40.0	5 475 001.43	21.96
中等	10.1～20.0	11 487 785.56	46.08
	5.1～10.0	4 884 094.16	19.59
低	3.1～5.0	2 497 400.95	10.02
	≤3.0	530 999.06	2.13

五、速效钾

土壤速效钾指土壤中的代换性钾和水溶性钾。代换性钾是土壤胶体上吸附的钾，它是速效钾的主体，水溶性钾存在于土壤溶液中。速效钾可被植物直接吸收利用，其含量的高低可以衡量土壤有效钾的供应水平。全市土壤速效钾平均含量为 259.9mg/kg，标准差 147.3，变异系数 0.57。不同土壤类型速效钾含量见表 3-9。

表 3-9　全市土壤表层速效钾含量

土壤类型	样本数	平均值（mg/kg）	标准差	变异系数
棕色针叶林土	407	272.96	132.87	0.49
暗棕壤	1 543	297.43	187.70	0.63
灰色森林土	53	249.21	116.25	0.47
黑土	1 253	272.17	139.96	0.51
黑钙土	320	270.51	113.09	0.42
栗钙土	744	222.43	132.96	0.60
暗色草甸土	1 002	191.95	112.14	0.58
灰色草甸土	8	267.34	130.04	0.49
沼泽土	136	232.78	154.61	0.66
盐土	5	168.12	211.03	1.26
碱土	11	291.00	171.60	0.59
风沙土	88	144.40	99.68	0.69
粗骨土	73	291.08	156.65	0.54

以面积统计，全市有 94.10%面积的土壤速效钾含量高，4.69%的面积土壤速效钾含量中等，速效钾含量低的土壤面积仅占 1.21%（表 3-10）。

表 3-10　全市土壤速效钾分级面积统计

分级标准	含量（mg/kg）	面积（hm^2）	占土壤面积（%）
高	>200.0	19 056 827.8	76.45
	150.1～200	4 399 274.2	17.65
中等	100.1～150.0	798 195.9	3.20
	50.1～100.0	372 061.4	1.49
低	30.1～50.0	—	—
	≤30.0	301 519.9	1.21

六、pH

土壤酸碱反应对土壤养分的有效性有很深刻的影响，呼伦贝尔市土壤酸碱度分布规律由北向南，自东往西，pH 逐渐上升，由小变大。全市土壤 pH 平均值为 6.6，标准差 0.8，变异系数 0.12。各类土壤 pH 平均值见表 3-11。

表 3-11 全市土壤 pH

土壤类型	样本数	pH 平均值	标准差	变异系数
棕色针叶林土	3	6.60	0.02	—
暗棕壤	4	6.28	0.15	0.02
黑土	22	6.66	0.53	0.08
黑钙土	2	6.80	—	—
栗钙土	13	8.32	1.03	0.12
暗色草甸土	10	6.20	0.74	0.12
沼泽土	60	6.36	0.75	0.12
粗骨土	1	5.20	—	—

根据统一分级标准，呼伦贝尔市强碱性土壤有碱土、盐土，面积 76 397.0hm^2，占土壤总面积的 0.31%；碱性土壤有栗钙土、灰色草甸土，面积 4 228 202.2hm^2，占 16.96%；微碱性占 15.04%；中性土壤占 6.70%；微酸性土壤占 39.37%；酸性土壤占 21.63%（表 3-12）。

表 3-12 全市土壤 pH 分级面积统计

分级标准	pH	面积（hm^2）	占土壤面积（%）
强碱性	8.6～9.0	76 397.0	0.31
碱性	7.6～8.5	4 228 202.2	16.96
微碱性	7.1～7.5	3 748 483.8	15.04
中性	6.6～7.0	1 670 461.5	6.70
微酸性	5.6～6.5	9 812 905.3	39.37
酸性	4.6～5.5	5 391 429.4	21.63
强酸性	≤4.5	—	—

第四章 耕地土壤

耕地土壤指自然土壤通过人类长期的农业生产活动和自然因素综合作用，造成适于农作物生长发育的土壤。是经过人类的耕作、施肥、灌排、土壤改良等生产活动影响和改造的土壤。耕地土壤在土地利用方式上属于耕地类，包括旱地、水浇地和水田三部分。耕地是土壤中的精华，具有土层深厚、结构优良和养分丰富等特征，是人类生产生活不可或缺的宝贵资源。

根据可查的统计资料，新中国成立以前的1946年，全市耕地面积仅有12.5万 hm^2，新中国成立后经过不断开发，截至2016年发展到178.8万 hm^2，70年增长了13倍。由于调查方法与应用目标的区别，全市耕地数据资料的主要来源有统计部门、农情信息和实施测土配方施肥与耕地地力评价项目几方面，后者主要在实施具体的专业技术项目上应用，取得的数据略有偏高（大约10万 hm^2）。统计部门的数据资料相对比较偏低但具有一定的纵深度，所以在如下的“历年耕地变化情况分析”中主要引用了统计部门数据。而在其他的“耕地土壤分布与养分状况”等章节借鉴了全市测土配方施肥与耕地地力评价资料，该部分数据资料具有大量详细的耕地土壤理化分析数据，可以作为指导农业生产的技术支撑，但不作为其他行政统计的依据。详见《呼伦贝尔市耕地地力与科学施肥》（中国农业出版社）一书。

第一节 耕地的开发与分布

一、耕地分布

全市耕地呈两条带状分布在大兴安岭东西两侧。岭东地区耕地从大兴安岭东麓延伸至松嫩平原北缘，岭西耕地分布在大兴安岭西侧丘陵山地向呼伦贝尔高平原的过渡地带。莫力达瓦达斡尔族自治旗、阿荣旗、鄂伦春自治旗的耕地面积居各旗（市、区）前三位，其次为扎兰屯市、牙克石市和额尔古纳市。此六旗（市）耕地面积占全市耕地总面积的90%以上，是全市的主要商品粮基地，也是农业重点开发地区。

二、历年耕地变化情况分析

依据《呼伦贝尔年鉴》统计结果，呼伦贝尔市主要年份耕地面积见表4-1。全市耕地以旱地为主，水田所占比例极小。中华人民共和国成立初期全市耕地面积只有15.7万 hm^2，中华人民共和国成立后全市农田开发加快，20世纪60年代初进行了以国有农场为主的大开荒，1960年全市耕地面积达44.0万 hm^2，经过调整，1970年耕地面积30.6万 hm^2。

20世纪70年代初，由于国有农场扩建、外来农民大量流入和农业学大寨运动、知识青年上山下乡运动的推动，全市耕地又一次大增长，到1978年达到60.6万 hm^2。20世纪80年代初期到90年代初期，全市耕地面积稳定在60万 hm^2 左右。90年代中期至2008年，全市耕地面积在120万 hm^2 左右。2013—2016年全市耕地面积增加到178.8万 hm^2。

表 4-1 呼伦贝尔市主要年份耕地面积统计

年份	年末实有耕地（hm²）	水田（hm²）	旱田（hm²）	其中：水浇地（hm²）
1946	125 587	220	15 367	—
1950	157 247	2 127	155 120	60
1960	440 040	5 300	434 740	3 860
1970	306 080	1 487	304 593	2 467
1978	605 620	2 620	603 000	8 527
1980	605 727	1 720	604 007	5 287
1988	604 373	5 080	599 293	2 667
1989	616 853	9 727	607 126	9 993
1990	647 640	15 974	631 666	2 393
1995	1 022 089	13 668	1 008 421	3 740
1996	1 204 304	10 580	1 193 724	3 975
1997	1 330 545	8 719	1 321 826	13 313
1998	1 255 995	8 719	1 247 276	13 178
1999	1 288 923	8 719	1 280 204	13 281
2000	1 260 122	5 813	1 254 309	107
2001	1 244 360	8 716	1 235 644	164
2002	1 207 984	11 164	1 187 620	7 954
2003	1 197 151	11 671	1 175 139	14 378
2004	1 194 459	12 966	1 181 493	252 636
2005	1 300 691	14 349	1 286 342	253 897
2006	1 244 636	8 716	1 235 920	163
2007	1 176 835	8 716	1 168 119	156
2008	1 195 360	8 716	1 175 921	163
2009	1 781 213	9 873	1 761 733	4 407
2010	1 781 213	9 873	1 761 733	4 407
2011	1 781 213	9 873	1 761 733	4 407
2012	1 781 213	9 873	1 761 733	4 407
2013	1 781 213	9 864	1 767 220	4 512
2014	1 781 213	9 864	1 767 250	4 512
2015	1 786 905	9 844	1 772 569	4 492
2016	1 788 211	9 835	1 772 166	6 209

注：数据来源于呼伦贝尔市统计局编制的《2017 呼伦贝尔市统计年鉴》。

全市历年耕地面积呈逐步上升趋势，大体可以划分为 3 个阶段，如图 4-1 所示。

水田是指种植水稻的大田，水浇地则指有水利灌溉条件的旱作农田。1946 年，全市水田面积仅有 220hm²，水田的大量开发是在中华人民共和国成立以后，特别是随着社会主义改造的基本完成，全市水田开发又进入了新阶段。1960 年，全市水田面积达到 5 300hm²。20 世纪 60、70 年代由于水田经济效益不佳和管理不善等原因，其面积呈逐年减少趋势，有些小灌区工程废弃。1970 年全市水田面积下降为1 487hm²。从 1985 年开始，国家加强了对较大灌区渠道枢纽工程的投资扶助，全市水田开发加快。1988 年水田面积 5 080hm²，1989 年增加到 9 727hm²，1990 年迅速增加到 15 974 hm²，达到历史峰值。之后，水田面积有所回落。目前，全市水田面积稳定在 9 800hm²左右。

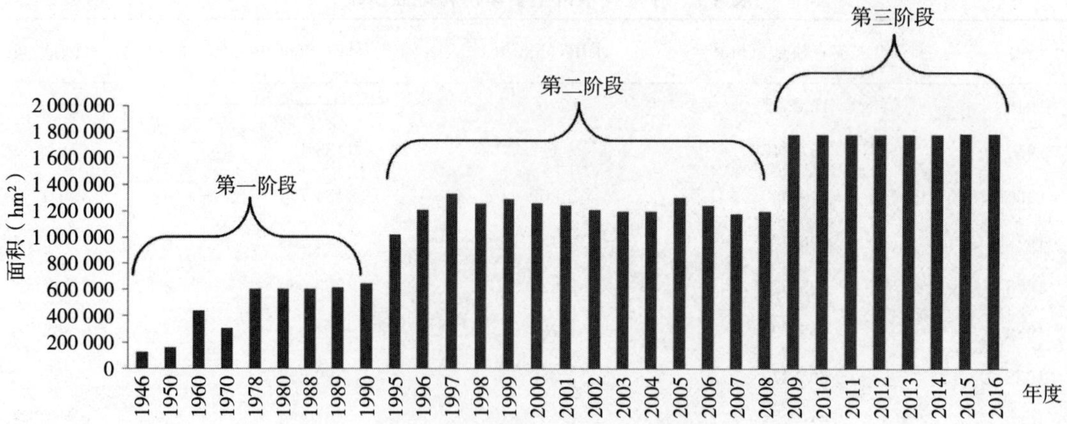

图 4-1 呼伦贝尔市主要年份年末实有耕地面积

第二节 耕地土壤分布与养分状况

全市耕地土壤共分 10 个土类、26 个亚类、57 个土属，在岭东的农区划分出 113 个土种。其中暗棕壤是分布面积最大的一类，为 658 024.8hm²，占全市耕地面积的 34.97%；其次是黑土，面积415 068.5hm²，占全市耕地面积的 22.06%；再次是黑钙土，面积 311 774.9hm²，占 16.57%。耕地养分分级标准是参照 2014 年出版的《呼伦贝尔市耕地地力与科学施肥》（中国农业出版社）一书划分的。

一、棕色针叶林土

耕地棕色针叶林土面积 2 892.7hm²，占全市耕地面积的 0.15%。主要分布在岭西的额尔古纳市、牙克石市和根河市，占 99.0%；其余 1%零星分布在岭东的扎兰屯市和鄂伦春自治旗。

棕色针叶林土养分含量高，有机质、全氮、有效磷含量为中等水平，碱解氮、全磷、全钾、速效钾、缓效钾含量属高水平，其他中微量元素含量也较丰富，见表 4-2。

表 4-2 棕色针叶林土养分含量

土壤养分	平均值	丰缺程度	变幅	土壤养分	平均值	丰缺程度	变幅
有机质（g/kg）	72.4	中等	46.7～112.8	交换性钙（mg/kg）	4 883.7	—	1 941.0～7 049.7
全氮（g/kg）	3.381	中等	2.094～5.857	交换性镁（mg/kg）	724.1	—	222.7～1 061.3
碱解氮（mg/kg）	275.7	高	201.9～442.2	有效铁（mg/kg）	109.5	极高	55.8～302.1
全磷（g/kg）	0.882	高	0.534～2.170	有效锰（mg/kg）	33.5	高	14.8～64.8
有效磷（mg/kg）	20.9	中等	4.2～49.4	有效铜（mg/kg）	1.27	高	0.48～1.89
全钾（g/kg）	20	高	1.6～28.3	有效锌（mg/kg）	1.6	高	0.58～5.51
速效钾（mg/kg）	249	高	148～406	有效钼（mg/kg）	0.25	中等	0.05～0.96
缓效钾（mg/kg）	987	高	337～1 510	水溶态硼（mg/kg）	0.75	中等	0.22～1.38
有效硫（mg/kg）	14.3	中等	7.1～38.3	pH	6.4	微酸	5.2～7.2
有效硅（mg/kg）	300.4	—	98.8～435.6	阳离子交换量［cmol（+）/kg］	36.4	极高	13.9～49.6

二、暗棕壤

耕地暗棕壤面积 658 024.8hm²，占全市耕地面积的 34.97%，是耕地土壤类型中面积最大的一类。主要分布在大兴安岭南麓，其中 99.75%分布在莫力达瓦达斡尔族自治旗、鄂伦春自治旗、阿荣旗和扎兰屯市；仅有 0.25%分布在牙克石市。

暗棕壤养分含量也较高，有机质、全氮、全磷、全钾、速效钾含量为中等水平，碱解氮、有效磷、缓效钾含量属高水平，除有效钼为低水平外，其他中微量元素含量较丰富，见表4-3。

表4-3 暗棕壤养分含量

土壤养分	平均值	丰缺程度	变幅	土壤养分	平均值	丰缺程度	变幅
有机质（g/kg）	57.7	中等	12～151.6	交换性钙（mg/kg）	4 591.0	—	118.4～9 720.5
全氮（g/kg）	2.833	中等	0.572～7.405	交换性镁（mg/kg）	548.6	—	26～1 232.6
碱解氮（mg/kg）	247.3	高	64.9～500.9	有效铁（mg/kg）	88.1	极高	13.1～371
全磷（g/kg）	0.829	中等	0.119～4.813	有效锰（mg/kg）	53.6	极高	0.2～166.9
有效磷（mg/kg）	24.4	高	2.5～106.5	有效铜（mg/kg）	1.29	高	0.08～5.27
全钾（g/kg）	15.5	中等	0.8～42.9	有效锌（mg/kg）	1.17	中等	0.04～5.98
速效钾（mg/kg）	190	中等	66～577	有效钼（mg/kg）	0.13	低	0.01～1.21
缓效钾（mg/kg）	836	高	154～1 798	水溶态硼（mg/kg）	0.50	中等	0.03～1.81
有效硫（mg/kg）	18.2	中等	2.4～120.6	pH	5.8	微酸	4.8～8.2
有效硅（mg/kg）	202.7	—	45.4～502.7	阳离子交换量[cmol（+）/kg]	29.1	极高	8.3～57.3

三、灰色森林土

耕地灰色森林土分布在大兴安岭北麓，面积68 994.9hm²，占全市耕地面积的3.67%。其中93.91%分布在牙克石市，其余6.09%零星分布在额尔古纳市、陈巴尔虎旗、鄂温克族自治旗、根河市、新巴尔虎左旗。

灰色森林土速效钾、缓效钾养分含量高，有机质和其他大量元素含量中等，有效钼含量缺乏，有效铁、阳离子交换量极高，见表4-4。

表4-4 灰色森林土养分含量

土壤养分	平均值	丰缺程度	变幅	土壤养分	平均值	丰缺程度	变幅
有机质（g/kg）	67.1	中等	34～112.4	交换性钙（mg/kg）	4 856.1	—	1 572.2～8 497.3
全氮（g/kg）	3.329	中等	1.583～4.894	交换性镁（mg/kg）	457.6	—	109.9～1 734
碱解氮（mg/kg）	237.5	中等	144.5～435.8	有效铁（mg/kg）	86.0	极高	25.8～251.6
全磷（g/kg）	0.567	中等	0.369～1.409	有效锰（mg/kg）	31.7	高	13.4～99.2
有效磷（mg/kg）	21.6	中等	6.9～54.1	有效铜（mg/kg）	1.37	高	0.31～2.91
全钾（g/kg）	15.9	中等	9.5～29.1	有效锌（mg/kg）	1.33	中等	0.24～2.88
速效钾（mg/kg）	239	高	127～500	有效钼（mg/kg）	0.10	低	0.04～0.97
缓效钾（mg/kg）	786	高	361～1 589	水溶态硼（mg/kg）	0.52	中等	0.27～1.62
有效硫（mg/kg）	15.9	中等	3.5～68.3	pH	6.7	中性	5.9～7.6
有效硅（mg/kg）	208.5	—	127.7～638.5	阳离子交换量[cmol（+）/kg]	24.6	极高	13.8～63

四、黑土

黑土分布在大兴安岭南麓，是耕地第二大土壤类型，面积415 068.5hm²，占全市耕地面积的22.06%。其中51.22%分布在莫力达瓦达斡尔族自治旗，22.95%分布在阿荣旗，15.64%分布在鄂伦春自治旗，10.19%分布在扎兰屯市。

黑土土壤有机质、全氮、速效钾含量中等，其他大量元素含量较高，其养分含量见表4-5。

表 4-5 黑土养分含量

土壤养分	平均值	丰缺程度	变幅	土壤养分	平均值	丰缺程度	变幅
有机质（g/kg）	57.0	中等	11.7～138.5	交换性钙（mg/kg）	4 225.3	—	118.4～9 527.8
全氮（g/kg）	2.871	中等	0.507～7.86	交换性镁（mg/kg）	569.0	—	28.5～1 224.3
碱解氮（mg/kg）	251.4	高	55.5～505.1	有效铁（mg/kg）	90.4	极高	13.6～318.9
全磷（g/kg）	0.835	高	0.131～4.860	有效锰（mg/kg）	49.7	高	0.8～142.8
有效磷（mg/kg）	23.7	高	3.5～99.6	有效铜（mg/kg）	1.53	高	0.13～4.43
全钾（g/kg）	17.3	高	0.8～36.9	有效锌（mg/kg）	1.03	中等	0.04～5.19
速效钾（mg/kg）	185	中等	50～540	有效钼（mg/kg）	0.14	低	0.01～1.22
缓效钾（mg/kg）	795	高	200～1 784	水溶态硼（mg/kg）	0.53	中等	0.02～1.89
有效硫（mg/kg）	20.9	中等	1.7～123.9	pH	5.8	微酸	4.6～7.7
有效硅（mg/kg）	209.1	—	45.6～484.7	阳离子交换量［cmol（+）/kg］	29.8	极高	7.3～56.4

五、黑钙土

黑钙土是耕地第三大土壤类型，面积 311 774.9hm²，占全市耕地面积的 16.57%，分布在大兴安岭北麓。其中 55.79%集中在额尔古纳市，23.66%分布在陈巴尔虎旗，其余 20.54%分布在牙克石市、新巴尔虎左旗、鄂温克族自治旗和海拉尔区。

黑钙土钾素含量较高，有机质、全氮、有效磷含量中等，其他养分含量详见表 4-6。

表 4-6 黑钙土养分含量

土壤养分	平均值	丰缺程度	变幅	土壤养分	平均值	丰缺程度	变幅
有机质（g/kg）	66.5	中等	22.1～117.1	交换性钙（mg/kg）	4 987.4	—	821.4～9 220.7
全氮（g/kg）	3.178	中等	1.243～6.526	交换性镁（mg/kg）	752.9	—	248.9～1 542.9
碱解氮（mg/kg）	249.2	高	110.9～494.8	有效铁（mg/kg）	69.4	极高	7.1～289.9
全磷（g/kg）	0.755	中等	0.287～2.163	有效锰（mg/kg）	35.0	高	6～107.2
有效磷（mg/kg）	21.3	中等	2.2～51.5	有效铜（mg/kg）	1.17	高	0.06～3.36
全钾（g/kg）	20.6	高	9.7～32.3	有效锌（mg/kg）	1.09	中等	0.12～5.8
速效钾（mg/kg）	271	高	23～562	有效钼（mg/kg）	0.19	中等	0.02～1.58
缓效钾（mg/kg）	941	高	139～1 722	水溶态硼（mg/kg）	0.94	中等	0.28～2.08
有效硫（mg/kg）	19.2	中等	1.7～64	pH	6.7	中性	5.7～8
有效硅（mg/kg）	295.5	—	80.5～630.9	阳离子交换量［cmol（+）/kg］	32.9	极高	11.7～53.2

六、栗钙土

耕地栗钙土面积 28 373.5hm²，占全市耕地面积的 1.51%，分布在大兴安岭北麓。其中 84.09%集中在海拉尔区，11.10%分布在陈巴尔虎旗，其余 4.81%分布在满洲里市、新巴尔虎左旗、新巴尔虎右旗、鄂温克族自治旗。其养分含量见表 4-7。

表 4-7　栗钙土养分含量

土壤养分	平均值	丰缺程度	变幅	土壤养分	平均值	丰缺程度	变幅
有机质（g/kg）	43.1	中等	12.9～109.5	交换性钙（mg/kg）	3 574.8	—	583.5～8 978.8
全氮（g/kg）	2.011	中等	0.678～5.747	交换性镁（mg/kg）	601.5	—	265.2～987.4
碱解氮（mg/kg）	174.3	中等	62.7～588	有效铁（mg/kg）	26.2	中等	1.3～166
全磷（g/kg）	0.755	中等	0.216～1.767	有效锰（mg/kg）	20.3	中等	2.2～105.4
有效磷（mg/kg）	22.7	高	2.2～81.7	有效铜（mg/kg）	0.74	中等	0.12～3.61
全钾（g/kg）	18.4	高	7.8～30.8	有效锌（mg/kg）	0.86	中等	0.09～5.88
速效钾（mg/kg）	156	中等	23～524	有效钼（mg/kg）	0.32	中等	0.04～1.01
缓效钾（mg/kg）	727	高	59～1 560	水溶态硼（mg/kg）	0.79	中等	0.23～2.32
有效硫（mg/kg）	18.7	中等	4.7～57.7	pH	7.0	中性	5.9～8.5
有效硅（mg/kg）	216.6	—	38.4～533.7	阳离子交换量［cmol（+）/kg］	25.7	极高	9.8～44.9

七、暗色草甸土

暗色草甸土是耕地第四大土壤类型，面积 270 237.6hm²，占全市耕地面积的 14.36%。全市境内均有分布，主要分布在大兴安岭南麓，26.59%的面积分布在扎兰屯市，25.18%分布在阿荣旗，17.51%分布在莫力达瓦达斡尔族自治旗，11.89%分布在鄂伦春自治旗，其余 18.83%分布在岭西各旗市。

暗色草甸土养分含量中等，全钾、缓效钾含量较高，有效铁含量极高，有效钼缺乏，土壤呈微酸性反应，见表 4-8。

表 4-8　暗色草甸土养分含量

土壤养分	平均值	丰缺程度	变幅	土壤养分	平均值	丰缺程度	变幅
有机质（g/kg）	54.5	中等	11.8～136.9	交换性钙（mg/kg）	4 160.6	—	118.4～9 639
全氮（g/kg）	2.741	中等	0.642～7.016	交换性镁（mg/kg）	549.1	—	25.6～1 836.6
碱解氮（mg/kg）	236.9	中等	38.2～576.4	有效铁（mg/kg）	101.3	极高	10.4～371
全磷（g/kg）	0.794	中等	0.21～4.025	有效锰（mg/kg）	44.0	高	4.5～143.9
有效磷（mg/kg）	21.1	中等	3.6～101.4	有效铜（mg/kg）	1.32	高	0.05～4.65
全钾（g/kg）	17.3	高	0.8～44.3	有效锌（mg/kg）	1.22	中等	0.05～6.23
速效钾（mg/kg）	184	中等	51～537	有效钼（mg/kg）	0.16	低	0.01～1.73
缓效钾（mg/kg）	758	高	162～1 763	水溶态硼（mg/kg）	0.51	中等	0.02～2.82
有效硫（mg/kg）	17.2	中等	1.5～94.3	pH	5.9	微酸	4.7～8.3
有效硅（mg/kg）	193.6	—	44.6～630.1	阳离子交换量［cmol（+）/kg］	26.6	极高	7～56.5

八、沼泽土

耕地沼泽土面积 124 181.2hm²，占全市耕地面积的 6.60%。分布地域广泛，32.67%分布在鄂伦春自治旗，26.19%分布在牙克石市，20.44%分布在阿荣旗，16.60%分布在莫力达瓦达斡尔族自治旗，4.10%分布在其他旗（市、区）。

沼泽土有机质、全氮、全钾含量中等，碱解氮等大量元素含量较高，有效钼含量缺乏。其他养分含量详见表 4-9。

表 4-9 沼泽土养分含量

土壤养分	平均值	丰缺程度	变幅	土壤养分	平均值	丰缺程度	变幅
有机质（g/kg）	65.9	中等	14～149.5	交换性钙（mg/kg）	3 905.7	—	118.4～8 894.2
全氮（g/kg）	3.238	中等	0.486～6.429	交换性镁（mg/kg）	481.2	—	103.4～1 448.5
碱解氮（mg/kg）	263.8	高	35.5～537	有效铁（mg/kg）	112.9	极高	11.3～371
全磷（g/kg）	0.862	高	0.163～4.442	有效锰（mg/kg）	44.8	高	0.5～141.2
有效磷（mg/kg）	22.4	高	3.3～107.9	有效铜（mg/kg）	1.25	高	0.05～5.09
全钾（g/kg）	12.4	中等	0.9～42.4	有效锌（mg/kg）	1.22	中等	0.08～5.03
速效钾（mg/kg）	207	高	51～588	有效钼（mg/kg）	0.12	低	0.01～1.07
缓效钾（mg/kg）	757	高	89～1 869	水溶态硼（mg/kg）	0.50	中等	0.02～2.04
有效硫（mg/kg）	20.7	中等	2.6～104.8	pH	6.0	微酸	4.8～8.2
有效硅（mg/kg）	203.7	—	73.2～601.3	阳离子交换量［cmol（+）/kg］	27.3	极高	8.8～59

九、水稻土

耕地水稻土面积 947.4hm²，占全市耕地面积的 0.05%，分布在扎兰屯市成吉思汗镇繁荣村、红光村、新站村。水稻土养分含量较低，有机质、全氮、速效钾含量缺乏，碱解氮、有效磷含量中等，见表 4-10。

表 4-10 水稻土养分含量

土壤养分	平均值	丰缺程度	变幅	土壤养分	平均值	丰缺程度	变幅
有机质（g/kg）	31.7	低	16.9～44.3	交换性钙（mg/kg）	2 862.6	—	2 276～4 260.8
全氮（g/kg）	1.395	低	0.783～2.033	交换性镁（mg/kg）	377.6	—	232.1～700.6
碱解氮（mg/kg）	165.2	中等	141.8～195.1	有效铁（mg/kg）	207.8	极高	85.6～291.6
全磷（g/kg）	0.694	中等	0.454～1.135	有效锰（mg/kg）	69.2	极高	18.3～112.2
有效磷（mg/kg）	13.6	中等	4.7～48.5	有效铜（mg/kg）	1.84	高	0.82～2.58
全钾（g/kg）	21.8	高	18.8～25	有效锌（mg/kg）	1.20	中等	0.56～2.29
速效钾（mg/kg）	93	低	52～197	有效钼（mg/kg）	0.25	中等	0.06～0.55
缓效钾（mg/kg）	429	中等	320～630	水溶态硼（mg/kg）	0.25	低	0.1～0.69
有效硫（mg/kg）	14.4	中等	8.2～35.7	pH	5.5	酸性	5.1～6.9
有效硅（mg/kg）	176.7	—	143.5～196.1	阳离子交换量［cmol（+）/kg］	19.0	高	14.5～24.8

十、风沙土

耕地风沙土面积 1 403.3hm²，占全市耕地面积的 0.07%，集中分布在新巴尔虎左旗，占 98.27%；海拉尔区占 1.59%；陈巴尔虎旗占 0.14%。风沙土钾素含量较高，有效锌缺乏，有机质、全氮等大量元素含量中等，见表 4-11。

表 4-11　风沙土养分含量

土壤养分	平均值	丰缺程度	变幅	土壤养分	平均值	丰缺程度	变幅
有机质（g/kg）	51.9	中等	27.9～65.9	交换性钙（mg/kg）	3 608.0	—	2 466.3～4 162.5
全氮（g/kg）	2.547	中等	1.466～3.349	交换性镁（mg/kg）	506.2	—	322.8～709.8
碱解氮（mg/kg）	229.7	中等	113.7～287.7	有效铁（mg/kg）	51.2	极高	5.5～88.6
全磷（g/kg）	0.465	中等	0.313～1.141	有效锰（mg/kg）	24.7	中等	7.6～35.1
有效磷（mg/kg）	14.4	中等	6.3～37	有效铜（mg/kg）	0.63	中等	0.32～2.41
全钾（g/kg）	22.8	高	16.1～25.1	有效锌（mg/kg）	0.57	低	0.13～5.5
速效钾（mg/kg）	223	高	128～346	有效钼（mg/kg）	0.31	中等	0.12～0.9
缓效钾（mg/kg）	744	高	530～1 117	水溶态硼（mg/kg）	0.77	中等	0.49～1.37
有效硫（mg/kg）	14.1	中等	7.4～25.8	pH	6.5	微酸	6.2～7.8
有效硅（mg/kg）	234.0	—	106.8～307.4	阳离子交换量[cmol（+）/kg]	23.1	极高	12.9～31.5

第三节　耕地土壤养分变化趋势

一、养分现状

根据《呼伦贝尔市耕地地力与科学施肥》一书统计结果，呼伦贝尔市耕地土壤养分含量见表 4-12。

表 4-12　全市耕地土壤养分含量

土壤养分	平均值	丰缺程度	变幅	土壤养分	平均值	丰缺程度	变幅
有机质（g/kg）	59.2	中等	11.7～151.6	交换性钙（mg/kg）	4 462.2	—	118.4～9 830.7
全氮（g/kg）	2.918	中等	0.49～7.86	交换性镁（mg/kg）	580.2	—	25.6～1 836.6
碱解氮（mg/kg）	247	高	35.5～588.0	有效铁（mg/kg）	88.1	极高	1.3～371.0
全磷（g/kg）	0.804	中等	0.12～4.86	有效锰（mg/kg）	46.3	高	0.2～166.9
有效磷（mg/kg）	23	高	2.2～107.9	有效铜（mg/kg）	1.32	高	0.05～5.27
全钾（g/kg）	16.9	高	0.8～44.3	有效锌（mg/kg）	1.14	中等	0.04～6.23
速效钾（mg/kg）	204	高	23～588	有效钼（mg/kg）	0.15	低	0.01～1.73
缓效钾（mg/kg）	825	高	59～1 881	水溶态硼（mg/kg）	0.59	中等	0.02～2.94
有效硫（mg/kg）	18.9	中等	1.5～123.9	pH	6.02	微酸	4.6～8.5
有效硅（mg/kg）	218.8	—	38.4～667.2	阳离子交换量[cmol（+）/kg]	29.2	—	7～76.4

全市耕地呈微酸性，除有效钼为低水平外，其余大、中、微量元素平均值均达到中等或中等以上水平。各类养分含量分级面积统计见表 4-13、表 4-14。

表 4-13　全市耕地土壤大量元素养分分级面积统计

土壤养分	丰缺程度／面积及比例	极低	低	中	高	极高
有机质（g/kg）	分级标准	≤15.5	15.5～37.4	37.4～72.5	72.5～112.7	>112.7
	面积（hm^2）	319.56	135 892.27	1 385 326.98	359 195.52	1 164.60
	比例（%）	0.02	7.22	73.61	19.09	0.06
全氮（g/kg）	分级标准	≤0.87	0.87～1.96	1.96～3.60	3.60～5.39	>5.39
	面积（hm^2）	810.88	191 250.24	1 341 226.18	341 510.53	7 101.12
	比例（%）	0.04	10.16	71.27	18.15	0.38

（续）

土壤养分	丰缺程度 / 面积及比例	极低	低	中	高	极高
碱解氮（mg/kg）	分级标准	≤77	77～149	149～245	245～340	>340
	面积（hm²）	998.87	52 603.26	920 933.52	809 052.26	98 311.04
	比例（%）	0.05	2.80	48.94	42.99	5.22
全磷（g/kg）	分级标准	≤0.16	0.16～0.41	0.41～0.83	0.83～1.34	>1.34
	面积（hm²）	13.54	124 995.37	969 031.14	699 090.31	88 768.59
	比例（%）	0.001	6.64	51.49	37.15	4.72
有效磷（mg/kg）	分级标准	≤3.4	3.4～9.9	9.9～22.0	22.0～37.6	>37.6
	面积（hm²）	188.72	40 515.91	984 420.48	735 744.58	121 029.25
	比例（%）	0.01	2.15	52.31	39.10	6.43
全钾（g/kg）	分级标准	≤2.28	2.28～7.13	7.13～16.79	16.79～29.72	>29.72
	面积（hm²）	44 949.39	225 655.91	500 704.89	1 098 979.75	11 608.99
	比例（%）	2.39	11.99	26.61	58.40	0.62
速效钾（mg/kg）	分级标准	≤46	46～106	106～198	198～300	>300
	面积（hm²）	110.15	62 343.01	920 019.13	734 796.64	164 630.01
	比例（%）	0.01	3.31	48.89	39.05	8.75
缓效钾（mg/kg）	分级标准	≤85	85～282	282～693	693～1 261	>1 261
	面积（hm²）	63.05	10 975.89	535 443.90	1 268 441.79	66 974.31
	比例（%）	0.003	0.58	28.45	67.40	3.56

表 4-14 全市耕地土壤中、微量元素养分分级面积统计

土壤养分	丰缺程度 / 面积及比例	极低	低	中	高	极高
有效硫（mg/kg）	分级标准	≤4.9	4.9～11.7	11.7～22.3	22.3～34.4	>34.4
	面积（hm²）	7 902.56	456 907.43	889 475.77	383 424.49	144 188.69
	比例（%）	0.42	24.28	47.26	20.37	7.66
有效铁（mg/kg）	分级标准	≤5.6	5.6～14.5	14.5～29.7	29.7～47.9	>47.9
	面积（hm²）	481.55	2 106.49	58 675.05	214 707.15	1 605 928.70
	比例（%）	0.03	0.11	3.12	11.41	85.34
有效锰（mg/kg）	分级标准	≤4.0	4.0～15.0	15.0～30.0	30.0～50.0	>50.0
	面积（hm²）	75.71	20 240.28	321 390.87	827 411.83	712 780.26
	比例（%）	0.00	1.08	17.08	43.97	37.88
有效铜（mg/kg）	分级标准	≤0.10	0.10～0.20	0.20～1.00	1.00～2.00	>2.00
	面积（hm²）	38.47	281.52	437 924.15	1 342 655.04	100 999.77
	比例（%）	0.00	0.01	23.27	71.35	5.37
有效锌（mg/kg）	分级标准	≤0.30	0.30～0.74	0.74～1.43	1.43～2.23	>2.23
	面积（hm²）	18 103.29	432 917.55	959 141.07	402 550.43	69 186.60
	比例（%）	0.962	23.00	50.97	21.39	3.68
有效钼（mg/kg）	分级标准	≤0.09	0.09～0.18	0.18～0.32	0.32～0.47	>0.47
	面积（hm²）	485 623.83	940 927.47	360 386.00	60 591.37	34 370.27
	比例（%）	25.80	50.00	19.15	3.22	1.83
水溶态硼（mg/kg）	分级标准	≤0.14	0.14～0.42	0.42～0.94	0.94～1.61	>1.61
	面积（hm²）	9 362.38	581 254.02	1 071 568.28	215 828.58	3 885.68
	比例（%）	0.50	30.89	56.94	11.47	0.21
阳离子交换量［cmol（+）/kg］	分级标准	≤6.2	6.2～10.5	10.5～15.4	15.4～20.0	>20.0
	面积（hm²）	—	2 550.55	41 744.65	129 577.40	1 708 026.35
	比例（%）	—	0.14	2.22	6.89	90.76

二、养分变化趋势

随着农业生产的发展及施肥、耕作经营管理水平的变化，耕地土壤有机质及大量元素含量也随之变化。与1981—1987年全国第二次土壤普查时的耕层养分测定结果相比，全市耕地土壤有机质、全氮、碱解氮、速效钾含量平均值有所下降，有效磷平均含量显著提高。有机质由61.48g/kg下降到59.22g/kg，降幅3.68%；全氮由3.101g/kg降低到2.918g/kg，降低了5.91%；碱解氮由270.9mg/kg下降到246.6mg/kg，降幅8.96%；速效钾由252mg/kg下降到204mg/kg，下降19.02%；有效磷则由12.3mg/kg增加到23.0mg/kg，提高了86.75%。

第四节 耕地地力评价

一、评价方法

以GIS为平台，利用GPS、RS获取动态信息，建立耕地属性数据库和空间数据库，集成呼伦贝尔市耕地资源管理信息系统。选取土壤管理、剖面性状、立地条件、耕层养分4个项目的15个因素作为全市耕地地力的评价指标，采用土壤图、土地利用现状图、行政区划图和坡度图叠加形成的图斑作为评价的基本单元，每个评价单元的行政区域、土壤类型、利用方式等相对比较一致。以县域耕地资源管理信息系统（CLRMIS4.0）为平台编辑并建立层次分析模型和隶属函数模型，以评价单元图为基础对全市耕地进行生产潜力评价，确定地力综合指数和分级方案（等距法），得出评价单元的地力等级。

二、评价结果

全市耕地地力等级面积分布见表4-15。耕地一级地面积234 239.1hm^2，占耕地总面积的12.45%；二级地面积392 931.0hm^2，占20.88%；三级地面积545 070.1hm^2，占28.96%；四级地面积454 067.4hm^2，占24.13%；五级地面积193 533.7hm^2，占10.28%；六级地面积52 051.8hm^2，占2.77%；七级地面积10 005.9hm^2，占0.53%。

表4-15 全市耕地地力等级面积分布（hm^2）

行政区	一级地	二级地	三级地	四级地	五级地	六级地	七级地
全市汇总	234 239.1	392 931.0	545 070.1	454 067.4	193 533.7	52 051.8	10 005.9
海拉尔区	362.12	8 488.77	7 613.62	5 742.9	1 864.4	4 841.25	810.04
满洲里市	131.67	294.13	655.8	444.59	110.18	74.44	20.58
扎兰屯市	21 092.94	55 361.88	70 086.69	43 995.02	32 965.39	17 438.19	4 725.62
牙克石市	12 271.01	47 520.96	67 410.5	29 401.91	1 071.41	50.15	
阿荣旗	5 094.56	35 198.16	99 032.57	110 260.6	61 728.66	14 394.16	774.37
莫力达瓦达斡尔族自治旗	35 643.46	83 954.06	153 524.9	185 258.7	66 212.86	4 295.75	48.81
根河市	100.85	304.02	785.17	711.8	344.81		
额尔古纳市	110 659.2	53 858.32	21 248.8	3 162.67	72.03		
鄂伦春自治旗	35 009.53	72 273.43	83 363.83	50 957.06	24 904.47	10 754.72	1 848
鄂温克族自治旗	349.28	1 998.44	5 077.92	3 132.75	1 355.53	77.17	144.26
陈巴尔虎旗	11 335.74	26 953.77	28 445.51	14 006.6	1 083.19	19.24	
新巴尔虎左旗	2 188.73	6 725.01	7 795.13	6 929.56	1 763	39.06	1 531.65
新巴尔虎右旗			29.69	63.28	57.72	67.65	102.57

一、二级耕地除新巴尔虎右旗外在其他旗（市、区）均有分布，面积627 170.0hm^2，占耕地总面积的33.33%。一、二级耕地主要集中在额尔古纳市境内、莫力达瓦达斡尔族自治旗北部和鄂伦春

自治旗东部，面积达 391 398.0hm²，占一、二级耕地面积的 62.41%。该区域的主要土壤为黑钙土、黑土和暗色草甸土，其土层深厚，地势平坦，分布在丘岗坡麓、河谷阶地和坡度≤2°的坡面上，土壤养分含量高，种植作物为小麦、油菜、大麦和大豆。

三、四级耕地在全市所占比重最大，面积 999 137.59hm²，占耕地总面积的 53.09%。主要分布在岭东地区的莫力达瓦达斡尔族自治旗和阿荣旗，土壤以暗棕壤和黑土为主，土层较厚，地形部位以 2°～6°的丘岗坡面、河谷阶地、丘岗坡麓为主，土壤养分含量中等，种植作物为大豆、玉米。

五、六、七级耕地面积 255 591.3hm²，占耕地总面积的 13.58%。主要分布在除额尔古纳市、根河市、牙克石市以外的其他旗（市、区）。土壤类型以暗棕壤、栗钙土和黑土为主，多分布在 2°～15°的丘岗坡面和丘岗顶部，土壤瘠薄，条件较差，耕作比较困难。

第五节 耕地环境质量评价

一、评价方法

采用分指数法计算单因子污染指数，采用尼梅罗污染指数法计算多因子综合污染指数。分别选择土壤和水质二者环境要素中多因子综合污染指数的最低级别，并以该级别标准计算水、土环境要素综合指数，根据综合污染指数大小，对污染程度进行分级。

二、评价结果

岭东、岭西地区土壤污染评价结果见表 4-16、表 4-17。结果表明岭东、岭西地区土壤单因子污染指数都小于 1，属于未污染；综合污染指数均小于 0.7，达到 1 级标准，属于清洁水平，符合《无公害食品蔬菜产地环境条件》（NY5010—2001）和《绿色食品产地环境技术条件》（NY/T391—2000）的土壤环境条件标准。

表 4-16 岭东地区土壤污染评价结果

序号	单因子污染指数 P_i						综合污染指数		
	镉	汞	砷	铜	铅	铬	$P_{i平均}$	$P_{i\max}$	$P_{综}$
1	0.123	0.128	0.062	0.228	0.362	0.082	0.164	0.362	0.281
2	0.270	0.124	0.038	0.173	0.198	0.088	0.148	0.270	0.218
3	0.210	0.188	0.043	0.186	0.206	0.088	0.154	0.210	0.184
4	0.183	0.156	0.070	0.218	0.252	0.073	0.159	0.252	0.211
5	0.203	0.084	0.056	0.175	0.292	0.057	0.145	0.292	0.230
6	0.227	0.092	0.062	0.210	0.324	0.085	0.167	0.324	0.258
7	0.207	0.180	0.050	0.224	0.314	0.081	0.176	0.314	0.255
8	0.333	0.076	0.259	—	0.254	0.425	0.269	0.425	0.356
9	0.333	0.084	0.282	—	0.362	0.493	0.311	0.493	0.412
10	0.333	0.072	0.317	—	0.352	0.454	0.306	0.454	0.387
11	0.333	0.100	0.174	—	0.276	0.408	0.258	0.408	0.341
12	0.333	0.084	0.222	—	0.282	0.387	0.262	0.387	0.330
13	0.333	0.128	0.442	—	0.294	0.408	0.321	0.442	0.387
14	0.333	0.076	0.248	—	0.264	0.327	0.250	0.333	0.294
15	0.333	0.128	0.372	—	0.322	0.426	0.316	0.426	0.375
16	0.333	0.124	0.354	—	0.268	0.360	0.288	0.360	0.326
17	0.233	0.024	0.108	0.170	0.412	0.387	0.222	0.412	0.331
18	0.533	0.420	0.132	0.210	0.492	0.302	0.348	0.533	0.450
19	0.167	0.004	0.232	0.512	0.502	0.195	0.269	0.512	0.409

（续）

序号	单因子污染指数 P_i						综合污染指数		
	镉	汞	砷	铜	铅	铬	$P_{i平均}$	$P_{i\max}$	$P_{综}$
20	0.413	0.571	0.451	0.352	0.576	0.423	0.464	0.576	0.523
21	0.167	0.003	0.200	0.377	0.474	0.313	0.256	0.474	0.381
22	0.333	0.003	0.265	0.322	0.502	0.153	0.263	0.502	0.401
23	0.333	0.060	0.322	—	0.368	0.387	0.294	0.387	0.343
24	0.333	0.073	0.310	—	0.262	0.360	0.268	0.360	0.317
25	0.120	0.104	0.276	—	0.560	0.353	0.283	0.560	0.444
26	0.233	0.240	0.504	0.414	0.518	0.490	0.400	0.518	0.463
27	0.500	0.120	0.344	0.424	0.480	0.514	0.397	0.514	0.459
28	0.633	0.120	0.312	0.358	0.576	0.402	0.400	0.633	0.530
29	0.367	0.120	0.328	0.464	0.644	0.571	0.416	0.644	0.542
30	0.600	0.160	0.348	0.614	0.486	0.349	0.426	0.614	0.528
31	0.063	0.141	0.119	0.027	0.477	0.193	0.170	0.477	0.358
32	0.080	0.110	0.144	0.029	0.282	0.183	0.138	0.282	0.222
33	0.063	0.092	0.263	0.029	0.298	0.299	0.174	0.299	0.245
34	0.123	0.097	0.176	0.025	0.518	0.314	0.209	0.518	0.395
35	0.070	0.103	0.219	0.018	0.644	0.022	0.179	0.644	0.473
36	0.077	0.065	0.366	0.026	0.521	0.257	0.219	0.521	0.399
37	0.057	0.077	0.183	0.019	0.493	0.191	0.170	0.493	0.368
38	0.117	0.077	0.189	0.020	0.406	0.230	0.173	0.406	0.312
39	0.110	0.095	0.221	0.017	0.619	0.206	0.211	0.619	0.462
40	0.067	0.108	0.206	0.022	0.527	0.165	0.183	0.527	0.394
41	0.113	0.109	0.239	0.017	0.247	0.213	0.156	0.247	0.207
42	0.113	0.091	0.353	0.025	0.471	0.276	0.222	0.471	0.368

表 4-17 岭西地区土壤污染评价结果

序号	单因子污染指数 P_i						综合污染指数		
	镉	汞	砷	铜	铅	铬	$P_{i平均}$	$P_{i\max}$	$P_{综}$
1	0.333	0.150	0.425	0.267	0.232	0.512	0.320	0.512	0.427
2	0.573	0.177	0.280	0.172	0.312	0.352	0.311	0.573	0.461
3	0.307	0.147	0.451	0.310	0.392	0.590	0.366	0.590	0.491
4	0.237	0.120	0.487	0.285	0.380	0.538	0.341	0.538	0.450
5	0.397	0.160	0.515	0.335	0.312	0.597	0.386	0.597	0.502
6	0.203	0.200	0.359	0.235	0.388	0.498	0.314	0.498	0.416
7	0.267	0.100	0.530	0.298	0.346	0.598	0.357	0.598	0.493
8	0.177	0.113	0.471	0.253	0.344	0.524	0.314	0.524	0.432
9	0.383	0.137	0.413	0.285	0.340	0.590	0.358	0.590	0.488
10	0.573	0.177	0.280	0.172	0.312	0.352	0.311	0.573	0.461
11	0.400	0.100	0.058	0.152	0.320	0.533	0.260	0.533	0.420
12	0.267	0.124	0.077	0.156	0.324	0.442	0.232	0.442	0.353
13	0.367	0.107	0.080	0.113	0.210	0.475	0.225	0.475	0.372
14	0.433	0.124	0.032	0.104	0.230	0.500	0.237	0.500	0.391
15	0.367	0.176	0.140	0.312	0.302	0.350	0.274	0.367	0.324
16	0.187	0.152	0.292	0.192	0.498	0.308	0.272	0.498	0.401
17	0.213	0.076	0.292	0.308	0.332	0.457	0.280	0.457	0.379
18	0.227	0.080	0.405	0.238	0.602	0.413	0.327	0.602	0.485
19	0.140	0.073	0.250	0.222	0.410	0.313	0.235	0.410	0.334
20	0.193	0.170	0.325	0.147	0.502	0.275	0.269	0.502	0.403

岭东、岭西地区农田灌溉水资源单因子污染指数和综合污染指数见表 4-18、表 4-19。岭东、岭西地区主要河流及地下水污染调查样点的单因子污染指数都小于 1，多因子综合污染指数均小于 0.7。评价结果为灌溉水水资源没有受到污染，水质达 1 级标准，属于清洁水平，符合《无公害食品蔬菜产地环境条件》（NY5010—2001）和《绿色食品产地环境技术条件》（NY/T391—2000）的灌溉用水水质标准。

根据土壤和灌溉水资源的评价结果，分别计算岭东地区和岭西地区水、土综合指数，水和土的权重分别取 0.30 和 0.70。

岭东地区：

$$P_{土、水}=W_{土}\cdot P_{土}+W_{水}\cdot P_{水}=0.70\times0.542+0.30\times0.583=0.55$$

岭西地区：

$$P_{土、水}=W_{土}\cdot P_{土}+W_{水}\cdot P_{水}=0.70\times0.502+0.30\times0.368=0.46$$

综合评价结果表明，岭东地区水土综合指数为 0.55，岭西地区水土综合指数为 0.46，均小于 0.7，按规程规定的污染类划分，耕地土壤单项因素和综合因素评价均为非污染，综合环境质量状况属于清洁水平。

表 4-18 岭东地区农田灌溉水资源污染评价结果

序号	单因子污染指数 P_i							综合污染指数		
	汞	镉	砷	铅	铬（六价）	氟化物	化学需氧量	$P_{i平均}$	$P_{i\max}$	$P_{综}$
1	0.106	0.003	0.070	0.023	0.018	0.143	—	0.061	0.143	0.108
2	0.402	0.012	0.280	0.025	0.018	0.064	—	0.134	0.402	0.296
3	0.025	0.014	0.070	0.031	0.020	0.107	—	0.045	0.107	0.080
4	0.025	0.800	0.070	0.250	0.020	0.025	—	0.198	0.800	0.578
5	0.025	0.800	0.070	0.250	0.020	0.025	—	0.198	0.800	0.578
6	0.030	0.500	0.080	0.060	0.200	0.171	—	0.174	0.500	0.369
7	0.003	0.160	0.006	0.240	0.100	0.064	0.224	0.114	0.240	0.188
8	0.003	0.460	0.006	0.070	0.200	0.075	0.031	0.121	0.460	0.336
9	0.003	0.360	0.006	0.310	0.200	0.107	0.034	0.146	0.360	0.275
10	0.003	0.100	0.006	0.230	0.300	0.025	0.034	0.100	0.300	0.224
11	0.025	0.500	—	0.250	0.200	0.025	—	0.167	0.500	0.373
12	0.025	0.500	—	0.250	0.100	0.171	—	0.174	0.500	0.374
13	0.020	0.500	0.024	0.005	0.020	0.080	—	0.108	0.500	0.360
14	0.020	0.500	0.013	0.005	0.020	0.080	—	0.106	0.500	0.359
15	0.020	0.500	0.025	0.005	0.020	0.075	—	0.108	0.500	0.360
16	0.020	0.500	0.026	0.005	0.020	0.070	—	0.107	0.500	0.359
17	0.020	0.500	0.025	0.005	0.020	0.080	—	0.108	0.500	0.360
18	0.020	0.500	0.024	0.005	0.020	0.080	—	0.108	0.500	0.360
19	0.402	0.012	0.280	0.025	0.018	0.064	—	0.134	0.402	0.296
20	0.025	0.014	0.070	0.031	0.020	0.107	—	0.045	0.107	0.080
21	0.025	0.800	0.070	0.250	0.020	0.025	—	0.198	0.800	0.578
22	0.025	0.800	0.070	0.250	0.020	0.025	—	0.198	0.800	0.578
23	0.030	0.500	0.080	0.060	0.200	0.171	—	0.174	0.500	0.369

表 4-19 岭西地区农田灌溉水资源污染评价结果

序号	单因子污染指数 P_i						综合污染指数		
	汞	镉	砷	铅	铬（六价）	氟化物	$P_{i平均}$	$P_{i\max}$	$P_{综}$
1	0.110	0.002	0.070	0.013	0.018	0.093	0.051	0.110	0.086
2	0.420	0.012	0.028	0.015	0.017	0.060	0.092	0.420	0.304
3	0.041	0.010	0.002	0.080	0.010	0.075	0.036	0.080	0.062
4	0.025	0.014	0.070	0.030	0.020	0.057	0.036	0.070	0.056
5	0.025	0.008	0.070	0.250	0.020	0.025	0.066	0.250	0.183
6	0.025	0.008	0.070	0.250	0.020	0.025	0.066	0.250	0.183
7	0.025	0.500	0.070	0.250	0.020	0.013	0.146	0.500	0.368
8	0.025	0.500	0.070	0.250	0.020	0.013	0.146	0.500	0.368
9	0.025	0.500	0.070	0.250	0.020	0.013	0.146	0.500	0.368
10	0.025	0.500	0.070	0.250	0.020	0.013	0.146	0.500	0.368

第六节 耕地地力区域性综合评价

一、评价方法

耕地地力区域性综合评价是在耕地地力评价的基础上进行的。将各地力等级赋予 0.1～1 之间的数值，并以面积为权重，计算出区域地力综合指数。经过比较分析，确定各行政区域综合地力水平的差别，为区域农林牧规划和种植业布局提供科学依据。

二、评价结果

各旗（市、区）区域地力综合水平排序为：额尔古纳市＞陈巴尔虎旗＞牙克石市＞鄂伦春自治旗＞莫力达瓦达斡尔族自治旗＞扎兰屯市＞根河市＞满洲里市＞新巴尔虎左旗＞阿荣旗＞鄂温克族自治旗＞海拉尔区＞新巴尔虎右旗。

第五章　肥　　料

肥料是能直接供给植物生长发育所必需的养分，改善土壤性质以提高植物产量和品质的物质。按化学成分、生物活性和作用效果可分为无机肥料、有机肥料和生物肥料三大类。

第一节　无机肥料

无机肥料为矿质肥料，也叫化学肥料，简称化肥，指在工厂里用化学方法制成的或用天然矿物生产的肥料。其特点为养分含量高，易溶于水，分解快，易被根系吸收。化肥按所含养分种类不同分为氮肥、磷肥、钾肥、复混肥、中微量元素肥料等。

呼伦贝尔市农田耕作经历了不施肥、施用有机肥、施用化学肥料、有机肥与无机肥配合施用、科学配方施肥等阶段。氮、磷、钾三种化学肥料在耕作中始终占主导地位，2000—2017 年全市氮、磷、钾肥料（折纯）用量如表 5-1 和图 5-1，各类肥料的种类、性质和施用技术概述如下。

表 5-1　2000—2017 年全市氮、磷、钾肥料用量（折纯）

肥料种类	2000 年	2001 年	2002 年	2003 年	2004 年	2005 年	2006 年	2007 年	2008 年
氮肥（万 t）	2.772 7	2.717 0	2.588 5	2.752 4	3.115 5	4.451 5	4.048 0	4.360 5	4.048 0
磷肥（万 t）	2.074 5	1.731 1	1.971 4	1.919 0	2.432 9	3.220 2	3.819 1	4.412 7	3.819 1
钾肥（万 t）	0.437 1	0.693 0	0.632 8	0.655 7	1.090 3	1.5670	1.575 5	2.241 4	1.575 5
肥料种类	2009 年	2010 年	2011 年	2012 年	2013 年	2014 年	2015 年	2016 年	2017 年
氮肥（万 t）	4.517 5	4.533 9	7.000 0	6.710 0	6.319 8	7.750 5	8.870 3	8.327 3	8.181 9
磷肥（万 t）	3.930 6	3.970 7	5.500 0	7.120 0	5.270 0	6.205 5	6.899 1	6.544 2	6.698 9
钾肥（万 t）	1.995 2	2.382 4	2.650 0	3.010 0	3.027 2	3.133 5	3.693 0	3.686 4	3.496 9

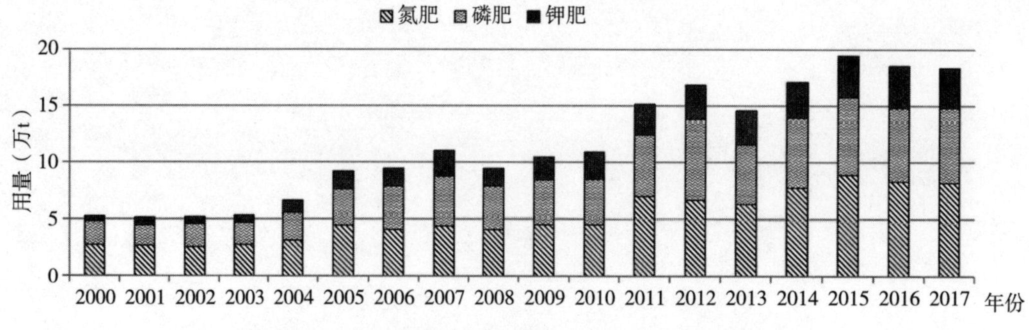

图 5-1　2000—2017 年呼伦贝尔市氮、磷、钾肥料用量

一、氮肥

根据 2011—2013 年呼伦贝尔市耕地地力评价与测土配方施肥项目汇总结果，全市氮肥利用率范

围为 26%～33%。耕地土壤全氮含量变幅为 0.486～7.860g/kg，平均值 2.918g/kg，属于中等水平。全氮含量低于 1.96g/kg，地力水平处于低水平和极低水平的耕地面积为 19.28 万 hm^2，占耕地总面积的 10.2%。耕地土壤碱解氮含量变幅为 35.5～588.0mg/kg，平均值 246.6mg/kg，属于高水平。碱解氮含量处于低水平、极低水平的耕地占耕地总面积的 2.85%。

氮肥品种很多，按照氮素的形态可分为铵态氮肥、硝态氮肥、酰胺态氮肥和长效氮肥 4 种。

（一）铵态氮肥

含有铵离子（NH_4^+）或氨（NH_3）的含氮化合物。包括碳酸氢铵（NH_4HCO_3）、硫酸铵[$(NH_4)_2SO_4$]、氯化铵（NH_4Cl）、氨水（$NH_3 \cdot H_2O$）、液氨（NH_3）。共同特点是：易溶于水，是速效养分；易被土壤胶体吸附，不易淋失；碱性条件下易发生氨的挥发损失；高浓度的 NH_4^+ 易对作物产生毒害，造成氨的中毒；作物吸收过量的铵态氮，会对 Ca^{2+}、Mg^{2+}、K^+ 的吸收产生抑制作用。

1. 碳酸氢铵（NH_4HCO_3）

（1）含量和性质　简称碳铵，含氮 17%左右。它是在氨水中通入 CO_2，离心、干燥而成，其制造流程简单，能量消耗低，投资省，建设速度快。

①白色细小的结晶，易溶于水，速效性肥料。

②肥料水溶液 pH8.2～8.4，呈碱性反应。

③化学性质不稳定，易分解挥发损失氨；应密封、阴凉干燥处保存。

④贮存、运输过程中，易发生潮解、结块。

⑤施入土壤后，碳酸氢铵很快发生解离为均能被作物吸收利用的 NH_4^+ 和 HCO_3^-，不残留任何副成分。

（2）施用方法

①可作基肥、追肥，但不易作种肥；因本身分解产生氨，影响种子的呼吸和发芽。

②深施并覆土，以防止氨的挥发。深施深度因土壤质地而异，黏质土 10～15cm，壤质土 14～15cm，砂质土 12～18cm 左右；追肥深浅则分别为 7～10cm，10～12cm 和 10～15cm。

③粒肥，能提高肥效，但需提前施用。一般水田提前 4～5d，旱作提前 6～10d；用量可较粉状减少 1/4～1/3。

2. 硫酸铵[$(NH_4)_2SO_4$]

（1）含量和性质　简称硫铵，是应用较早的固态氮肥品种，一般称为标准氮肥。含氮量20%～21%。

①纯品为白色结晶，有少量杂质时多呈微黄色。

②物理性状良好，不吸湿、不结块。

③易溶于水，肥料水溶液呈酸性反应。

④化学性质稳定，常温常压下不挥发、不分解。

⑤碱性条件下，发生氨的挥发而损失氮。因此，硫酸铵不能与碱性物质混合贮存和施用。

⑥属于生理酸性肥料。长期施用会使土壤酸度增强。酸性土壤施用硫铵，会进一步增强土壤酸性，应配施石灰和有机肥料；石灰性土壤含有大量碳酸钙，施用硫铵对土壤酸度的影响较小，但会引起氨的挥发损失，应深施。

（2）施用方法

①适宜作基肥、追肥和种肥。用作种肥，要与腐熟的有机肥以 1∶5 的比例混匀后拌种，以免影响种子发芽，用肥量依播种量而定，一般 37.5～75kg/hm^2。追肥用量 150～225kg/hm^2。基肥用量 300～450kg/hm^2。追肥和基肥均应深施覆土。

②适宜各种作物，喜硫作物施用效果更好。

③稻田不宜长期施用，稻田长期施用会使 SO_4^{2-} 在土壤中大量积累，嫌气条件下产生 FeS 和 H_2S，影响水稻根系的呼吸，发生水稻的黑根病。

3. 氯化铵（NH_4Cl）

（1）含量和性质　简称氯铵，含氮量为 24%～25%，是联合制碱工业的副产品。

①物理性状较好，吸湿性略大于硫酸铵。

②易溶于水，肥料水溶液呈酸性反应。

③化学性质稳定，不挥发、不分解。

(2) 施用方法

①适宜作基肥、追肥，不宜作种肥。

②不宜在烟草、茶叶、薯类等忌氯作物上施用，会影响作物产量及品质。

③施用时要深施覆土，避免与碱性物质混合，防止引起氮的损失。

④适宜稻田长期施用。

⑤酸性土壤施用时要配施石灰和有机肥料。

(二) 硝态氮肥

硝态氮肥种类主要为硝酸铵（NH_4NO_3）、硝酸钠（$NaNO_3$）。共同特点：易溶于水，属速效性氮肥；易淋失不易被土壤胶体吸附；嫌气条件下，易发生反硝化作用，生成 N_2、N_2O 等损失氮素；作物吸收过量 NO_3^- 不会发生中毒现象；吸湿性较大，物理性状较差，易燃、易爆，贮存和运输过程中应采取安全措施；易淋失，稻田施用淋失更多。

1. 硝酸铵（NH_4NO_3）

(1) 含量和性质　简称硝铵。

①含氮 34%～35%。

②白色结晶，易溶于水。

③吸湿性强，吸湿后结块。

④易爆易燃，在储运和施用中注意防止爆炸。

⑤施入土壤后 NH_4^+ 和 NO_3^- 能被作物吸收。

(2) 施用方法

①适宜作追肥和旱地基肥，但不能作种肥和稻田及多雨地区基肥施用。作追肥，在旱地一般沟施或穴施，施后覆土盖严。水浇地施硝铵要少量多次，以减少淋溶损失。稻田追肥时，要浅水追肥，施后不再灌水，自然落干。最好在分蘖盛期以后作穗肥追施。

②不宜与有机肥混合施用，易造成嫌气条件，发生硝化作用。

2. 硝酸钠（$NaNO_3$）

(1) 含量和性质

①简称智利硝石，含氮 14%～15%。

②白色结晶，易溶于水，速效。

③吸湿性强，易潮解。

④生理碱性肥料。

⑤含有 Na^+，不适合盐碱土上施用。

(2) 施用方法

①宜作追肥，少量多次施用，可避免硝态氮淋失。

②适于旱地，而不宜施于盐碱地和水田、水浇地。

③是生理碱性肥料，适宜在酸性或中性土壤施用，不适合盐碱土上施用。

(三) 酰胺态氮肥—尿素［$CO(NH_2)_2$］

(1) 含量和性质

①尿素含氮 46%，是固态肥料含氮最高的单质氮肥。

②结构：$H_2N\text{-}CO\text{-}NH_2$，是化学合成的有机小分子化合物。

③白色晶体，易溶于水，吸湿性强。

(2) 施用方法

①尿素可作基肥和追肥施用，采用深施方法可提高肥效。尿素作旱地作物基肥，可先撒施，随即耕耙。作水田基肥，可深层施、全耕层施、面施。作旱田追肥时，玉米、高粱等作物，可以穴施或沟

施，施肥后覆土盖严。稻田追肥时，田面保持浅水，施肥后立即耘耩，2～3d 后，再灌水。

②尿素也可作根外追肥，它作根外追肥比其他氮肥效果好，原因是尿素是中性肥料，不易烧伤茎叶。尿素作根外追肥的浓度为 0.5%～2.0%。喷施的尿素溶液浓度不能过大，否则会毒害植物，甚至可能导致植物死亡。

③不提倡作种肥。尿素分解过程中产生高浓度的氨，易引起烧种烧苗。另外，尿素肥料中含有的缩二脲对种子发芽有抑制作用。若作种肥，应严格控制用量，并且避免与种子直接接触。尿素缩二脲超过 1%不宜拌种。

（四）长效氮肥

长效氮肥包括缓释氮肥和控释氮肥。缓释氮肥是指肥料中氮的释放速率延缓，可供植物持续吸收利用。控释氮肥指肥料中氮的释放速率能按植物的需要有控制地释放。它们的共同特点是肥料中氮素在水中的溶解度小，释放慢，可以逐步释放出氮素供作物吸收，肥效稳而长，一次施用能在一定程度上供应作物全生育期对氮的需求，即使一次大量施用也不会对种子、幼苗或根系造成伤害。长效氮肥按性质与作用机理可分为合成有机微溶性氮肥和包膜氮肥两类。

1. 合成的有机长效氮肥 以尿素为主体与适量醛类反应生成的微溶性聚合物。施入土壤后经化学反应或在微生物作用下，逐步水解释放出氮素，供作物吸收。

（1）尿素甲醛（UF） 含氮量约 38%，在催化剂的作用下，由尿素和甲醛缩合而成的直链化合物。甲醛是一种防腐剂，施入土壤后抑制微生物的活性，从而抑制了土壤中各种生物学转化过程而长效。当季作物仅释放 30%～40%。

（2）脲乙醛（又名丁烯叉二脲，代号 CDU） 以乙醛为原料，在酸性条件下与尿素缩合成的异环化合物。产品为白色粉末，含 N28%～32%。它容易水解，最终形成尿素和β-羟基丁醛。尿素能被植物利用，β-羟基丁醛也很容易被微生物氧化分解成二氧化碳和水，其肥效取决于微生物活性。微生物活性强时，则所释放的氮多，对作物作用良好。施用这种肥料，可释放总施氮量的50%～70%。

（3）脲异丁醛（又名异丁叉二脲，代号 IBDU） 是尿素与乙醛反应的缩合物。含氮 31%，呈颗粒状，不吸湿。在水中缓慢溶解，易被微生物分解为尿素和异丁醛。这种肥料可单独施用，也可作为混合肥料和复合肥料的组成成分。

2. 包膜肥料 包膜缓释肥料是为了控制氮肥的溶解度和氮素释放速率而在其颗粒表面包被一层惰性膜状物质的长效氮肥。包膜材料有硫磺、树脂、各种聚合物、磷矿粉等。

（1）硫衣尿素（SCU） 在尿素颗粒表面涂以硫磺，用石蜡包膜。主要成分为尿素和硫磺，其中尿素约 76%，硫磺 19%和石蜡 3%。硫衣尿素的含氮量范围在 10%～37%，通过调节硫膜的厚度可以改变氮素的释放速率。

氮素释放的速率，在温暖潮湿的条件下较快，地温干旱时较慢。硫衣尿素不宜在水田施用。硫包衣尿素是盐渍化土壤适宜的氮肥来源，对防止土壤盐渍度的增加有一定作用。

（2）长效碳铵 在碳铵表面包一层钙镁磷肥，在酸性介质下，使钙镁磷肥和碳铵表面形成磷酸铵镁薄膜。含氮 11%～12%，磷（P_2O_5）约为 3%。温度以及淹水条件等因素会影响到长效碳铵的释放速率。

（3）涂层尿素 是用海藻胶作为涂层液，再加入适量的微量元素，喷到尿素表面形成一层较薄的膜。涂层尿素施入土壤后，由于海藻胶膜的作用，可延缓脲酶对尿素的酶解速度，延长肥效期，提高氮肥的利用率。涂层中的微量元素对作物也有一定的增产作用。

二、磷肥

呼伦贝尔市磷肥利用率范围为 13%～18%。耕地土壤全磷含量变化为 0.119～4.860g/kg，平均值 0.804g/kg，属于中等水平。全磷含量低于 0.41g/kg，地力水平处于低水平和极低水平的耕地面积为 12.5 万 hm^2，占耕地总面积的 6.64%。耕地土壤有效磷含量变化为 2.2～107.9mg/kg，平均值 23.0mg/kg，属于高水平。2.16%的耕地处于低和极低两个地力水平，面积为 4.1hm^2。

磷肥按其中所含的磷酸盐溶解度的不同可以分为 3 种类型：水溶性磷肥、弱酸溶性磷肥和难溶性磷肥。

(一) 水溶性磷肥

凡养分标明量主要属于水溶性磷酸一钙的磷肥称为水溶性磷肥。包括过磷酸钙、重过磷酸钙等。其中的磷易被植物吸收利用，肥效快，是速效性磷肥。

1. 过磷酸钙　普通过磷酸钙简称普钙。是酸制法磷肥的一种，是用硫酸处理磷矿粉而制成。

(1) 成分和性质　主要成分是水溶性磷酸一钙 [$Ca(H_2PO_4)_2 \cdot 2H_2O$] 和难溶性硫酸钙 [$CaSO_4 \cdot 2H_2O$]，分别占肥料总量的30%～50%和40%左右。此外，还含有3%～5%游离磷酸和硫酸以及少量硫酸铁、硫酸铝等杂质。

过磷酸钙为灰白色粉末状，含$P_2O_5$12%～20%。呈酸性反应，有一定的吸湿性和腐蚀性；潮湿的条件下易吸湿、结块；易发生磷酸的退化作用。在贮存和运输过程中注意防潮，贮存时间也不宜过长。

(2) 施用方法　过磷酸钙适用于各类土壤及作物，可以作基肥、追肥和种肥。无论施入何种土壤，都易被固定，移动性较小。因此，合理施用过磷酸钙应以减少肥料与土壤的接触，增加肥料与植物根系的接触，以提高过磷酸钙的利用率，具体施肥措施如下：

①集中施用。不论基施、追施均应集中施用。旱地可采用穴施或条施。水稻可采用塞秧根的办法集中深施。作种肥时，可将肥料集中施入播种行、穴中，用量一般为每公顷75～150kg。过磷酸钙还可直接施于棉花、甘薯、油菜等移栽作物的苗床上，每公顷用量可增至300～450kg。

②分层施用。当每公顷磷肥施用量较大时，在集中施用和深施的原则下，可采用分层施用的办法，即将2/3左右的磷肥作基肥，在耕翻土地时犁入根系密集的底层中，以满足作物中、后期对磷的需要；其余1/3在种植时作面肥或种肥施于表层土壤中，以改善作物生长初期的磷素营养条件。

③与有机肥料混合施用。这是提高过磷酸钙施用效果的重要措施。此外，过磷酸钙与有机肥混合堆腐还兼有保氮作用。在强酸性土壤上施用石灰时，不能将石灰与过磷酸钙直接混合，应先施用石灰，数天后再施过磷酸钙。

④根外追肥。可将普钙配制成水溶液，在作物生长中后期喷洒于叶面上，供作物直接吸收。喷洒浓度视作物而定，一般小麦、水稻、玉米等禾本科作物及果树适宜浓度1%～3%，棉花、番茄、黄瓜、甘薯等以0.5%～1%为宜，每公顷喷洒450～750g。

2. 重过磷酸钙　重过磷酸钙简称重钙，是一种高浓度磷肥，系由硫酸处理磷矿粉制得磷酸后，再以磷酸和磷矿粉作用而制得。

(1) 成分和性质　含磷 (P_2O_5) 40%～50%，为普通过磷酸钙的双倍或三倍，故又称双料磷肥或三料磷肥。主要成分是磷酸一钙，不含石膏，含4%～8%的游离磷酸，吸湿性和腐蚀性较强。呈深灰色颗粒或粉末状。由于不含铁、铝等杂质，吸湿后不发生磷酸退化现象。

(2) 施用方法　重过磷酸钙可作种肥、基肥和追肥。它的施用方法与过磷酸钙相同。但其有效磷含量高，施用量应比过磷酸钙减少2/3左右。在缺硫的土壤上，对硫敏感的作物如马铃薯、豆科作物、十字花科作物等施用重过磷酸钙，增产效果不及过磷酸钙，应增施石膏，以补充硫素营养。

过磷酸钙、重过磷酸钙均不能与碱性物质如碳酸氢铵、石灰氮、草木灰、窑灰钾肥及弱酸性磷肥等混合，否则将降低磷的有效性。

(二) 弱酸溶性磷肥

能溶于2%柠檬酸或中性柠檬酸铵溶液的磷肥，又称枸溶性磷肥，或称弱酸溶性磷肥。包括钙镁磷肥、沉淀磷肥、脱氟磷肥、钢渣磷肥等。这类磷肥均不溶于水，但能被作物根系分泌的弱酸溶解，也能被其他弱酸溶解供植物吸收利用。弱酸溶性磷肥在土壤中的移动性很差，不会流失，肥效比水溶性磷肥缓慢，但肥效持久。

1. 钙镁磷肥

(1) 成分和性质　钙镁磷肥是热制磷肥的一种，成分比较复杂，主要成分是磷酸三钙，含有效磷 (P_2O_5) 14%～19%。

钙镁磷肥一般为灰绿色或灰棕色粉末，不溶于水，但能溶于弱酸。无腐蚀性，不吸湿，不结块，物理性质良好，便于运输、贮存和施用。因含有 CaO 和 MgO 等物质，呈碱性反应，pH 为8.0～8.5。

（2）施用方法 钙镁磷肥的肥效与土壤性质、作物种类、肥料粗细及施用技术有关。

钙镁磷肥在酸性或有效磷含量低的贫瘠土壤中施用效果好。作物种类不同，对钙镁磷肥中磷的吸收能力不同。水稻、小麦、玉米等作物的当季效果，一般约为过磷酸钙的 70%～80%，对油菜、豆科作物和豆科绿肥作物的效果与过磷酸钙相似或略高。颗粒粒径小的肥料好于粒径大的。

钙镁磷肥可以作基肥、种肥和追肥，但以基肥深施效果最好。基、追宜集中施用，追肥要早施，基肥每公顷施用量 225～450kg，若作种肥或蘸秧根或塞秧根时，每公顷为 75～150kg。若用作追肥，要在苗期早追。基施、追施均可撒施、条施、穴施、全层深施，与有机肥混合堆沤后施用效果更佳。

（三）其他枸溶性磷肥

1. 钢渣磷肥 主要成分为磷酸四钙与硅酸复盐（$Ca_4P_2O_9 \cdot CaSiO_3$），含 P_2O_5 7%～17%，深棕色粉末，强碱性，还含硫、铁、锰、镁、钙等物质。适用于酸性土壤。对水稻、豆科作物等需硅喜钙作物肥效较好。宜作基肥施用，不宜拌种，可作种肥沟施或穴施。在石灰性土壤上施用时，与有机肥料堆沤后施用，能提高肥效。

2. 脱氟磷肥 主要成分为磷酸三钙，含 P_2O_5 14%～18%，高的可达 30%以上，呈碱性，深灰色粉末，物理性状良好，贮、运、施用都很方便。施用方法与钙镁磷肥相同。

3. 沉淀磷肥 主要成分为 $CaHPO_4 \cdot 2H_2O$，含 P_2O_5 30%～40%，白色粉末，物理性状良好。施用方法与钙镁磷肥相同，因不含游离酸，作种肥时比过磷酸钙更安全有效。

4. 偏磷酸钙 主要成分为 $Ca(PO_3)_2$，含 P_2O_5 60%～70%，呈玻璃状，微黄色晶体，施入土壤中后经水化可转变成正磷酸盐。施用方法与钙镁磷肥相同，因含磷量高，肥料用量比钙镁磷肥要少。

（四）难溶性磷肥

难溶性磷肥有磷矿粉和骨粉，所含磷酸盐大部分只能溶于强酸，肥效迟缓，肥效长，属于迟效性磷肥。

1. 磷矿粉 磷矿粉是由天然磷矿石直接磨成粉体而制成，大多呈灰褐色。枸溶率达 15%以上的磷矿粉才可以直接作肥料施用，如果全磷量较高，而枸溶率低于 5%时，只能作加工磷肥的原料。

磷矿粉是难溶性磷肥，肥效缓慢，宜作基肥施用，不宜作种肥和追肥。作基肥时，每公顷用量 750～1 500kg，全层深施效果较好。磷矿粉适宜在酸性土壤施用。

2. 骨粉 骨粉是动物骨骼经粉碎磨细为粉末而制成。其主要成分是磷酸三钙，占骨粉的 58%～62%，脂肪和骨胶占 26%～30%，此外，还含有钙、镁、氮等物质。不溶于水，是一种迟效性肥料。

骨粉呈碱性，宜作基肥，宜施于富含有机物质的酸性土壤。用量因作物而定，一般 450～750 kg/hm^2，可与有机肥料混合发酵后施用。

三、钾肥

呼伦贝尔市钾肥利用率范围为 35%～40%。耕地土壤全钾含量变化为 0.8～44.3g/kg，平均值 16.9g/kg，属于高水平。全钾含量低于 7.13g/kg，地力水平处于低水平和极低水平的耕地面积为 27.1 万 hm^2，占耕地总面积的 14.38%。耕地土壤速效钾含量变化为 23～588mg/kg，平均值 204mg/kg，属高水平。速效钾地力水平低或极低的耕地面积为 6.25 万 hm^2，占耕地总面积的 3.32%。

钾肥品种较多，农业生产上常用的有氯化钾、硫酸钾等。

（一）氯化钾

1. 成分和性质 氯化钾主要由光卤石、钾石矿、盐卤加工而制成的。氯化钾为白色或淡黄色、微红色结晶；K_2O 含量为 60%，易溶于水，对作物是速效的；有一定吸湿性，长久贮存会结块；属化学中性、生理酸性肥料。

2. 施用方法 可作基肥、追肥，大田作物每公顷施用量 75～150kg，由于氯离子对种子发芽和幼苗生长有抑制作用，故不宜作种肥；不宜在盐碱地上施用，适宜在水田上施用；酸性土壤施用时应配施有机肥和石灰；耐氯弱的作物慎用；适宜棉麻类作物。

（二）硫酸钾

1. 成分和性质 硫酸钾一般以明矾石或钾镁矾为主要原料经煅烧加工而成的。硫酸钾为白色或淡黄色结晶；K_2O 含量为 50%左右，易溶于水，吸湿性较小，不易结块；属化学中性、生理酸性肥料。

2. 施用方法 可作基肥、追肥、种肥和根外追肥。作基肥和追肥时，大田作物每公顷施用量一般以 120～180kg 的较为经济有效。作种肥时每公顷用量一般为 22.5～37.5kg，作根外追肥时浓度以 2%～3%为宜。硫酸钾适用于各种作物，尤其是既喜硫又缺钾的土壤和作物效果更好，但由于钾资源缺乏，最经济有效办法就是将其施入烟草、甜菜等忌氯作物上。不宜在水田中施用。

（三）草木灰

1. 成分和性质 草木灰是植物燃烧后的残灰。草木灰的成分极为复杂，含有植物体内各种灰分元素，如钾、钙、镁、硫、铁、硅以及各种元素，其中钾、钙较多，磷次之。草木灰中含有 CaO、K_2CO_3，呈碱性反应。酸性土壤施用，不仅能供应钾，而且能降低土壤酸度和补充 Ca、Mg 等元素。

2. 施用方法 草木灰可作基肥、追肥，也可作盖种肥。作基肥的每公顷用量 750～1 500kg，作追肥每公顷用量 750kg 左右，宜集中沟施或穴施。也可配制成 10%～20%的水浸提液叶面喷洒，即可供给钾素和微量元素营养，又能防止或减轻病虫害的发生和危害。作盖种肥，大都用于水稻、蔬菜育秧，既能改善苗期营养，又可吸热增温，促苗早发，防止水稻烂秧。

草木灰是碱性肥料，因此不能与铵态氮肥、腐熟的有机肥料混合施用，防止造成氨的挥发。

四、复混肥

复混肥料是指肥料组分中含有氮、磷、钾 3 种养分元素中至少两种的化学肥料。按制造方法或生产工艺可分为复合肥料和混合肥料两大类。

（一）复合肥料

复合肥料是指工艺流程中通过化学方法而制成的。其特点是性质稳定，但其中的氮、磷、钾等养分比例固定，难以适应不同土壤和不同作物的需要，在施用时需配合单质化肥。呼伦贝尔市 2000—2017 年复合肥料用量如图 5-2 所示。

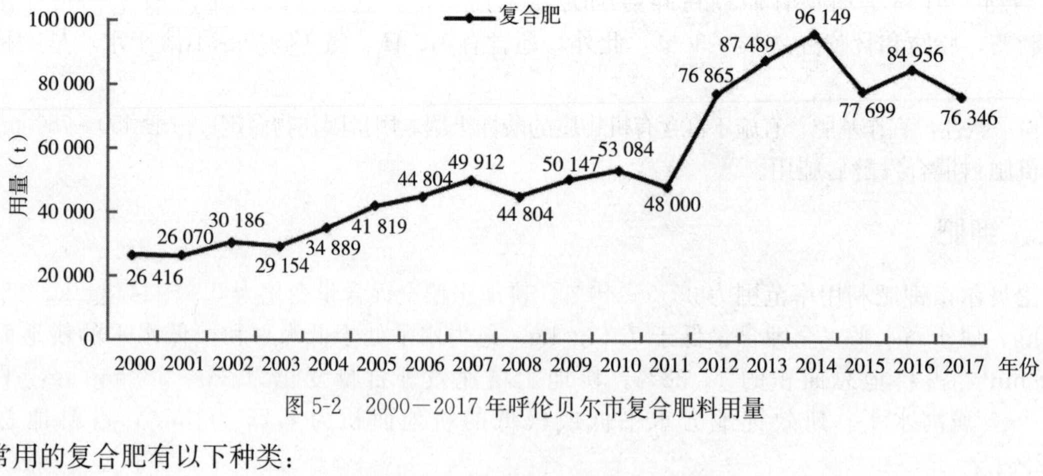

图 5-2 2000－2017 年呼伦贝尔市复合肥料用量

常用的复合肥有以下种类：

1. 磷酸铵 磷酸铵分磷酸一铵和磷酸二铵两种。磷酸一铵性质比较稳定，呈酸性反应。磷酸二铵，简称二铵，分子式为 $(NH_4)_2HPO_4$，N 含量 18%、P_2O_5 含量 46%，是白色晶体，性质比较稳定，但在高温、高湿条件下，常有氨的挥发。水溶液呈弱碱性，pH 为 8.0。

适合各种土壤和作物施用，宜作基肥和种肥。作种肥时每公顷用量不超过 75kg，避免与种子直接接触，以免影响种子发芽与烧苗。作基肥时，每公顷用量为 112.5～150kg。不宜与草木灰、石灰等碱性肥料混施，否则氨会挥发，磷的有效性也会降低。

2. 硝酸磷肥　硝酸磷肥是用硝酸分解磷矿粉制得的氮磷复合肥料，典型产品规格，N 含量 26%、P_2O_5含量 13%和 N 含量 20%、P_2O_5含量 20%两种规格。硝酸磷肥的主要组分是磷酸二钙、磷酸铵和硝酸铵等。硝酸磷肥吸湿性较强，应注意防潮。

硝酸磷肥宜作基肥和种肥，也可作追肥。一般基肥每公顷施 225～375kg，种肥每公顷施75～150kg，条施或穴施，不能与种子直接接触，以免烧种。追肥宜早施、深施。硝酸磷肥中大部分氮素为硝态氮，易随水流失，故宜用于旱地，适宜在北方地区施用。硝酸磷肥不宜在豆科作物上施用，会影响固氮效果。

3. 磷酸二氢钾　磷酸二氢钾是一种高浓度磷钾复合肥，纯品为白色结晶，含 P_2O_5 52%和 K_2O35%，易溶于水，呈酸性反应，pH3～4。

磷酸二氢钾价格昂贵，适宜作根外追肥和浸种。浸种适宜浓度为 0.2%，根外追肥适宜浓度为 0.1%～0.2%，每公顷喷施溶液 750kg 左右。禾谷类作物在拔节到抽穗期，大豆在盛花至节荚期喷施较好。

4. 硝酸钾　硝酸钾为高浓度的氮钾复合肥，含 N13%、K_2O45%～46%，氮钾比为 1∶3.4。为白色晶体，易溶于水，吸湿性小，具有强氧化性质，属易燃、易爆品。

硝酸钾适宜作浸种和根外追肥。浸种浓度为 0.2%，有利于加快种子出芽。作根外追肥的适宜浓度为 0.6%～1.0%，能吸收消除作物缺钾症状。硝酸钾宜施用于旱地，多雨灌溉区作追肥效果好。适用于马铃薯、甘薯等忌氯喜钾作物。

（二）混合肥料

混合肥料是以单质化肥或复合肥料为基础肥料，通过机械混合而成，工艺流程以物理过程为主，也有一定的化学反应，但并不改变其养分基本形态和有效性。其优点是可按照土壤的供肥情况和作物的营养特点分别配制成氮、磷、钾养分比例各不相同的混合肥料，但其缺点是混合时可能引起某些养分的损失或某些物理性质变化。

1. 混合肥料的分类　按混合肥料的加工方式和剂型可以分为粉状混合肥料、粒状混合肥料、粒状掺合肥料、清液混合肥料和悬浮液混合肥料等类型。

粉状混合肥料采用干粉掺和或干粉混合；粒状混合肥料由粉状混合肥料经造粒、筛选、烘干而制成；粒状掺和肥料也称 BB 肥料，是将各种基础肥料加工制成等粒径、等比重的肥料颗粒之后，再混合而成；清液混合肥料将所有肥料组成都溶解于水中，形成清澈溶液的液体肥料；悬浮液混合肥料是将一部分肥料组分通过悬浮剂的作用而悬浮在水溶液中制成悬浮液混合肥料。

制备混合肥料的单质肥料有硝酸铵、尿素、硫酸铵、氯化铵、普通过磷酸钙、重过磷酸钙、钙镁磷肥、氯化钾和硫酸钾等，二元肥料有硝酸一铵、硝酸二铵、硝酸磷肥等。肥料混合时，应注意选择吸湿性小的肥料品种、混合时肥料养分不受损失和利于提高肥效和功效 3 个混合原则。

2. 混合肥料的施用

（1）作物类型　按照不同作物营养特点选用适宜的复混肥料品种，对于提高作物产量，改善品质具有非常重要的意义。一般粮食作物以提高产量为主，对养分需求一般是氮>磷>钾，所以宜选用高氮、低磷、低钾型复混肥料；经济作物多以追求提高品质为主，对养分需求一般是钾>氮>磷，所以宜选用高钾、中氮、低磷的复混肥料；豆科作物宜选用磷钾较高的复混肥料；烟草、茶叶等耐氯力弱的作物，宜选用含氯较少或不含氯的复混肥料。

（2）土壤特点　根据水田与旱地选用复混肥料：一般是水田优先选用氯磷铵钾，其次是尿素磷铵钾、尿素钙镁磷肥钾、尿素过磷酸钙钾等品种，不宜选用硝酸磷肥系复混肥料；旱地则优先选用硝酸磷肥系复混肥料，也可选用尿素磷铵钾、氯磷铵钾、尿素过磷酸钙钾，而不宜选用尿素钙镁磷肥钾等品种。

根据土壤酸碱性选用复混肥料：在石灰性土壤上宜选用酸性复混肥料，如硝酸磷肥系、氯磷铵系等品种，而不宜选用碱性复混肥料，如氯铵钙镁磷肥系等，酸性土壤则相反。

根据土壤养分供应状况选用复混肥料：一般来说，在某种养分供应水平较高的土壤上，则选用该养分低的复混肥料，例如，在含速效钾较高的土壤上，宜选用高氮、磷、低钾复混肥料或氮、磷二元复混肥料。相反在某种养分供应水平较低的土壤上，则选用该养分高的复混肥料。

（3）施用时期和方法　由于复混肥料一般含有磷或钾，且呈颗粒状，养分释放缓慢，所以作基肥或种肥效果较好。复混肥料作种肥必须将种子和肥料隔开 5cm 以上，否则会影响出苗而减产。复混肥料作基肥要深施覆土，施肥深度最好在根系密集层，利于作物吸收。施肥方式有条施、穴施、全耕层深施等，在中低产田上，条施或穴施比全耕层深施效果更好，尤其是以磷、钾为主的复混肥料穴施于作物根系附近，既便于吸收，又减少固定。

不同复混肥料的养分种类和养分含量各不相同，因此施用前根据复混肥料的特点和植物对养分需求计算合理施用量。计算时以复混肥料满足最低用量的养分元素为准，其余养分用单质化肥补充。

五、配方肥

配方肥是以土壤测试和田间试验为基础，根据作物需肥规律、土壤供肥性能和肥料效应，以各种单质化肥和（或）复混肥料为原料，采用掺混或造粒工艺制成的专用肥料。

（一）配方肥的制作

配方肥料的制作依托测土配方施肥技术的实施来完成，经过以下一系列过程。

1. 田间试验　通过田间试验，掌握各个施肥单元不同作物优化施肥量，基、追肥分配比例，施肥时期和施肥方法；摸清土壤养分校正系数、土壤供肥量、农作物需肥参数和肥料利用率等基本参数；构建作物施肥模型，为施肥分区和肥料配方提供依据。

2. 土壤测试　土壤测试是制定肥料配方的重要依据之一。通过开展土壤氮、磷、钾及中、微量元素养分测试，了解土壤供肥能力状况。

3. 配方设计　肥料配方设计是通过总结田间试验、土壤养分数据等，划分不同区域施肥分区；同时，根据气候、地貌、土壤、耕作制度等相似性和差异性，结合专家经验，提出不同作物的施肥配方。

4. 校正试验　在每个施肥分区单元设置配方施肥、农户习惯施肥、空白施肥 3 个处理，以当地主要作物及其主栽品种为研究对象，对比配方施肥的增产效果，校验施肥参数，验证并完善肥料配方，改进测土配方施肥技术参数。

5. 配方加工　配方落实到农户田间在不同地区有不同的模式，其中最主要的也是最具有市场前景的运作模式就是市场化运作、工厂化加工、网络化经营。

6. 示范推广　建立测土配方施肥示范区，为农民创建窗口，树立样板，全面展示测土配方施肥技术效果。

7. 效果评价　检验配方施肥的实际效果，及时获得农民的反馈信息，不断完善管理体系、技术体系和服务体系。

（二）配方肥料的合理施用

配方肥是针对特定区域、特定作物专门配比而成的肥料。确定肥料用量和肥料配方后，合理施肥的重点是选择肥料种类、确定施肥时期和施肥方法。

1. 配方肥料种类　根据土壤性状、肥料特性、作物营养特性、肥料资源等综合因素确定肥料种类，可选用单质或复混肥料自行配制配方肥料，也可直接购买配方肥料。

2. 施肥时期　根据肥料性质和植物营养特性，适时施肥。植物生长旺盛和吸收养分的关键时期应重点施肥，有灌溉条件的地区应分期施肥。

3. 施肥方法　常用的施肥方式有条施、穴施等。应根据作物种类、栽培方式、肥料性质等选择适宜的施肥方法。例如氮肥应深施覆土，施肥后灌水量不能过大，否则造成氮素淋洗损失；水溶性磷肥应集中施用，难溶性磷肥应分层施用或有机肥料堆沤后施用；有机肥料要经腐熟后施用，并深翻入土。

六、中量元素肥料

中量元素肥料主要是指作物生长过程中需要量次于氮磷钾，而高于微量元素的营养元素，通常指钙、镁、硫、硅肥。全市耕地土壤有效硫变幅为 1.5～123.9mg/kg，平均值为 18.9mg/kg，属中等水平，缺硫面积占总耕地的24.7%；有效硅含量变化为38.4～667.2mg/kg，平均值为218.8mg/kg；耕地土壤交换性钙平均含量为4 462.2mg/kg，变幅为118.4～9 830.7mg/kg，变异幅度大；交换性镁平均含量为580.2mg/kg，变幅为25.6～1 836.6mg/kg。

（一）钙肥

钙肥的主要品种是石灰类肥料，包括生石灰、熟石灰、碳酸石灰及其他含钙肥料。施用钙肥除补充钙养分外，还可借助含钙物质调节土壤酸度和改善土壤物理性状。

1. 种类与性质

①生石灰：是由破碎的石灰岩石、泥灰石和白云石等含碳酸钙岩石，经高温烧制形成生石灰，其主要成分是氧化钙。为白色块状，呈强碱性。生石灰具有强碱性，能迅速中和土壤酸度，可以迅速矫正土壤酸度。同时，生石灰还具有杀灭害虫、清除杂草、土壤消毒的功效。但用量过多或施用不当，会引起碱大烧苗。

②熟石灰：又称消石灰，其主要成分是氢氧化钙，CaO含量70%左右。它是生石灰吸湿或加水处理而成，释放出大量热能。熟石灰中和土壤酸度的能力也很强。

③碳酸石灰：由石灰石、白云石或贝壳类直接磨细而成。主要成分是碳酸钙，含量92%～98%，CaO含量55%左右。碳酸石灰也呈碱性，由于不易溶解，中和酸性的能力较缓和而持久。

④其他含钙肥料：除上述石灰肥料外，硝酸钙、氯化钙可溶于水，多用作根外追肥，它们和硫酸钙、磷酸氢钙等还常用作营养液的钙源。此外，多种磷肥、草木灰也可作钙肥使用（表5-2）。

表5-2 其他几种含钙肥料的成分

名　　称	Ca（%）	钙的形态
硝酸钙	19.4	$Ca(NO_3)_2$
氯化钙	53	$CaCl_2$
石膏	22.3	$CaSO_4 \cdot 2H_2O$
普通过磷酸钙	18～21	$Ca(H_2PO_4)_2$，$CaSO_4 \cdot 2H_2O$
重过磷酸钙	12～14	$Ca(H_2PO_4)_2$
沉淀磷酸钙	22	$CaHPO_4$
钙镁磷肥	21～24	α-$Ca_3(PO_4)_2$，$CaSiO_3$
钢渣磷肥	25～35	$Ca_4P_2O_9$　$CaSiO_3$
磷矿粉	20～35	$Ca_{10}(PO_4)_6 \cdot F_2$
窑灰钾肥	25～28	CaO

注：Ca（%）×1.4=CaO（%）。

2. 施用方法 为了中和整个耕层的土壤酸度，石灰需要量较多；如果局部施用，用量应减少。此外还应考虑配合施用其他肥料的性质，如施硫酸铵、氯化铵等生理酸性肥料，或施用有机肥料，石灰用量宜多些；相反，若施钙镁磷肥、窑灰钾肥等碱性肥料，石灰用量则应适当减少。

石灰多用作基肥，也可以用作追肥。稻田施用石灰，可在绿肥压青、稻秆还田或施有机肥料结合沤田时用作基肥，以促进养分分解和消除有害物质；还可在分蘖期和幼穗分化期结合中耕除草时施用。作追肥施用要提早追入，以满足作物对钙的早期营养需求。

（二）镁肥

1. 种类与性质 通常用作镁肥的是一些镁盐粗制品、含镁矿物、工业副产品或由肥料带入的副成分。常用的镁肥有硫酸镁、氯化镁、硝酸镁、氧化镁等。此外，有机肥料中也含有少量的镁。镁肥的成分及性质列于表5-3。

表 5-3 镁肥的成分及性质

名 称	分子式	Mg (%)	性 质
硫酸镁	$MgSO_4 \cdot 7H_2O$	9.7	酸性，可溶于水
氯化镁	$MgCl_2$	25.6	酸性，可溶于水
硝酸镁	$Mg(NO_3)_2$	16.4	酸性，可溶于水
菱镁矿	$MgCO_3$	27	中性，微溶于水
氧化镁	MgO	55	碱性，可溶于水

注：Mg (%) ×1.66=MgO (%)。

2. 施用方法 镁肥的肥效与土壤性质、作物种类及镁肥品种的关系密切，一般酸性砂质土、淋溶作用强的土壤，以及大量施用石灰或钾肥的酸性土壤施用镁肥效果好；作物种类不同，对镁的需求也不同。一般烟草、花生、马铃薯等需镁量大于禾本科作物，在相同含镁量的土壤上，前者施用镁肥好于后者。

镁肥的施用可分为基肥和追肥。用量为每公顷用氯化镁或硫酸镁 195～225kg，肥料要适当浅施，以利作物吸收。用作追肥时，可用 1%～2%硫酸镁溶液喷施，每隔 7d 喷 1 次，连续 2～3 次。不同镁肥品种对土壤酸碱性影响不同，接近中性或微碱性的土壤宜选用酸性镁肥，而酸性土壤宜选用碱性镁肥。

(三) 硫肥

含硫肥料种类较多，大多是氮、磷、钾、镁、铁肥的副成分，如硫酸铵、普通过磷酸钙、硫酸钾、硫酸镁等，只有硫磺、石膏被专作硫肥经常施用。

1. 种类与性质

①石膏：石膏是最重要的硫肥，也可作为碱土的化学改良剂。分为生石膏、熟石膏及含磷石膏 3 种。生石膏就是普通石膏 ($CaSO_4 \cdot 2H_2O$)，微溶于水。熟石膏是由普通石膏加热脱水而成，化学式 $CaSO_4 \cdot 1/2H_2O$，吸湿性强，吸湿后又变成普通石膏。含磷石膏是硫酸法制磷酸的残渣，含 $CaSO_4 \cdot 2H_2O$ 约 64%，含 P_2O_5 2%左右。

②其他含硫肥料：硫磺、硫酸铵、过磷酸钙、硫酸钾中均含有硫。其中硫磺为无机硫，难溶于水，需在微生物作用下，逐步氧化为硫酸盐后，才能被作物吸收。将部分硫肥列于表 5-4 中。

表 5-4 部分硫肥的主要性质

名 称	分子式	S (%)	性 质
硫磺	S	95～99	难溶于水，迟效
石膏	$CaSO_4 \cdot 2H_2O$	18.6	微溶于水，缓效
硫酸铵	$(NH_4)_2SO_4$	24.2	溶于水，速效
硫酸钾	K_2SO_4	17.6	溶于水，速效
硫酸镁	$MgSO_4 \cdot 7H_2O$	13	溶于水，速效
硫硝酸铵	$(NH_4)_2SO_4 \cdot NH_4NO_3$	12.1	溶于水，速效
普通过磷酸钙	$Ca(H_2PO_4)_2 \cdot H_2O$ 和 $CaSO_4$	13.9	部分溶于水，溶液呈酸性

2. 施用方法 石膏用作肥料时，要根据作物对硫的敏感性和土壤含硫量确定施用技术。不同作物对硫的反应程度一般为十字花科＞豆科＞禾本科。含硫肥料首先要在喜硫的作物如油菜、甘蓝、大豆等作物上施用。硫在作物体内移动性小，再利用率低，为充分发挥硫肥的增产效果，一般作底肥或分期追施。土壤硫素含量是确定是否需要施用硫肥的主要指标。呼伦贝尔地区土壤有效硫必须施用的临界值是 11.7mg/kg，当土壤有效硫含量低于此值时，应注意施用硫肥。硫肥主要作基肥，水稻一般每公顷用石膏 150～225kg 或硫磺 15～30kg。硫酸铵、硫酸钾等硫酸盐中的 SO_4^{2-}，作物易于吸收，常作追肥使用。

(四) 硅肥

1. 种类与性质 硅肥是指一类微碱性 (pH＞8) 含枸溶性无定型玻璃体的肥料，主要成分为

$CaSiO_3$、$CaSiO_4$、$MgSiO_4$、$Ca_3Mg(SiO_2)_2$。产品为白色、灰褐色或黑色粉末。具有不吸潮、不结块和不流失的特点。部分硅肥的含硅量如表 5-5 所示。

表 5-5 部分硅肥的含量

名 称	主要成分	SiO_2（%）
硅酸钠	$Na_2O \cdot nSiO_3 \cdot K_2O \cdot Al_2O_3$	55～60
硅镁钾肥	$CaSiO_3 \cdot MgSiO_3 \cdot K_2O \cdot Al_2O_3$	35～46
钙镁磷肥	α-$CaSiO_2 \cdot CaSiO_3 \cdot MgSiO_3$	40
钢渣磷肥	$Ca_4P_2O_9 \cdot CaSiO_3 \cdot MgSiO_3$	25
窑灰钾肥	$K_2SiO_3 \cdot KCl \cdot K_2SO_4 \cdot K_2CO_3 \cdot CaO$	16～17
粉煤灰	$SiO_2 \cdot Al_2O_3 \cdot Fe_2O_3 \cdot CaO \cdot MgO$	50～60
钾钙肥	$K_2SO_4 \cdot Al_2O_3 \cdot CaO \cdot SiO_2$	35

2. 施用方法

①施用量：硅是水稻的必需营养元素。常用的硅肥是硅酸钙。在缺硅地区，每公顷经济用量为1 500kg（硅肥含枸溶性 SiO_2为 19%～20%）；若用高效硅肥（含水溶性 SiO_2为 50%～60%），一般以每公顷用 150kg 为佳。由于硅酸钙肥料当年利用率只有 10%～30%，其后效可维持数年，所以无须年年施用。如长年施用硅酸钙肥料，不仅会造成镍、铬、钛等重金属的积累，而且还会加速土壤有机质及氮素的消耗，导致水稻减产。

②施用方法：硅肥一般宜作基肥，通常在耕翻前施下。速效性的高效硅肥还可以作根外追肥，水稻在分蘖期至孕穗期用 3%～4%溶液喷施有一定的增产效果。

③注意事项：必须与其他肥配合。硅肥不能代替氮、磷、钾肥，氮、磷、钾、硅肥科学配合施用，才能获得良好的效果。硅肥不能与碳酸氢铵混合或同时施用。硅肥会使碳酸氢铵中的氨挥发，降低氮肥的利用率，造成不必要的浪费。

七、微量元素肥料

微量元素包括硼、锌、钼、锰、铁、铜等营养元素。虽然植物对微量元素的需要量很少，但它们对植物的生长发育的作用与大量元素是同等重要的。呼伦贝尔市耕地土壤有效铁平均值 88.1mg/kg，属极高水平；有效锰、有效铜属高水平，平均值分别为 46.3mg/kg、1.32mg/kg；有效锌、水溶态硼属中等水平，平均值分别为 1.14mg/kg、0.59mg/kg；有效钼变幅 0.01～1.73mg/kg，平均值为0.15mg/kg，属低水平。全市土壤有效钼含量较缺乏，75.8%的耕地有效钼含量低或极低。

微量元素肥料主要是硼、锌、钼、锰、铁、铜等营养元素的无机盐或氧化物。在微量元素缺乏的地区施用微肥是保证高产和提高产品质量的重要措施。

（一）硼肥

1. 性质与种类 常用硼肥有硼酸、硼砂等。硼酸（H_3BO_3），含硼（B）17.5%，白色结晶或粉末状，溶于水。硼砂主要成分 $Na_2B_4O_7 \cdot 10H_2O$，含硼（B）11%，白色结晶或粉末状，溶于水。硼泥含硼（B）0.5%～2%，是硼砂、硼酸工业废渣，碱性，部分溶于水。

2. 施用方法 对硼肥有良好反应的作物有油菜、豆类、小麦、水稻、玉米、马铃薯等，施用硼肥增产效果较为显著。

硼肥可作基肥和根外追肥。用硼砂作基肥时，每公顷施 3.75～11.25kg，与有机肥混匀后施用，进行条施或穴施，但不要使硼肥直接接触种子或幼根，以免造成危害。叶面喷施时，施用浓度为0.1%～0.2%的硼砂或硼酸溶液。油菜喷硼时间在花芽分化始期、薹期，大豆于花期喷洒。

（二）锌肥

1. 性质与种类 锌肥按其溶解性分为水溶性锌肥与难溶性锌肥两大类。水溶性锌肥包括硫酸锌、氯化锌及螯合态锌等，难溶性锌肥包括碳酸锌、氧化锌、硫化锌及含锌工业废渣。不同品种锌肥的性状与有效成分含量列于表5-6。

表5-6 锌肥的种类与性质

名 称	主要成分	有效锌（%）	主要性质
硫酸锌	$ZnSO_4 \cdot 7H_2O$	23	无色或白色结晶，易溶于水
氯化锌	$ZnCl_2$	48	白色结晶，溶于水
碳酸锌	$ZnCO_3$	52	白色粉末，不溶于水
氧化锌	ZnO	78	白色粉末，不溶于水

2. 施用方法 锌肥可用作基肥、浸种、拌种和叶面喷施。难溶性锌肥宜作基肥，水溶性锌肥宜作追肥。生产上常用的锌肥是硫酸锌。

基肥每公顷用硫酸锌15～30kg，与细土或有机肥混匀后施用。土壤施锌可保持数年有效，不必每年施用。硫酸锌溶液浸种浓度一般为0.02%～0.05%，水稻可用0.1%硫酸锌溶液。拌种时每千克种子用硫酸锌2～4g，以少量水溶解，喷洒在种子上。叶面喷施时硫酸锌常用浓度为0.05%～0.2%，随作物种类而异。

（三）钼肥

1. 性质与种类 参见表5-7。

钼肥品种包括钼酸铵、钼酸钠、氧化钼、含钼矿渣等。其有效成分含量如表所示。

表5-7 钼肥料的种类和性质

名 称	主要成分	有效钼（%）	主要性质
钼酸铵	$(NH_4)_2MoO_4$	49	青白色结晶或粉末，溶于水
钼酸钠	$Na_2MoO_4 \cdot 2H_2O$	39	青白色结晶或粉末，溶于水
氧化钼	MoO_3	66	难溶于水
含钼矿渣	—	1～3	生产钼酸盐的工业废渣，难溶于水

2. 施用方法 钼肥主要施在豆科作物和十字花科作物上，肥效显著。钼肥主要作基肥、浸种、拌种、叶面喷施等。

钼矿渣因价格低廉、常用作基肥，每公顷用3.75kg左右，可与有机肥混匀施用，撒施或条施，肥效可持续2～4年。钼酸铵常用作种子处理和根外追肥。浸种用0.05%～0.1%的钼酸铵溶液，浸12h左右。拌种时每千克种子用钼酸铵2g，配成3%～5%的溶液，均匀喷施于种子表面，边喷边搅拌，种子晾干即可播种。叶面喷施使用0.05%～0.1%的钼酸铵浓度，于蕾期至盛花期喷施2～3次。

（四）锰肥

1. 性质与种类 常用的锰肥有硫酸锰、氯化锰、碳酸锰、氧化锰等，主要成分及性质列于表5-8。

表5-8 锰肥的种类与性质

名 称	主要成分	有效锰（%）	主要性质
硫酸锰	$MnSO_4 \cdot 3H_2O$	26～28	粉红色结晶，易溶于水
氯化锰	$MnCl_2$	19	粉红色结晶，易溶于水
氧化锰	MnO	41～68	难溶于水
碳酸锰	$MnCO_3$	31	白色粉末，较难溶于水

2. 施用方法 锰肥一般用基肥、拌种、浸种和根外追肥等施用方法，较为经济有效。常用的锰肥为硫酸锰。

基施硫酸锰每公顷用15～30kg，与有机肥混合均匀后施用。浸种用0.1%左右的硫酸锰溶液浸种

8h，然后将种子捞出晾干，即可播种。拌种用量，每千克种子用4～8g硫酸锰，先溶于少量水中，与种子拌匀，晾干后播种。根外追肥用0.1%～0.2%的硫酸锰溶液，在苗期和生殖生长初期喷施效果较好。

（五）铁肥

1. 性质与种类 铁肥包括硫酸亚铁、硫酸亚铁铵及螯合态铁等。硫酸亚铁分子式为$FeSO_4 \cdot 7H_2O$，含铁19%～20%，易溶于水，淡绿色结晶。硫酸亚铁铵分子式为$(NH_4)_2SO_4 \cdot FeSO_4 \cdot 6H_2O$，含铁14%，淡蓝绿色结晶，易溶于水。螯合铁肥主要有Fe-EDTA，含铁12%，难溶于水。

2. 施用方法 常用铁肥品种为硫酸亚铁。硫酸亚铁施到土壤后，有一部分会很快被氧化成不溶性的高价铁而失效。铁肥多采用叶面喷施，喷施浓度为0.2%～1.0%的硫酸亚铁溶液，粮食作物在生长中前期喷施，果树在萌芽前喷施。

（六）铜肥

1. 性质与种类 用作铜肥的肥料有硫酸铜等，铜肥种类列于表5-9。

表5-9 铜肥的种类与性质

名 称	主要成分	有效铜（%）	主要性质
五水硫酸铜	$CuSO_4 \cdot 5H_2O$	25	蓝色结晶，溶于水
一水硫酸铜	$CuSO_4 \cdot H_2O$	35	蓝色结晶，溶于水
氯化铜	CuO	75	黑色粉末，难溶于水
氧化亚铜	Cu_2O	89	暗红色晶状粉末，难溶于水
硫化铜	Cu_2S	80	难溶于水

2. 施用方法 铜肥主要作基肥、拌种、浸种和叶面喷施。作基肥时，每公顷用量15～22.5kg硫酸铜。铜肥后效期长，每3～5年基施1次。忌施用过多，对作物造成毒害。硫酸铜拌种用量为每千克种子0.3～0.6g，浸种浓度为0.01%～0.05%。采用叶面喷施时硫酸铜浓度为0.02%，采用高浓度时，加入少量熟石灰，以避免药害。

第二节 有机肥料

有机肥料是指主要来源于植物和动物，施入土壤以提供植物营养为主要功能的含碳物料。包括厩肥、堆肥、沼气肥、绿肥等。

一、厩肥

厩肥是家畜粪尿和各种垫圈材料混合积制的肥料。北方多用泥土垫圈，南方多用秸秆垫圈，统称厩肥。

（一）厩肥的成分与性质

厩肥的成分因垫圈材料和用量、家畜种类、饲料优劣等条件而异。据测定，每吨厩肥平均含N5kg、$P_2O_5$2.5kg、K_2O6kg。

新鲜厩肥一般不直接施用。因为易出现微生物和作物争水、争肥的现象。如果在淹水条件下，还会引起反硝化作用，增加氮的损失。如土壤质地较轻，排水较好，气温较高，或作物生育期较长，可选用半腐熟的厩肥使用。

腐熟的厩肥质量差异很大，施入土壤后当季肥料利用率也不一样。厩肥中氮素当季利用率变幅为10%～30%；磷素的有效性较高，可达30%～40%，大大超过化学磷肥；钾的利用率也很高，达到60%～70%。厩肥具有较长的后效，如果年年大量施用，土壤可积累较多的腐殖质，达到改良土壤，提高肥力的目的，尤其对低产田土壤的熟化有积极的意义。

（二）厩肥的积制

厩肥的积制方式，分圈内堆积和圈外堆积。

1. 圈内积肥法 圈内积肥是在圈内挖深浅不同的粪坑积制，有深坑圈、浅坑圈和平地圈3种。

深坑圈：深坑圈是我国北方农村养猪所采用的积肥方式，南方也有部分地区采用。圈内设有一个0.6～1.0m的坑，是猪活动和积肥场所，逐日往坑内添加垫圈材料并经常保持湿润，借助于猪的不断踏踩，粪尿和垫料便可以充分混合，并在紧密、缺氧的条件下就地腐熟，待坑满后出圈一次。一般来说，满圈时坑中下部的肥料可达到腐熟或半腐熟程度，可直接施用。上层肥料需经再腐熟一段时间之后方可利用。优点是有机质矿质化所释放出的养分可被土壤胶体吸附，不易损失；腐殖化所产生的腐殖质和垫土充分融合以后，成为肥沃的熟土。这种方法利于保肥，节省劳力，质量和肥效较高。其缺点是增加起圈劳力，并因圈内堆存厩肥使圈舍充满臭气和CO_2，影响家畜健康和卫生。

浅坑圈：浅坑圈在圈内挖0.15～0.20m深的坑，积肥方式类似。垫圈方法有两种：一种是天天垫，天天起；另一种是每日垫，数日起。前者适用于牛、马、驴、骡等牲畜积肥，后者适用于养猪积肥，特别是地下水位较高、雨量大的地区，不宜采用深坑圈。我国南方农村普遍采用这种方式积肥。此法费工较多，且需堆制场所，但比较卫生，有利家畜健康。起圈后将厩肥运到圈外堆积发酵。

平地圈：平地圈与地面相平，平地圈在圈内堆沤时也可利用猪的踩踏，使垫圈材料和粪尿充分混合，但必须垫入较多量的稻草或干土，使圈内不致过于潮湿。平地圈是合乎清洁卫生的积肥方式。

2. 圈外积肥法 按堆积松紧程度不同，可分为有紧密堆积、疏松堆积和疏松紧密堆积3种。

紧密堆积法：又称冷厩法。将出圈的厩肥运到堆肥场地，堆成宽2～3m，长度不限的肥堆。堆积时要层层堆积、压紧，至肥堆达1.5～2m高为止，以后接着堆第二堆、第三堆等，待堆积完毕，用泥土、泥炭或塑料薄膜密封，以保持嫌气状态并防止雨水淋溶。

用这种方式堆积厩肥中的温度变化较小，在嫌气条件下，有机物分解产生的CO_2和NH_3易合成碳酸铵。同时，有机酸与氨可形成盐类，也能减少氮的损失，腐殖质累积多。一般2～4个月可达半腐熟，半年可达全腐熟，在生产上不急需用肥时，可用此法。

疏松紧密堆积法：先将新鲜厩肥疏松堆积，浇适量粪水，以利分解，一般2～3d后，厩肥堆内温度达60～70℃，可杀死大部分细菌、虫卵和杂草种子。待温度稍降时，及时踏实压紧，然后再加新鲜厩肥，处理如前。如此层层堆积，直至1.5～2m高为止，然后用泥浆或塑料薄膜密封。一般1.5～2个月可达到半腐熟，4～5个月可达全熟，还可较快而彻底地消灭有害物。此法腐熟快，养分和有机质损失较少，如急需用肥可用此法。

疏松堆积法：又称热厩法。将厩肥运出畜舍外，逐层堆成2m宽，2m左右高的肥堆，整个过程自始至终不压紧，厩肥一直处于好气条件下，堆内温度可达60～70℃，在高温条件下，维持的时间越长，病菌、虫卵和杂草种子等消灭越彻底，在短期内厩肥就可腐熟。其缺点是厩肥中的氮素和有机质损失较大，所以只有在紧急用肥或鲜厩肥中病菌、虫卵和杂草种子较多时才宜用这种方法。

（三）厩肥的施用

厩肥可为作物提高多种营养元素，是一种完全肥料。主要特点是含有大量的腐殖质和微生物，在提高土壤肥力和化肥肥效上有明显的作用。厩肥富含有机质，肥效迟缓而持久，一般作基肥施用。施用时应根据土壤肥力、作物类型和气候条件综合考虑。

1. 土壤条件 质地黏重的土壤，应选用腐熟程度较高的厩肥，要求翻耕适当浅些。对质地较轻的砂质土壤，粪肥易于分解，但不持久，应选用半腐熟的厩肥。对冷浸田、阴坡地，可用热性肥料，如马厩肥，以达到改良土壤和促进幼苗生长的效果。

2. 作物种类 凡是生育期较长的作物，如油菜、玉米、萝卜、麻、马铃薯等可用半腐熟的厩肥。生育期短的作物，如蔬菜作物，需用完全腐熟的厩肥。对于淹水栽培的作物如水稻宜施用腐熟的厩肥。

3. 气候条件 干旱地区或降雨少的季节，宜施用完全腐熟的厩肥，翻耕宜深。温暖而湿润的地区或雨季，可施用半腐熟的厩肥，翻耕宜浅。

厩肥作基肥施用时，可撒施或集中施用。一般每公顷施用量为15～22.5t。厩肥作基肥时，应配合化学氮、磷肥施用，除可满足作物养分需要外，也可提高化肥的利用率。

二、堆肥

堆肥主要是以作物秸秆、落叶、杂草为主要原料，再配合一定量的含氮丰富的有机物，在不同条件下积制而成的肥料。

（一）堆肥的种类和性质

堆肥可分为普通堆肥和高温堆肥两类。普通堆肥含的泥土比例较大，堆腐过程中温度变化幅度小，需较长时间才能腐熟，适用于常年积制。高温堆肥以纤维素含量高的有机物为主，堆腐过程中温度有明显的升温阶段，腐熟快，并利用高温杀灭病菌、虫卵和杂草种子。因高温堆肥掺土较少，又加入较多的营养物质，所以肥效较普通堆肥好。

堆肥中有机质丰富，C/N 较低，是良好的有机肥料。除氮磷养分以外，堆肥中还富含钾。

（二）堆肥的堆制原理及方法

1. 堆制原理 堆肥腐熟的过程其实质是其中的有机物质在微生物作用下所进行的矿质化和腐殖化过程，整个过程按其温度的变化可分为 4 个阶段。

（1）发热阶段 堆制初期，温度由常温上升到 50℃左右，称为发热阶段。在这一阶段的初期，以中温好气性的微生物为主。随着温度上升，好热性微生物逐渐成为主要种类。肥堆内简单的糖类、淀粉、蛋白质等在该阶段被大量分解，释放出 NH_3、CO_2和热量。

（2）高温阶段 这一阶段的温度在 50～70℃之间，高温性的微生物代替中温性的微生物，除了继续分解易分解的有机物外，主要是纤维素、半纤维素、部分木质素等复杂有机物的分解，同时腐殖化作用开始，但是矿质化作用占优势。

（3）降温阶段 高温过后温度下降到 50℃以下的阶段，这一阶段是中温性、好热性、耐热性微生物活动最旺盛的阶段，继续分解残留下来的纤维素、半纤维素、木质素，但是腐殖化作用占优势，堆肥质量的优劣也与这一过程的进行情况密切相关。

（4）腐熟保肥阶段 此阶段继续进行缓慢的矿质化和腐殖化过程，肥堆内的温度仍稍高于气温，堆内物质的 C/N 比已逐步减少，腐殖质累积量明显增加。但分解腐殖质的细菌、纤维素分解细菌、嫌气固氮菌、反硝化细菌的数量增多，会引起腐殖质的分解、氨的挥发、反硝化脱氨损失，所以在堆肥降温阶段之后，要将材料压紧，并用泥土覆盖做好保肥工作。

2. 堆肥的条件及其调控 堆肥的主要目的是调节其 C/N 比，而堆制条件主要是调节水分、空气、温度、酸碱度等。

原料：C/N 比一般秸秆等基本材料 C/N 比较高，堆肥起始堆制时，C/N 比多为（30～40）：1，须加入含氮丰富的人、畜粪尿或化学氮肥，调节 C/N 比，才能加速分解。

水分：水分过干过湿均会影响微生物的活动，一般堆肥保持 60%～70%左右的水分，即用手捏紧刚能溢出水为宜。堆制过程中，随着温度上升，水分逐渐消耗，要适时添加水分。

空气：堆肥在升温和高温阶段都是好气性微生物占主导地位，所以良好的通气条件是产生高温无害化的重要保证。调节通透性的办法可通过调节原料粗细比例增大空隙度，也可设置地下通气沟或在堆肥中部设置通气管道。

温度：堆内温度的升降，是反映堆肥各种微生物群落活动的标志。高温纤维分解菌和有些放线菌在 65℃时分解有机质能力最强，在 50℃以下，则生长着大量中温性纤维分解菌。因此，在冬季或气温较低的北方积制堆肥，需加入一定量的富含高温纤维分解菌的骡、马粪，以利加速腐烂。若温度过高，须进行翻堆或加水等办法降温。

酸碱度：pH 一般在 6～8 之间，过高或过低均抑制微生物的活动。堆内有机物大量分解，尤其是好氧发酵时，会产生氨的损失，需要加入调酸剂，控制氨的挥发，提高肥效。

3. 秸秆高温堆肥 预先将玉米、高粱秸秆铡成 6cm 左右的碎段，铺成厚约 1m 的长方形堆。传统的物料配比为秸秆 500kg、骡马粪 300kg、人粪尿 100kg、石灰 1～1.5kg 及水 750～1 000kg，总氮量约 5.0kg，为堆肥材料的 1%左右。将物料充分混拌均匀，并加以水湿润，达物料最高持水量的 60%～70%为度。然后堆成长方形堆，封顶前再泼水少许，堆顶覆盖 4～6cm 厚的细土，以利保温、保水和保肥。

堆后5～7d堆内开始发热，再过2～3d，堆温升到60～70℃，如此持续7～10d，即可进行第一次翻堆。如发现过分干燥可适量补水，重行堆积盖土。此时堆温暂降，几天后继续发高热，待10d左右进行第二次翻堆，此时看堆肥干湿状况可多加些水分。如果堆材腐熟，或当即拉运，或进行压实保肥。如果堆材还未腐熟，还需进行第三次翻堆。

半腐熟的肥料呈暗黄色，汁液为黄棕色，材料变软，较易拉断，可捏成团，松手即散。充分腐熟的堆肥呈黑褐色，汁液呈棕色，材料完全失去原形，很易拉断，还有臭味。

（三）堆肥的施用

堆肥主要用作基肥，适合各种土壤和作物，每公顷施用量一般为15～30t。用量多时，可结合耕地，犁翻入土；用量少时，可采用穴施或条施，以充分发挥肥效。对于高温多雨、砂质土壤地区中的生育期长的作物，如油菜、水稻、玉米等均可施用半腐熟或腐熟程度稍低的堆肥；相反，在干旱、冷浸而又黏质土壤地区的冬季作物，如生育期短的蔬菜等适宜施用完全腐熟的堆肥。

腐熟的堆肥也可作种肥或追肥。作种肥时应配合一定量的速效磷肥；作追肥应适当提前，以利发挥肥效。无论采用何种方式施用堆肥，都要注意只要堆肥一启封，就要及时将肥料运到田间，施入土中，以减少养分损失。

三、沼气肥

将作物秸秆及人、畜粪尿等有机物料，投入沼气池中，进行厌气发酵，产生沼气。沼气主要成分是甲烷（CH_4），约占50％～70％，其次是CO_2，另外含少量H_2、O_2、CO、H_2S等气体。当沼气池加料后，经过一段时期发酵后，需进行一次换料，换出来沼渣和沼液，统称沼气池肥。

（一）养分特点

沼气池肥包括沼渣和沼液两部分，它们的养分状况因原料、发酵条件而异。沼渣的氮、磷、钾三要素的含量是较一般的堆、沤肥为高，且其中速效养分占有较大的比例。沼液中的速效养分高于厩肥液或厩肥。除上述营养元素之外，沼肥的有机碳量高于堆沤肥。沼渣含有的腐殖酸、半纤维素、纤维素和木质素等组分均比堆沤肥丰富。

（二）沼气发酵原理及条件

沼气发酵是有机物料在隔绝空气并在一定的温度、湿度条件下，经微生物的嫌气发酵产生沼气的过程。

1. 发酵原理 沼气发酵过程中，有机物质的分解转化过程大体可分腐解阶段和产生沼气阶段。腐解中，嫌气性细菌在嫌气条件下将蛋白质、脂肪和碳水化合物分解成结构简单的小化合物和CO_2、NH_3等无机物。在产气阶段，小分子化合物转化成有机酸等，再经过沼气细菌的作用，从多种途径生成甲烷。

2. 发酵条件 创造严格的嫌气环境，是制取沼气的关键；制取沼气必须有足够的沼气细菌；适宜的发酵温度，沼气发酵的温度范围较广，一般在8～60℃范围内沼气微生物都能活动，产生沼气；沼气发酵适宜的pH为6.5～7.5；发酵液浓度范围2％～30％；配料要充分考虑沼气细菌的营养要求，供给足够的氮、磷等养分，利于菌体的繁殖，还要选取含碳水化合物丰富的原料，可供给微生物碳源，利于多产沼气。

（三）施用方法

沼液可以直接用于各种作物，特别是旱地作物的追肥，开沟6～8cm深施或沟灌，而后覆土，比表施可以减少氨态氮的损失。沼液追肥的用量每公顷施30 000kg左右。沼渣可直接作基肥，也可按沼渣：草皮土：磷矿粉＝100：40：10比例混匀，让其继续堆腐1个月左右，而后作基肥，每公顷施15～30kg。沼液施于旱地作物，沼渣施于水稻的增产效果更为明显。

四、绿肥

用作肥料的绿色植物称为绿肥。绿肥根据其生物学特性可分为豆科与非豆科绿肥，根据生长期可分为一年生和多年生绿肥，根据生长季节可分夏季与秋季绿肥，根据种植条件可分为旱生绿肥与水生绿肥。呼伦贝尔地区栽种过草木樨、紫花苜蓿、油菜等绿肥作物。

（一）主要种类

1. 草木樨 豆科草木樨属，二年生草本植物，有黄花和白花草木樨之分。

草木樨植株高大，株高 1～2m，种子千粒重 2～2.5g。草木樨主根肥大，侧根茂密，入土 2m 以上。根茬多，养分含量高。抗逆性强，对环境条件适应性广，除重盐碱地和酸性土壤不适宜种植外，在其他低产瘠薄的土壤上均能生长，尤以在 pH7.5～8.5 的石灰性黏质土壤上生长最好。草木樨耐寒，生长健壮的植株和根部着生的越冬芽能耐－30℃的严寒。耐盐碱性强；土壤含盐量在 0.3%以下能正常生长，常用以改良盐碱土。此外，草木樨具有一定的耐阴性，可与其他作物间、套作，但共生期不宜超过 60～70d，否则影响主作物的产量。草木樨公顷播量 15～22.5kg，播深 1～2cm，行距 30～45cm，播后镇压。公顷产干草 6 000～7 500kg。

2. 紫花苜蓿 又名苜蓿、紫苜蓿，是多年生豆科草本植物，也是我国北方广泛栽培的绿肥植物。苜蓿株高 60～120cm，根系发达，主根粗大，入土深达 2～6m，侧根主要分布在 20～30cm 以上的土层中。根上着生有根瘤，以侧根居多。种子肾形，黄褐色，有光泽，千粒重 1.4～2.3g。

苜蓿耐旱、耐寒性强，耐盐性也较强。在－30℃低温下还可越冬，幼苗能耐－6～－5℃的低温。在生长过程中要有较多的水分，但因其根深，可吸收土壤底层的水分，因此抗旱性较强。最适于在年降雨量 300～900mm，排水良好、土层深厚的石灰性土壤中生长。苜蓿在盐分 3g/kg 以下的盐碱土上生长良好。苜蓿第一年生长缓慢，怕强烈光照，易受杂草抑制；第二年以后生长加快，以第二至第四年生长最旺盛；当栽培 6 年以后，鲜草产量逐渐降低。

苜蓿种植技术：选择土层深厚、平坦的地块，播前精细整地，清除杂草。适宜的土壤墒情条件为，黏壤土含水率 18%～20%，砂壤土含水率 20%～30%为佳。播种前种子要精选，去掉杂质、草籽等，净度 90%以上，发芽率达到 85%以上。播种期 5 月中旬至 7 月中旬，呼伦贝尔地区主要采用夏播，即在 6 月中旬至 7 月中旬播种。播种量一般为每公顷 7.5～15kg。播深 1～2cm，行距 20～30cm，播后镇压。苜蓿在播种当年的生长前期，主要管理措施是防治杂草和保证土壤墒情，以利于幼苗的良好生长。苜蓿是豆科作物，可固定空气中的氮素，施肥重点是磷钾肥。低肥力地块每公顷底施氮肥 30kg 左右、磷肥 60～90kg、钾肥 150kg 左右。在苜蓿生长期要注意病虫草的发生和防治，杂草防治一般选择普施特，病虫则针对发生类型、程度，视农药的残留期，适时喷洒适宜药剂。翻压根据产量、品质和有利于生长的原则确定。一般在开花时翻压，养分含量最高，最晚不迟于盛花期。否则，落叶严重，茎纤维化品质下降。

3. 油菜 又叫油白菜、苦菜，十字花科、芸薹属植物，原产我国，其茎颜色深绿，帮如白菜，属十字花科白菜变种，花朵为黄色。农艺学上将植物中种子含油的多个物种统称油菜。目前油菜主要栽培类型为白菜型油菜、芥菜型油菜、甘蓝型油菜。

油菜喜冷凉，抗寒力较强，是直根系作物，根系较发达，主根入土深，支、细根多，要求土层深厚，结构良好，有机质丰富，既保肥保水，又疏松通气的壤质土，在弱酸或中性土壤中，更有利于增加产量，提高菜籽含油率。在油菜生长期间，要施肥，灌水，保证苗壮。

油菜种植技术：选择墒情较好的平地或岗坡地，避开风口和低洼地。种子籽粒要均匀，发芽率 90%以上，净度 98%以上，纯度 99%，水分 10%以下。提前晒种，拌种或包衣处理采用油菜种衣剂（药种比 1∶45）。在日平均气温稳定通过 6～8℃时，抢墒播种，适时早播。油菜每公顷播量7.5～15 kg，采用 30cm 行距，公顷保苗在 60 万株左右，每公顷施油菜专用复合肥 150kg 或每公顷施磷酸二铵 75kg＋尿素 30kg＋硫酸钾 15kg。有病虫草害发生时，选择高效低毒的灭虫灭菌的生物、化学农药和喷药机械防治。收割时做到高留茬、轻割、轻放、轻捆、轻运。在 8 月左右适时翻压，翻压深度一般为 10～15cm 左右。每公顷产干草 3 000～4 500kg。

4. 沙打旺 又名直立黄芪、麻豆秧等，为豆科黄芪属多年生草本植物。株高 50～130cm，直根系，种子千粒重 1.5～2.4g。它的适应性广、抗逆性强、产量高，是饲肥兼用的好草种，也是改良砂荒、植树造林的先锋植物。种植沙打旺是防治沙化的重要措施。

沙打旺根系入土深，五年生根深可达 6m。它的耐旱、耐寒、耐瘠、耐盐碱能力强，但不耐涝。除低洼渍水和黏重土壤外，均可栽培。一般适宜 pH6～8，沙打旺可生长 4～5 年。第一年不开花或少数开花；从第二年起，每年 8 月开花，9 月底结荚成熟；第四、五年渐衰以致死亡。一般以第二、三年鲜草产量最高。公顷播量 7.5～11.25kg，播深 1～2cm，行距 30～45cm，播后镇压。公顷产干草 2 250～6 000kg。

（二）绿肥的施用

1. 绿肥的施用方式

（1）直接耕翻　翻耕前最好将绿肥切短，稍经曝晒，让其萎蔫，这样既有利于翻耕，亦能促其分解。早稻田翻耕最好用干耕，旱地翻耕要注意保持墒情。翻耕保肥要求深埋、严埋，使绿肥全部被土盖没，使土、草紧密结合，以利绿肥分解。

（2）堆沤　为了加速绿肥分解，提高其肥效，或因贮存的需要，可把绿肥作堆沤肥原料。堆沤后绿肥肥效较平稳，既可避免 C/N 比值窄的易分解绿肥在分解初期有效氮骤增而使作物疯长，又可防止绿肥在分解中产生有害物质的危害。同时，绿肥经堆沤处理后，使易分解的组分先分解，这样会减弱或消除直接翻压时对土壤产生的激发效应。

2. 绿肥的刈割与翻耕适期　绿肥作物刈割适期，要从绿肥的产量、品质、利用目的和后作物的要求综合考虑。多年生绿肥作物一年可割几次，冬前刈割时要注意其安全越冬。

绿肥翻耕适期，应掌握在鲜草产量最高和肥分总含量最高时进行。翻耕过早，虽然植株柔嫩多汁，容易腐烂，但鲜草产量低，肥分总量也低。反之，翻耕过迟，植株趋于老熟，木质素、纤维素增加，腐烂分解困难。绿肥的鲜草产量最高时期与可获得的总氮量最多时期基本上是一致的。

翻耕时间除考虑绿肥本身情况外，还必须与后作物播种时间配合。稻田翻耕绿肥，一般要求在插秧前 10d 左右。北方麦田施用绿肥，应掌握在土壤水分充足的时候，最好在雨季后期。夏季绿肥在早秋耕埋的，经 30 天后大部分已分解，因而耕翻在小麦播种前 40d 左右。

3. 绿肥的耕翻深度与施肥量

绿肥分解主要靠微生物活动，因此耕翻深度应考虑微生物在土壤中旺盛活动的范围，一般以耕翻入土 10～20cm 较好。还应考虑气候条件、土壤性质、绿肥种类及其组织老嫩等。气温高、土壤水分较少、土质较疏松、绿肥较易分解的，耕翻宜深些；反之则宜浅些。

在决定绿肥施用量时要考虑作物产量，作物种类、品种的耐肥能力，绿肥作物所含肥分和其供肥情况，土壤肥力等。在有其他肥料配合时，一般每公顷施 15～22.5t。

呼伦贝尔市阿荣旗 2010 年土壤有机质提升补贴项目中草木樨平均还田量（鲜重）为 6 450 kg/hm^2。在海拉尔农牧场管理局 2011—2013 年土壤有机质提升补贴项目中紫花苜蓿和油菜作为绿肥施用，平均还田量（鲜重）分别为 15.27t/hm^2 和 13.4t/hm^2。

4. 绿肥与无机肥料配合施用　绿肥与化学氮肥配合施用能调整两者的供肥强度，提高肥效。绿肥中的磷不仅含量较少，而且分解较慢，因此应配合施用磷肥。有试验证明，绿肥配合施磷更能发挥绿肥的肥效。为了加速绿肥的分解，特别在酸性土壤，在绿肥压青的同时，施用石灰是必要的。石灰用量一般为绿肥鲜草量的 2%～3%。

5. 防止毒害作用　稻田施用绿肥过多，耕埋过晚时，会使水稻出现中毒性“发僵”—叶黄根黑，返青困难，生长停滞。

淹水土壤中会产生大量 Fe^{2+}，但稻根有氧化力，能把 Fe^{2+} 氧化成 Fe^{3+}。但如土壤排水不良或翻压绿肥过多，水稻也会受亚铁的毒害。当稻叶活性铁的浓度超过 300mg/kg 时，水稻便受害，老叶先出现烟尘状，以后逐渐扩大至整个叶片呈褐色，叶尖枯死，严重时新叶会呈现此症状。亚铁毒害一般与土壤缺钾、钙、镁、磷等有关。

五、商品有机肥

商品有机肥，就是以畜禽粪便、动植物残体等富含有机质的副产品资源为主要原料，经发酵腐熟后制成的有机肥料。

商品有机肥是以工厂化生产为基础，以畜禽粪便和有机废弃物为原料，以固态好气发酵为核心工艺的集约化产品。具有普通有机肥料和农家肥不可比拟的优点：

①商品有机肥已完全腐熟，不会发生烧根、烂苗；普通有机肥未经腐熟，使用后在土壤里发生后期腐熟，会引起烧苗现象。

②商品有机肥经高温腐熟，杀死了大部分病原菌和虫卵，减少了病虫害发生；传统有机肥未经腐熟和无害化处理过程，有可能引发土传病虫害。

③商品有机肥养分含量高；普通有机肥会发生不同程度的养分损失。

④商品有机肥经除臭，异味小。

⑤商品有机肥容易运输。

（一）分类

商品有机肥按照组成成分划分，主要有以下三类：

①精制有机肥料类。不含特定功能的微生物，以提供有机质和少量养分为主。

②有机无机复混肥料类。由有机和无机肥料混合而成，既含有一定比例的有机质，又含有较高的养分。

③生物有机肥料类。除含有较高的有机质和少量养分外，还含有特定功能如固氮、解磷、解钾、抗土传病害等的有益菌。

（二）商品有机肥的加工

商品有机肥一般生产过程包括粉碎、搅拌、发酵、除臭、脱水、粉碎、造粒、干燥，完整生产用时 1～3 个月。各种原腐有机材料经过以上工艺处理，最后形成无臭、干燥的商品有机肥基料，该基料可直接挤压成型，除生产商品有机肥料外，还可以作为基质加工形成液态肥、叶面肥等专用肥料。

商品有机肥加工的主要设备包括发酵池、搅拌机、抛翻设备、输送设备、圆筒筛、粉碎机等，其基本生产工艺流程见图 5-3。

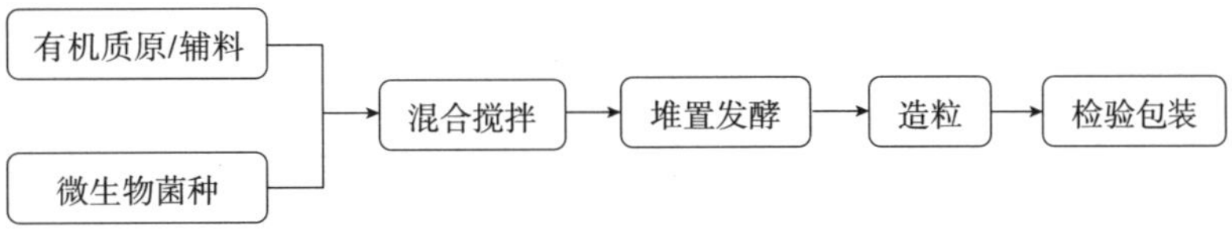

图 5-3 商品有机肥生产工艺流程

商品有机肥生产的核心环节是微生物发酵。发酵方式有堆肥、嫌气发酵、塔式发酵、槽式发酵等。其中，高温好氧堆肥是发酵的首选方法，即在微生物作用下，通过高温发酵，使有机原辅材料得到充分腐解和无害化，形成腐熟肥料的过程。在微生物分解有机质过程中，生成大量可被植物吸收的有效氮、磷、钾等简单化合物，并且合成活性物质如腐殖质等。

（三）商品有机肥的技术要求

商品有机肥，所有生产技术与操作规程、产品质量检验等必须符合国家相关标准要求。

1. 外观 有机肥料为褐色或灰褐色，粒状或粉状，无机械杂质，无恶臭。

2. 技术指标 商品有机肥的技术指标，主要包括有机质含量、总养分（全氮、全磷、全钾）含量、水分含量和酸碱度等（表 5-10）。

表 5-10 商品有机肥料的技术指标（NY525-2012）

项目	指标
有机质含量（以干基计）	≥45%
总养分（$N+P_2O_5+K_2O$）含量（以干基计）	≥5.0%
水分（游离水）含量	≤30%
酸碱度（pH）	5.5～8.5

3. 有害成分 包括重金属含量和病原微生物等（表 5-11）。

表 5-11 商品有机肥的重金属含量等技术要求（NY884-2012）

项目	指标	项目	指标
总砷（以 As 计）	≤15mg/kg	蛔虫死亡率	≥95%
总镉（以 Cd 计）	≤3mg/kg	大肠菌值	≤100 个/g
总铅（以 Pb 计）	≤50mg/kg		
总铬（以 Csr 计）	≤150mg/kg		
总汞（以 Hg 计）	≤2mg/kg		

（四）商品有机肥的施用

①商品有机肥的长效性不能代替化学肥料的速效性，必须根据不同作物和土壤，再配合尿素、配方肥等施用，才能取得最佳效果。

②商品有机肥施用方法一般以做基肥使用为主，在耕种前将肥料均匀撒施，耕翻入土。如采用条施或沟施，要注意防止肥料集中施用发生烧苗现象，要根据作物田间实际情况确定商品有机肥的亩①施用量。

③商品有机肥做追肥使用时，一定要及时浇足水分。

④商品有机肥在高温季节旱地作物上使用时，一定要注意适当减少施用量，防止发生烧苗现象。

⑤商品有机肥的酸碱度 pH 一般呈碱性，在喜酸作物上使用要注意其适应性及施用量。

第三节 生物肥料

一、微生物肥料

微生物肥料是一种活的、有生命的肥料，它由一种或数种有益微生物、经工业化培养发酵而成的生物性肥料。

（一）分类

微生物肥料通常分为两类：一类是通过其中所含微生物的生命活动，增加了植物营养元素的供应量，导致植物营养状况的改善，进而增加产量，其代表品种是菌肥；另一类是广义的微生物肥料，虽然也是通过其所含的微生物生命活动作用使作物增产，但它不仅仅限于提高植物营养元素的供应水平，还包括了它们所产生的次生代谢物质，如激素类物质对植物的刺激作用。

微生物肥料采用活菌制剂，直接或间接作用于对象，促进作物生长。主要有增加土壤肥力、提高肥料利用率、提高作物品质、增强植物抗病（虫）能力等功能。

（二）使用方法

微生物肥料的种类不同，用法也不同。

1. 液体菌剂的使用方法

（1）种子上的使用

①拌种：播种前将种子浸入 10～20 倍菌剂稀释液或用稀释液喷湿，使种子与液态生物菌剂充分接触后再播种。

②浸种：菌剂加适量水浸泡种子，捞出晾干，种子露白时播种。

（2）幼苗上的使用

①蘸根：液态菌剂稀释 10～20 倍，幼苗移栽前把根部浸入液体沾湿后立即取出即可。

②喷根：当幼苗很多时，可将 10～20 倍稀释液放入喷筒中喷湿根部即可。

（3）生长期的使用

①喷施：在作物生长期内可以进行叶面追肥，把液态菌剂按要求的倍数稀释后，选择阴天无雨的日子或晴天下午以后，均匀喷施在叶子的背面和正面。

②灌根：按 1∶40～100 的比例搅匀后按种植行灌根或灌溉果树根部周围。

---

① 亩为非法定计量单位，1 亩=1/15hm²≈667m²。—编者注

2. 固体菌剂的使用方法

（1）种子上的使用

①拌种：播种前将种子用清水或小米汤喷湿，拌入固态菌剂充分混匀，使所有种子外覆有一层固态生物肥料时便可播种。

②浸种：将固态菌剂浸泡1～2h后，用浸出液浸种。

（2）幼苗上的使用　将固态菌剂稀释10～20倍，幼苗移栽前把根部浸入稀释液中蘸湿后立即取出即可。

（3）拌肥　每1 000g固态菌剂与40～60kg充分腐熟的有机肥混合均匀后使用，可作基肥、追肥和育苗肥用。

（4）拌土　可在作物育苗时，掺入营养土中充分混匀制作营养钵；也可在果树等苗木移栽前，混入稀泥浆中蘸根。

3. 生物有机肥的施用

（1）作基肥　大田作物每公顷施用600～1 800kg，在春、秋整地时和农家肥一起施入；经济作物和设施栽培作物根据当地种植习惯可酌情增加用量。

（2）有机肥的肥效比化肥要慢一点　因此，使用生物有机肥做追肥时应比化肥提前7～10d，用量可按化肥做追肥的等值投入。

二、秸秆腐熟剂

秸秆腐熟剂能使秸秆等有机废弃物快速腐熟，使秸秆中所含的有机质及磷、钾等元素成为植物生长所需的营养，并产生大量有益微生物，刺激作物生长，提高土壤有机质，增强植物抗逆性，减少化肥使用量，改善作物品质。

（一）功效特点

①有效活菌数在200亿/g以上。

②功能强大：畜禽粪便加入秸秆腐熟剂，可在常温（15℃以上）下，迅速升温、脱臭、脱水，一周左右完全腐熟。

③多菌复合：主要由细菌、真菌复合而成，互不拮抗，协同作用。

④功能多、效果好：不仅对有机物料有强大腐熟作用，而且在发酵过程中还繁殖大量功能菌并产生多种特效代谢产物，从而刺激作物生长发育，提高作物抗病、抗旱、抗寒能力，功能细菌进入土壤后，可固氮、解磷、解钾，增加土壤养分、改良土壤结构、提高化肥利用率。

⑤用途广、使用安全：可处理多种有机物料，无毒、无害、无污染。

⑥促进有机物料矿质化和腐殖化：物料经过矿质化，养分由无效态和缓效态变为有效态和速效态；经过腐殖化，产生大量腐殖酸，刺激作物生长。

（二）秸秆腐熟剂使用范围及使用数量

秸秆腐熟剂使用范围包括畜禽粪便、作物秸秆、饼粕、糠壳、污泥、城市有机废弃物、农产品加工废弃料（蔗糖泥、果渣、茶渣、蘑菇渣、酒糟、糠醛渣等）。

①一般用量为0.1%～0.3%。

②原辅料及要求：主要物料为畜禽粪便、果渣、蘑菇渣、酒糟、糠醛渣、茶渣、污泥等大宗物料，果渣、糠醛渣等酸度高，应提前用生石灰调至pH7.0左右。辅料为米糠、锯末、饼粕粉、秸秆粉等，干燥、粉状、高碳即可。

③原辅料配比：主料∶辅料=5∶1～3∶1。

④水分控制在50%～60%，手抓物料成团无水滴，松手即散。

（三）秸秆腐熟剂使用方法

①按要求将秸秆腐熟剂、主料和辅料全部混合均匀。

方法一：可以先拿少部分物料与发酵剂混合均匀，然后再用这一部分物料与大量的物料混合。

方法二：使用前活化，将发酵剂、红糖、水按照1∶1∶20的比例，活化8～24h，期间最好每隔

1～2h 充分搅拌一下。之后可以加入适当的水与物料搅拌均匀即可。

②堆料高度 1m，环境温度 15℃以上。

③堆温升至 60℃时开始翻倒，每天一次，如堆温超过 65℃，再加次翻倒。

④腐熟标志：堆温降低，物料疏松，无物料原臭味，稍有氨味，堆内产生白色菌丝。

⑤腐熟的原肥：直接使用，生产商品有机肥、生物有机肥、有机无机复混肥、生物有机无机复混肥等。

（四）秸秆腐熟剂注意事项

①存放于阴凉干燥处，禁止强光曝晒。

②避免与强酸、强碱、易挥发性化学品及杀菌剂混放、混用。

③根据不同物料、环境温度、水分含量等条件，可酌情调整用量。

三、根瘤菌剂

根瘤菌剂是指以根瘤菌为生产菌种制成的微生物制剂产品，它能够固定空气中的氮元素，为宿主植物提供大量氮肥，从而达到增产的目的，在多年不种绿肥或新开垦地种植豆科绿肥时接种根瘤菌，能确保豆科绿肥生长良好。

（一）根瘤菌剂功能

根瘤菌剂属于无污染、无公害、低成本、肥沃土壤的环境友好型制剂，可增强作物抗病、抗逆性，显著提高作物的品质与产量。

1. 制造和协助农作物吸收营养 根瘤菌在豆科植物根部结瘤并高效率的固定空气中的氮素，供作物直接吸收利用；与此同时根瘤菌在繁殖过程中产生大量的植物生长激素，可刺激和调节作物生长，促使植株生长健壮，并促进作物对其他营养的吸收利用，提高了土壤养分利用效率。

2. 增强作物抗病和抗旱能力 根瘤菌由于在作物根部大量生长繁殖，减少或抑制了病原微生物的繁殖机会，起到抗病原微生物的作用。根瘤菌还可诱导植物产生系统抗性，从而减轻作物发生病害的几率。根瘤菌还可促使作物抗旱能力提高，可增强作物抗逆能力。

3. 改良土壤及增进土壤肥力 根瘤菌可以直接作为土壤中的氮元素来源，同时根瘤菌脱落、残留及分泌到土壤中的氮，可增加土壤肥力从而改良土壤，生产上用豆科植物与其他作物间作、轮作，就是利用根瘤菌的固氮作用，并减少了化学氮肥的施入，可有效降低土壤板结。

4. 提高作物品质及增产增收 生长实践报告数据证明，在减少总氮肥 50%，相当于减少尿素 70%的条件下，作物仍可增产 5%～25%。

（二）根瘤菌的施用

1. 干瘤法 豆科作物的盛花期，是根瘤菌活动和繁殖最旺盛的时期。这时在高产田里，选择健壮的植株，连根挖出，不伤根瘤，用水轻轻冲去泥土，挑选主根和支根上聚集的许多大个、粉红色根瘤的植株，剪去枝叶、须根和下部的支根，挂在背阴通风处阴干，之后放在干燥处保存。翌年播种时，用刀割下根瘤，放在瓷罐内捣碎，加上少许凉开水搅拌均匀，即可拌种。一般每公顷地约用 75～150株的根瘤。

2. 鲜瘤 在大田播种前 50d 左右，在塑料大棚或温室内提前育苗，育苗的大豆最好用干瘤法得到的根瘤（或根瘤菌剂）拌种，或在出苗一周左右追施一次根瘤菌肥，以促其根瘤长得好。苗床面积可以按需要的根瘤数量来定。待大田播种时，把正在生长的豆科作物连根挖出来，选大个儿、粉红色的根瘤，捣碎后再加上些凉开水，就可以拌种了。每公顷地用 105～150 个大根瘤即可。

根瘤菌剂使用中的注意事项：根瘤菌剂专一性。种植什么作物，都要选择与作物相对应的根瘤菌。如大豆根瘤菌只能在大豆、黑豆、青豆的根部侵入形成根瘤。要根据根瘤菌的特性创造良好的土壤环境条件。要处理好根瘤菌与豆科植物的共生关系。配合微量元素及其他菌肥使用。拌种时要根据产品说明书要求的用量，加水或掺土以稀释菌剂，均匀相拌使根瘤菌剂粘在所有种子表面，拌完后于 12h 内将种子播入土中；不要将种皮碰破，否则将造成烂种、缺苗；由于紫外线能杀死根瘤菌，所以拌种时，宜在阴凉处，避免阳光直接照射；也不要与杀菌剂同时使用。

第四节 叶 面 肥

以叶面吸收为目的，将作物所需养分直接施用叶面的肥料，称为叶面肥。叶面施肥是植物吸收营养成分的一种补充，来弥补根系吸收养分的不足，它不能代替土壤施肥。叶面肥属于根外肥。其优点是施用量小，针对性强，作物养分吸收快，能有效地避免土壤对某些养分的固定作用，提高养分利用率。当由于土壤环境不良、水分过多，或干旱低湿条件、土壤过酸过碱等因素，造成作物根系吸收作用受阻缺少营养元素，或作物生长后期根系吸收能力衰退、营养需求高峰急需补充营养时，采用叶面追肥可以弥补根系吸肥不足，从而取得较好的增产效果。

根据其功能和主要成分等，可划分为六类，分别是营养型叶面肥、调节型叶面肥、生物型叶面肥、复合型叶面肥、腐殖酸类叶面肥、氨基酸类叶面肥。

一、营养型叶面肥

营养型叶面肥主要含有氮、磷、钾及微量元素等养分。如常用的尿素、磷酸二氢钾、稀土、微肥等。主要功能是为作物提供各种营养元素，改善作物的营养状况，尤其适用于作物生长后期各种营养的补充。其特点是吸收速度快，属速效肥料。

（一）氮磷钾大量元素叶面肥

1. 尿素 常用的喷施浓度为1%～1.5%（即100kg水加1～1.5kg尿素）。双子叶植物，浓度可取下限；单子叶植物，浓度可取上限；幼苗期，浓度可适当低些；成苗期，浓度可适当高些。

2. 磷酸二氢钾 常用的喷施浓度为0.1%～0.3%。配制的方法是取100～300g磷酸二氢钾加100kg水，充分溶解后喷施。

3. 过磷酸钙 常用的喷施浓度为2%～3%。肥料加水后要充分搅拌，静置24h后经过滤，取清液喷施。

4. 硫酸钾 常用的喷施浓度为1%～1.5%。

（二）微量元素叶面肥

1. 硫酸锌 常用的喷施浓度为0.1%～0.2%。在溶液中加少量石灰液后进行喷施。

2. 钼酸铵 常用的喷施浓度为0.05%～0.1%。

3. 硼砂（或硼酸） 常用的喷施浓度为0.2%～0.3%。配制溶液时先用少量45℃热水溶化硼砂，再兑足水。

（三）农用稀土

稀土是元素周期表第三副族中钪、钇、铈、镧等17种元素的总称，其水溶性盐类如硝酸稀土、硫酸稀土等在农业上作有益元素使用。

1. 稀土的作用 以镧、铈为代表的轻稀土可以促进作物生根、发芽，促进叶绿素的增加和对磷元素的吸收，能增强一些生物酶的活性等。镧的施用可以提高植物的抗逆性，在恶劣的条件下有缓解细胞质外渗和抗细胞衰老的作用。叶面喷洒稀土微肥，可提高作物体内酶的活性，增强作物的新陈代谢机能，促进茎、叶和结实器官的生长，尤其能促进根系生长，提高根系活力；稀土还能提高作物中叶绿素含量，增强作物的光合作用强度和光合产物的积累，对提高作物产量和品质、促进早熟等均有良好作用；稀土还能改善细胞的透性，增强作物抗寒性。

2. 稀土的施用

（1）浓度和用量 不同作物对稀土的适应量是不同的，谷物的需要量较少，特别是玉米对稀土很敏感，0.01%的稀土溶液即抑制玉米幼苗的生长。稀土的亩施用量随着作物的种类和施用方法而异，一般每公顷用量在600g左右为宜。

（2）施用方法 叶面喷施、拌种、浸种均能得到预计的增产效果。叶面喷施和拌种是施用稀土的主要方法，其中叶面喷施使用普遍。拌种是一种简单易行且节省稀土用量的办法。可采用飞机或拖拉机喷施。

(3) 施用时间与次数　采用叶面喷施时，合理选定喷施时间十分重要。作物生长一个月左右，是喷施稀土的一个有效作用周期。为了适应稀土显效的阶段性特点，一般选择作物生长阶段的始期喷施稀土。因为一周后正是稀土对作物生长的显效时间，稀土在此时能够充分地发挥促进作物生长的作用。对蔬菜、粮食作物常用的喷施浓度为 0.05%，果树为 0.08%。要避免在喷施后遭暴晒或雨水冲刷，这样会降低效果，如果喷施后 24h 内有降雨，要酌情考虑补喷。

(4) 与其他肥料等的配合施用　稀土的施用，不能代替其他常量或微量元素肥料，只有在各种肥料供应正常、配方合理时，才能更好的发挥作用。

(四)“891”钛肥

891 钛肥是 20 世纪 90 年代初开发的一种以有机钛为主要成分的新型广谱植物促长剂，它可促进农作物的生长发育，提高农作物产量和质量。含有钛元素的水溶性微量元素肥料，简称含钛微肥，就是在一般的微量元素肥料中增加了有机钛，加入有机钛后的微量元素肥料可以显著提高其肥效。国内外大量的研究学术报告证明：钛元素对植物有 3 个有益作用：能提高植物体叶绿素的生成和含量；能提高植物体内各种生物酶的活性；能合理调动、分配植物所吸收的养分。

钛元素在植物上的有益作用逐步被人们认识后，人们开始对其进行开发利用。北京万春金太科技发展有限公司研制成功一种新型的有机钛，先后命名为“丰果-891”、“891-植物促长素”、“万春微肥”，现正式命名为“含钛微肥”。

在常规施肥的基础上，使用螯合钛并采用浸种、拌种与喷施相结合的方式可使多种作物表现出一定的增产效果。大田作物增幅一般为 10%～30%；蔬菜作物增幅一般为 20%～40%。

丰果-891 植物促长素使用方法：

1. 喷洒叶面　麦谷类：每公顷一次用 375ml，加水 375kg，在作物生长的关键时期喷洒。如水稻的秧苗期、分蘖期、初穗期；小麦的苗期、幼穗期、分化期、灌浆初期；玉米的拔节期、孕穗期、抽穗开花期，喷洒 2 次。

2. 拌种　每 50ml 加适量水，以种子表面均匀沾湿为准，可拌种 60kg，随拌随播。

3. 浸种　每 50ml 加适量水，以能浸没种子为准，可浸种 60kg，浸 5～8h 后，捞出稍晾干即可播种。

二、调节型叶面肥

调节型叶面肥含有调节植物生长的物质，如生长素、激素类等成分。常见的有芸苔素内酯、生根剂等。主要功能是调控作物的生长发育，适于植物生长前期、中期使用。其特点是吸收速度快，残留有害物质较少。

(一) 生根粉

生根粉是一种广谱高效的植物生根促进剂。它经由植物根部、萌发种子、幼苗茎叶的吸收，可刺激根部内鞘部位细胞的分裂和伸长，促进侧根和不定根的分化、形成，迅速提高植物吸收水分和养分的能力，具有生根、壮苗、抗旱抗寒、增强免疫力等功能，尤其能显著提高扦插枝的繁殖成活率。适用于花卉、树木的扦插、移栽，更适用于农作物的浸种、拌种和叶面喷施。生根粉剂施用方法如下：

1. 水稻　浸种，0.1g 生根粉剂兑水 5～10kg，浸干种子 6～12d 后换清水浸。拌种，0.1g 兑水 3～5kg，对吸足水的种子拌湿然后闷种。浸芽，0.1g 兑水 5～8kg，对发了芽的种子浸泡 5～10min，然后播种。喷芽，0.1g 兑水 5～8kg，播种后覆土前喷施 0.02hm^2 秧床再覆土。喷秧苗，0.1g 兑水 5～8kg，喷施移植前的秧苗，可喷 0.02hm^2。浸苗根，0.1g 兑水 3～5kg，移种前的秧苗浸根 10～20min。

2. 小麦、玉米、大豆　浸种，0.1g 生根粉剂兑水 4～8kg，浸干种子 6h。拌种，0.1g 兑水 0.5～1kg，对播种前的种子拌湿（加喷施宝效果更好）后播种。

(二) 云大 120

云大 120，是一种含有表高芸薹素内酯，并广泛存在于自然界植物体内甾醇内酯类化合物，是一种新型植物生长调节剂。云大120既有促进植物根系发育、种子萌发和幼苗生长的作用；又可提高叶绿素含量，增强光合作用；还有促进花粉受精增加座果率和果实膨大的作用；更有改善植物生理代谢，增强抗逆性的作用。

使用技术：加水兑好的溶液，既可在叶面上喷施，又可用做浸种、蘸根或灌注入土中，效果都很显著。对小麦、水稻、玉米等粮食作物，采用1：2 000倍溶液浸种，可以相当于苗期喷施的效果。如果将浸种与苗期、营养生长期、生殖生长期喷施结合起来，增产增效作用更大。一般农作物喷施两次即可，每次每公顷450ml，将药液直接兑水喷雾即可。配制浓度，一般是1：1 500倍，每10ml兑水15kg为宜，兑水后摇匀，喷雾要均匀，叶面正反两面都要喷到。兑水时最好加0.1%（每喷雾器15～16g）的表面活性剂。喷药时间于早上露水干后或傍晚效果最好。下雨天不能喷施。喷后6h遇雨需补喷。可与常用的中性、酸性农药、化肥混用，但不能与碱性物质混用。在旱作地区水资源困难的情况下，采用静电喷雾器，每公顷用水15～30kg，药剂用量每公顷450ml，大面积超微量喷洒，或结合喷药治虫采用大面积机械喷洒或飞机喷洒，也可收到很好的效果。

三、生物型叶面肥

生物型叶面肥中含微生物体及其代谢物，如氨基酸、核苷酸、核酸、固氮菌、分解磷、生物钾等。主要功能是刺激作物生长，促进作物新陈代谢，减轻和防止病虫害的发生等。其特点是肥效显著，基本无残留，多属绿色肥料，喷施条件较苛刻且很多稳定性较差。

四、复合型叶面肥

复合型叶面肥种类繁多，复合混合形式多种多样，其功能是复合型的，既可提供营养，又可刺激生长和调控发育。

喷施宝是一种多功能营养型叶面肥，它以能促进作物增产和改善品质的多元羧酸、黄腐酸、氨基酸等多种有机酸作为主体，并选择硼、锌、镁等微量元素，通过化学工艺形成络合物群体，添加氮、磷、钾三要素螯合而成。

1. 喷施宝叶面肥的功能 通过作物叶面吸收，可以促进植物新陈代谢和光合作用，提高植株细胞活性，调节植物生理机能，平衡植物养分，补充作物生长所需的各种微量元素。“喷施宝”系列产品包括以增强作物抗逆性，提高作物抗旱、抗冷能力的抗旱性喷施宝、抗寒性喷施宝，以促进种子萌发提高发芽率的拌种型喷施宝，及水稻田一次性除草剂“灭草宝”。

2. 抗旱性喷施宝的施用 每公顷用量75ml药液兑水750～825kg。搅匀后对作物喷施，以叶片润湿为宜。于晴天下午4：00之后用药，药后6h内遇雨应补喷。

麦类作物用药期为孕穗期、灌浆期，喷施2次，间隔15d。稻类在分蘖期、幼穗分化期、灌浆期用药，喷施3次，间隔15d。玉米用药在大喇叭口期和灌浆期，喷施2次，中间间隔20d。薯类在生长期和薯块膨大期用药，喷施2次，间隔时间15d。

五、腐殖酸类叶面肥

腐殖酸类肥料是以腐殖酸含量较多的泥炭、褐煤、风化煤等为主要原料，加入一定量的氮、磷、钾和某些微量元素所制成的肥料。如腐殖酸钠、腐殖酸钾等，这些通称为腐殖酸类肥料，简称腐肥。

（一）腐殖酸的作用

腐殖酸对肥料有增效作用。腐殖酸由于能吸附、交换、活化土壤中很多矿质元素，如氮、磷、钾、钙、镁等，使这些元素的有效性大大增加，从而改善了作物的营养条件。在化肥中起到增效剂的作用，而且减轻化肥对土壤理化性状产生的不良影响。

腐殖酸对土壤改良的作用。首先腐殖酸可以改善土壤的物理结构。腐殖酸可以促进团粒体的形成，增强土壤保水保肥能力。其次腐殖酸在改善土壤化学性状方面具有调节pH的功能；螯合金属阳离子；减少磷与钙、铁、镁、铝的反应，或将它们从无效态转换成可以被植物吸收利用的形态；可以减少土壤中的有毒物质等作用。

（二）腐殖酸肥的施用条件

包括腐殖酸肥性质、作物种类和其发育时期、土壤及水热条件等。

1. 腐殖酸性质 由于腐殖质不同的来源，其腐殖质的组分、分子量的大小等差别，以致其刺激作用的大小也不同。其次，腐殖质必须是可溶性的腐殖酸盐。而且只有在一定浓度范围内（万分之几或十万分之几），才能产生刺激作用。较高浓度的腐殖酸盐，对作物反而起抑制作用。

2. 作物种类和生育期 腐殖酸肥施用于不同作物有不同肥效。对蔬菜作物肥效最明显，其次是块根、块茎作物，对禾谷类作物有一定的效果。就作物生育期说，一般在苗期和生长旺盛期，如种子萌发期、幼苗移栽期、分蘖期以及开花等时期，腐肥效果常较明显。

3. 土壤条件 腐肥对缺少有机质和低产瘠薄地的砂性土、盐碱土、以及过黏重、板结、低湿的土壤等肥效好。但在有机质和有效氮量较高的肥沃土壤上，腐肥效果常不明显。所以腐肥应尽先在肥力较低的土壤上施用。

4. 水分与温度 在水分充足的条件下，腐殖酸呈溶胶状态，才能产生肥效。因此，在水田施用腐肥比旱田效果为好。对旱田作物，腐肥配用清水粪，或结合灌溉施用，也有较好肥效。此外，腐肥在适合的温度条件（18～28℃）下肥效较高。

5. 肥料配合 因腐肥含的速效养分低，它不能代替化肥。为了有效施用腐肥，应与氮磷或钾素化肥配合施用。

（三）腐殖酸肥种类及施用方法

1. 腐殖酸铵 腐殖酸铵用作基肥、追肥均可，但宜早施。一般采用沟施或穴施，施后覆土。凡腐殖酸含量在20%以上，含速效氮1.0%～1.5%的腐殖酸铵，每公顷施1 500～3 000kg；腐殖酸含量30%以上，速效氮2%以上的腐殖酸铵，每公顷施750～1 500kg。

2. 硝基腐铵 硝基腐铵适宜作基肥和追肥。如作种肥使用时，更应注意该种肥料特性。因硝基腐铵含水溶性成分较高，与种子、幼苗位置要留适当间隔，以防烧苗。硝基腐铵基肥用量375～750 kg/hm^2，种肥用量150～225kg/hm^2。追肥用量硝基腐铵与等氮量的化肥相同，或略多些。

3. 腐殖酸复合肥 国内生产专用复合肥尚少，一般采用每百千克腐殖酸铵加入过磷酸钙150～300kg制成混合复肥。这种混合复肥宜作基肥、种肥，以条施或穴施均可，每公顷用量1 050～1 500kg。

4. 腐殖酸钠 有下列几种施用方法。

浸种：浸种浓度为0.005%～0.01%。种皮坚硬、籽粒较大的种子，浸种液浓度大些，浸种时间可长些，如水稻种子需浸24h以上。反之，浸种浓度宜稀些，时间相应缩短，如小麦、蔬菜等浸4～8h即可。

浸根、浸插条：稻秧、甘薯秧和蔬菜幼苗移栽时，以及果树、桑树等插条繁殖时，用腐殖酸钠溶液浸根、浸藤或浸插条约数小时，可促进发根，次生根增多，缩短缓苗期，提高成活率。浸根或浸插条的浓度为0.01%～0.05%。

追肥：在幼苗期用0.01%～0.1%浓度的腐殖酸钠溶液灌溉在作物根系附近。

注意腐殖酸钠稀释到使用浓度时，碱性不宜过大，如果溶液pH>8，需用少量稀硫酸或稀盐酸调节。

5. 黄腐酸钾叶面肥 作基肥时，每公顷用量750kg。喷施滴灌时，每公顷用量150kg。也可作为粉状地膜使用，均匀喷散于需要地膜的土壤表面，10min即可成膜，出苗后自动降解为肥料。

六、氨基酸类叶面肥

氨基酸类叶面肥以氨基酸为主，并络合微肥，含有植物营养型生长调节剂和植物必需的微量元素。氨基酸类叶面肥能促进根系生长，壮苗、健株、增强叶片的光合功能及作物的抗逆、抗病虫害能力，对多种作物均有较显著的增产效果。其特点是氨基酸类肥料无毒、无公害，不污染环境。

市场销售的氨基酸肥多为豆粕、棉粕或其他含氨农副产品，经酸水解得到的复合氨基酸，主要是纯植物蛋白，此类氨基酸有很好的营养效果，但是生物活性较差。而采用生物发酵生产的氨基酸，主要是酵解和生物降解蛋白质，经发酵产生一些新的活性物质，如类似核苷酸、吲哚酸、赤霉酸、黄腐酸等，有较强的生物活性，可刺激作物生长发育、提高酶活力、增强抗病抗逆作用，对生根、促长、保花保果都有一定的作用。

第三部分

>>>技术研发与项目实施

第六章　土壤资源调查与开发

第一节　岭东荒原考察

新中国成立前，呼伦贝尔盟的农业自然资源未做过全面调查。新中国成立后，进行了数次大型的自然资源综合考察与专业调查。

20世纪50年代，大兴安岭中苏综合调查队对大兴安岭林区进行航测、航调、地面综合调查；黑龙江流域中苏综合考察。

60年代，中国科学院组织的内蒙古宁夏综合考察队对呼伦贝尔盟地区进行了综合考察。这次调查人手少、时间短，在农区每隔10km为一条土壤普查路线，取样较少，虽然基本勘察了呼伦贝尔盟土壤的全貌，但形成的资料不够全面和细致。

1973—1977年，根据中国科学院和农林部提出的我国荒地资源综合评价及其合理开发利用研究的任务，中国科学院组织院内外共18个单位的人员，组成黑龙江省土地资源考察队，对呼伦贝尔盟大农业资源进行了全面调查，形成了较全面和细致的资料。全盟宜农土地资源总量为2 625 533.3hm^2，各旗（市、区）宜农土地资源见表6-1。

表6-1　呼伦贝尔盟宜农土地资源（hm^2）

行政区划	宜农土地资源总计	其中：一、二类宜农土地		
		合计	一类	二类
合计	2 625 533.3	913 866.7	313 200.0	600 666.7
海拉尔区	58 533.3	46 933.3	3 733.3	43 200.0
满洲里市	14 200.0	9 600.0	2 133.3	7 466.7
扎兰屯市	230 533.3	134 200.0	11 533.3	122 666.7
牙克石市	393 000.0	127 266.7	19 133.3	108 133.3
阿荣旗	101 733.3	37 133.3	2 066.7	35 066.7
莫力达瓦达斡尔族自治旗	241 866.7	85 133.3	58 133.3	27 000.0
根河市	74 400.0	8 866.7	733.3	8 133.3
额尔古纳市	268 000.0	196 933.3	114 933.3	82 000.0
鄂伦春自治旗	1 101 533.3	147 866.7	47 733.3	100 133.3
鄂温克族自治旗	7 266.7	7 266.7	866.7	6 400.0
陈巴尔虎旗	130 000.0	108 200.0	52 200.0	56 000.0
新巴尔虎左旗	2 333.3	2 333.3	—	2 333.3
新巴尔虎右旗	2 133.3	2 133.3	—	2 133.3

注：此表为黑龙江省荒地资源考察办公室1973—1977年荒地考察统计数字。

80 年代初，按照全国统一部署，呼伦贝尔盟全面开展了农牧业自然资源调查和农业区划工作；1982—1985 年，内蒙古自治区计划委员会组织区内外科技人员 250 多人，对呼伦贝尔盟国土资源的开发利用、治理保护和生产布局进行了全面考察和评价。按照农、林、牧统一规划、各得其所的原则，土地管理和规划部门确认，尚未开垦的宜农荒地为 568 333.3hm^2（多属一、二类荒地）。其中 75%的面积分布于嫩江西岸的河谷平原和丘陵地带，主要在鄂伦春自治旗和莫力达瓦达斡尔族自治旗，阿荣旗和扎兰屯市也有一部分。岭西主要分布在额尔古纳市、牙克石市和陈巴尔虎旗东北部。未垦荒地大部分是黑土和黑钙土，有机质含量在 50～110g/kg。

除上述大型考察活动外，其中还穿插有全国性的利用航片和地形图开展的土地详查、部分高等院校与科研单位利用卫片、遥感技术等方法进行的综合与单项资源调查等活动。

第二节　农业大开发

呼伦贝尔盟农业起始虽早，但规模开发、形成产业较晚。中华人民共和国成立后，呼伦贝尔盟农业开发全面展开，其中有 3 个集中开发时期：一是 20 世纪 50 年代末 60 年代初以国有农场为主的全盟大开荒，使全盟耕地面积由 1949 年的 150 666.7hm^2猛增到 1960 年的 440 040hm^2；二是 70 年代初国有农场扩建和盟外流民大量涌入又一次大量开垦宜农荒原，到 1979 年全盟耕地面积达到616 666.7 hm^2；三是从 90 年代中期开始，农业向广度和深度全面进军，农业生产力全面提高，1997 年末全盟实有耕地1 330 545hm^2。

大面积毁林开荒、陡坡地耕种导致水土流失、生态恶化。1998 年特大洪灾后，党中央、国务院加快了生态环境建设的步伐，提出了“抓住当前粮食等农产品相对充实的有利时机，采取退耕还林（草），封山绿化，以粮代赈，个体承包的综合措施，以粮换林草”的环境治理方针，拉开了我国大规模退耕还林还草的序幕。呼伦贝尔市（2001 年撤盟建市）于 2002 年开始启动实施，当年下达退耕造林任务 20 000hm^2。之后直到 2008 年，全市耕地面积基本稳定在 120 万 hm^2左右。

呼伦贝尔市农业开发具有以下明显的特点：

1. 全民所有制的种植业（主要指国营农垦企业，也包括驻军和国营企事业单位的事业用地与副食品基地）占有相当大的比重　1949 年国有农场仅有耕地 1 000hm^2。1979 年就已形成海拉尔和大兴安岭两个垦区。1991 年盟内共有全民所有制农牧场 36 个（其中属两个农场局的 28 个），拥有耕地 312 266.7hm^2（其中属两个农场局的 262 933.3hm^2），占全盟耕地总面积的 46.3%。两个农场局播种面积占全盟的 34.5%，粮食总产量占全盟的 40.3%，商品量占 42%。

2. 农田区域分布有了新的变化　岭东耕地向北和西两个方向伸延，岭西农田有了突飞猛进的发展。1946 年，岭西耕地只有 11 000hm^2，占全盟耕地的 8.8%；1949 年岭西耕地有 20 866.7hm^2，占全盟耕地的 13.8%；1965 年岭西耕地有 83 800hm^2，占全盟耕地的 29.8%；1991 年岭西耕地已发展到 263 466.7hm^2，占全盟耕地的 39.1%。呼伦贝尔盟历史上形成的“东农西牧”的格局已经发生了重大变化。

3. 建立了土地轮休耕作制　50 年代末之前，呼伦贝尔盟耕地面积和播种面积基本是一个数字。60 年代初，随着岭西宜农土地的开发和国有农场的发展，土地轮休耕作制开始实行。1973 年开始，年休耕地在 66 666.7hm^2。1991 年休耕地 131 866.7hm^2，播种指数 80%。

4. 新增成分中大部分生产力水平起点高　因新增成分中大部分属全民所有制农业、岭西农业和 80 年代兴起的家庭农场，一开始就具有规模经营、生产方式机械化、管理和栽培技术比较先进的特点。

第三节　甸子地研究与利用

1973 年，根据国家把黑龙江省建设成为国家商品粮基地的需要，黑龙江省呼伦贝尔盟、大兴安岭土地资源考察队对呼伦贝尔盟、大兴安岭地区荒地资源进行了考察（1969 年 8 月 1 日，呼伦贝尔盟大部分地域划归黑龙江省管辖，一部分划归吉林省管辖。1979年7月，恢复1969年前的行政区划，呼伦贝尔盟重新划归内蒙古自治区管辖）。通过考察，呼伦贝尔盟、大兴安岭地区的大兴安岭东侧有宜农荒地1 829 333.3hm^2，其中甸子地占80%以上，为耕地面积的2倍多。开垦利用甸子地在扩大耕地面积、提高单产、建设商品粮基地中，具有十分重要的意义。

为了进一步研究甸子地的开垦利用问题，1974—1975年由中国科学院地理研究所、中国科学院自然资源综合考察组、内蒙古大学、呼伦贝尔盟水利局、呼伦贝尔盟农业科学研究所、扎兰屯农牧学校等单位组成“呼伦贝尔盟岭南三旗甸子地研究组”。在布特哈旗（现扎兰屯市）中和甸子地、阿荣旗太平庄甸子地、复兴甸子地等地，先后设立了简易水文观测点、泉水和地下水观测点，简易气象观测哨、水面及陆面蒸发、地温、土壤肥力和肥料等观测试验站，对甸子地河川径流、地下水水温、气象、地温、土壤熟化及土壤肥力等的演变规律进行半定点观测研究。并对甸子地第四系物质组成和水库工程地质条件进行了物探和钻探、采样分析。初步探明了呼伦贝尔盟岭南三旗松散沉积物电测深曲线类型与浅层地下水的关系，河谷甸子地的物质组成及其分布规律，提出了开垦甸子地的水利改良措施。

根据1973年勘测组调查统计，布特哈旗约有甸子地200 000hm^2、阿荣旗98 666.7hm^2。根据甸子地的水源补给、形成条件和改造利用方向等的不同，甸子地可分为湖滨甸子地、泉流甸子地、冲积平原三角洲甸子地和谷地甸子地4个类型。

甸子地主要有3种土壤类型，即暗色草甸土、潜育化草甸土、腐殖质潜育土，其中以暗色草甸土分布最广。甸子地土层深厚，一般黑土层为0.6～1.5m，土壤肥力高。按照暗色草甸土养分分析，有机质含量104.5～120g/kg、全氮4.3～5.4g/kg、全磷1.3g/kg，为土壤肥力较高的土壤类型。甸子地排涝开垦熟化后农作物的单产可比坡地高30%以上。例如阿荣旗太平庄公社太平庄生产队1969年开垦甸子地20hm^2，耕种6年，平均每公顷产小麦2 250kg以上，而该地坡岗地小麦平均产量仅为795kg/hm^2，只为甸子地产量的35%。

开发甸子地的首要工程是开川排涝，加大泄水能力，排除地表积水，降低地下水位。开川排涝包括开挖排水干沟工程、排水支沟、截洪沟、防洪堤、农用道路及交叉工程等，平均每公顷耕地土方工程为75～150m^3，其中70%为挖方工程；平均每公顷投资为300元左右。

第四节　土壤资源普查

呼伦贝尔盟第二次土壤普查工作是根据国务院1979年批转农牧渔业部《关于开展全国第二次土壤普查工作方案》114号文件精神，从1980年开始，经过八年的努力奋斗，完成了全盟13个旗市（总面积25.4万km^2）土壤普查和盟级汇总任务。基本查清了全盟土壤类型和数量、质量及其分布；摸清了各类土壤在农、牧、林生产利用中的适宜性和限制因素，制定了土壤改良利用措施，为合理利用土壤资源，不断提高土壤生产力提供了科学依据。

一、准备阶段

1979—1981年，进行土壤普查的组织、人员、技术准备工作。盟公署明确了呼伦贝尔盟第二次土壤普查工作由呼伦贝尔盟农业局负责组织、实施和协调，具体工作由农业局土地科负责。

1979年派人员参加了黑龙江省在兰西县举办的土壤普查试点培训班，为呼伦贝尔盟第二次土壤普查培养出了第一批骨干技术力量。

1980年5月，由呼伦贝尔盟农业局主持，在突泉县举办了呼伦贝尔盟第一期土壤普查培训班（此期间兴安盟所辖旗县归呼伦贝尔盟管辖，1980年7月26日，国务院批准恢复兴安盟）。受训学员均系全盟各旗市的农业技术骨干以及盟直属单位的部分土壤普查技术干部。经过25d的室内理论学习，20d的外业调查实习和5d的内业汇总，系统学习和掌握了土壤普查技术，为呼伦贝尔盟第二次土壤普查旗县级调查积累了经验，初步完成了开展土壤普查工作所需要的人员和技术准备。

根据行政区划变更以后的实际需要，1981 年在阿荣旗举办了呼伦贝尔盟第二期土壤普查技术培训班。在 20d 的理论学习基础上，着重对旗市级野外调查方法、分类的拟定、路线选择以及阶段性的资料整理进行了系统的探讨。通过培训基本上解决了呼伦贝尔盟岭东农区土壤普查的基本技术力量，同时为呼伦贝尔盟由旗市自己组织力量完成土壤普查工作积累了经验，掌握了大兴安岭东麓土壤分布规律，《呼伦贝尔盟土壤分类方案》初具雏形。这次培训历时半年时间，为全盟开展土壤普查的 5 个旗市培训了 50 余名技术人员，为呼伦贝尔盟旗县级土壤普查全面铺开奠定了坚实基础。

二、旗、市级土壤普查阶段准备阶段

针对呼伦贝尔盟地广人稀、交通不便、技术力量薄弱、调查工作量大、资金相对不足等特点，为了保证全盟土壤普查工作的质量和进度，经呼伦贝尔盟公署和自治区土壤普查办公室同意，除扎兰屯市、阿荣旗、莫力达瓦达斡尔族自治旗由本旗市组织力量进行土壤普查外，其他旗市的土壤普查工作均由专业队伍承担。在 7 年时间内，先后有 7 个专业队参加了呼伦贝尔盟土壤普查工作，参加的技术人员达千余人次。各旗市土壤普查终始时间及承担任务的队伍见表 6-2。

表 6-2 土壤普查终始时间及承担任务的队伍

旗市名称	土壤普查开始时间	验收时间	承担土壤普查任务的队伍
牙克石市	1981	1982	内蒙古森林勘测二院
阿荣旗	1981	1984	本旗
扎兰屯市	1982	1985	本市
莫力达瓦达斡尔族自治旗	1983	1985	本旗
鄂温克族自治旗	1984	1986	呼伦贝尔盟土地勘测队
陈巴尔虎旗	1985	1986	黑龙江省水利勘测设计院
额尔古纳左旗（现根河市）	1984	1987	内蒙古森林勘测二院
海拉尔市	1985	1986	呼伦贝尔盟土地勘测队
鄂伦春自治旗	1985	1986	黑龙江省农场总局勘测设计院
新巴尔虎右旗	1984	1985	内蒙古土地勘测设计院
满洲里市	1985	1986	大兴安岭林管局森林调查大队
额尔古纳右旗（现额尔古纳市）	1986	1987	内蒙古森林勘测二院
新巴尔虎左旗	1986	1987	黑龙江省水利勘测设计院

通过全盟旗市级土壤普查，野外挖掘土壤主副剖面 27 935 个，分析剖面样本 592 套，分析微量元素标本 133 套，取整段标本 58 个，编制相应比例尺乡镇级和旗市级的各类图件共计 602 幅，旗市级《土壤普查报告》13 册。鄂温克族自治旗土壤普查成果荣获自治区土壤普查优秀成果奖。

为加强对土壤普查工作的领导和业务指导，1982 年 4 月，盟公署下发《关于设立呼伦贝尔盟土壤普查办公室的通知》（呼署发〔1982〕141 号），正式成立“呼伦贝尔盟土壤普查办公室”，负责对全盟土壤普查工作的协调、指导、检查、督促和任务下达、经费平衡及成果检查验收等。

为解决《呼伦贝尔盟土壤普查试行工作分类》最后确认问题，由呼伦贝尔盟土壤普查办公室主持，邀请内蒙古土壤普查办公室、内蒙古地质学校、扎兰屯农牧学校、扎兰屯林校以及呼伦贝尔盟国土办有关专家、学者，于 1984 年 5 月，对呼伦贝尔盟全境实施了路线踏查。历时 2 个月时间，调查路线行程 4 000 多 km。采集比样标本 72 个，化验样品 8 套，岩石标本若干件。通过这次踏查，在《呼伦贝尔盟土壤普查试行工作分类》的基础上，编写了《呼伦贝尔盟土壤普查工作分类》。这个《分类》在以后的土壤普查过程中，起到了指导和控制作用，以致在后期国家、内蒙古几次“分类”变更、各地外业队伍纷纷进入呼伦贝尔盟的情况下，呼伦贝尔盟的“土壤分类”没有受到大的干扰和出现混乱。

三、盟级土壤普查成果汇总阶段

在旗、市级土壤普查工作的基础上，1987 年下半年进入全盟土壤普查成果汇总阶段。1987 年 5 月，呼伦贝尔盟土壤普查办公室提出了《全盟土壤普查汇总技术要求及实施细则》（呼土普字〔87〕第 1 号），作为汇总工作的技术指导文件。全盟土壤普查资料汇总工作由呼伦贝尔盟农业处领导，呼伦贝尔盟土壤普查办公室负责技术指导，具体工作由呼伦贝尔盟土地勘测队承担，同时聘请内蒙古土壤普查办公室的有关专家及盟内土壤普查顾问组成技术顾问组，负责汇总工作过程中的全部技术指导，并承担部分文字材料的编写工作。

1987 年 10 月—1988 年 1 月，旗级土壤普查成果资料以及其他有关专业资料的收集。

1988 年 2 月—1988 年 3 月，旗级土壤普查成果资料的整理。

1988 年 4 月—1988 年 6 月，土壤图及各类统计、分析数据的汇总。

1988 年 7 月—1988 年 8 月，各类图件的编制，完成国家及自治区要求的各类表格。

1988 年 9 月—1988 年 12 月，全部成果融通，生成各类文字资料，并交付验收。

1989 年 1 月—1989 年 5 月，成果修改及印刷。

经过以上资料收集审定、数据统计处理、图件编制、文字资料撰写几个阶段，到 1989 年 5 月全部完成了全盟土壤普查汇总工作。编制了 1∶50 万《呼伦贝尔盟土壤分布图》、《呼伦贝尔盟土地利用现状图》，1∶75万《呼伦贝尔盟土壤改良利用分区图》、《呼伦贝尔盟土壤有机质分布概图》、《呼伦贝尔盟土壤全氮、碱解氮分布概图》、《呼伦贝尔盟土壤全磷、速效磷分布概图》、《呼伦贝尔盟土壤全钾、速效钾分布概图》、《呼伦贝尔盟土壤微量元素点位图》、《呼伦贝尔盟土壤表层 pH、$CaCO_3$分布图》、《呼伦贝尔盟土壤侵蚀沙化图》等 10 种成果图件；撰写《呼伦贝尔盟土壤》、《呼伦贝尔盟土种志》两本专著约 50 万字；编写了《呼伦贝尔盟宜农土壤资源的开发》、《呼伦贝尔盟中低产田改造》、《呼伦贝尔盟牧区草原土壤风蚀沙化及治理途径》、《呼伦贝尔盟旱作农区土壤水土流失的整治途径》4 篇专题报告。此外，获得各类分析、统计数据 182 176 个，其中原始数据 81 332 个，统计数据 100 844 个，汇编了《呼伦贝尔盟土壤普查数据册》1～5 册。

1989 年 7 月，呼伦贝尔盟科技处和内蒙古自治区土壤普查办公室鉴定验收结论是：通过大量的调查和综合分析，查清了呼伦贝尔盟土壤资源、土壤肥力状况和存在的问题，边普查边应用，在配方施肥、开发土地、改造中低产田等方面产生了很大的经济效益、社会效益和生态效益。这项成果达到国内同类工作的先进水平。

第五节　农牧业综合区划

呼伦贝尔盟自然条件复杂，土壤类型多样，生产性能差异显著，农、林、牧业生产都占有相当比重，因此发挥各个区域土壤资源优势，做到“宜林则林、宜牧则牧、宜农则农”，扬长避短，合理利用保护土壤资源，在改良培肥土壤的前提下，最大限度地发挥土壤资源的优势，提高农、林、牧生产水平是十分重要的。

农牧业综合区划就是综合运用土壤普查成果，根据土壤的适宜性、生产性能、存在问题和改良利用方向、措施，结合不同区域的地形地貌、气候、植被、土地利用、社会经济条件进行分类排队，按区域间的差异和区域内部共性进行分区划片，提出改良利用措施。

依据第二次土壤普查结果，全市共分为 3 个大区，区下分 7 个亚区，亚区下分 10 个片。各分区面积及比例见表 6-3。

表 6-3 呼伦贝尔盟土壤改良利用分区

区	面积（hm^2）及全盟百分比（%）	亚区	面积（hm^2）及占区百分比（%）	片	面积（hm^2）	占亚区百分比（%）
大兴安岭山地森林土壤林业利用区	14 048 233.3 56.67	（IA）大兴安岭中低山棕色针叶林土针叶林营林保护开发亚区	6 641 946.7 47.28	（IA_1）原始森林保护片	797 360.0	12.00
				（IA_2）针叶林保护开发片	4 044 333.3	60.89
				（IA_3）针阔叶混交林保护片	1 800 253.3	27.10
		（IB）大兴安岭西麓低山丘陵灰色森林土软阔叶林、抚育更新改造亚区	1 657 273.3 11.80			
		（IC）大兴安岭东麓低山丘陵暗棕壤硬阔叶林保护更新改造亚区	5 749 013.3 40.92	（IC_1）针阔混交林保护开发片	2 162 280.0	37.61
				（IC_2）阔叶林更新改造片	3 586 733.3	62.39
呼伦贝尔高平原草原土壤牧业利用区	8 316 766.7 33.55	（IIA）呼伦贝尔高平原中西部栗钙土牧业利用开发治理亚区	5 994 593.3 72.08	（IIA_1）栗钙土利用治理片	1 505 200.0	25.11
				（IIA_2）暗栗钙土开发利用片	3 172 206.7	52.92
				（IIA_3）砂质土壤轻度利用保护片	1 317 186.7	21.97
		（IIB）呼伦贝尔高平原东部黑钙土农牧结合防风保水亚区	2 322 173.3 27.92			
大兴安岭东麓丘陵森林草原土壤农业利用区	2 422 886.7 9.77	（IIIA）大兴安岭东麓丘陵漫岗黑土农业利用水土保持培肥地力亚区	1 250 686.7 51.62	（$IIIA_1$）水土保持，培肥地力片	470 153.3	37.59
				（$IIIA_2$）开荒扩耕，深度开发片	780 533.3	62.41
		（IIIB）大兴安岭东麓丘陵暗棕壤黑土农林结合保护开发亚区	1 172 200.0 48.38			

一、大兴安岭山地森林土壤林业利用区（Ⅰ）

该区包括根河市全部，额尔古纳市、鄂伦春自治旗、牙克石市大部，扎兰屯市、阿荣旗北部，陈巴尔虎旗、鄂温克旗东部部分地区。总面积 14 048 233.3hm^2，占全市总面积的 56.67%。

该区主要地貌为中、低山山地，海拔高度 500～1 700m。气候寒冷湿润，年降水量400～500mm，湿润度 0.7～1.2，热量不足，无霜期短。

该区经济以林业为主体，是我国重点木材产区之一。农牧业比例很少。该区是呼伦贝尔市绝大部分河流的发源地，森林对涵养水源、保持水土、改善气候条件具有十分重要的作用。该区存在的主要问题有：森林资源利用不平衡，有的地区尚未开发，林木自然枯死病腐严重；有的地区采伐过量，年采伐量超过年生长量，森林资源越采越少；森林更新缓慢。植被破坏、森林枯竭，造成部分地区水土流失，小气候改变，自然灾害频繁，采伐迹地土壤次生沼泽化等。

该区应以发展林业生产为主，采取科学的林业措施，辅助以其他手段，合理利用森林资源，加强森林更新，在保护森林资源、防止水土流失、保持生态平衡的前提下提高林业生产水平。同时注意发挥广阔的林间草场的生产潜力，适当发展牧业生产。在该区河谷阶地草甸土及西部平缓坡黑钙土上可发展以小麦、油菜为主的种植业生产，逐步扩大商品粮种植比例，林区城镇周围发展以供应城镇居民蔬菜为主的保护地种植。

该区划分 3 个亚区：大兴安岭中低山棕色针叶林土针叶林营林保护开发亚区；大兴安岭西麓低山丘陵灰色森林土软阔叶林抚育更新改造亚区；大兴安岭东麓低山丘陵暗棕壤硬阔叶林保护更新改造亚区。

(一)大兴安岭中低山棕色针叶林土针叶林营林保护开发亚区(ⅠA)

该亚区总面积 6 641 946.7hm²,占全区总面积的 47.3%。包括根河市全部、额尔古纳市北部、鄂伦春自治旗西北部、牙克石市及鄂温克族自治旗部分地区,沿大兴安岭主脉两侧呈北宽南窄楔状分布。

该亚区山高谷深、坡度较大,为中、低山山地地貌,地形切割比较强烈,相对高差 300~700m,海拔一般在 1 100~1 300m,是呼伦贝尔市海拔最高的地区。

地带性土壤有棕色针叶林土,沟谷中为沼泽土占据。该区具有气候冷湿,山高林密,土层浅薄,肥力低下,石块多,酸性强,交通不便,经济类型单一的特点。

该区在涵养水源、改善气候条件维持自然生态平衡等环境方面具有重大的作用。在利用上首先要在维持森林环境,保护生态的前提下进行。在林业生产作业和土壤改良中,要特别注意不能大面积的破坏地表植被,以防水土流失。平缓地采伐时不宜采取皆伐方式,以免造成土壤次生沼泽化。为了解决林区城镇居民蔬菜供应,可选择邻近居民点附近山麓缓坡、土层较厚的棕色针叶林土或在河谷草甸土上进行保护地栽培。

(二)大兴安岭西麓低山丘陵灰色森林土软阔叶林抚育更新改造亚区(ⅠB)

包括额尔古纳市中部、陈巴尔虎旗东部、牙克石市西部和鄂温克族自治旗东部,呈弧形狭长地带分布于大兴安岭西坡 IA 区以西地区,总面积 1 657 273.3hm²,占全区总面积的 11.8%。

该亚区为低山地貌,切割较浅。地带性土壤为暗灰色森林土,土层较厚,土壤肥沃。局部高海拔山顶有部分棕色针叶林土分布,阳坡和河谷高阶地发育了部分黑钙土,谷地以暗色草甸土为主,低洼排水不良地区为沼泽土。

该区利用方向应以林业为主,适当发展养殖业和种植业。暗灰色森林土虽然土壤肥沃、土层较厚,但由于为森林覆盖,同时所处地形具有相当的坡度,一旦破坏,极易造成水土流失,适于建设速生丰产林。沟谷和阶地的黑钙土、草甸土可作为放牧场,饲养大牲畜。沼泽土经排水改良后用于畜牧业或农业生产。

(三)大兴安岭东麓低山丘陵暗棕壤硬阔叶林保护更新改造亚区(ⅠC)

位于大兴安岭东坡 IA 区以东,包括鄂伦春自治旗大部,阿荣旗、扎兰屯市北部,总面积 5 749 013.3hm²,占全区总面积的 40.9%。为低山地貌,山坡坡度多小于 10°,侵蚀切割程度较弱。山地为暗棕壤所占据,表土肥沃,土层较薄,养分总贮量不高。宽阔的河谷发育有大面积的草甸土和沼泽土,草甸土地势平坦,潜在肥力高,但水分偏多,土温较低,速效养分不足;沼泽土常年或季节积水,不经改造无法利用。

该区利用方向仍以林业为主,在区内河谷中有大面积的暗色草甸土,农牧业生产潜力巨大,其中土层较厚的地区应积极发展种植业。卵石底的草甸土和草甸沼泽土可用于牧业生产。

二、呼伦贝尔高平原草原土壤牧业利用区(Ⅱ)

该区包括新巴尔虎左旗,新巴尔虎右旗,陈巴尔虎旗、海拉尔区、满洲里市全部,鄂温克族自治旗绝大部分、额尔古纳市南部和牙克石市西部部分地区,总面积 8 316 766.7hm²,占全市总面积 33.55%。

该区大区地貌为高平原,东部向大兴安岭山地过渡,西南与蒙古高平原相连,属蒙古高原的一部分。地势东高西低。东部以低山地貌与大兴安岭相接,北部西部为低山丘陵,中部向南为高平原的主体,地势波状起伏,平坦开阔,海拔高度在 650m 左右。

该区气温较低,降水少,风力大,光照充足,属温凉半干旱—干旱气候,年降水量 240~350 mm,年湿润度 0.32~0.6,自东向西降水量、湿润度逐步递减,温度递增,风力逐渐加大。

该区为草原植物群落覆盖,经济类型以畜牧业为主,是呼伦贝尔市生态平衡脆弱地区。存在的主要问题是:没有彻底摆脱传统落后的畜牧业生产方式,抵御自然灾害能力低,水源不足,草原利用不平衡。一部分地区过牧,一部分草原未被利用或仅轻度利用,草原退化严重,土壤风蚀沙化普遍,局部地段相当严重。基础设施薄弱,特别是水利设施建设速度缓慢,东部有农牧矛盾影响土地合理利用。

该区坚持以牧为主的利用方向，东部黑钙土地区可以在合理规划的基础上农牧并举，发展部分粮食和饲草饲料种植业生产。

该区下分呼伦贝尔高平原中西部栗钙土牧业利用开发治理亚区、呼伦贝尔高平原东部黑钙土农牧结合防风保水亚区 2 个亚区。

（一）呼伦贝尔高平原中西部栗钙土牧业利用开发治理亚区（ⅡA）

该亚区包括该区中、西部大部分地区，行政区划有新巴尔虎右旗、满洲里市全部、新巴尔虎左旗、陈巴尔虎旗、鄂温克族自治旗、海拉尔区除东、南边缘以外的绝大部分，总面积5 994 593.3 hm^2，占改良利用区总面积的 72.1%。

地貌为呼伦贝尔高平原，北部和西部为山地、丘陵环抱，海拉尔河以北为额尔古纳石质丘陵与谷地，西部为克鲁伦石质低山丘陵，中部向南为高平原主体。土壤复杂多样，该亚区共有栗钙土、风沙土、暗色草甸土、灰色草甸土、沼泽土、盐土、碱土、粗骨土，地带性土壤为栗钙土。该亚区土壤的特点是腐殖质层薄，有机质含量较低，土壤干旱、砂性大，类型复杂，风蚀、沙化、盐渍化较为普遍。

该区是著名的呼伦贝尔草原主体，地势坦荡、草质优良，但受气候条件制约，其利用方向只能以牧为主。由于气候干旱、水源不足，风力大、土壤过砂，不适于种植业生产，只能有选择的在河流两侧适宜地段适当发展为牧业生产服务的人工饲草、饲料地。

（二）呼伦贝尔高平原东部黑钙土农牧结合防风保水亚区（ⅡB）

包括额尔古纳市南部，陈巴尔虎旗、海拉尔区、鄂温克族自治旗东部，牙克石市西部，呈弧形分布于本改良利用区东部。该亚区位于大兴安岭山地和呼伦贝尔高平原的过渡地带，属呼伦贝尔草原的一部分，总面积 2 322 173.3hm^2，占该区总面积的 27.9%。

地貌为低山丘陵，地势东高西低，东部为低山，地势起伏，坡度较大，西部为丘陵漫岗，地形平缓。地带性土壤为黑钙土，土层深厚，机构良好，养分充足，具有较高的肥力。

该区的经济特点为农牧结合，北部额尔古纳市三河地区是著名的三河马、三河牛的故乡，20 世纪 60 年代在中部和北部额尔古纳市和牙克石市附近大面积开垦建立了许多国营农牧场。

三、大兴安岭东麓丘陵森林草原土壤农业利用区（Ⅲ）

本区位于大兴安岭东麓，包括莫力达瓦达斡尔族自治旗，扎兰屯市和阿荣旗东南部、鄂伦春自治旗南部地区，总面积 2 422 886.7hm^2，占全市总面积的 9.77%。

地貌为丘陵和嫩江右岸冲积平原，海拔高度一般在 500m 以下，地形平缓，波状起伏，多为漫岗地形，坡度不大。气候温和湿润，是全市降雨量最多的地区。特点是：气温较高，无霜期较长，降水量较多。年平均气温 1～3℃；≥10℃积温 2 300～2 400℃；无霜期 100～120d；年降水量440～510 mm；年湿润度 0.60～0.65，属温暖半湿润气候。

该区经济类型以农业为主，是呼伦贝尔市的粮食主产区，扎兰屯市、阿荣旗、莫力达瓦达斡尔族自治旗人称“农业三旗（市）”。该区的主要问题是：森林人为破坏重，耕地多年用养失调，肥力下降，水土流失普遍，农田建设水平低，受旱涝灾威胁，中低产田较多，土地利用不合理，有相当一定数量的宜农荒源有待开发。利用方向是以农为主，农、林、牧结合。

该区划分 2 个亚区：大兴安岭东麓丘陵漫岗黑土农业利用水土保持培肥地力亚区；大兴安岭东麓丘陵暗棕壤黑土农林结合保护开发亚区。

（一）大兴安岭东麓丘陵漫岗黑土农业利用水土保持培肥地力亚区（ⅢA）

该亚区位于改良区的东南部，是呼伦贝尔市东南边缘地带，总面积 1 250 686.7hm^2，占全区总面积的 51.6%。

地貌为漫岗和冲积平原，坡缓岗长，海拔低。主要土壤类型为黑土，其次为暗棕壤。存在的主要问题是：由于耕垦历史久，用养失调，土壤肥力减退；水土流失严重；基础设施薄弱，有旱涝威胁；耕作制度不合理；森林破坏严重。

改良利用措施有：增加土地投入，合理施肥，培肥地力；采取等高种植等措施防止水土流失；加强水利设施建设，减轻旱涝威胁；合理耕作轮作，推广适用技术。

（二）大兴安岭东麓丘陵暗棕壤黑土农林结合保护开发亚区（ⅢB）

该亚区位于IIIA区西北侧，呈条带状分布。包括扎兰屯市、阿荣旗中部，莫力达瓦达斡尔族自治旗北部和鄂伦春自治旗南部，总面积1 172 200.0hm²，占改良区总面积的48.4%。

该亚区位于松嫩平原向大兴安岭山地过渡地带，地貌属低山丘陵，地带性土壤为暗棕壤和黑土，二者镶嵌分布。暗棕壤分布在山地丘陵顶部和山（丘）坡，平缓的坡麓地带为呈条带状的黑土占据。非地带性土壤有暗色草甸土和沼泽土，分布地区为河谷阶地和河漫滩，该区河谷宽阔，草甸土占有相当大的比例。

存在的主要问题是森林破坏严重；缺乏合理布局；盲目开垦、造成水土流失；土地利用率低；有旱涝灾害；耕作粗放、土壤肥力下降。

该区有一定数量的耕地和宜农荒源，适合于种植业生产，具有相当的农业生产潜力，也是呼伦贝尔市重要商品粮产区。改良利用措施：保护现有森林资源；防治水土流失；加强农田基本建设，防旱排涝；提高机械化水平，改进耕作措施。

第七章　施肥技术研究

20 世纪 80 年代初，随着化肥用量的增加和农业生产水平的提高，施用单一肥料品种和依靠经验的施肥方法已不能适应农业生产发展的需要。为此，原农业部土地利用局、农牧渔业部农业局组织全国各地开展了化肥适宜用量及氮磷钾化肥合理配比的试验研究。并要求土壤肥料部门充分利用多年肥料试验成果及正在开展的第二次全国土壤普查资料，搞好科学施肥的试验、示范、推广工作，以提高化肥的增产效益。

1985 年，在内蒙古自治区土壤肥料工作站的主持下，呼伦贝尔市首次开展了配方施肥课题的研究和开发工作。即由田间试验和土壤测试，“诊断”土壤供肥能力不能满足作物营养需求的矛盾；根据肥料效应函数和土壤养分丰缺指标，确定经济合理的施肥量；做到产前有定肥、定量的肥料“配方”，产中有适时施用和施用方法的“施肥”指导，使技术服务做到“诊断、配方、指导施用”三结合，从而施肥技术产生了重大变革。该课题在 1986 年、1987 年列入国家农牧渔业技术开发的“科学施肥、改土技术”项目，1987 年列为自治区农委十六项农牧业适用技术之一。

2005 年，农业部、财政部启动了新时期测土配方施肥行动，应用计算机、网络和“3S”等高新技术在全国范围内开展了大规模的测土配方施肥技术研究、试验示范与技术推广工作。由于现代高新技术的应用，使测土配方施肥工作上了新台阶，进入了数字化、网络化阶段。

第一节　氮磷两因素肥料效应函数法配方施肥技术研究

氮磷两因素肥料效应函数法配方施肥技术研究是在 1985—1991 年进行的。

一、大豆配方施肥技术研究

1985—1987 年在扎兰屯市和阿荣旗的 26 个乡镇进行了大豆氮、磷肥料配方多点分散试验，三年试验材料 27 份。

（一）试验方法和设计

采用粮农组织（FAO）推荐的多点分散田间试验方法，试验点分布在不同肥力的土壤上，连续进行 3 年。

选用氮、磷两因素，三水平，3×3 全实施设计，不设重复。9 个处理分别为：N_0P_0、N_0P_1、N_0P_2、N_1P_0、N_1P_1、N_1P_2、N_2P_0、N_2P_1、N_2P_2。其中：N_0、P_0 为不施肥，N_1 施纯氮 34.5kg/hm^2，N_2 施纯氮 69.0kg/hm^2，P_1 施 P_2O_5 69.0kg/hm^2，P_2 施 P_2O_5 138.0kg/hm^2。

1. 施肥方法　氮、磷全部做底肥，一次施用，为避免因为有机肥料成分不一造成的误差，小区均不施用有机肥。

2. 供试品种　供试作物为大豆，品种为内豆 1 号。氮肥：尿素，含纯氮 46%。磷肥：重过磷酸钙，含 P_2O_5 46%。

3. 田间区划　小区长 10m，宽 3.25m，面积 32.5m^2；纵向保护区宽 1.5m，横向保护区宽 2m，设横向过道宽 1m；整个试验地面积不小于 516m^2。

4. 土壤测试　施肥前取 0～20cm 耕层混合土样进行常规分析。

5. 分析项目　有机质—重铬酸钾氧化法，全氮—硫酸重铬酸钾消煮、半微量定氮蒸馏法，碱解氮—扩散吸收法，有效磷—碳酸氢钠浸提、钼锑抗比色法，速效钾—醋酸铵浸提、火焰光度法。

（二）结论

1. 土壤有效磷含量与最佳施磷肥量的相关分析　方程式为：$y=232.815e^{-0.104x}$，$R=-0.718^{**}$（x 为有效磷，y 为最佳施磷量）。

2. 土壤有效磷含量与最佳氮、磷比值的相关分析　$y=0.1634e^{0.077x}$，$R=0.6136^{**}$（x 为有效磷，y 为最佳氮、磷比）。最佳的肥料配合时，氮磷比值不是一个常数，而是随着土壤供磷能力的提高，氮磷比值以自然指数的趋势上升。根据施磷量和氮磷比值即可得到施氮量。

3. 土壤有效磷含量与相对产量的相关分析　$y=54.25+10.59\ln x$，$R=0.69^{**}$（x 为有效磷，y 为相对产量）。

4. 大豆丰缺指标和配方施肥推荐　见表 7-1。

表 7-1　大豆氮、磷配方施肥推荐

相对产量（%）	丰缺程度	有效磷含量（mg/kg）	施 N 量（kg/hm²）	施 P_2O_5 量（kg/hm²）
≤50	极缺	≤1.5	≥36.5	≥199.2
		1.6～4.5	33.7～36.4	145.8～197.1
50～70	缺	4.6～7.5	31.1～33.6	106.7～144.3
		7.6～11	28.3～31.0	74.2～105.6
		11.1～15	25.4～28.2	48.9～73.4
70～85	中等	15.1～20	22.2～25.2	29.1～48.2
		20.1～25	19.4～22.1	17.3～28.8
		25.1～31	16.5～19.3	9.3～17.1
85～95	丰	31.1～38	13.7～16.5	4.5～9.2
		38.1～45	11.5～13.5	2.2～4.4
>95	极丰	>45	≤11.5	≤2.2

二、玉米配方施肥技术研究

1987—1989 年在扎兰屯市、阿荣旗、莫力达瓦达斡尔族自治旗布置玉米小区田间试验 83 个，有效点 46 个。

（一）试验方法和设计

采用粮农组织（FAO）推荐的多点分散田间试验方法，试验点分布在不同肥力的土壤上，连续进行 3 年。

选用氮、磷两因素，三水平，3×3 全实施设计，不设重复。9 个处理分别为：N_0P_0、N_0P_1、N_0P_2、N_1P_0、N_1P_1、N_1P_2、N_2P_0、N_2P_1、N_2P_2。其中：N_0、P_0 为不施肥，N_1 施纯氮 51.75kg/hm²，N_2 施纯氮 103.5kg/hm²，P_1 施 P_2O_5 81.15kg/hm²，P_2 施 P_2O_5 162.3kg/hm²。

1. 施肥方法　磷肥做一次性底肥，氮肥 1/2 底肥、1/2 拔节期追肥，田间管理按照常规方法。

2. 供试品种　供试作物为玉米，品种克单 4 号。氮肥：尿素，含纯氮 46%。磷肥：重过磷酸钙，含 P_2O_5 47%。

3. 田间区划　试验小区面积 64m²，长 16m，宽 4m，横向保护区为 2m，纵向保护区为 1.5m，过道 0.5m，整个试验地面积不小于 850m²。

4. 土壤测试　施肥前取 0～20cm 耕层混合土样进行常规分析。

5. 分析项目　有机质—重铬酸钾氧化法，全氮—硫酸重铬酸钾消煮、半微量定氮蒸馏法，碱解氮—扩散吸收法，有效磷—碳酸氢钠浸提、钼锑抗比色法，速效钾—醋酸铵浸提、火焰光度法。

（二）结论

1. 土壤有效磷含量与最佳施磷肥量呈显著负相关 有效磷的测定值可以作为施磷肥的定量指标。方程式为：$y=145.1115e^{-0.0363x}$，$R=-0.7639^{**}$（x 为有效磷，y 为最佳施磷量）。

2. 土壤碱解氮含量与最佳施氮肥量没有相关联系 土壤碱解氮含量不能作为氮肥施用量的定量指标。方程式为：$y=3.9399e^{0.002x}$，$R=0.029$（x 为碱解氮，y 为最佳施氮量）。

3. 土壤有效磷含量与最佳氮、磷比值呈明显正相关 通过磷肥施用量和氮磷比可以确定氮肥用量，实现以磷定氮。方程式为：$y=0.4216e^{0.0371x}$，$R=0.4774^{**}$（x 为有效磷，y 为最佳氮、磷比）。

4. 土壤有效磷含量与相对产量表现显著的正相关 可以通过相对产量确定土壤供肥水平。方程式为：$y=45.96+12.98\ln x$，$R=0.64^{**}$（x 为有效磷，y 为相对产量）。

5. 根据有效磷值与最佳施磷量，最佳氮、磷比，相对产量的回归方程 制定土壤供肥丰缺指标表和推荐施肥量表作为呼伦贝尔盟地区玉米氮、磷配方施肥主要依据表 7-2。

表 7-2 玉米氮、磷配方施肥推荐

相对产量（%）	丰缺程度	有效磷含量（mg/kg）	施 N 量（kg/hm²）	施 P_2O_5 量（kg/hm²）
≤50	极缺	≤2.0	≥61.2	≥134.9
50～70	缺	2.1～4.5	61.3～61.4	123.2～134.5
		4.6～7.0	61.4～61.5	112.5～122.8
70～85	中等	7.1～11	61.5～61.7	97.3～112.5
		11.1～16	61.7～62.0	81.2～97.0
		16.1～20	62.0～62.2	70.2～80.9
85～95	丰	20.1～27	62.2～62.4	54.4～70.0
		27.1～36	62.6～62.8	39.2～54.3
		36.1～43	62.9～63.4	30.5～39.1
>95	极丰	>43	≤63.4	<30.5

（三）推广效益

1987 年制定统一的试验技术方案，布置了田间小区试验。1988、1989 年应用上年试验结果，进行大面积示范。落实完成大田三区对比试验 281 个，完成示范面积 32 223.1hm²（1988 年7 036.7hm²，1989 年 25 186.4hm²）。示范广泛分布在岭东阿荣旗、莫力达瓦达斡尔族自治旗、扎兰屯市的 51 个乡镇、两个农场（大河湾农场和扎兰屯农牧学校农场）的 381 个村，落实示范重点户 281 个，参加示范的农户 25 512 户。通过对 32 223.1hm² 示范田的统计分析，配方施肥比习惯施肥平均增产粮食 737.7kg/hm²，总增产粮食 2 397.72 万 kg，增产率为 15.88%，平均每公顷纯增收益 234.6 元，总纯增收益 755.95 万元，纯增收率为 12.66%。

三、小麦配方施肥技术

1989—1991 年在扎兰屯市、阿荣旗、莫力达瓦达斡尔族自治旗和牙克石市布置小麦作物小区田间试验 46 个，提供有效材料 37 份。

（一）试验方法和设计

采用多点分散田间试验方法，试验点分布在不同肥力的土壤上，连续进行 3 年。

选用氮、磷两因素，三水平，3×3 全实施设计，不设重复。9 个处理分别为：N_0P_0、N_0P_1、N_0P_2、N_1P_0、N_1P_1、N_1P_2、N_2P_0、N_2P_1、N_2P_2。其中：N_0、P_0 为不施肥，N_1 施纯氮 24.15kg/hm²，N_2 施纯氮 48.3kg/hm²，P_1 施 P_2O_5 49.35 kg/hm²，P_2 施 P_2O_5 98.7kg/hm²。

1. 施肥方法 氮、磷肥做种肥一次施用，田间管理按当地最优措施进行，各小区均不施有机肥。

2. 供试品种 供试作物为小麦，各旗市统一为当地主栽品种。氮肥：尿素，含纯氮 46%。磷肥：

重过磷酸钙，含 P_2O_5 47%。

3. 田间区划 试验小区面积 $33m^2$，长 11m，宽 3m，设置保护区。

4. 土壤测试 施肥前取 0～20cm 耕层混合土样进行常规分析。

5. 分析项目 有机质—重铬酸钾氧化法，全氮—硫酸重铬酸钾消煮、半微量定氮蒸馏法，碱解氮—扩散吸收法，有效磷—碳酸氢钠浸提、钼锑抗比色法，速效钾—醋酸铵浸提、火焰光度法。

（二）结论

①用 Olsen 法测定土壤有效磷可以作为施磷量的定量指标。施磷量（y）和土测值（x）的相关联系可以用 $y=Ae^{Bx}$ 指数方程表示，建立了 $y=117.132e^{-0.0368x}$（$R=-0.512\,1^{**}$）回归方程式，作为测土施磷肥的函数模式。

②土壤碱解氮测定值与施氮量无相关性，不能作为施氮量的定量指标，但有效磷（x）与最佳氮磷比遵循 $y=Ae^{Bx}$ 自然指数函数关系，$y=0.3163e^{0.0342x}$，$R=0.5598^{**}$，相关性达到了极显著水平。因此，氮肥施用量可通过以磷定氮的途径得以解决。

③土壤有效磷含量（x）与相对产量（y）建立的回归方程式 $y=46.84+13.07\ln x$（$R=0.53^{**}$），用作土壤供肥丰缺指标的划分。

④根据有效磷值与最佳施磷量，最佳氮、磷比，相对产量的回归方程，制定土壤供肥丰缺指标和推荐施肥量表（表 7-3），作为呼伦贝尔盟地区小麦氮、磷配方施肥主要依据。

表 7-3 小麦氮、磷配方施肥推荐

相对产量（%）	丰缺程度	有效磷含量（mg/kg）	N（kg/hm^2）	P_2O_5（kg/hm^2）
≤50	极缺	≥1.5	≥36.9	≥110.8
50～70	缺	1.6～4.0	36.8	101.1～110.4
		4.1～7.0	36.5	90.3～100.7
70～85	中等	7.1～11.0	36.2	78.1～90.2
		11.1～15.0	35.8	67.4～77.8
		15.1～19.0	35.4	58.2～67.2
85～95	丰	19.1～26.0	35.0	45.0～58.0
		26.1～33.0	34.3	34.8～44.8
		33.1～40.0	34.0	26.9～34.6
>95	极丰	<40.0	<34.0	<26.9

（三）推广效益

1990—1991 年两年共落实大面积示范田 18 665.8hm^2，参加示范农户为 10 077 户。通过对示范田的测验，配方田比习惯施肥田每公顷平均增产小麦 418.8kg，增产 17.07%，每公顷纯收入 246.95 元。总增产小麦 782.65 万 kg，纯增收益 664.55 万元。实践证明，应用效应函数法开发的小麦配方施肥技术增产、增收效果明显，各项技术指标稳定可靠。预测产量吻合度达到了 90%以上，具有很高的推广应用价值。

第二节 氮磷钾三因素平衡施肥技术研究

氮磷钾三因素平衡施肥技术研究项目是在 1991—1993 年间开展的。20 世纪 80 年代末的农业生产施肥多以氮或氮、磷为主，钾的施用量很少，在生产水平相对较低的情况下，土壤中的钾的贮量还能满足作物生长的需要。随着农业生产的迅猛发展和作物单产水平的提高，土壤中钾的贮量明显下降，个别地区表现缺钾症状。因此，增施钾肥、开展多种营养元素平衡施肥是现代农业发展的客观需要。为了摸清钾的有效施用环境，以解决氮、磷、钾平衡施肥技术问题，内蒙古自治区农委和土肥站做了专门部署，自1991年起历时3年的时间在呼伦贝尔盟岭东的扎兰屯市、阿荣旗、莫力达瓦达斡尔族自治旗和岭西的牙克石市、额尔古纳右市、海拉尔区等地共进行小区试验166个，提供有效材料125份，并进行了15 494.4hm^2的示范验证，为农田合理施用钾肥和开展平衡施肥技术推广工作提供了可靠的科学依据。

一、试验材料和研究方法

（一）试验材料

1. 试验区土壤及养分特点 试验区土壤以黑土、暗棕壤、草甸土、黑钙土为主，养分特点是全量养分丰富，而速效养分含量差别较大。根据全国第二次土壤普查资料，1979—1993年的十几年间，土壤养分含量结构有很大变化，而这期间正是氮磷化肥施用量迅速增长的时期，突出表现为速效钾含量大幅下降，14年间平均降低了77.4mg/kg，而碱解氮和有效磷含量都有所增长，增长最多的是有效磷，平均增加了9mg/kg。这种情况的出现，除氮磷化肥的大量残效积累外，有机肥的大量施用也起到了很大作用，但有机肥主要是补充有机质和氮素，钾素因得不到充分补给而失去了原有的平衡（表7-4）。

表7-4 耕地养分演变情况

土壤养分	1979—1981年				1991—1993年
	黑土	草甸土	暗棕壤	平均	平均
有机质（g/kg）	45.92	47.89	44.67	46.16	39.15
全氮（g/kg）	2.68	2.55	2.49	2.57	2.331
碱解氮（mg/kg）	233.3	212	197	214.10	220.9
有效磷（mg/kg）	11.4	10.4	12.3	11.37	20.4
速效钾（mg/kg）	292.4	212	265.1	256.50	179.2

2. 供试肥料 氮肥为尿素，含纯氮46%；磷肥为重过磷酸钙，含$P_2O_5$47%；钾肥为氯化钾，含K_2O60%。

3. 供试作物 大豆，品种为内豆3号，每公顷保苗31.5万～33.75万株；玉米，品种为克单14或龙单一，每公顷保苗43 500～46 500株；小麦，品种为克丰3号，每公顷保苗750万～765万株。

4. 田间区划 小区面积为，大豆32.5m^2（10m×3.25m）、玉米46.8m^2（12m×3.9m）、小麦36m^2（15m×2.4m）。小区周围设3m以上保护行。

5. 土壤分析 播种施肥前在试验地均匀布点10点次以上，取0～20cm耕层混合土样1kg。分析项目：有机质、全氮、碱解氮、有效磷、速效钾、缓效钾、交换性镁、pH等。分析方法按照土壤普查规程要求执行。

6. 植株及产品品质分析方法 体内硝态氮—硝酸还原法；体内有效磷—磷钼蓝法；体内速效钾—四苯硼钠法；叶绿素含量—丙酮提取比色法；光合强度—改良半叶法；氨基酸总量—茚三酮比色法；蛋白质—半微量滴定法；脂肪—索氏提取法。

（二）研究内容和方法

采用多点分散试验、小区研究与大区对比、试验与示范相结合的研究方法。主要目标是研究不同地区及生产条件下钾的肥效、适宜用量、合理施用方法及氮磷钾平衡施肥技术。边试验、边示范，上一年的试验结果在下一年应用于生产，逐步扩大示范面积。各项试验内容方案设计如下：

1. 钾的肥效和用量试验 采用单因素五水平设计，二次重复，随机区组。试验结果配置效应方程$Y=a+bX+cX^2$（X：施肥量，Y：产量，a、b、c为回归系数），并进行施肥量和农业技术经济分析。

5个处理分别为：氮磷肥底（配方施肥，下同）$+K_0$、肥底$+K_1$、肥底$+K_2$、肥底$+K_3$、肥底$+K_4$。其中K_0为不施肥，K_1每公顷施K_2O 45kg，K_2每公顷施K_2O 90kg，K_3每公顷施K_2O 135kg，K_4每公顷施K_2O 180kg。采用穴施或条施。

2. 钾肥施用方式试验 为3个处理，二次重复设计。处理1：氮磷肥底；处理2：肥底$+K_2O$（90kg/hm^2），穴施或条施；处理3：肥底$+K_2O$（90kg/hm^2），撒施后耕翻。

3. 氮磷钾平衡施肥试验 为三因素五水平回归最优设计，共11个处理，两次重复，顺序排列。

试验的产量结果配置 $Y=b_0+b_1N+b_2P+b_3K+b_4NP+b_5NK+b_6PK+b_7N^2+b_8P^2+b_9K^2$（N、P、K 分别为氮磷钾施肥量，$Y$ 为产量，b_0、b_1......b_9 为回归系数）。施肥量设计见表 7-5。

表 7-5　氮磷钾平衡施肥试验设计方案

处理号	1	2	3	4	5	6	7	8	9	10	11
X（氮）	d_1	0	$0.75d_1$	$0.75d_1$	$0.75d_1$	$0.75d_1$	$0.25d_1$	$0.25d_1$	$0.25d_1$	$0.25d_1$	$0.5d_1$
X（磷）	$0.5d_2$	$0.5d_2$	$0.146\,4d_2$	$0.146\,4d_2$	$0.853\,6d_2$	$0.853\,6d_2$	$0.5d_2$	$0.5d_2$	d_2	0	$0.5d_2$
X（钾）	$0.5d_3$	$0.5d_3$	$0.146\,4d_3$	$0.853\,6d_3$	$0.146\,4d_3$	$0.853\,6d_3$	d_3	0	$0.5d_3$	$0.5d_3$	$0.5d_3$
Y（产量）	Y_1	Y_2	Y_3	Y_4	Y_5	Y_6	Y_7	Y_8	Y_9	Y_{10}	Y_{11}

注：d_1、d_2、d_3 分别为氮（N）、磷（P_2O_5）、钾（K_2O）最高施肥水平（kg/hm^2）。大豆作物：$d_1=103.5$、$d_2=141$、$d_3=180$；玉米：$d_1=144$，、$d_2=141$、$d_3=180$。

二、结果与分析

（一）钾的肥效

分析结果表明：钾对大豆、玉米、小麦作物均具有不同程度的增产作用，并能增强作物的抗病和抗逆性。呼伦贝尔盟地区耕地土壤施钾肥显效区（增产>10%）面积占总面积的 56.7%，有效区（增产>5%）面积达 78.9%，有 20%左右的耕地施钾肥增产效果不明显，主要是新开垦耕地、陡坡瘠薄地和富含钾素的土壤。在中等肥力土壤上施钾的增产作用最好，而低肥区和高肥区钾肥效应均不能很好发挥，肥效变化从低效区到高效区随施用量的增加，肥效同时递增，但总产量增加不确定，证明肥效与基础产量高低无关。

从地区分布上分析，岭东三旗市的中、南部地区及牙克石市地区钾的肥效较高。从土壤类型分析以黑钙土、暗棕壤和草甸土施肥效果明显。地形对钾的肥效也有影响，川地和山根地施肥效果明显。另外开垦年限越久、栽培水平越高的地区，钾的增产幅度较大。

就平均值而言，大豆最佳施肥量为 K_2O 82.65kg/hm²，每公顷可增产大豆 246.75kg，增产率为 11.88%，纯增收益 294.3 元/hm²；玉米作物 K_2O 最佳施用量为 96kg/hm²，可增产玉米 523.9kg，增产幅度为 14.43%，每公顷增收 405.3 元；小麦作物 K_2O 最佳施用量为 85.2kg/hm²，每公顷可增产粮食 518.25kg，增产率为 19.25%，纯效益为 390.9 元/hm²。以上分析表明，不同作物对钾肥的肥效反应有所差别，禾谷类作物肥效高于豆科作物，但增产作用均达显著水平，有效区面积都超过了总播面积的 50%。

（二）影响钾肥肥效的肥力因素及有效性判别

钾的肥效除因作物不同有差别外，受土壤肥力因子影响也较大。大豆、玉米作物钾的肥效与土壤碱解氮呈正相关（大豆：$R=0.596^{**}$，玉米：$R=0.553^{**}$），而与速效钾呈负相关（大豆：$R=-0.772^{**}$，玉米：$R=-0.556^{**}$）；小麦钾的肥效与土壤有效磷呈正相关，与速效钾呈负相关。这就为有计划地施用钾肥提供了参考依据，使施肥更有针对性，做到合理高效。

根据钾的增产效应与土壤各项肥力因子的逐步回归分析，由相关显著的因子建立了钾肥肥效判别函数式：

大豆：$Y=19.79+0.0579X_1-0.0918X_2$，$F=13.4^{**}$

Y 为增产率（%），X_1 为碱解氮，X_2 为速效钾。

玉米：$Y=19.33+0.0445X_1-0.0787X_2$，$F=6.61^{**}$

Y 为增产率（%），X_1 为碱解氮，X_2 为速效钾。

小麦：$Y=1.076+3.204X_1-0.1235X_2$，$F=41.3^{**}$

Y 为增产率（%），X_1 为有效磷，X_2 为速效钾。

以上 3 个表达式可以检验不同地区钾肥的有效性。如果通过土壤测定值所算的函数值 $Y>5\%$，则为施钾肥有效，应配施钾肥；否则效果不明显，可酌情少施或不施用钾肥。

（三）钾的施肥技术

1. 施肥方法 通过45个施用方式对比试验结果（大豆18个、玉米18、小麦9个），证明钾肥以集中施用肥效发挥最好。虽然撒施肥效较集中施用（大豆、小麦条施，玉米穴施）稍差，但增产作用也很显著。不同作物因种植密度的差别肥效表现也不同，大豆、玉米作物条施和穴施显著地好于撒施耕翻，但小麦两者差别不明显。由于钾在土壤中具有不易移动的特点，钾肥的施用应以集中施于作物根系能伸展到的部位，漫撒不利于肥效的发挥。如施肥以维持土壤钾素的平衡为主要目的，对施肥方式可不做严格要求。

2. 钾肥施用量建议 以土壤 N/K_2O 比值确定钾肥用量，选用 $Y=A+B\ln X$ 函数式表达 N/K_2O（X）与最佳施钾量（Y）之间的相关联系，拟合性达显著水平，建立了大豆、玉米和小麦作物的回归函数式和钾肥施用量建议表，见表7-6。

表7-6 钾肥施用量建议

土壤氮钾比（N/K_2O）	施 K_2O 量（kg/hm^2）		
	大豆	玉米	小麦
<0.25	14.40	23.85	36.90
0.25～0.5	47.85	50.40	55.35
0.5～0.75	67.35	65.85	66.30
0.75～1.0	81.15	76.80	72.45
1.0～1.25	91.95	85.35	79.95
1.25～1.5	100.65	92.25	84.90
1.5～2.0	114.60	88.20	92.55
2.0～2.5	125.25	111.75	98.55
2.5～3.0	134.10	118.65	103.35
3.0～3.5	141.45	124.50	106.80
3.5～4.0	147.90	129.60	111.15

大豆：$Y=5.41+3.21\ln X$，$n=19$，$R=0.75^{**}$。

玉米：$Y=5.21+2.54\ln X$，$n=16$，$R=0.77^{**}$。

小麦：$Y=4.933+1.78\ln X$，$n=9$，$R=0.71^{**}$。

由以上3个函数式建立了钾肥施用量建议表，可以通过土壤碱解氮和速效钾计算的 N/K_2O 值确定钾肥的适宜用量。

（四）钾的植株特征反应

在钾肥用量试验中，对植株的生物性状和性态特征进行了调查和测定。

1. 钾对玉米生物性状的影响 9个监测点的平均值表明，钾能促进玉米作物的器官发育，促进地上地下部分的生长。钾肥处理平均比对照株高增加了12cm，地下次生根增加了8～10条，但不同施用量间的差别不明显，见表7-7。

表7-7 钾对玉米生物性状的影响

处理	株高（cm）	穗长（cm）	秃尖（cm）	穗粒数（粒）	穗粒重（g）	百粒重（g）	次生根数（条/株）
1	187.8	18.3	0.410	373	119.2	31.1	42.1
2	199.0	20.0	0.180	397	133.3	33.3	50.9
3	200.5	20.4	0.194	403	132.4	33.1	53.2
4	200.5	20.7	0.152	403	130.1	34.1	52.5
5	200.1	20.5	0.188	396	132.4	33.9	54.2

2. 钾对玉米生理特性的影响 为研究钾对玉米的生理生化作用，于每年的7月15和7月25日测定了植株体的主要生理指标，3个定点测定结果表明：钾能增加植株对氮磷钾的吸收量，并增加了玉米的叶面积指数和叶绿素含量，增强光合强度，提高了代谢干物质积累量。钾肥处理（平均值）使

植株体内硝态氮含量提高了18.05mg/kg，增长了11.9%；速效钾提高了348mg/kg，增长了19.5%；但对有效磷的影响相对较小，也增加了6.77mg/kg，占CK值的5.79%；并使体内叶绿素含量提高了17.3%，叶面积指数增加了8.4%，光合强度增加了9.2%，见表7-8。证明钾肥的施用，增加了植物细胞的功能，促进了作物体内营养物质的输导和转换，增加对土壤养分的吸收，提高了作物代谢强度，为提高产量创造了条件。

表7-8 钾对玉米生理特性的影响

处理	体内硝态氮（mg/kg）	体内有效磷（mg/kg）	体内速效钾（mg/kg）	叶绿素含量（mg/kg）	光合强度［mg干物质/（dm·h）］	叶面积指数
1	150.7	117.0	1 784.7	4.323	17.04	2.687 0
2	167.3	120.0	2 065.7	4.990	18.24	2.823 0
3	169.0	122.0	2 100.0	5.001	18.86	2.913 0
4	170.0	122.7	2 17 9.0	5.027	18.51	2.943 0
5	168.7	131.0	2 187.0	5.273	18.81	2.970 0

3. 钾对大豆生物性状的影响 施用钾肥后，大豆植株的生物性状变化明显（表7-9）。比较突出的是株高、分枝和单株荚数。单株生产量提高了29.08%（2.85g）；根瘤发育明显加强，比CK增加了11.78%（5.13个）。平均值：株高增加了7.03cm，分枝数增加了0.73（40.3%），1粒荚减少了41.9%，3、4粒荚分别增加了15.16%和48.6%，总荚数增加了2.2个荚/株，比CK增加了10.57%。由于该项试验是在氮磷配方施肥基础上进行的，证明在氮磷供给最佳的状态下施钾具有促进大豆生长的作用，进一步证明了钾肥的有效性。

表7-9 钾对大豆生物性状的影响

处理	株高（cm）	分枝	株荚数					株粒数（个）	株粒重（g）	百粒重（g）	根瘤（个/株）
			1粒荚	2粒荚	3粒荚	4粒荚	合计				
1	83.0	1.8	5.3	5.7	6.1	3.7	20.8	49.7	9.8	19.2	43.5
2	88.6	2.4	3.6	6.8	7.1	5.0	22.5	60.6	12.1	20.2	47.0
3	89.6	2.5	3.1	7.2	7.0	5.7	23.0	61.2	12.9	20.0	48.9
4	91.8	2.6	2.8	7.7	7.1	5.7	23.3	62.3	13.2	20.9	50.7
5	90.1	2.6	2.8	7.4	6.9	5.6	22.7	60.6	12.4	20.2	47.9

4. 钾对大豆品质和植株特性的影响 三点抽样调查和籽粒分析结果表明：钾能使大豆籽粒脂肪含量提高1.11个百分点，比CK值高6.25%，但对蛋白质和氨基酸含量的影响不大，证明钾能改善大豆产品品质。生长期间测定的代谢指标结果，钾能提高大豆光合强度，使干物质积累量增加了0.835mg/dm^2·h，比对照值提高了6.15%；叶面积指数也增加了0.415，占CK值的10.53%（表7-10）。

表7-10 大豆籽粒品质和植株特性测定

处理	籽粒（%）			植株	
	蛋白质	脂肪	氨基酸	光合强度	叶面积指数
1	40.8	17.77	35.67	13.58	3.94
2	40.28	18.78	36.07	14.18	4.28
3	40.86	18.47	35.57	14.45	4.41
4	40.19	18.86	35.83	14.59	4.25
5	40.47	19.41	36.05	14.44	4.48

5. 钾对小麦植株和穗部性状的影响 小麦对钾肥的反应较敏感，主要表现在性态特征和秸秆产量上。施钾肥处理的株高明显高于对照，并增强了植株的抗倒伏性能，但对千粒重影响不大。调查结果显示，钾能使小麦株高增加12.05cm，增长了13.85%；根数增加了2.1条/株，增长了19.4%；

小穗数增加了1.1/穗，占6.21%；秸秆产量增加了414kg/hm²，比对照高13.9%，并随钾肥用量增加而增加。调查统计结果见表7-11。

综上所述，钾肥在本地区对大豆、玉米、小麦等作物的生长发育有明显的促进作用，不但能调整植株性态特征，同时能改善产品品质、增强作物抗性。

表7-11 钾对小麦植株和穗部性状的影响

处理	株高（cm）	根数（条）	小穗数（个）	穗粒数（粒）	千粒重（g）	秸秆产量（kg/hm²）
1	87.0	10.8	10.0	19.5	30.6	2 979.0
2	97.9	12.7	11.2	20.5	31.5	3 244.5
3	100.8	12.9	11.3	21.0	31.9	3 334.5
4	97.8	12.8	11.3	20.7	31.5	3 451.5
5	99.7	13.2	11.0	20.7	31.1	3 541.5

（五）氮磷钾平衡施肥技术研究

应用系统聚类和逐步判别分析方法，建立大豆、玉米氮磷钾平衡施肥模式和土壤肥力判别函数，使大豆、玉米作物氮磷钾的施肥及配比实现最佳选择，并达到较好的经济效益。

1. 大豆的回归效应类方程

Ⅰ类：$Y=103.924+12.639N+6.025P+5.56K-0.119NP+0.348NK-0.238PK-1.232N^2-0.169P^2-0.674K^2$

Ⅱ类：$Y=82.71+10.423N+6.089P+2.815K-0.299NP+0.153NK+0.0897PK-1.69N^2-0.313P^2-0.189K^2$

Ⅲ类：$Y=76.86+15.473N+5.667P+5.633K-0.281NP+0.255NK+0.275PK-1.735N^2-0.379P^2-0.491K^2$

Ⅳ类：$Y=78.18+15.888N+5.525P+7.578K-0.011NP+0.067NK-0.0205PK-1.554N^2-0.476P^2-0.481K^2$

2. 玉米的回归效应类方程

Ⅰ类：$Y=303.29+21.034N+5.085P+10.025K-0.163NP+0.413NK-0.0025PK-1.966N^2-0.131P^2-0.9904K^2$

Ⅱ类：$Y=292.85+20.735N+16.394P+6.479K-0.976NP+1.378NK+0.175PK-2.019N^2-0.91P^2-0.835K^2$

Ⅲ类：$Y=203.397+7.511N+10.148P+11.54K+0.170NP+0.263NK+0.857PK-0.393N^2-1.293P^2-1.170K^2$

Ⅳ类：$Y=174.08+21.553N+19.967P+11.828K-0.378NP+1.247NK-1.779PK-1.856N^2-0.649P^2-0.474K^2$

3. 大豆的土壤肥力判别函数

Ⅰ类：$Y=-96.575+22.5812X_1+0.3077X_2-1.0301X_3+0.2276X_4$

Ⅱ类：$Y=-79.7837+20.2359X_1+0.2989X_2-1.0029X_3+0.1826X_4$

Ⅲ类：$Y=-53.187+16.4783X_1+0.2361X_2-0.735X_3+0.1568X_4$

Ⅳ类：$Y=-37.2457+13.2195X_1+0.1234X_2-0.0561X_3+0.1349X_4$

其中：X_1有机质、X_2碱解氮、X_3有效磷、X_4速效钾。

4. 玉米的土壤肥力判别函数

Ⅰ类：$Y=-22.477+10.1062X_1+0.0072X_2$

Ⅱ类：$Y=-11.3774+7.3197X_1-0.058X_2$

Ⅲ类：$Y=-10.4124+5.8559X_1+0.0857X_2$

Ⅳ类：$Y=-21.3474+11.049X_1-0.2921X_2$

其中：X_1为有机质，X_2为碱解氮，X_3为有效磷，X_4为速效钾。

土壤肥力判别函数和回归效应类方程的应用：将有机质、碱解氮、有效磷、速效钾四项土测值分别带入各类土壤肥力判别函数，以计算结果值最大的判别函数对应的回归效应类方程最适宜，选择该类方程指导施肥效果最佳。

5. 效益分析 1997 年推广平衡施肥技术面积 106 246.7hm^2，总增产粮食 4 650.2 万 kg，纯增收益 6 578.88 万元，比农民的习惯施肥平均增产 438kg/hm^2，增产率 14.84%，施肥效应为每 kg 肥料有效量增粮 7.98kg，比农民的习惯施肥 6.71kg 增加了 1.27kg，增长了 18.93%。投产比为 1∶4.03，比习惯施肥的 1∶3.03 显著。

第三节 硝酸磷肥肥效试验研究

硝酸磷肥肥效试验研究项目是在 1987—1988 年间进行的。硝酸磷肥是用硝酸分解磷矿，然后用氨中和制得的一种氮磷复合肥料。国外在硝酸磷肥造粒过程中一般都加进钾盐（主要为氯化钾）制成氮磷钾三元复合肥料。硝酸磷肥在国外是从 20 世纪 30 年代起开始发展的，但只是到了 50 年代初期，由于硫的供应不足阻碍了磷肥发展时才引起广泛重视。60 年代后期以来硝酸磷肥的发展速度大大加快。农业上施用硝酸磷肥有利于调整土壤的氮磷比例，也减少施单一肥料次数多的麻烦。氮磷肥料合二为一对生产、包装、运输、贮存都有好处。

1986 年国家计委与农牧渔业部委托中国农业科学院土肥所、北京农业大学土化系、山西省农牧厅土肥站，组成了硝酸磷肥肥效鉴定和施用技术试验示范协作组，组织了北方九省区的土肥站（所）开展工作。1987—1989 年，在对硝酸磷肥养分吸收机理进行细致研究的同时，内蒙古自治区在呼伦贝尔盟（现呼伦贝尔市）、赤峰市、锡林郭勒盟、乌兰察布盟（现乌兰察布市）、巴彦淖尔盟（现巴彦淖尔市）、呼和浩特市、伊克昭盟（现鄂尔多斯市）、哲里木盟（现通辽市）8 个盟市进行了大规模的田间小区试验。

1987—1988 年按照自治区土肥站的布置，在呼伦贝尔盟扎兰屯市、阿荣旗、莫力达瓦达斡尔族自治旗的 17 个乡镇，进行了肥料品种效应、不同施肥方式及不同种肥用量三个内容的试验。两年共完成试验 22 个，示范田 3.6hm^2。

一、试验区基本情况

位于呼伦贝尔盟岭东石质丘陵农区，土壤类型以黑土、暗棕壤、草甸土为主，年均降雨 380～430mm，无霜期 105～115d，耕地土壤养分状况为有机质 15～38g/kg，全氮 1～2.7g/kg，碱解氮 80～165mg/kg，有效磷 3～11mg/kg，速效钾 90～210mg/kg。养分状况特点是磷缺乏、氮适中、钾偏丰。有机肥施用水平为 1 000～1 250kg/（亩·年）。

二、试验示范方案

供试材料：硝酸磷肥含 N27%、含 $P_2O_5$13.5%，磷酸二铵含 N18%、含 $P_2O_5$46%，重过磷酸钙含 $P_2O_5$46%，尿素含 N46%。

（一）品种肥效试验方案

在等氮等磷的基础上，进行硝酸磷肥与其他复合（混合）肥肥效的比较。4 个处理，二次重复，共 8 个小区，组内随机排列。各处理分别为：①硝酸磷肥 138.75kg/hm^2＋重过磷酸钙 122.25kg/hm^2；②尿素 18kg/hm^2＋磷酸二铵 162.75kg/hm^2；③尿素 81kg/hm^2＋重过磷酸钙 162.75kg/hm^2；④不施肥（对照）。

（二）种肥用量试验

为了探索硝酸磷肥做种肥时的适宜用量，设置 5 个处理，分别为：①种肥 75kg/hm^2，小区用量 0.24kg；②种肥 150kg/hm^2，小区用量 0.49kg；③种肥 225kg/ hm^2，小区用量 0.73kg；④种肥 300kg/hm^2，小区用量 0.97kg；⑤不施肥（对照）。

（三）施肥方式试验

为了了解硝酸磷肥在大豆作物上的适宜施肥方式，设置 5 个处理，每公顷施用硝酸磷肥 262.5kg。各处理分别为：①全部做春施底肥（施在老垄沟底）；②底肥 187.5kg/hm^2＋追肥 75 kg/hm^2；③底肥 187.5 kg/hm^2＋种肥 75kg/hm^2；④不施肥（对照）；⑤全部秋压底肥。

三、田间区划

（一）试验田间区划

小区面积 32.5m^2，长 10m，宽 3.25m，每区设置 5 行。整个试验地面积约 667m^2。肥效试验需在小区周围设埂。

（二）示范方案及田间区划

示范设在扎兰屯市哈拉苏镇大兴村，按大豆配方施肥推荐卡在不同档次，以土壤有效磷确定硝酸磷肥的用量［按配方等氮、等磷（P_2O_5）量］。设置三区对比，面积小于 0.067hm^2。

四、结果与分析

应用方差分析（SSR 法）对品种肥效和施肥方式对比试验进行各处理间差异显著性测定，结果显示：在 8 个品种肥效对比试验（玉米 1 个、大豆 7 个）中，达到 $F_{0.05}$的有 2 个点，达到 $F_{0.01}$的有 1 个点，有 6 个点的各处理效果显著好于对照。各处理间以处理 3（尿素 81kg/hm^2＋重过磷酸钙 162.75kg/hm^2）和处理 2（尿素 18kg/hm^2＋磷酸二铵 162.75kg/hm^2）略显优势。总体分析处理间差异不明显（对照除外）。6 个不同施肥方式试验的 F 检验均未达到显著标准。证明不同施肥方式间差异不显著，只以底肥 262.5kg/hm^{2}略强。

种肥用量试验应用最小二乘法配置 $y=a+bx+cx^2$，方程式为 $y=159.11+2.508x-0.041\,1x^2$，$y$ 为产量（kg/hm^2），x 为种肥用量（kg/hm^2）。硝酸磷肥做种肥施用时，允许最大量不能超过 228.15 kg/hm^2。在大豆 0.746 元/kg，肥料 0.165 元/kg 时，最大收益施肥量（种肥）为 188.55kg/hm^2。

第四节 数字化测土配方施肥技术研究

测土配方施肥是一项科学性、应用性很强的农业科学技术。国家对测土配方施肥工作高度重视，把测土配方施肥作为农民增产增收、节约成本、提高品质、减少污染的一项政策措施来抓。自 2005 年以来以支农、惠农、强农为目标的连续 4 个中央 1 号文件，都在强调和倡导测土配方施肥这项农业生产新技术的推广普及，说明了测土配方施肥已经不是一项单纯、独立的技术工作，而是耕地保护、质量提升确保粮食安全的一个重要环节。为贯彻中央这一政策，农业部自 2005 年起在全国组织启动了测土配方施肥工作，呼伦贝尔市先后有 22 个旗（市、区）及单位承担了国家测土配方施肥补贴项目，是内蒙古自治区承担项目县最多的盟市，截至 2016 年，项目经费累计达 6 365 万元。测土配方施肥是以土壤测试和肥料田间试验为基础，根据作物需肥规律，土壤供肥性能和肥料效应，在合理使用有机肥料的基础上，提出氮、磷、钾及中微量元素等肥料的施用数量、施肥时期和施用方法。数字化测土配方施肥是应用现代计算机、网络及“3S”等技术对土壤、作物、肥料等信息进行精确采集、统一管理、科学分析，根据施肥模型结合专家经验为每一个地块、每一种作物推荐最佳施肥方案，应用现代通讯技术将施肥方案送到农民手中，实现精准施肥。

与传统的配方施肥相比，数字化测土配方施肥充分应用现代信息技术应用范围更加大、确保实现辖区全覆盖；施肥方案一地一作一方案，确保准确可靠；信息传达技术多样、准确快捷，确保施肥方案送到农户手中；产供销统筹，确保施肥方案的落实。

一、测土配方施肥指标体系的建立

全市各类作物的测土配方施肥指标体系是通过土壤测试分析与“3414”等各类田间多点试验建立

起来的。

（一）“3414”试验设计

“3414”氮、磷、钾肥料肥效试验是指氮、磷、钾3个因素、4个水平、14个处理，如表7-12所示。该方案设计吸收了回归最优设计处理少、效率高的优点，是数字化测土配方施肥推荐使用的田间试验方案。4个水平的含义：0水平指不施肥，1水平（指施肥不足）=0.5×2水平，2水平指当地推荐施肥量，3水平（指过量施肥）=1.5×2水平。以下简称“3414”肥料肥效试验。

呼伦贝尔市2005—2016年在7种主栽作物上共开展了1055个“3414”肥料肥效试验，各作物2水平用量见表7-13。

表7-12 “3414”肥料肥效试验处理

试验编号	处理	N	P_2O_5	K_2O
1	$N_0P_0K_0$	0	0	0
2	$N_0P_2K_2$	0	2	2
3	$N_1P_2K_2$	1	2	2
4	$N_2P_0K_2$	2	0	2
5	$N_2P_1K_2$	2	1	2
6	$N_2P_2K_2$	2	2	2
7	$N_2P_3K_2$	2	3	2
8	$N_2P_2K_0$	2	2	0
9	$N_2P_2K_1$	2	2	1
10	$N_2P_2K_3$	2	2	3
11	$N_3P_2K_2$	3	2	2
12	$N_1P_1K_2$	1	1	2
13	$N_1P_2K_1$	1	2	1
14	$N_2P_1K_1$	2	1	1

表7-13 “3414”肥料肥效试验2水平施肥量

作物	试验数量（个）	2水平亩施肥量（kg）		
		N	P_2O_5	K_2O
大豆		4	5	5
玉米		8	6	5
水稻		15	10	5
小麦		5*	5*	5*
		7	8	5
大麦		5*	5*	5*
		7	8	5
油菜		5*	7.5*	5*
		6.5	8	5
马铃薯		6	5	10

注：表中标注*数字仅为牙克石市2005年“3414”试验2水平的肥料用量。

（二）试验方案实施

1. 肥料与试验作物品种 肥料品种为尿素（N含量46%）、重过磷酸钙（P_2O_5含量46%）、氯化钾（K_2O含量61%）或硫酸钾（K_2O含量50%）。“3414”肥料肥效试验所用的作物品种见表7-14。

2. 试验地选择 试验地块肥力水平不同，有代表性，地势平坦、整齐，肥力均匀。

表 7-14　"3414"肥料肥效试验作物品种

作物名称	作物品种
大豆	绥农 11、蒙豆 14、疆莫豆 1 号、合丰 40、黑河 38、垦鉴豆 25、北疆 01-296、天源二号
玉米	垦玉 5 号、海玉 6 号、海玉 5 号、克单 8、冀承单 3 号、哲单 37
水稻	旱稻 10 号
小麦	拉 2577、北麦 6 号、吨麦、东农 126、Y78、宁春 4 号、龙麦 26 号、龙麦 30、内麦 19
大麦	垦啤麦 2 号、垦啤麦 7 号
油菜	青杂 3 号、青杂 5 号、太空蒙四、H056、青油 14
马铃薯	克新 1 号

3. 试验小区设计　水稻小区面积 20～30m^2，小区长 10m，宽 2～3m，各小区之间用防水隔板隔离。其他作物为旱地种植，小区之间间隔 0.6m，周边设过道，外围设保护行，小区设计如表 7-15 所示。

表 7-15　旱地种植作物小区设计

作物	小区面积（m^2）	垄长（m）	垄距（m）	行数
大豆	39	10	0.65	6
玉米	39	10	0.65	6
小麦	21	10	0.3	7
大麦	30	10	0.3	10
油菜	21	10	0.3	7
马铃薯	60	20	0.75	4

4. 田间区划　试验小区排列依照试验地的形状和总面积采用单排式或多排式排列（如图 7-1、图 7-2 所示）。单排随机排列时，处理 1、2、4、6、8 要排在一起。有重复时，采用随机区组排列。区组内土壤肥力、地形等田间要素相对一致，区组间允许有差异。

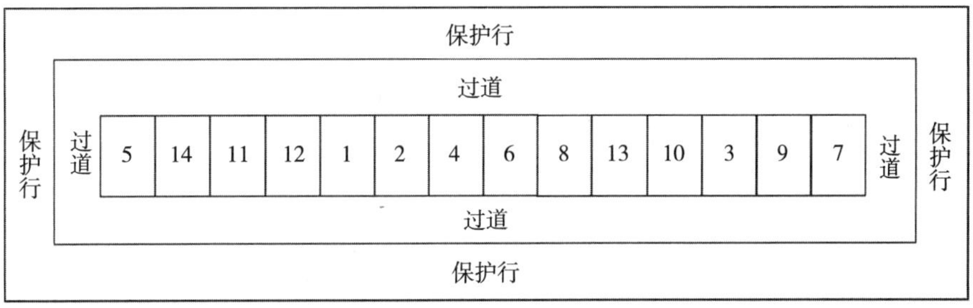

图 7-1　单排式"3414"肥料肥效试验田间示意图

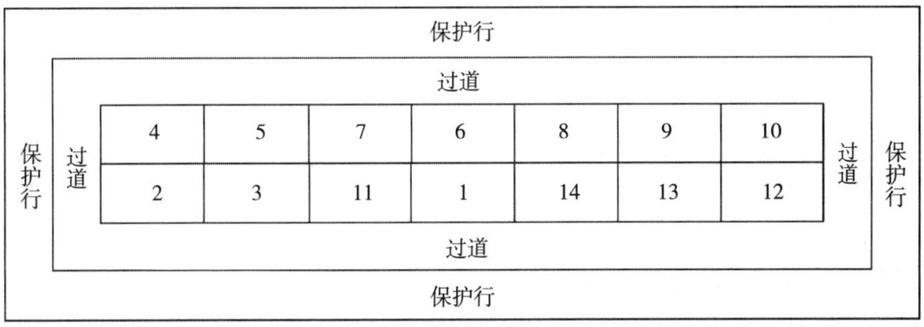

图 7-2　双排式"3414"肥料肥效试验田间示意图

5. 试验田间观察、记载与收获　试验期间，选择关键生育期观察、记载各处理作物重要生育指标，记录其他相关信息。

收获时每个小区单打、单收、单计产，并对不同处理进行考种。

6. 样品采集与分析测试 试验前，及时采集试验田块的混合土样，进行分析测试。作物成熟后，采集植株样品进行分析测试。

(三) 土壤养分丰缺指标体系的建立

土壤养分丰缺指标法是利用土壤养分测定值和作物吸收养分之间存在的相关性，通过田间试验，把土壤养分测定值以一定的级差分等，制成养分丰缺和应施肥料数量检索表，取得土壤测定值后，可以对照检索表，按级确定肥料施用量。它是提供肥料配方的一种方法。

土壤养分丰缺指标的建立过程为：

1. 进行田间试验 先针对具体的作物种类，在各种不同速效养分含量的土壤上进行施用氮、磷、钾肥料的全肥区和不施氮、磷、钾肥中某一种养分的缺素区的作物产量对比试验。

2. 计算作物相对产量 即各对比试验中缺素区作物产量占全肥区作物产量的百分数。计算公式如下：

相对产量（%）=（缺素区作物产量/全肥区作物产量）×100

其中缺氮区作物产量采用“3414”肥料肥效试验的处理 2（$N_0P_2K_2$）的产量，缺磷区产量为处理 4（$N_2P_0K_2$）的产量，缺钾区产量为处理 8（$N_2P_2K_0$）的产量，全肥区用处理 6（$N_2P_2K_2$）的产量进行计算。

3. 建立土壤养分分级标准 土壤中大、中、微量元素以相对产量划分土壤养分丰缺指标。以 1985 年农业部配方施肥技术要点的标准为依据，把相对产量划分为≤50%、50%～70%、70%～85%、85%～95%、>95%五个等级，对应的丰缺指标分别为极低、低、中、高、极高。土壤 pH 按照全国第二次土壤普查的分级标准划分为≤4.5、4.5～5.5、5.5～6.5、6.5～7、7～7.5、7.5～8.5、>8.5 七级，分别对应强酸、酸性、微酸、中性、微碱、碱性、强碱。

4. 确定养分含量丰缺指标 将各试验点的土壤养分含量测定值依据上述标准分组，确定养分含量丰缺指标。

5. 全市土壤大量元素养分丰缺指标 见表 7-16。

表 7-16 全市土壤大量元素养分丰缺指标

土壤养分	分级标准				
	≤50%	50%～70%	70%～85%	85%～95%	>95%
	极低	低	中	高	极高
有机质（g/kg）	≤15.5	15.5～37.4	37.4～72.5	72.5～112.7	>112.7
全氮（g/kg）	≤0.87	0.87～1.96	1.96～3.60	3.60～5.39	>5.39
有效磷（mg/kg）	≤3.4	3.4～9.9	9.9～22.0	22.0～37.6	>37.6
速效钾（mg/kg）	≤46	46～106	106～198	198～300	>300

(四) 肥料效应函数的建立

应用数理统计或数学回归方法对“3414”肥料肥效试验结果进行整理分析，建立起作物产量与施肥量之间的模型，即肥料效应方程。通过建立的方程式可以直接获得某一区域、某种作物的氮磷钾经济合理施肥量，进而为肥料配方和施肥推荐提供依据。

“3414”完全实施方案可进行氮、磷、钾三元二次效应方程的拟合，也可分别进行氮、磷、钾中任意二元或一元二次效应方程的拟合。

1. 三元二次肥料效应方程的建立 应用“3414”完全实施方案中的 14 个处理可建立三元二次肥料效应方程。方程模型为：

$$Y=b_0+b_1X_1+b_2X_2+b_3X_3+b_4X_1^2+b_5X_2^2+b_6X_3^2+b_7X_1X_2+b_8X_1X_3+b_9X_2X_3$$

式中：Y 为亩产（kg），X_1、X_2、X_3分别代表 N、P_2O_5、K_2O 的亩施用量（kg）。

2. 二元二次肥料效应方程的建立 在“3414”试验设计中，一般将第二水平作为可能的最佳用量，通过 2～7、11、12 八个处理，可以建立以 K_2水平（X_3的 2 水平）为基础的氮、磷二元二次肥料效应方程；通过 4～10、14 八个处理，可以建立以 N_2 水平（X_1 的 2 水平）为基础的磷、钾二元二次肥料效应方程；通过 2、3、6、8、9、10、11、13 八个处理，可以建立以 P_2 水平（X_2 的 2 水平）为基础的氮、钾二元二次肥料效应方程。二元二次肥料效应方程模型为：

$$Y = b_0 + b_1X_1 + b_2X_2 + b_3X_1^2 + b_4X_2^2 + b_5X_1X_2$$

式中：Y 为亩产（kg），X_1、X_2 分别代表 N、P_2O_5、K_2O 中任意两种的亩施用量（kg）（图 7-3）。

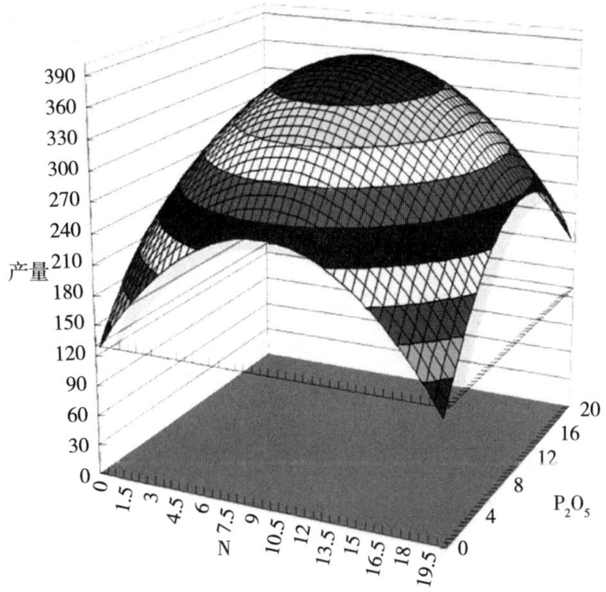

图 7-3 典型的二元二次肥料效应方程模型

3. 一元二次肥料效应方程的建立 采用一元肥料效应模型拟合时，是将其他两个因素固定在 2 水平，如选用 2、3、6、11 四个处理可求得在 P_2K_2 水平为基础的氮肥效应方程；选用 4、5、6、7 四个处理可求得在 N_2K_2 水平为处理的磷肥效应方程；选用 6、8、9、10 四个处理可求得在 N_2P_2 水平为基础的钾肥效应方程。一元二次肥料效应方程的模型为：

$$Y = b_0 + b_1X + b_2X^2$$

式中：Y 为亩产（kg），X 代表 N、P_2O_5、K_2O 中任意一种的亩施用量（kg）。

图 7-4 是扎兰屯市中和镇光荣村 2007 年玉米作物的氮肥一元二次肥料效应模型，试验统一编号是 162664E20070330S027。

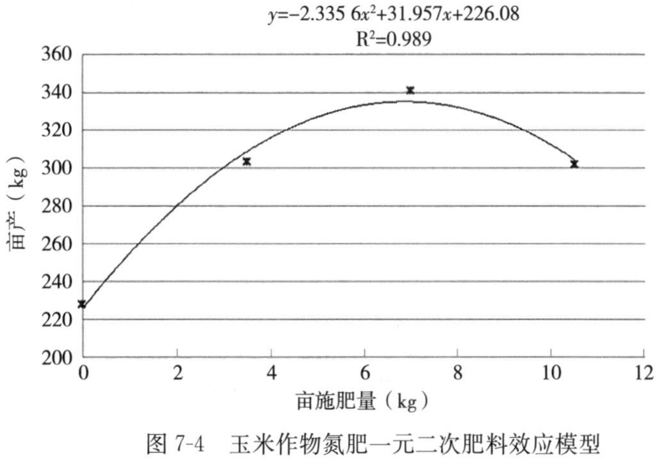

图 7-4 玉米作物氮肥一元二次肥料效应模型

（五）土测值与最佳施肥量回归模型的建立

利用多年多点“3414”试验结果，分别建立全市主栽作物的最佳施氮量（N）与土壤全氮测定值、最佳施磷量（P_2O_5）与土壤有效磷测定值、最佳施钾量（K_2O）与土壤速效钾测定值的函数关系式。而土壤有机质的丰缺指标仅作为该区域的一项重要施肥参数，为合理施肥提供参考依据。采用对数函数模拟最佳施肥量与土壤测定值的关系，公式为：$Y=a\ln x+b$，式中：y 代表最佳施肥量，x 代表土壤测定值，a、b 为回归系数。

表 7-17 列出了各作物土壤养分测定值与最佳施肥量的回归模型。通过显著性检验，各作物土壤养分测定值与最佳施肥量的相关性均达到显著水平以上。

表 7-17 各作物土壤测定值与最佳施肥量的回归模型

作物	模型分类	试验数量（个）	回归模型	R^2
	氮肥	116	$y=-2.2646\ln x+6.0505$	0.365 0**
大豆	磷肥	107	$y=-1.4838\ln x+8.1397$	0.31 07**
	钾肥	76	$y=-3.7534\ln x+22.896$	0.587 8**
	氮肥	19	$y=-4.0730\ln x+10.434$	0.882 3**
玉米	磷肥	47	$y=-1.6097\ln x+9.9055$	0.362 8**
	钾肥	14	$y=-3.7963\ln x+22.136$	0.920 2**
	氮肥	6	$y=-10.767\ln x+16.02$	0.519 1*
水稻	磷肥	11	$y=-3.0832\ln x+15.785$	0.740 2**
	钾肥	13	$y=-3.0212\ln x+19.549$	0.645 8**
	氮肥	17	$y=-6.1284\ln x+11.544$	0.244 3*
小麦	磷肥	17	$y=-4.3323\ln x+17.091$	0.681 5**
	钾肥	16	$y=-4.2982\ln x+25.963$	0.228 6*
	氮肥	5	$y=-6.1886\ln x+12.122$	0.894 3**
大麦	磷肥	5	$y=-4.4976\ln x+18.103$	0.815 7**
	钾肥	3	$y=-6.2273\ln x+38.646$	0.993 7**
	氮肥	7	$y=-4.0251\ln x+9.2816$	0.740 5**
油菜	磷肥	11	$y=-4.3338\ln x+16.762$	0.701 7**
	钾肥	9	$y=-4.2888\ln x+26.993$	0.955 3**
	氮肥	21	$y=-3.9578\ln x+6.792$	0.240 5*
马铃薯	磷肥	20	$y=-1.5878\ln x+8.2308$	0.184 3*
	钾肥	17	$y=-3.3675\ln x+23.114$	0.260 4*

图 7-5 和图 7-6 分别为大豆全氮测定值与施氮量（N）之间、大豆速效钾与施钾量（K_2O）之间的函数效应方程。

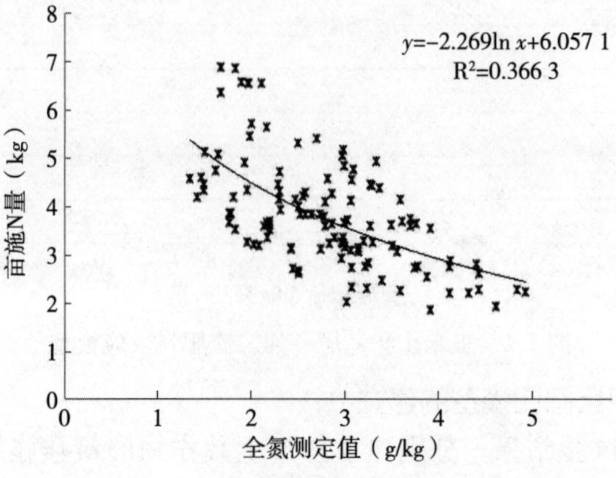

图 7-5 大豆作物全氮与施 N 量函数关系式

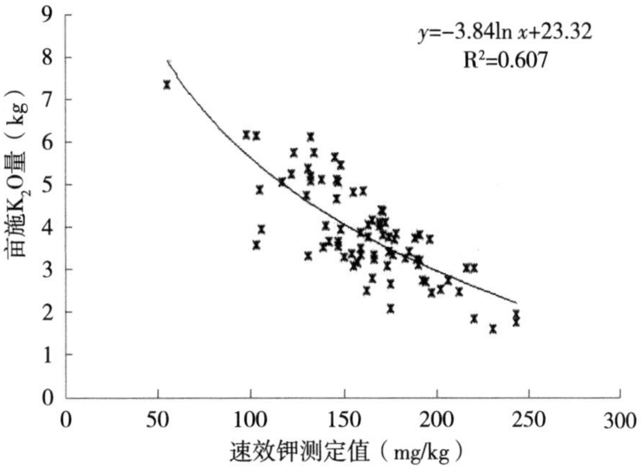

图 7-6 大豆作物速效钾与施 K_2O 量函数关系式

（六）主要作物的经济合理施肥量

将各种作物的全氮、有效磷、速效钾的丰缺指标带入相应作物的最佳施氮量（N）与土壤全氮测定值、最佳施磷量（P_2O_5）与土壤有效磷测定值、最佳施钾量（K_2O）与土壤速效钾测定值的回归模型中，计算出每种作物各级丰缺指标下的 N、P_2O_5、K_2O 的施肥量，得到表 7-18。

表 7-18 主要农作物的经济合理亩施肥量（kg）

作物	相对产量（%）	丰缺程度	N	P_2O_5	K_2O
大豆	≤50	极低	≥6.68	≥6.41	≥6.98
	50～70	低	4.80～6.68	4.76～6.41	4.84～6.98
	70～85	中	3.39～4.80	3.52～4.76	3.24～4.84
	85～95	高	2.45～3.39	2.70～3.52	2.18～3.24
	≥95	极高	<2.45	<2.70	<2.18
玉米	≤50	极低	≥12.27	≥7.56	≥7.06
	50～70	低	8.09～12.27	5.96～7.56	4.65～7.06
	70～85	中	4.95～8.09	4.76～5.96	2.84～4.65
	85～95	高	2.86～4.95	3.97～4.76	1.64～2.84
	≥95	极高	<2.86	<3.97	<1.64
水稻	≤50	极低	≥25.05	≥12.89	≥11.07
	50～70	低	15.99～25.05	9.52～12.89	7.71～11.07
	70～85	中	9.19～15.99	6.98～9.52	5.20～7.71
	85～95	高	4.67～9.19	5.29～6.98	3.52～5.20
	≥95	极高	<4.67	<5.29	<3.52
小麦	≤50	极低	≥8.24	≥12.43	≥8.57
	50～70	低	5.69～8.24	7.48～12.43	5.34～8.57
	70～85	中	3.78～5.69	3.77～7.48	2.93～5.34
	85～95	高	2.51～3.78	1.29～3.77	1.31～2.93
	>95	极高	<2.51	<1.29	<1.31
大麦	≤50	极低	≥8.26	≥9.89	≥7.57
	50～70	低	5.79～8.26	5.42～9.89	4.37～7.57
	70～85	中	3.93～5.79	2.74～5.42	2.44～4.37
	85～95	高	2.69～3.93	1.85～2.74	1.80～2.44
	>95	极高	<2.69	<1.85	<1.80

（续）

作物	相对产量（%）	丰缺程度	N	P_2O_5	K_2O
油菜	≤50	极低	≥6.98	≥9.83	≥6.98
	50～70	低	4.73～6.98	6.18～9.83	4.58～6.98
	70～85	中	3.04～4.73	3.44～6.18	2.79～4.58
	85～95	高	1.92～3.04	1.62～3.44	1.59～2.79
	>95	极高	<1.92	<1.62	<1.59
马铃薯	≤50	极低	≥10.25	≥5.95	≥10.94
	50～70	低	7.28～10.25	4.55～5.95	8.31～10.94
	70～85	中	5.06～7.28	3.50～4.55	6.34～8.31
	85～95	高	3.57～5.06	2.80～3.50	5.02～6.34
	>95	极高	<3.57	<2.80	<5.02

二、中微量元素临界值的确定

（一）试验设计及处理

试验采用多点分散方法，各试验点分布在不同地区、不同土壤条件、中微量元素含量差异较大的地块上。具体试验分布情况见表 7-19。

表 7-19　中微量元素试验作物及分布区域

作物名称	试验数量（个）	作物品种	分布区域
大豆	10	疆莫豆 1 号	鄂伦春自治旗
玉米	10	九玉四	阿荣旗
小麦	28	Y78、垦九 10 号、吨麦、格莱尼、内麦 19、龙麦 30、拉 2577	新巴尔虎左旗、陈巴尔虎旗、鄂温克族自治旗、拉布大林农牧场
油菜	16	H056、青杂 5 号	苏沁农牧场、牙克石农场、莫拐农场

中微量元素试验完全实施方案共有 11 个处理，分别为不施肥区、肥底区、肥底＋锌、肥底＋硼、肥底＋钼、肥底＋铁、肥底＋硫、肥底＋铜、肥底＋锰、肥底＋镁和有机肥区，田间区划示意图如图 7-7 所示。

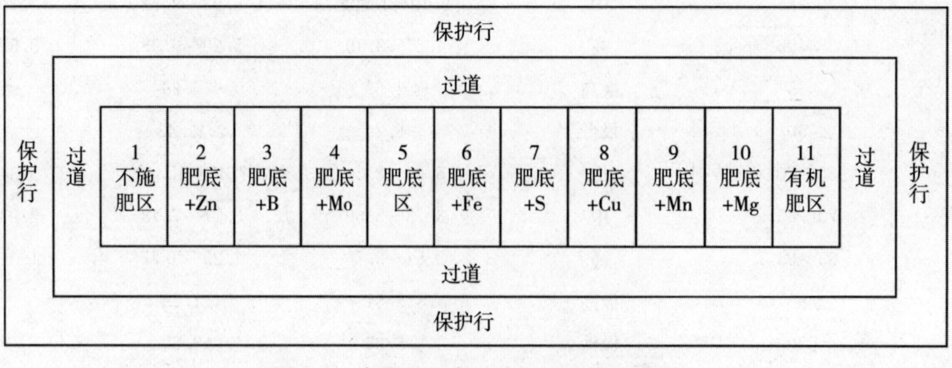

图 7-7　中微量元素试验田间区划示意图

除不施肥区和肥底区 2 个处理外，每个旗（市、区）根据作物类型、作物对微量元素的敏感程度以及土壤中微量元素养分含量情况采用不完全实施方案，具体试验设计方案见表 7-20。各试验点的栽培措施、氮磷钾肥料品种、施肥时期、施肥方式、施肥方法等保持一致。大豆、玉米作物试验小区面积为 30～40m^2，小麦、油菜作物试验小区面积一般为 20～30m^2。试验点不设重复，小区随机排列。每个小区之间间隔 0.6m。

表 7-20 各旗（市、区）中微量元素试验方案

作物	行政区	年度	试验处理
大豆	鄂伦春自治旗	2011	不施肥区、肥底区、肥底+硫、肥底+钼、有机肥
玉米	阿荣旗	2010	不施肥区、肥底区、肥底+硫、肥底+钼、肥底+锌、肥底+硼、肥底+铁
小麦	新巴尔虎左旗	2010	不施肥区、肥底区、肥底+硫、肥底+钼、肥底+锌、肥底+硼、肥底+铁
		2011	不施肥区、肥底区、肥底+硫、肥底+硼
	陈巴尔虎旗	2010	不施肥区、肥底区、肥底+硫、肥底+钼、肥底+锌、肥底+硼、肥底+铁
	鄂温克族自治旗	2010	不施肥区、肥底区、肥底+硫、肥底+钼、肥底+锌、肥底+硼、肥底+铁
		2011	不施肥区、肥底区、肥底+硫、肥底+硼
	拉布大林农牧场	2010	不施肥区、肥底区、肥底+硫、肥底+硼、有机肥
	苏沁农牧场	2011	不施肥区、肥底区、肥底+硫、肥底+硼、有机肥
油菜	牙克石农场	2011	不施肥区、肥底区、肥底+硫、肥底+硼、有机肥
	莫拐农场	2011	不施肥区、肥底区、肥底+硫、肥底+钼、肥底+锌、肥底+硼、肥底+铁

（二）供试肥料及用量

供试肥料以基肥方式施用。肥底区只施用氮、磷、钾肥，肥料品种为尿素（N 含量 46%）、重过磷酸钙（P_2O_5 含量 46%）、氯化钾（K_2O 含量 61%）或硫酸钾（K_2O 含量 50%），氮、磷、钾施肥量依据土测值及其推荐施肥量而定，具体肥料用量见表 7-21。中微量元素肥料用量如表 7-22 所示。施用硫酸铵时，在总施氮量中减去 1.56kg 的氮。鄂伦春自治旗 2011 年度中微量元素肥料试验有 2 种方案，试验地点分别在大杨树镇和乌鲁布铁镇。

表 7-21 氮、磷、钾肥底用量

作物名称	试验地点	试验年度	肥料亩用量（kg）		
			N	P_2O_5	K_2O
大豆	鄂伦春自治旗	2011	2.85	3.71	1.90
		2011	2.70	3.52	1.80
玉米	阿荣旗	2010	2.99	2.18	1.95
小麦	新巴尔虎左旗	2010	3.41	3.49	1.90
		2011	3.29	3.70	2.30
	陈巴尔虎旗	2010	3.29	3.66	1.75
	鄂温克族自治旗	2010	3.34	3.60	1.94
		2011	3.40	3.92	2.03
	拉布大林农牧场	2010	6.99	7.31	5.06
	苏沁农场	2011	3.22	2.10	2.44
油菜	牙克石农场	2011	2.07	5.04	1.50
	莫拐农场	2011	5.29	3.78	1.50

表 7-22 中微量元素肥料用量

微肥名称	化学式	中微量元素含量（%）	肥料亩用量（kg）
硫酸锌	$ZnSO_4 \cdot 7H_2O$	23	1.5
硼砂	$Na_2B_4O_7 \cdot 10H_2O$	11	0.5
钼酸铵	$(NH_4)_6Mo_7O_{24} \cdot 4H_2O$	54	0.1
硫酸亚铁	$FeSO_4 \cdot 7H_2O$	19	2.5
硫酸铵	$(NH_4)_2SO_4$	24	7.8
硫酸铜	$CuSO_4 \cdot 5H_2O$	25	1.0
硫酸锰	$MnSO_4 \cdot 7H_2O$	24	2.0
硫酸镁	$MgSO_4 \cdot 7H_2O$	20.2	1.5

（三）中微量元素丰缺指标的建立

中微量元素丰缺指标的建立方法参照上述土壤养分丰缺指标体系的建立。结果见表 7-23。

表 7-23 全市中微量元素丰缺指标

土壤养分	分级标准				
	≤50%	50%～70%	70%～85%	85%～95%	>95%
	极低	低	中	高	极高
有效锌（mg/kg）	≤0.30	0.30～0.74	0.74～1.43	1.43～2.23	>2.23
有效钼（mg/kg）	≤0.09	0.09～0.18	0.18～0.32	0.32～0.47	>0.47
有效铁（mg/kg）	≤5.6	5.6～14.5	14.5～29.7	29.7～47.9	>47.9
有效锰（mg/kg）	≤4.0	4.0～15.0	15.0～30.0	30.0～50.0	>50.0
水溶态硼（mg/kg）	≤0.14	0.14～0.42	0.42～0.94	0.94～1.61	>1.61
有效硫（mg/kg）	≤4.9	4.9～11.7	11.7～22.3	22.3～34.4	>34.4
有效铜（mg/kg）	≤0.10	0.10～0.20	0.20～1.00	1.00～2.00	>2.00

（四）中微量元素临界值的确定

土壤中某种中微量元素超出农作物承受能力，从而导致生物体出现不适症状，乃至致病的初始量值称为中微量元素的临界值。

必须施用临界值：以相对产量 70%对应的丰缺指标值为必须施用临界值。当土壤中的中微量元素含量低于必须施用临界值时，作物会出现缺素症状，导致严重减产。因此在制定施肥方案时，必须考虑配施中微量元素肥料。

有效施用临界值：以相对产量 95%对应的丰缺指标值为有效施用临界值。当土壤中微量元素含量高于有效施用临界值时，施用微肥作物增产效果不明显，施用不当还会引起因中毒而造成的减产，因此需酌情考虑施肥用量。

三、化肥利用率试验

（一）试验设计及处理

化肥利用率试验分为常规施肥和配方施肥 2 个大区，常规施肥设 4 个处理，分别为常规 NPK、常规 NP、常规 NK、常规 PK；配方施肥也设 4 个处理，分别为配方 NPK、配方 NP、配方 NK、配方 PK。小区田间布置如图 7-8 所示。试验点分布在高、中、低肥力水平的地块上，大豆、玉米作物试验小区面积为 30～40m^2，小麦、油菜作物试验小区面积为 20～30m^2。小区除施肥措施外，其他各项管理措施均一致。

（二）施肥方案

肥料利用率试验肥料品种为尿素（N 含量 46%）、重过磷酸钙（P_2O_5 含量 46%）、氯化钾（K_2O 含量 61%）或硫酸钾（K_2O 含量 50%）。常规施肥区的氮、磷、钾用量根据各试验点农户施肥情况调查结果确定，配方施肥区的氮、磷、钾用量为各试验点测土配方施肥推荐表的合理施肥量。各地肥料利用率试验施肥方案见表 7-24。

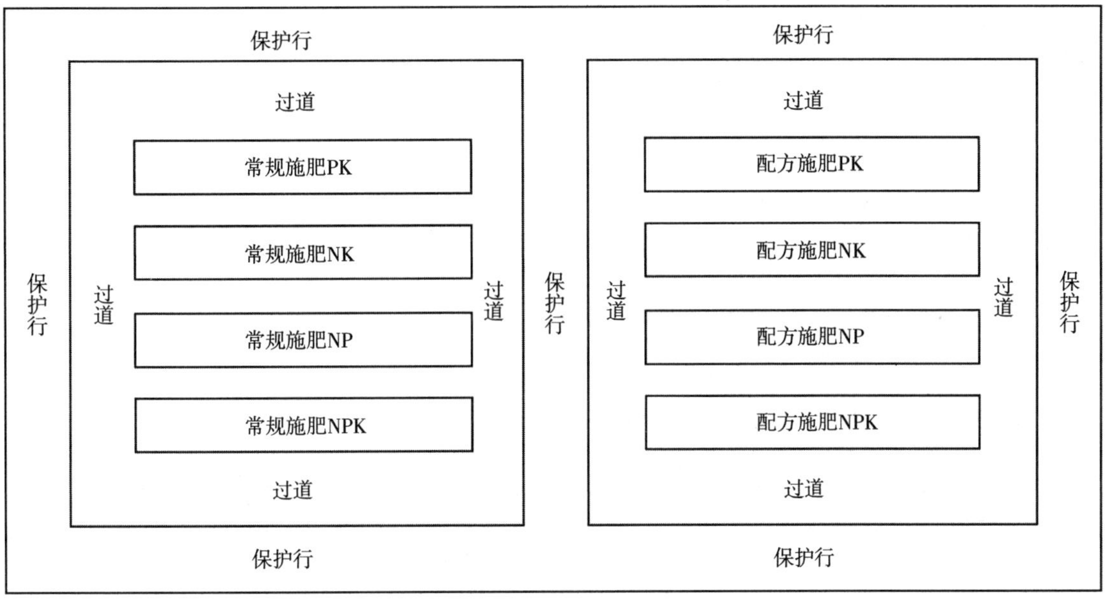

图 7-8 肥料利用率试验小区田间布置示意图

表 7-24 主要作物肥料利用率试验施肥方案

作物名称	试验地点	试验年度	施肥方案	常规施肥区亩施肥量（kg）			配方施肥区亩施肥量（kg）		
				N	P_2O_5	K_2O	N	P_2O_5	K_2O
大豆	莫力达瓦达斡尔族自治旗	2011	1	2.56	7.20	2.00	4.00	5.00	3.50
			2	1.70	3.50	1.20	3.80	5.30	4.50
			3	1.75	3.50	1.20	4.20	5.30	4.50
			4	1.75	3.50	2.50	4.20	5.30	4.50
			5	3.43	4.40	2.50	4.00	5.00	4.50
			6	3.43	4.40	0.70	4.00	5.00	4.50
	阿荣旗	2011	1	2.00	2.50	1.20	3.00	5.00	2.50
玉米	阿荣旗	2009	1	2.30	2.00	0.90	3.00	1.80	1.70
			2	2.30	2.00	0.90	2.50	2.40	1.80
			3	2.30	2.00	0.90	2.70	2.00	1.70
		2010	1	2.60	2.00	1.20	2.80	2.20	1.70
			2	2.60	2.00	1.20	2.70	2.30	1.80
			3	2.60	2.00	1.20	3.00	2.40	1.80
小麦	陈巴尔虎旗	2010	1	3.21	4.26	0.98	3.29	4.01	1.75
		2011	1	2.67	4.15	1.41	3.30	4.20	1.57
	哈达图农牧场	2011	1	1.59	1.73	0.71	6.97	4.00	4.00
			2	1.59	1.73	0.71	6.97	6.00	10.00
			3	1.59	1.73	0.71	6.97	6.00	4.00
油菜	上库力农场	2010	1	4.40	5.74	1.00	8.00	4.80	2.80
			2	4.40	5.74	1.00	6.00	6.40	2.40
			3	4.40	5.74	1.00	7.00	6.50	3.00
			4	4.40	5.74	1.00	6.00	7.20	1.60
			5	4.40	5.74	1.00	3.00	8.00	2.00
	谢尔塔拉种牛场	2011	1	3.86	4.72	1.22	5.08	4.66	1.73
			2	3.86	4.72	1.22	4.68	4.22	1.73
			3	3.86	4.72	1.22	5.08	4.52	1.68
	牙克石市	2009	1	3.00	4.80	1.00	3.20	4.00	1.20
			2	3.00	4.80	1.00	3.50	4.20	1.80
			3	3.00	4.80	1.00	3.80	4.50	2.00

（三）计算方法与结果

化肥利用率对比试验的肥料利用率计算方法为：

常规施肥区的氮（磷、钾）肥利用率（%）＝

$$\frac{\text{常规施肥区作物亩吸 N}(P_2O_5\text{、}K_2O)\text{量(kg)}-\text{无氮(磷、钾)区作物亩吸 N}(P_2O_5\text{、}K_2O)\text{量(kg)}}{\text{每亩肥料中 N}(P_2O_5\text{、}K_2O)\text{总量(kg)}}\times 100$$

配方施肥区的氮（磷、钾）肥利用率（%）＝

$$\frac{\text{配方施肥区作物亩吸 N}(P_2O_5\text{、}K_2O)\text{量(kg)}-\text{无氮(磷、钾)区作物亩吸 N}(P_2O_5\text{、}K_2O)\text{量(kg)}}{\text{每亩肥料中 N}(P_2O_5\text{、}K_2O)\text{总量(kg)}}\times 100$$

全市配方施肥区的氮、磷、钾肥利用率分别为33.28%、17.53%和41.82%，均较常规施肥区有明显提高。

四、数字化测土配方施肥工作模式与技术路线

呼伦贝尔市数字化测土配方施肥工作可归纳为测土配方施肥“三个一工程”，即在耕地资源管理信息系统平台的支撑下，完成各级测土配方施肥分区图的制作、施肥指导单元推荐表的计算以及测土配方施肥建议卡的研制与打印。通过图、表、卡测土配方施肥“三个一工程”模式的实施，整合了数据、设施与人才的优势，实现了测土配方施肥的宏观调控与微观指导的有机结合，不仅完成了施肥的区域规划，同时技术指导可具体到地块。由于建立了测土配方施肥数据库，使分区图的编制到施肥建议卡的开具都可以在计算机上通过系统完成，大幅度降低了常规的工作强度，提高了效率和施肥的针对性（图7-9）。

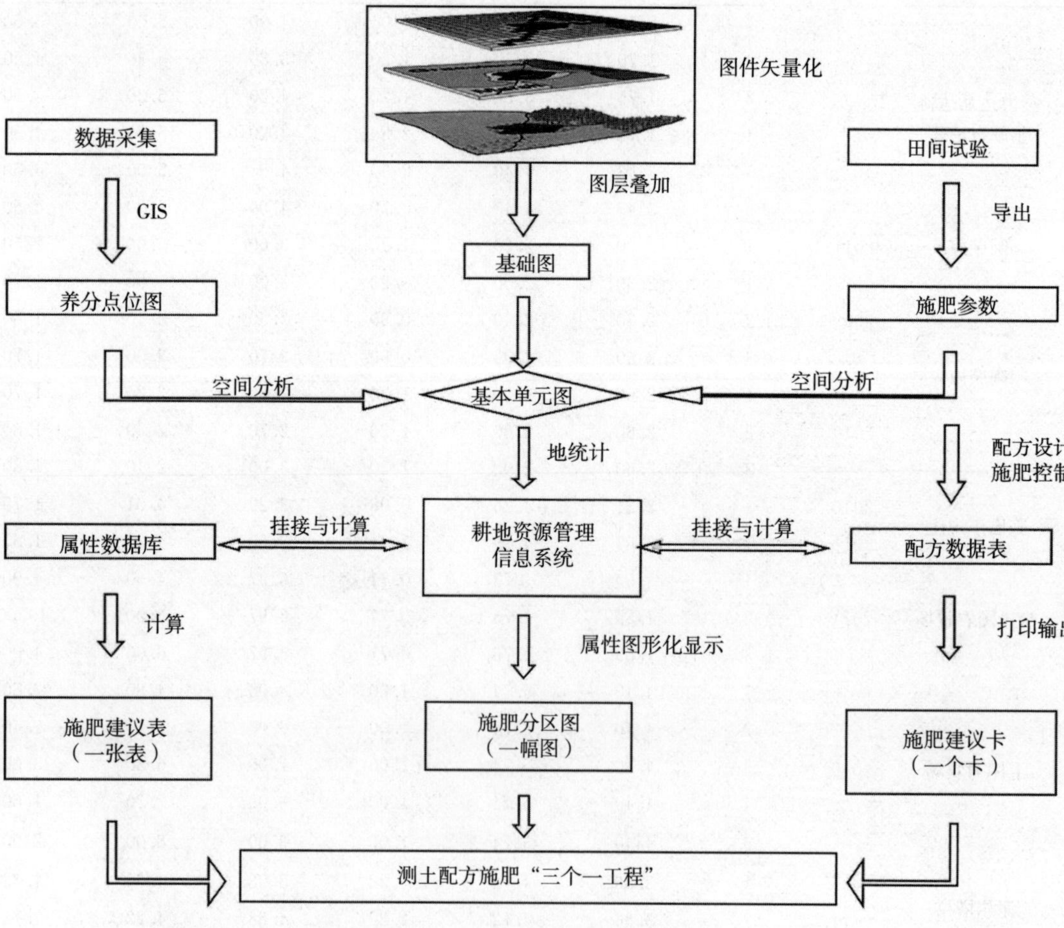

图7-9 “三个一工程”技术路线

（一）施肥指导单元推荐表的计算

以全市耕地资源管理信息系统中的属性数据库为基础，通过属性数据表的导出、转换等过程，应用Microsoft office Excel软件完成施肥指导单元推荐表的计算。

以全市施肥指标体系中土壤养分丰缺指标、施肥量等相关参数为依据，并参考农户施肥和作物产量等因素调控施肥量。将施肥参数录入配方计算 Microsoft office Excel 表格中（图 7-10），通过养分评价、配方归类（图 7-11），得出主要作物肥料配方及建议施肥量（表 7-25）。配方归类的原则是以所占面积较大的配方为主，每个作物建立 5 个施肥配方，其他小配方按单项有效养分含量≤2%为标准就近归类，由此建立了不同作物的施肥配方组合，以实现分区指导施肥的目的。

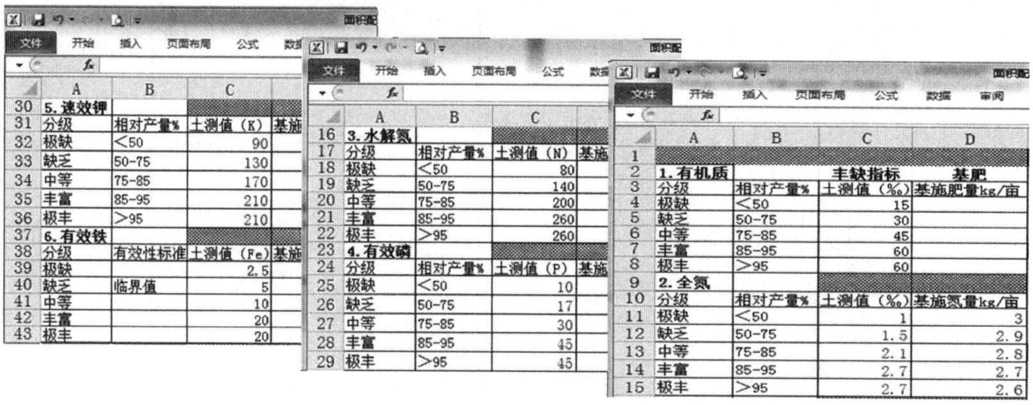

图 7-10 施肥参数的录入

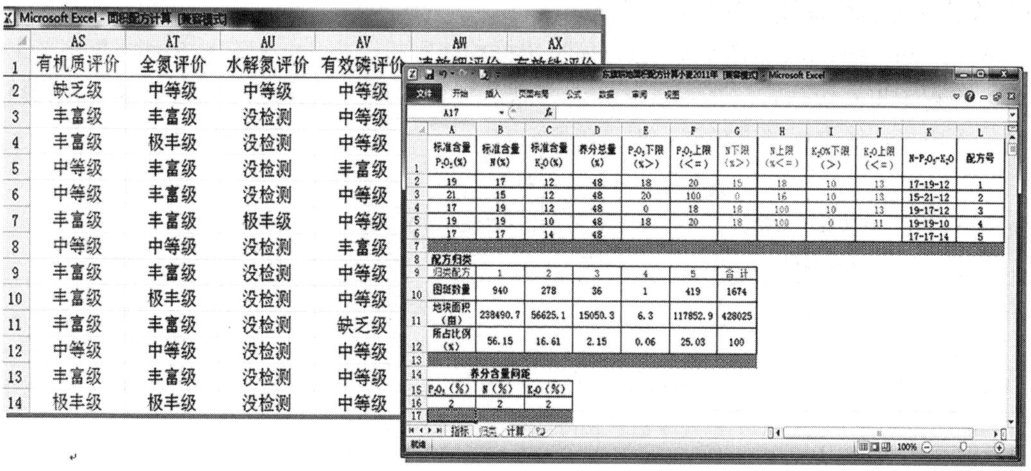

图 7-11 养分评价及配方归类

表 7-25 主要农作物基肥配方及建议施肥量范围（kg/hm^2）

作物名称	总养分含量 45%肥料配方	施 N 量	施 P_2O_5 量	施 K_2O 量	$N+P_2O_5+K_2O$ 总量	总养分含量 45%配方肥	
						施用量	施用区间
大豆	15-19-11	42	53	31	125	278	250～305
玉米	11-19-15	35	60	47	142	315	284～347
水稻	17-15-13	74	65	57	196	435	392～479
小麦	16-19-10	52	62	33	147	327	294～360
大麦	15-20-10	39	52	26	117	261	235～287
油菜	17-20-8	59	70	28	157	350	315～384
马铃薯（岭东地区）	15-12-18	63	50	76	189	420	378～462
马铃薯（岭西地区）	14-12-19	58	50	78	186	413	371～454

（二）测土配方施肥分区图的制作

将具有施肥配方相关属性的配方计算 Microsoft office Excel 表格另存为 DBF 格式文件，通过耕地资源管理信息系统，挂接在测土配方施肥基本单元图上，通过施肥配方、施肥量等字段的图形化编辑显示，制成各级测土配方施肥分区图（图 7-12）。

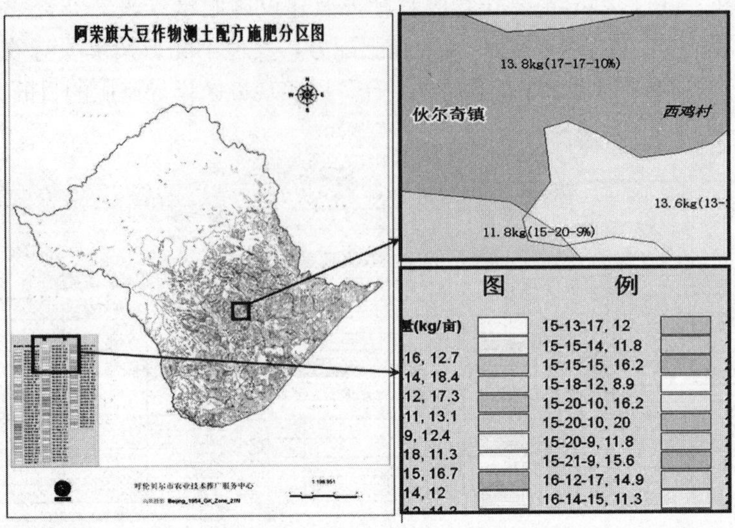

图 7-12 测土配方施肥分区

（三）测土配方施肥建议卡的研制与打印

通过 Microsoft Visual FoxPro 6.0 数据库编辑推荐施肥打印报表，打印输出测土配方施肥建议卡（表 7-26）。建议卡主要包括农户基本信息、土壤测试分析数据、推荐配方与施肥量、施肥技术说明和指导单位等内容，使农民按方施肥，提高施肥效益。

表 7-26 呼伦贝尔市测土配方施肥建议卡

旗（市、区）：新巴尔虎左旗　乡镇：罕达盖苏木　农场名称：阳光农场三分场　场主姓名：任远国

土壤类型：黑钙土　耕地面积：1600hm²　场部经度：119°27′22.7″　纬度：47°28′57.6″

	测试项目	测试值	丰缺指标					养分水平评价
			极缺	缺	中等	丰	极丰	
土壤测试数据	有机质（g/kg）	63.34	≤19.9	19.9～39.4	39.4～65.8	65.8～92.5	>92.5	中等级
	全氮（g/kg）	3.16	≤1.71	1.71～2.60	2.60～3.55	3.55～4.37	>4.37	中等级
	水解氮（mg/kg）	263.1	≤80	80～140	140～200	200～260	>260	极丰级
	有效磷（mg/kg）	15.06	≤2.9	2.9～9.2	9.2～21.7	21.7～38.3	>38.3	中等级
	速效钾（mg/kg）	280.28	≤57	57～121	121～213	213～309	>309	丰富级
	有效铁（mg/kg）	48.10	≤5.6	5.6～14.5	14.5～29.7	29.7～47.9	>47.9	极丰级
	有效锰（mg/kg）	25.91	≤4.0	4.0～15.0	15.0～30.0	30.0～50.0	>50.0	中等级
	有效铜（mg/kg）	0.99	≤0.1	0.1～0.2	0.2～1.0	1.0～2.0	>2.0	中等级
	有效锌（mg/kg）	0.73	≤0.3	0.3～0.74	0.74～1.43	1.43～2.23	>2.23	缺乏级
	水溶态硼（mg/kg）	0.90	≤0.14	0.14～0.42	0.42～0.94	0.94～1.61	>1.61	中等级
	有效钼（mg/kg）	0.01	≤0.09	0.09～0.18	0.18～0.32	0.32～0.47	>0.47	极缺级
	交换性钙（mg/kg）	84.24			200			缺乏级
	交换性镁（mg/kg）	11.61			60～80			缺乏级
	有效硫（mg/kg）	17.26	≤4.9	4.9～11.7	11.7～22.3	22.3～34.4	>34.4	中等级
	有效硅（mg/kg）	4.57			90～110			缺乏级
	pH	6.9	≤15	5.5～6.5	6.5～7	7～7.5	>7.5	中性
推荐施肥防范	作物	小麦	推荐配方：$N-P_2O_5-K_2O$=17-19-12；施肥配比 N∶P_2O_5∶K_2O=1∶1.09∶0.69					
			旗市区域大配方=17-19-12；　局部区域小配方=17-19-12（第 1 号配方）					

（续）

<table>
<tr><td rowspan="8">推荐施肥防范</td><td rowspan="4">标准配方基肥推荐</td><td rowspan="2">施肥控制</td><td rowspan="2">推荐配方含量（%）</td><td colspan="4">有效养分推荐亩用量（kg）</td><td rowspan="2">推荐亩施肥量（kg）</td><td rowspan="2">施肥时期</td></tr>
<tr><td>N</td><td>P_2O_5</td><td>K_2O</td><td>合计</td></tr>
<tr><td>上限</td><td>48.0</td><td>3.52</td><td>3.85</td><td>2.42</td><td>9.79</td><td>20.35</td><td>播种期</td></tr>
<tr><td>最佳</td><td>48.0</td><td>3.20</td><td>3.50</td><td>2.20</td><td>8.90</td><td>18.50</td><td>播种期</td></tr>
<tr><td rowspan="1"></td><td>下限</td><td>48.0</td><td>2.88</td><td>3.15</td><td>1.98</td><td>8.01</td><td>16.65</td><td>播种期</td></tr>
</table>

<table>
<tr><td rowspan="7">推荐施肥防范</td><td rowspan="5">常用商品肥料配方基肥推荐</td><td rowspan="2">施肥控制</td><td rowspan="2">有效养分含量（%）</td><td colspan="4">单质或复合肥推荐亩用量（kg）</td><td rowspan="2">推荐亩施肥量（kg）</td><td rowspan="2">施肥时期</td></tr>
<tr><td>尿素</td><td>磷酸二铵</td><td>氯化钾</td><td>其他</td></tr>
<tr><td>上限</td><td>58.3</td><td>4.38</td><td>8.37</td><td>4.03</td><td></td><td>16.78</td><td>播种期</td></tr>
<tr><td>最佳</td><td>58.3</td><td>3.97</td><td>7.60</td><td>3.66</td><td></td><td>15.25</td><td>播种期</td></tr>
<tr><td>下限</td><td>58.3</td><td>3.58</td><td>6.85</td><td>3.30</td><td></td><td>13.73</td><td>播种期</td></tr>
<tr><td>追肥</td><td>一次</td><td></td><td></td><td></td><td></td><td></td><td></td><td></td></tr>
<tr><td>施肥说明</td><td colspan="9">1. 单质或复合肥有效养分计算标准为：尿素含 N46%，磷酸二铵含 N18%、含 $P_2O_5$46%，氯化钾含 K_2O60%。
2. 配肥企业可以按“旗市区域大配方”（共 1 个）或“局部区域小配方”（共 5 个）生产配方肥。由“小配方”生产的配方肥农户可以直接施用，由“大配方”生产的配方肥在施用时要根据“推荐配方”对其养分配比和用量进行小调整。
3. 土壤微量元素含量低于临界值（中等）以下时，必须配合施用微量元素肥料。
4. 在施肥量控制上，一般年份选择最佳用量，在土壤墒情较差、肥力较瘠薄的耕地上可以选用施肥下限，土壤墒情好、结构优良和具有灌溉条件的耕地可以选择施肥上限。</td></tr>
</table>

指导单位：呼伦贝尔市农业技术推广服务中心　　技术负责人：王璐　　联系电话：0470-8257006　　日期：2012/3/28

第八章　重点项目实施

第一节　中低产田改良项目

呼伦贝尔盟土壤改良工作起步较晚，其原因，一是相对于农村人少地多，长期以来人均耕地在0.67hm^2以上，“坡岗不收甸子收”，农民对改良耕地生产能力的投入不关注；二是多年来形成的广种薄收的耕作习惯，历史上有“游农”现象（一块地耕种几年即弃耕另垦新荒），许多村庄处于“人无厕、畜无圈、禽无舍”的“三无”状态。

中华人民共和国成立后，“游农”现象消除，土壤改良逐渐被重视起来。在实行人民公社体制的年代，农村土壤改良工作掀起过两次热潮。一次是1958—1959年的土地深翻运动，另一次是20世纪60年代末到70年代初掀起的农业学大寨运动。据统计，1969—1971年三年中，全盟修建了近1.33万hm^2的水平梯田和缓坡梯田。此外，还开展了小规模的以挖鱼鳞坑为主的小流域治理活动和开川排涝活动。这些农业基础建设工作是以群众运动方式开展的，声势很大，由于缺乏全面规划和科学论证，没能坚持不懈地进行下去，有不少工程前修后废，收效甚微。

进入80年代，随着农村经济体制改革，农民生产积极性的提高和农业生产实力的增强，土壤改良工作也跨进了新阶段。呼伦贝尔盟土肥站于1988年拟定了《呼伦贝尔盟中低产田改造总体规划》，根据土壤普查成果和肥料试验、土壤改良试验资料，确定全盟耕地地力等级，并据此将耕地划分为高产田、中产田、低产田三大类。将当时749 260hm^2耕地中产量大于3 750kg/hm^2的一、二、三等地划分为高产田，面积211 333.3hm^2，占总耕地面积的26%（其中水浇地10 000hm^2、水稻田18 000hm^2）；产量小于3 750kg/hm^2的四、五、六等地分为中低产田，面积537 986.7hm^2，占耕地总面积的74%。

在中低产田中，坡地梯改型耕地210 666.7hm^2，占中低产田的39%；渍涝旱耕型耕地103 333.3hm^2，占中低产田的19%；灌溉改良型耕地17 333.3hm^2，占中低产田的3%；培肥型耕地92 000hm^2，占中低产田的17%。其余为障碍层次型耕地。按照规划，从1988年开始到1995年每年应改造中低产田13 333.3～18 000hm^2。

从1989年开始，由盟土肥站直接负责，建立了7个中低产田改造试点：扎兰屯市太平川乡北安村中低产田改良试验点、扎兰屯市牤牛沟乡生态农业试验点、阿荣旗新发乡唐王沟村后新立组培肥地力试验点、牙克石市牧原农场小麦秸秆还田试验点、扎兰屯市成吉思汗镇和平村以稻治涝试验点；扎兰屯市大河湾绿肥种植试验点；阿荣旗三道沟乡生态农业试验点。1989—1991年，各试验点共改造中低产田2576.8hm^2，平均增产525kg/hm^2。

在进行中低产田改良试点的同时，开展了基础性研究，制定了《耕地地力等级标准》、《中低产田类型标准》、《中低产田改良成果鉴定验收标准》，调查了全盟各类中低产田的现状。

一、制定了全盟中低产田改良总体规划

“七五”期间，国家每年拿出10亿元以工补农资金发展粮食生产，其中一部分可用于中低产田改良。自治区从1986年开始进行部署改土培肥工作，研究制定中低产田总体规划。呼伦贝尔盟土肥站于1988年进行了中低产田改造的前期论证和规划，3～5月派员到主要的农业旗市进行了调查研究，

参照土壤普查成果资料和全国土肥总站《关于做好中低产田改造规划的几点意见》要求，拟定了《呼伦贝尔盟中低产田改造总体规划》。

（一）呼伦贝尔盟中低产农田的主要类型

1. 坡耕地 主要分布于大兴安岭西麓、东南麓的丘陵地区，位于次生林的下缘，坡度一般在6°～10°之间。主要土壤为中体暗棕壤、薄体暗棕壤、薄体黑钙土及部分薄体黑土。开垦以后主要问题是严重的水土流失导致土壤表层土壤被侵蚀殆尽，心土层裸露，部分有效土层不足20cm。由于土壤面状和沟状侵蚀，使土壤细小颗粒物质被大量冲走，土体中的砾石裸露，表土砾石含量增加，高者达50%以上，严重影响了正常耕作；另一方面常年线状水流下切侵蚀，将耕地切割的支离破碎，缩小了耕地的有效面积。在这种背景下常年耕作的结果使土壤养分大量支出，得不到应有的归还，久而久之，形成严重的恶性循环，土壤肥力大幅下降，难以满足作物生长的需要。根据土壤普查结果，这类耕地土壤由于有机质和有效养分含量低，土壤结构不良，保水保肥能力弱，加速了土壤的贫瘠化过程。坡耕地划分为中产和低产两大类型。

（1）低产坡耕地 坡度大于7°，有效土层低于30cm，砾石含量60%以上。有机质含量小于5g/kg，粮食单产1 125kg/hm^{2}以下。低产坡耕地包括的主要土壤类型有薄体暗棕壤、中体暗棕壤、薄体黑钙土、薄体黑土等。

低产坡耕地主要分布于扎兰屯市、阿荣旗中部及莫力达瓦达斡尔族自治旗的中南部、额尔古纳右旗（现额尔古纳市）和牙克石市亦有分布，全盟总面积约5.3万hm^2。

（2）中产坡耕地 坡度在5°～7°之间，位于坡体的中下部。有效土层30～50cm，砾石含量40%～60%。粮食平均单产在1 350～1 875kg/hm^{2}之间。中产坡耕地包括的主要土壤类型有厚体暗棕壤、草甸暗棕壤、中体黑土、中体黑钙土等。

该类型农田分布于牙克石市东部、扎兰屯市西南乡，阿荣旗东南部以及莫力达瓦达斡尔族自治旗中部，面积为10万hm^2。

2. 旱薄地 旱薄地主要分布于牙克石市、扎兰屯市、阿荣旗以及莫力达瓦达斡尔族自治旗。这类土地开垦历时较长，约在40～60年以上，多年种植加之缺乏必要的农田基本建设和改土培肥措施，干旱底墒不足，难以抓苗。这类中低产田分布地形多为坡地中下部，水分供应不足，常年的地表径流造成了一定程度的水土流失。砾石含量均在50%以上，部分表土层已被侵蚀，心土层裸露，土壤养分日趋贫瘠，有机质含量低于10g/kg，全氮含量不足1g/kg，有效磷在4～6mg/kg之间。

该类农田主要的障碍因素是：①干旱。由于所处部位常年水土流失，使土壤的蓄水能力大大降低，加之呼伦贝尔盟地区春旱比较严重，墒情不好，严重影响抓苗，出苗率低于60%。②瘠薄。常年耕作，农家肥施用量低，养分入不敷出，难以满足作物生长的需要。机械物理性状恶劣。有机质含量降低，土壤协调水、肥、气、热状况不协调，难以维持正常生态环境下的养分代谢。该类型农田分为：

（1）低产旱薄地 分布于丘陵、漫岗的顶部，有效土层低于30cm，多为石质母质，砾石含量较高，距水源较远。该类型主要土壤类型为中体黑土、中体黑钙土及部分厚体暗棕壤。粮食单产一般不足1 350kg/ hm^2。面积大约4.67万hm^2。主要分布在牙克石市东部、扎兰屯市东南乡以及阿荣旗南部。

（2）中产旱薄地 该类型处于漫岗下部，有效土层30～60cm，脱离地下水浸润又无灌溉条件，降雨易于形成地面径流，造成一定的表土侵蚀，养分缺乏。主要土壤类型为厚体暗棕壤和中层、薄体黑土及黑钙土。主要分布于额尔古纳右旗，扎兰屯市以及阿荣旗和莫力达瓦达斡尔族自治旗中部，面积约12万hm^2，粮食平均单产1 350～1 875kg/ hm^2。

3. 低洼易涝地 该地农田分布在大兴安岭两侧低山、丘陵山间谷地，地形为河漫滩、低阶地。由于没有排水工程，该部分土地季节或常年积水，土壤养分释放缓慢。尽管潜在肥力颇高，但因土壤常年处于过湿状态，难以发挥，氮磷钾速效养分不足，微量元素缺乏，常造成作物营养不良、不开花、不结实以致绝产。该类农田所处地势低洼，春秋季遇雨经常导致涝灾发生，以致有些地块常年无法下地播种或无法收获。

低洼易涝地有机质含量高达50～80g/kg，全氮2g/kg以上，但速效养分很低，碱解氮一般不超过 80mg/kg，有效磷也在 5mg/kg 以下。多数情况下锌、硼、钼等微量元素含量均在临界值以下。

主要的障碍因素是排水不良、冷浆、土温低、速效养分缺乏，微量元素难以满足作物生长发育的需要。

该类型分为以下两种：

(1) 低产低洼易涝地 该类农田位于河漫滩，地下水位高于 1m，土壤常年被水分浸润，处于潜育状态下。主要土壤为黏质、壤质草甸土，草甸沼泽土以及部分沼泽土。一般年份易遭水灾，粮食产量在 1 125kg/ hm^2以下。呼伦贝尔盟主要农区均有分布，面积约为 3 万 hm^2。

(2) 中产低洼易涝地 位于高河漫滩、低阶地。地下水位低于 1m，季节性积水，土体常年处于氧化还原状态。主要土壤类型有草甸土、草甸黑土及草甸黑钙土。该类耕地所处部位一般年份不易遭水涝威胁，但内涝比较严重，属下湿地，粮食单产在 1 350～1 500kg/ hm^2之间。呼伦贝尔盟农区均有分布。面积约为 5 万 hm^2。

(二) 改造中、低产田的主要措施

呼伦贝尔盟中低产田改造的主要方针是以改良土壤、培肥地力为中心，狠抓农田基本建设，坚持用养结合，增加农家肥施用量，科学施用化肥，坚持山、水、田、林、路综合治理，农、林、牧结合建立稳产高产的旱地生态农业。重点有以下 5 项措施：

1. 增施农家肥，以肥改土 呼伦贝尔盟中低产田的一个主要问题是瘠薄，因此必须狠抓农家肥的积制。全盟大部地区公顷施农家肥不足 7.5t，导致耕地养分严重失调。化肥施用量得不到有效保证的情况下，产量难以提高。农家肥积制重点要做好以下三方面的工作：

(1) 加强领导 做好宣传，抓好典型，以点带面。积肥任务要像生产任务一样加以落实，建立奖惩制度。

(2) 认真落实政策 调动农民以肥改土的积极性，进一步宣传中央关于土地承包长期不变的精神，安定民心，解决农民担心政策不稳的顾虑，舍得投入地力建设。协调财政资金，资助农民搞好积肥设施的建设和积肥车辆等设备购置。尽快制定《耕地保养条例》，建立农村用地与养地的法律体系，使耕地保养有法可依，进入法制化管理。

(3) 广辟肥源 提高农家肥的质量，推广堆肥及沤肥技术，以提高有机肥质量。

2. 种植绿肥 在坡度>7°的耕地退耕还草，种植绿肥，根部可以肥田，茎部可以作为牧草，促进养殖业的发展。有条件的地区可以实行粮草轮作，间种、混种翻压还田。主要品种可先选择草木樨、紫花苜蓿等。

3. 推广秸秆还田培肥土壤 据介绍每立方米秸秆可以补给土壤有机物质 125kg，速效氮 3.51kg，速效磷 0.94kg，速效钾 2.64kg。呼伦贝尔盟地区可因地制宜选择 3 种不同形式的秸秆还田技术：①堆制秸秆肥；②喂畜过腹还田；③田间机械破碎直接还田。

4. 推广配方施肥技术 当时呼伦贝尔盟地区已经开展了大豆、玉米等作物的配方施肥技术研究工作。1988 年推广应用面积已达 3 万 hm^2。通过几年的试验、示范验证，该项技术是协调施肥与土壤供肥矛盾的最有效措施之一，要组织大力推广应用。

5. 因地制宜采取综合改良措施 呼伦贝尔盟中低产田分布面积广泛，障碍因素多，必须坚持全面规划，综合治理，工程和生物措施相结合的方针加以改良。①对低洼易涝地，采取工程措施。开川排涝或实行打井种稻，提高单产；②对坡耕地、旱薄地实行种草种树，养畜肥田，增施肥料等措施。与此同时建立劳动积累工制度，采取挖鱼鳞坑、轧谷场等工程措施，防治水土流失，改善生态环境；③建立多处生态农业点，运用生物措施改良培肥土壤，不断提高土壤肥力，促进农业持续发展。

(三) “七五”到“九五”期间呼伦贝尔盟中低产田改造规划

改造中、低产田是建设高产稳产农田，发展粮食生产，调整农业结构，建设现代化农业的重要基础工作。呼伦贝尔盟“七五”到“九五”改造规划安排如下：

1. 1988 年到 1990 年 改造中低产田 17 万 hm^2，其中低产田 7 万 hm^2，单产达 1 875kg/ hm^2，增产粮食 3 500 万 kg；中产田 10 万 hm^2，公顷产量达 2 250kg，增产粮食 6 000 万 kg。

2. 1991 年到 1995 年 改造中低产田 14 万 hm^2，其中低产田 3 万 hm^2，单产达 1 875kg/ hm^2，

增产粮食 1 750 万 kg；中产田 11 万 hm^2，公顷产量达 2 250kg，增产粮食 6 000 万 kg。

3. 1995 年到 2000 年 改造中低产田 10 万 hm^2，其中低产田 3 万 hm^2，单产达 1 875kg/ hm^2，增产粮食 1 525 万 kg；中产田 7 万 hm^2，公顷产量达 2 250kg，增产粮食 4 200 万 kg。

以上 3 个阶段，全盟共改造中低产田 41 万 hm^2，总计增产粮食 22 975 万 kg。

为完成改造指标，各有关旗市对本地区的耕地、山、水的治理作出整体规划，抓住主要矛盾，明确主攻方向。既要治本，又要兼顾当前效益。各部门密切协作，工程与生物措施相结合，用地与养地相结合。为达到上述规划指标，需要采取以下具体措施：①“九五”期间力争达到公顷施农家肥 26t，以保持土壤有机质平衡；②全盟种植绿肥 8 万～10 万 hm^2；③秸秆还田达 3 万～6 万 hm^2；④推广配方施肥达 10 万～12 万 hm^2；⑤在农业旗市广泛建立生态农业乡、镇、村。

二、中低产田改良试点和基础研究

自 1989 年开始，先后在扎兰屯市、阿荣旗、莫力达瓦达斡尔族自治旗、牙克石市建立了 7 个中低产田改良试验示范点，以“用养结合，综合治理”作为中低产田改造试点总的指导方针。

（一）扎兰屯市太平川乡北安村中低产田改良试验点

为自治区土肥站试验点。该点与呼伦贝尔盟农业处、教育处扶贫试验点相结合，以山、水、田、林、路综合治理的方针，采取以开川排涝、增施有机肥、深耕改土、打谷坊、挖鱼鳞坑、修坡式梯田等切实而有效的措施使北安村彻底脱贫，农业总产值翻了近一番，粮食总产增加一倍。人均收入达 850 元，翻了两番。

（二）扎兰屯市牤牛沟乡生态农业试验点

扎兰屯市牤牛沟乡土地开垦年限较久，主要中低产田为坡耕地。特点是土地多、人口少，广种薄收，粗放耕作，单一经营，适宜发展畜牧业，积造增施农家肥为改土培肥的主要措施。该点实行农牧结合，发展旱地有机农业，不断增加农家肥施用量。以发展奶牛为龙头，重点发展绵羊和养猪业。据不完全统计，该乡前进村 1989 年施有机肥达 11 400t 以上，公顷施肥量达 18t，逐步实现了畜多、肥多、粮多、钱多的良性循环。

（三）阿荣旗新发乡唐王沟村后新立组培肥地力试验点

该点以增施有机肥、秸秆还田、培肥地力改造中低产田为主要内容。全村有耕地 115.6 hm^2，1989 年共施有机肥 3 100m^3，秸秆还田 4 hm^2。

（四）牙克石市牧原农场小麦秸秆还田试验点

该试验点以秸秆直接还田为主攻方向。秸秆直接还田打破了犁底层，促进土壤熟化；有利于接纳降水；增加土壤孔隙度，有利微生物活动，促进有机质分解，提高土壤肥力。1989 年小麦秸秆还田 0.4 万 hm^2。

其他试验点有：扎兰屯市成吉思汗镇和平村以稻治涝试验点；扎兰屯市大河湾绿肥种植试验点；阿荣旗三道沟乡生态农业试验点。

1989—1991 年，各试验点共改造中低产田 2 500hm^2，平均增产 525kg/ hm^2。

在进行中低产田改良试点的同时，开展了基础性研究，制定了《耕地地力等级标准》、《中低产田类型标准》、《中低产田改良成果鉴定验收标准》，调查了全盟各类中低产田的现状。

三、中低产田改良情况

（一）“七五”期间（1989—1991 年）

1. 以稻治涝（旱改水） 全盟开发水田 1.3 万 hm^2，其中扎兰屯市 0.5 万 hm^2，阿荣旗 0.6 万 hm^2，莫力达瓦达斡尔族自治旗 0.2 万 hm^2。开发前公顷产 2 250～3 000kg，由于个别年份秋雨较多，造成内涝，致使难以收获而绝产，旱改水后公顷产 3 750～5 250kg，平均公顷增产 1 500kg 以上。

2. 开川排涝 全盟 3 年开川排涝受益面积 2 万 hm^2，其中扎兰屯市 0.6 万 hm^2，阿荣旗 0.3 万 hm^2，莫力达瓦达斡尔族自治旗 0.3 万 hm^2，额尔古纳市 0.01 万 hm^2，海拉尔农场局 0.7 万 hm^2，大兴安岭农场局 0.1 万 hm^2。这类耕地由于始终处于水害的威胁，每当降雨量≥20mm 时作物就被浸泡冲刷，开川排涝是最有效治理措施之一。每公顷年增产 750kg，年增产粮食 1 500 万 kg。

3. 水土保持 全盟 3 年共治理水土流失比较严重的坡耕地 0.81 万 hm^2，扎兰屯市 0.28 万 hm^2，阿荣旗 0.36 万 hm^2，莫力达瓦达斡尔族自治旗 0.17 万 hm^2。该类耕地水土流失严重，治理措施是在耕地上部挖鱼鳞坑和等高截水沟，修筑缓坡梯田，四周营造防护林带，平均公顷增产 750kg 以上，总增产达 607 万 kg。

4. 抗旱坐水种 主要针对呼伦贝尔盟十年九旱的特点所采取的一种抗旱保苗措施。坐水种面积 1 万 hm^2，全部集中在扎兰屯市，公顷增产 1 125kg。

5. 治理赖皮草 赖皮草影响作物正常生长发育，造成产量下降。赖皮草主要分布在牙克石市。1990 年根治了 0.47 万 hm^2 赖皮草，根治赖皮草公顷增产小麦达 600kg。共计增产 282 万 kg。

6. 科学施肥，有机无机并举 多年来，当时呼伦贝尔盟地区施肥水平一直很低，一是单位面积施肥不足，二是施肥面积小。20 世纪 80 年代末以来，岭东充分利用肥源充足，制定有效措施，落实土壤补偿制度。年积肥量在逐步提高，做到三年施肥一茬，每茬公顷施肥 22.5t。配方施肥面积达到总面积的 50%以上。

7. 其他措施 加强土地伏秋深翻，打破犁底层，增强土壤通透性和保水性。全盟每年耕翻面积 10.7 万 hm^2。绿肥间、混、套、复种和草田轮作，3 年播种面积 2.7 万 hm^2。

（二）二期开发（1992 年）

1. 综合治理甸子地 该类耕地地势低洼，排水不畅，季节性渍涝。土壤湿度大，土壤冷浆，质地黏重，土壤结构不良，渗透性差，耕性更差，适耕期短，粮食产量低。为了降低水位，共开川 2 100m；机械深翻改土 0.24 万 hm^2；机械平整土地 0.26 万 hm^2；秸秆还田 0.07 万 hm^2；客土改土 0.07 万 hm^2。使 0.64 万 hm^2 甸子地得到了根本性治理，平均公顷增产约 825kg，共增产玉米 528 万 kg。

2. 旱改水 该类耕地也存在着季节性渍水的危害。但这类地一般土层厚，土壤有机质、全氮、全钾等养分含量高，潜在肥力大。在水资源丰富的耕地实行旱改水，可谓一举两得，即消除了水害、又增加了产量。扎兰屯市、阿荣旗、莫力达瓦达斡尔族自治旗三旗市共旱田改水田 0.14 万 hm^2，共开干、支、斗、农渠 431.2km，修建防洪堤 32km、渠道 2 处、拦河坝 3 座、截水闸 79 个，打井及机泵管带配套 210 套，桥梁 27 座，涵洞 80 个。每公顷增产达 900kg 之多，总增产 126 万 kg。

3. 老稻田改造 在扎兰屯市、阿荣旗、莫力达瓦达斡尔族自治旗三旗市共改造 0.35 万 hm^2。该类耕地在季节或偶然出现特大洪水时被淹没。采用加大加密渠道，改善排水条件来改造这种老稻田。改造过程中共维修和新开干渠 10km，新开支渠 23km、斗渠 67km，防洪堤 16.8km，渠首 1 处，拦河坝 1 座，桥梁 18 座、截水闸 40 个，涵洞 52 个，倒虹吸跌水渡槽 20 个，动用土方、石方、砼方 13.39 万 m^3。每公顷增产 750kg，总增产 262.5 万 kg 水稻。

（三）三期开发（2004 年）

2004 年计划新增中低产田改造面积 6.7 万 hm^2，实际完成 7.87 万 hm^2，超计划指标 1.17 万 hm^2，超额 18%。其中扎兰屯市完成 2.37 万 hm^2，阿荣旗完成 2.3 万 hm^2，莫力达瓦达斡尔族自治旗完成 2.45 万 hm^2，鄂伦春自治旗完成 0.75 万 hm^2。改造后的中低产田，地力提高了 0.5～2 个等级，平均公顷增产粮食 494kg，总增粮食 3 887 万 kg，新增产值 5 830 万元。根据调查结果，把呼伦贝尔市的中低产田划分为渍涝旱地型、坡地梯改型、干旱灌溉型、瘠薄增肥 4 种类型，重点应用了生物、工程、农机和农艺等技术措施。

1. 渍涝旱地型改造 主要障碍因素是低洼渍涝，地温低。改造措施为开沟排涝，采用工程措施和农业措施相结合的方法，排除土壤多余水分，提高地温，加快养分转化。应用深松耕法，打破犁底层，提高土壤蓄水能力，延长饱和时间，缓解内涝。

2. 坡地梯改型改造 该类型主要为坡耕地，土壤表层流失严重，肥力减退。改造措施为采取等高种植，在较大田块中保留横坡植被带，减轻地表径流。在耕作措施上应用秋翻、深松耕，改善墒情，减轻春旱威胁，采用坐水种，以保苗齐苗壮。

3. 干旱灌溉型改造 该类型多处于山麓、漫岗的坡耕地，土壤养分充足，但有机质层薄、养分总贮量不高，由于耕垦历史久，大多地块有机质下降，肥力减退，土壤热燥，易旱不易涝。改造措施为增施有机肥料，改善土壤物理性状，采用节水补灌，春播坐水种，地膜覆盖，以增加抗旱性能。

4. 瘠薄增肥型改造 该类型为开发年限较长，土壤支出过大，致使地力下降，多为岗坡地。改造措施为合理耕作轮作，应用旱作农业适用增产技术，增施有机肥，增加地表覆盖（秸秆、地膜），采用平衡施肥和深松耕法，降低土壤容重，增加土壤蓄水能力。建立合理轮作制度，防止重迎茬，适时播种，利用好土壤墒情，适时补灌。

第二节 大豆综合增产技术项目

呼伦贝尔盟1992—1993年大豆综合增产技术是由农业部下达的“丰收计划”项目，是以盟农业局组织，业务部门实施，分项管理的办法进行的。

一、项目完成情况

大豆“丰收计划”任务落实在扎兰屯市和莫力达瓦达斡尔族自治旗的33个乡镇，由2 230个村民小组的49 718户承担。两年全盟共实施大豆“丰收计划”面积11.35万hm^2，超计划4.96万hm^2，超额77.6%。按统计部门年报表产量，大豆两年平均公顷产量达2 164.5kg，比前3年平均公顷产量1 944kg高220.5kg，增产率为11.34%，超过大豆中产变高产达标增产幅度>10%的产量。两年合计总增产大豆2 504.6万kg，总纯增收2 640.6万元。超额完成农业部要求的两年实施6.67万hm^2、增产大豆1 290万kg、总纯增收1 380.2万元的指标。

二、技术措施

呼伦贝尔盟大豆“丰收计划”田在大面积实施模式化栽培基础上，重点抓了选用良种、合理密植、配方施肥、精量机播、药剂除草等几项主要技术措施。

（一）轮作倒茬，加强深翻整地

在落实大豆“丰收计划”田时尽量避开重迎茬地块，选择玉米、马铃薯等茬口，并达到三年内深翻一次。翻地多在秋季进行，翻深20cm左右，并及时耙耢。播前整地全部进行机械灭茬，做到地表平坦，无坷垃和直立根茬残留。1992年全盟大豆“丰收计划”田秋翻面积3.17万hm^2，占93.3%；1993年秋翻面积5.11万hm^2，三年深翻面积占100%。

（二）全部选用优良品种

大豆“丰收计划”田实现了良种化，由于呼伦贝尔盟地域辽阔，南北气候差别很大，根据积温带选择了适宜的大豆品种。全盟以北86-19、北87-8、北87-9、九丰1号等品种为主体，在地域上做了明确规定。1993年又新增6007、5005、8012三个新品种，使大豆种植区域有了扩展。为保证种子质量，所有良种均由种子部门统一供应，按种植区调拨。两年盟旗（市）两级调拨大豆优良品种931.1万kg，纯度达98%。良种应用面积达100%。

（三）应用缩垄增行技术，合理提高种植密度

大豆“丰收计划”田种植密度为37.5万株/ hm^2，比一般田平均多4.5万株/hm^2。在南部高积温带应用了平播缩垄增行技术，其他地区也相应缩小垄距5cm，使垄距保持在55～60cm。根据土壤条件和品种类型，各地区规定了适宜的密度，水肥条件好的地块和分枝型品种适当稀植，密度为34.5万～36万株/ hm^2；瘠薄地块和主茎型品种种植密度适当增加，公顷保苗37.5万～39万株。

（四）机械精量播种，提高了播种质量

在原有2230台单体播种机的基础上，新进946台分层施肥播种机，使机播面积达10.35万hm^2，占91.6%。新型播种机保证了播种质量、缩短了播期、抓住了墒情，为大豆丰产丰收提供了保障。

（五）增施有机肥料

大豆“丰收计划”田增加了有机肥的施用量，并在中、低产田上作为施肥重点，公顷施有机肥量达22.5t以上。有机肥结合深翻整地施入土壤，使土肥混匀，施深为15cm左右。两年11.35万hm^2

大豆“丰收计划”田有机肥投入总量148.7万t，较项目执行前增加一倍。

（六）应用配方施肥技术

大豆“丰收计划”田全部应用了配方施肥技术。根据《内蒙古大兴安岭岭东大豆配方施肥技术规程》(DB151T37-92）要求，播前取土样分析、开方，确定最佳氮磷肥的用量和配方，并将施肥配方发到农民手中，做到按方施肥，提高了施肥效应。两年共取土壤样品1 963个，分析测定9 639项次，发放配方施肥卡27 309份。通过对比田的测产，配方施肥技术可增产12%～16%。

（七）施用微肥

呼伦贝尔盟地区土壤60%的面积硼的含量在临界值以下，钼含量40%在临界值以下。根据土壤缺素症状，有针对性地施用了微肥。两年施用微肥面积5.1万hm^2。施用方法主要为钼酸铵或硼砂拌种或叶面喷施。

（八）田间管理

全部应用了模式化栽培的田间管理措施。博阿凯药剂灭草、大面积机械中耕深松、8月上旬进行大豆食心虫防治、人工间苗、拔大草。

（九）设置了高产示范片和对比田

为了对大豆“丰收计划”的技术效果进行评估和提供样板，在全盟的18个重点科技示范村中布置了2 588.3hm^2的大豆高产示范田（1992年553.3hm^2，1993年2 035 hm^2），在有代表性的地块设置了209个对比点。高产示范田做到了大面积连片，其中莫力达瓦达斡尔族自治旗1 753.9 hm^2，扎兰屯市1 014.4 hm^2，平均公顷产达2 800.5kg。莫力达瓦达斡尔族自治旗西瓦尔图镇宝龙村的307.1 hm^2示范田和扎兰屯市惠风川乡惠风川村的104.3hm^2示范田平均公顷产分别为3 085.5kg和3 024kg，位于全盟丰收田之首。

第三节 旱作农业示范区建设项目

旱作农业示范区建设项目是在1996—2006年间开展的。呼伦贝尔盟是以旱作农业生产为主的地区，旱地面积占耕地总面积的95%以上。旱作农业生产在呼伦贝尔盟农业生产中占有十分重要的地位，旱作农业生产的丰歉左右着呼伦贝尔盟农业经济的发展形势。因此，稳定和提高呼伦贝尔盟旱作农业生产的单位面积粮食产量，改善和提高旱作农区的生产条件及土壤的综合生产能力，实施旱作农业工程是不可缺少的一项重要措施。

一、首期旱作农业工程

1996—1998年实施了自治区首期旱作农业工程，该项目是由内蒙古自治区土壤肥料工作站1996年提出，由内蒙古自治区农业厅下达呼伦贝尔盟，并于当年组织实施，时间为3年。实施范围为呼伦贝尔盟主要旱作农业生产区，即扎兰屯市、阿荣旗、莫力达瓦达斡尔族自治旗。该时期是以平整土地，科学施肥，合理耕作等综合增产技术的应用为中心，目标是建设高标准基本农田，改善农田生态环境，研究开发节水补灌技术。

（一）工程任务完成情况

呼伦贝尔盟首期旱作农业工程计划建设旱作基本农田18万hm^2。其中，建设旱平地14万hm^2，旱坡地4万hm^2。3年共建设旱作基本农田20.9万hm^2，比计划多完成2.9万hm^2，超计划16.4%。

1. 旱平地建设 全盟旱平地建设共完成14.8万hm^2。其中方田林网化9.7万hm^2，深耕深松9.5万hm^2，增施有机肥5.8万hm^2，坐水点种3.7万hm^2，耙耱保墒9.3万hm^2。

2. 旱坡地建设 全盟旱坡地建设共完成6.1万hm^2。其中建设等高田3万hm^2，坐水点种1.6万hm^2，生态建设2.5万hm^2，增施有机肥1.6万hm^2，耙耱保墒2.7万hm^2。

3. 应用的主要技术

（1）建立合理的耕作轮作制度 以实施深翻深松改土培肥地力作为增强旱作农业发展后劲的一项

根本措施。以增强耕作土壤蓄水保水能力为中心，充分利用自然降水和提高降水利用率。坡耕地上采用工程措施、生物措施相结合的方法，减少地表径流，防止水土流失，为作物生长发育提供良好的土壤环境。

（2）增加有机肥的投入量 增加有机肥、推广应用平衡施肥技术和作物专用肥，提高化肥利用率，增强土壤综合生产能力，满足作物生长发育阶段对不同营养吸收的需求。

（3）应用优良抗旱品种 推广种子包衣技术，增强种子自身抗旱能力，防治地下害虫，确保苗齐、苗全。在耕作土壤墒情达不到播种要求时，采用坐水点种，确保出苗率。

（4）引进移动式喷灌技术 保证作物生长周期对水分的需求，减少干旱对粮食产量的影响。

（5）提高农业机械化种植水平 推广应用精量播种技术，缩短播种时间，降低生产成本，保证合理密度的作物群体。

（6）综合防治病虫杂草害 大面积推广应用化学除草技术，降低病虫杂草害对粮食生产的损失。

（7）引进先进的栽培技术 推广地膜覆盖技术，确保苗齐、苗全、苗壮，提高作物的单位面积产量。

（8）种树种草，防风固沙，防止水土流失，减少地表径流 保持生态平衡，形成农、林、牧相统一的良性循环。

4. 有机肥三配套建设 在有机肥三配套建设上，主要抓以下几项工作：

①搞好农牧结合户的建设，发展畜牧业，形成畜多、肥多、肥地的增产系统格局。

②结合农村精神文明村建设，主要抓“五有”建设，即：人有厕、畜有棚、猪有圈、禽有舍、户有积肥坑和积肥工具。由于设施完善，有机肥肥源集中，保证了有机肥的质量，有效地提高了有机肥的利用率。

③督促农户勤起圈、勤垫圈、勤打扫，集中起来搞堆肥、沤肥和土杂肥，防止有机肥源散失。

5. 区级旱作农业工作试点建设 自治区首期旱作农业工程试点布在扎兰屯市中和镇。3年来，在扎兰屯市中和镇万亩示范田内，采用工程、生物、农艺农机相结合的方法和旱作农业技术措施，使试点示范田的农作物单产有了显著提高，总产也有了大幅度增加。通过试点的典型作用辐射到扎兰屯市19个乡镇。此项目于1998年7月23～25日通过了自治区专家组验收。

（二）保障措施

1. 加强组织领导，确保首期旱作农业工程各项工作全面展开 为确保该项工程在呼伦贝尔盟扎扎实实开展起来，盟和实施项目的旗市分别成立了以主管农业的盟长、旗市长为组长，农业、水利两局局长为副组长，主管农业水利工作的副局长为成员的领导小组。负责组织协调各方力量，以确保首期旱作农业工程建设任务的顺利实施。农业部门负责农机农艺措施的实施，水利部门负责工程措施的实施，并建立项目目标管理责任制，层层签订责任状，将项目任务与各级领导政绩挂钩，把旱作农业工程任务完成情况作为主要考核指标。由于各级党委、政府对首期旱作农业工程工作十分重视，加大对首期旱作农业工程的领导力度，有力地促进了呼伦贝尔盟首期旱作农业工程各项任务的全面完成。

2. 做好科技培训，提高科技含量 为抓好首期旱作工程的实施，按照自治区首期旱作农业工程总体方案的要求，盟和实施项目的旗市通过举办科技培训班、编印旱作农业适用技术手册、组织科技讲座、召开现场会等多种形式，分级进行旱作农业工程技术培训工作。同时利用广播、电视、报纸等新闻媒介，普及旱作农业适用增产技术。1996—1998年共培训农民23 408人次，培训农民技术员1 870人次，乡村干部891人次，各级科技人员深入生产一线举办科技培训班82期，主要内容是讲解旱作农业工程应用技术和建设标准。通过举办多种形式的培训和宣传活动，普及了科技知识，提高了旱作农业区广大农民群众科学种田水平。

3. 应用综合治理技术改善旱作农区生产条件 呼伦贝尔盟旱作农业工程实施区域受传统耕作方式和掠夺式经营行为的影响，农业基础设施不完善，土壤综合生产能力较低，自然降水利用率不高，水土流失严重，造成粮食生产单产不高、总产不稳。应用单一的技术措施无法改善项目区的生产条件和生态环境。因此，从1996年开始，按照自治区统一要求，全盟在项目实施区域应用工程措施、生物措施、农艺措施、农机措施相结合的方法实施综合治理改造。工程措施主要采取打抗旱井、修水渠、谷坊治理侵蚀沟等解决春季播种用水、防止水土流失。生物措施主要是营造农田防护林、种草、坡耕地上苕条川带，防风固沙，减少地表径流。农技措施主要采用机械深翻、深松、耙压等方式，增强土壤蓄水保墒能力。农艺措施主要应用先进的适用增产新技术和栽培管理，稳定和提高项目区的粮食产量。经过3年的改造，在项目区建成了不同类型初具规模的旱作农业基本农田示范区域，改善了项目区的生产条件和现状。与项目实施前相比较，各项经济技术指标均有不同程度的提高，特别是在1997年大旱的情况下，所有项目区的粮食生产喜获丰收，农民尝到了甜头，对今后在全盟实施旱作农业工程产生了积极的影响。

4. 增加科技投入量，搞好技术服务，保证工程质量　首期旱作农业工程实施后，为确保工程质量，按要求完成各项经济技术指标，逐年加大项目区的科技投入力度，受到农民群众的普遍欢迎和认可。经过3年实践表明，项目区应用的技术是现实可行的，收到良好的经济、社会和生态效益。在增加科技投入的同时，每年都有各级专业技术人员在项目区进行技术咨询和技术跟踪服务，解决生产中遇到的技术难题。由于应用的各项技术措施符合项目区生产实际，落实及时，各项技术措施作用显著，有效地保证了工程质量。同时让农民群众充分认识到科技兴农是实现小康的有效保障。

5. 多方集资，增加投入　增加投入是保障旱作农业工程质量的前提条件。呼伦贝尔盟首期旱作农业工程实施区，坚持国家、集体、农户多方多渠道筹集资金的原则。除自治区拨给的旱作农业专项资金外，结合农业开发、扶贫、小流域治理、商品粮基地建设、水利水保建设等，增加对旱作农业工程的投入，并制定相应的优惠政策，鼓励农民增加劳动积累。本着谁投资、谁建设、谁受益的原则，充分调动广大农民群众向旱作农业工程投入的积极性。3年累计投资6 772.7万元，其中农民投入1 948.7万元。各地由于制定的旱作农业工程投资政策符合本地发展实际，因而产生了客观的经济效益、生态效益，使呼伦贝尔盟首期旱作基本农田建设初具规模。

6. 树立样板，以点带面，点面结合　为加快呼伦贝尔盟首期旱作农业工程各项工作的全面开展，按照自治区首期旱作农业工程实施方案的总体要求，结合项目区的生产实际，设置了不同类型的旱作农业工程示范乡镇和示范田。3年来经过各级科技人员的共同努力，建成具有不同特点和推广价值的旱作农业示范乡镇、示范村、示范田。有小流域治理型，综合技术型，工程措施、生物措施、农机农艺措施结合型等。重点示范乡镇的建设起到了示范作用，形成了以点带面、点面结合，辐射全项目区的格局，并为项目区工作提供了成功经验，对全面完成呼伦贝尔盟首期旱作农业工程各项经济技术指标起到了推动作用。

（三）工作成效

1. 经济效益　首期旱作农业工程共建设旱作基本农田20.9万hm^2，比前3年（1993—1995年）平均公顷产2 227.5kg，提高712.5kg/ hm^2，增产幅度32%，增产粮食14 924.5万kg，新增产值19 252.6万元（每千克粮价按1.29元计算），农民人均收入在1995年的基础上提高89.9%。

2. 生态效益　首期旱作农业工程，应用工程措施、生物措施、农机措施、农艺措施相结合的综合治理措施，以蓄水保墒、培肥地力、改善项目区生产条件和现状为中心，紧紧依靠科技进步，做到用地与养地相结合，保持良好的土壤结构，提高土壤自然降水利用率。加大劳务、资金、物质和科技投入力度。提高旱作农区粮食生产水平和防灾抗灾能力，大力发展牧业、林业，形成农牧林相互协调发展的良性循环格局。有效地控制水土流失，从而使旱作农业向高层次发展，形成了良好的生态环境。

3. 社会效益　通过实施旱作农业工程，改善项目区农业生产条件和现状，加速新的农业技术引进和推广步伐。逐步形成旱作基本农田标准化建设程序，提高了广大农民群众对科学种田的认识，显示科学技术是第一生产力的巨大作用，实现经济效益、社会效益和生态效益的统一。通过项目实施，农民增加了收入、国家增收了粮食，并且调动了农民群众种粮的积极性和向土地增加投入的热情，从而增强了旱作农业发展的后劲，有力地促进了旱作农业商品经济的发展。

二、二期旱作农业工程

（一）阿荣旗二期旱作农业工程

阿荣旗自1999年开始实施自治区农业厅二期旱作农业工程，并列为全区重点旗县。围绕拦水、蓄水、保水，用好自然降水为中心，采取工程措施、生物措施、农艺与农机相结合的措施，增强了旱作基本田的抗旱能力。

1. 工程完成情况　根据二期旱作农业工程实施方案的要求，3 年共建设旱作基本田 3.6 万 hm^2，超额完成任务的 7.4%。其中建设旱坡地 3.3 万 hm^2，旱平地 0.3 万 hm^2。平均公顷增产粮食 445.5kg，总增产粮食 1 134.5 万 kg，比 1996—1998 年 3 年全旗粮食平均公顷产 2 271kg，增产 12%，降水利用率为 8.4kg/（mm・hm^2），做到了小旱、中旱不减产，大旱减产幅度<15%。

2. 实施的技术模式

（1）秋翻秋整地秋施肥　在作物收获后，封冻前进行秋翻秋起垅秋施肥，秋翻深度 20～25cm，达到加厚活土层、疏松土壤、粉碎根茬、培肥土壤的目的，增加土壤蓄积自然降水能力，营造土壤水库，做到秋雨春用，进行深翻深松的地块土壤含水量可增加 3%～4%。

（2）良种良法　选择适于当地种植的抗旱、高产品种，进行种子包衣，并达到品种所要求的密度。第一积温区（≥2 300℃），大豆品种以合丰 25、合丰 35 为主，公顷保苗 30 万～33 万株；玉米品种以海玉四、海玉六为主，公顷保苗 4.5 万～4.65 万株；第二积温区（2 100～2 300℃），大豆品种以合丰 40、北 93-95 为主，公顷保苗 30 万～33 万株；玉米品种海玉五，公顷保苗 4.65 万～5.25 万株；第三积温区（1 900～2 100℃），大豆品种为 87-9、内豆 4、北丰 4、北 87-19 等，公顷保苗 31.5 万～36 万株；玉米品种为冀承单三，公顷保苗 4.95 万株。

（3）科学施肥　在增施有机肥的基础上，平衡深施化肥，平均公顷施专用肥 150kg 左右。

（4）机械精量半精量播种　一次完成开沟、种床深松、深施肥、精量、等距、覆土、镇压等项工作，减少土壤水分散失，实现一次播种苗全、苗匀、苗壮。

（5）抢墒早播　土壤温度在 8～10℃时进行抢墒播种，一次播种抓全苗。

3. 建设典型推动辐射

（1）进行综合治理，增强抗御旱灾能力　三道沟镇松树林村是阿荣旗二期旱作农业工程示范点，该镇位于阿荣旗南部，由于开发年限早，生态破坏，水土流失严重，土壤瘠薄，粮食产量低。自 1999 年开始对该村 333.3hm^2农田进行总体规划，围绕综合抗旱和水分高效利用，旱作农业建设的基本做法是：山上挖坑，保护农田；建等高田，穿生物带，防止水土流失；砌谷坊，治理侵蚀沟；打井建蓄水池，发展节水补灌；修田间路，营造防护林，规划农田。对坡度大，山下农田多的秃山，大力开挖水保坑。对 200 hm^2旱坡地进行深翻改垄，建等高田，种植苕条穿带 86 条，占地 4 余 hm^2。采取石砌谷坊、柞树棵子编坝、侵蚀沟插柳等形式治理侵蚀沟 24 条，有效地防止了水土流失。坡中腰建 10 座蓄水池，容积 200m^3，用于解决坡地坐水种用水，沿坡设出水口 18 处，从平地喷灌井中抽水并进行二次加压对坡地进行喷灌补水。对 133.3 hm^2旱平地进行深翻平整，打井 23 眼，使 333.3 hm^2旱作基本田全部实现节水补灌。按照田成方，树成行的总体规划，营造农田防护林 15 000 株，修田间路 7 条共 4 600m。通过治理使 333.3 hm^2旱作农田实现了秋雨春用，旱春坐水种、伏旱进行喷灌补水，在适用增产技术应用上推广抗旱良种，种子包衣，平衡施肥、精量播种等农机农艺措施，实现保产保收。

（2）调整结构、突出特色　调整结构、突出特色是三道沟镇实施旱作农业工程采取的主要措施，按照“区域布局、规模效益、品牌优势、增收致富”的目标，以各村的优势确定 7 个种植、养殖示范区，即高效节水灌溉示范区、路域经济区、大棚蔬菜示范区、大地蔬菜示范区、农产品转化养禽区、粗粮精种示范区、玉米制种示范区。经过调整，马铃薯高产作物种植面积占总播种面积 43%，人均高产田达 0.33hm^2；经济作物种植面积占 7.1%，人均高效田 1.1hm^2；谷糜等抗旱抗灾杂粮种植面积达 404 hm^2；全镇种植特色经济作物地膜甜瓜、西瓜 140 hm^2、油豆角 36.1 hm^2，粘玉米 40 hm^2、大蒜 25.3 hm^2、花生 8.7 hm^2、甘薯 1.33 hm^2、红辣椒 20 hm^2。特色种植可为全镇纯增收 500 万元，并且“三道沟牌”甜瓜已经注册，打出品牌。西胜村繁育玉米种 353.3 hm^2，户增收达 5 000 元，订单种植甜菜 480hm^2、笤帚糜子 40 hm^2、繁育油豆角籽 13.3 hm^2、马铃薯 0.2 万 hm^2，订单农业为农民增收提供了新的途径。解放村建蔬菜大棚 17 栋，进行反季节销售。绿色小米“赤谷六号”种植面积达 80 hm^2，在全国绿色食品博览会上以“沟里小米”的品牌小包装上市，受到用户的青睐。

(3) 农机、农艺技术相结合，增加科技含量　旱作项目是农机农艺相结合的典型，是增加科技含量的集中体现。农技、农机中心、种子公司等部门密切配合，实施旱作农业工程，在三道沟镇西胜村繁育玉米制种田累计 566.7 hm^2，主要繁育适合当地气候条件的相当于海玉四、海玉五、冀承单三等熟期的玉米杂交种。采用深翻深松，增施有机肥，平衡深施肥，机械覆膜，精量播种，种子包衣等农机农艺相结合的抗旱综合配套技术，使项目区农业科技含量和经济效益得到双重提高。平均公顷产玉米种子 3 570kg，以每千克 3 元的价格收购，产值达 607 万元。

(4) 加大科技兴农力度，进行科技承包　旱作农业工程与农业开发项目、蔬菜基地建设等项目的实施结合起来，实行科技承包的工作机制。

①农业技术推广中心在良种场建立科技示范园区，承包方为经作站。在科技示范园区内建马铃薯脱毒种薯繁育网棚 1 100m^2，种植内薯七、大西洋、鲁引一号等脱毒种薯，建节能日光温室 1 栋，露地移栽了覆膜圆葱 0.13 hm^2、红干椒 0.07hm^2、药材 0.07hm^2，AA 级绿色大豆 0.67 hm^2，大豆良种繁育 4hm^2 和肥料、农药试验等。在园区内多次召开现场会，起到引导农民进行结构调整的示范作用。

②为了起到典型示范作用，推广中心技术骨干深入到项目区承包了大豆高产优质新品种引进及优化栽培 333.3 hm^2，落实在三道沟镇、六合镇；马铃薯高产优质新品种引进及优化栽培 333.3 hm^2，落实在太平庄镇、那克塔镇；马铃薯脱毒种薯优化栽培 333.3 hm^2，落实在太平庄镇、复兴镇；AA 级绿色大豆开发 533.3 hm^2，落实在六合镇。采用深翻、良种、平衡施肥、种子包衣、精量播种、节水喷灌、病虫防治等综合配套技术措施，每个乡镇各建设 6.7 hm^2 精品田。在物资投入上利用农业开发资金投入硫酸钾 3t、磷酸二铵 1t、尿素 1t，引进马铃薯脱毒种薯 525、鲁引 1 号 25 000kg，调换大豆品种合丰 25、合丰 35、合丰 40 及绿色大豆品种等，折合人民币近 10 万元，使示范户能够按照技术规程严格操作，保证了以上技术的应用。大豆优化栽培平均公顷产量 2 343kg，比对照田公顷增产 762kg；马铃薯优化栽培平均公顷产量 31 425kg，比对照田公顷增产 9 585kg；马铃薯脱毒种薯优化栽培平均公顷产量 31 950kg，比对照田平均公顷增产 12 249kg；AA 级绿色大豆平均公顷产量 2 133kg，在生育期进行两次喷灌补水，补水率达 95.2%，比对照田增产 47.4%。

(二) 扎兰屯市二期旱作农业工程

扎兰屯市于 1998 年被列为自治区二期旱作农业工程试点，在总结首期旱作农业工程经验，结合本市农业生产实际情况下，二期旱作农业工程重点为旱坡地治理。

1. 工程完成情况　1999—2001 年共计建设旱作基本田 3.2 万 hm^2，其中旱平地 1.7 万 hm^2，旱坡地 1.5 万 hm^2，比计划多完成 0.2 万 hm^2，超计划 6.7%完成建设任务。累计增产粮食 3 503.4 万 kg，平均公顷增产 517.5kg。比实施旱作农业工程前 3 年增长 21.8%。

(1) 旱平地建设　建设旱平地面积 1.7 万 hm^2。全部进行方田化建设，采用深耕深松，新打机井 50 眼，小口井 110 眼，修引水渠 6 条计 1.2 万延长米，植树造林 400 hm^2，灭茬 1.33 万 hm^2，平整土地 1.33 万 hm^2，动用土方 1.67 万 m^3，修路 7 万延长米，耙耱磙地 14.5 万 hm^2。

(2) 旱坡地建设　建设旱坡地面积 1.5 万 hm^2，旱坡地坡度超过 15°进行退耕还经济林和饲养草料，针对耕作粗放，顺坡打垄，水土流失严重进行各项措施综合治理。利用播前、秋后进行基本田建设大会战，共计建设等高田或水平梯田 1.5 万 hm^2，生态建设 1.37 万 hm^2，挖水平坑或鱼鳞坑 5.5 万个，建立生物埂 750 条，治理侵蚀沟 120 条，植树造林 333.33 hm^2，打机井（或小口井）60 眼，耙耱保墒 1.37 万 hm^2。

2. 重点旱作示范乡镇完成情况　浩饶山乡、太平川乡、哈多河镇、卧牛河镇、哈拉苏镇为扎兰屯市重点建设旱作示范区，其中太平川乡是重中之重，是自治区土肥站实施旱作农业重点乡镇之一。通过 3 年在北安村建设标准旱坡地样板田 133.3 hm^2，辐射全乡 2 530hm^2，共计平整土地 2 000hm^2，建设农田防护林带 20 条，植树 86.7 hm^2，治理侵蚀沟 5 条，打抗旱井 35 眼，新打地埂 100 条，修复旧地埂 120 条，积制有机肥 25 万 m^3，平衡施肥达 2 530 万 hm^2。以上措施的实施，3 年来增产粮食 122 万 kg，纯增收 150 余万元，生态环境得到较大改善，真正为扎兰屯市旱作农业工作树立了样板，促进和推动了扎兰屯市农业工程的开展。

3. 农艺措施　以消除和减轻土壤障碍因素为立足点，结合扎兰屯市农业生产实际情况，围绕提高旱作农业的抗灾稳产能力和效益，综合应用各项措施提高土壤生产能力。

（1）合理调整作物种植业结构　3.2 万 hm^2的旱作基本田按照“稳粮、扩经、增牧”的农业整体发展思路，推进农业产业结构调整，向深度和广度发展，最终以农民增收为目的，增加杂豆、瓜类、马铃薯、葵花、油葵、畜草、青贮玉米的面积。

（2）全面推广平衡施肥　针对扎兰屯市土地开发较早，土壤贫瘠，肥力低下，本着有机无机相结合的原则，广辟肥源，增加有机肥施用量，合理施用化肥。建设三配套 780 户，使坑棚圈达到标准，积造施用有机肥达 44 万 m^3，应用面积 2.4 万 hm^2，达到旱作基本田公顷施用优质有机肥 22.5t。在施用有机肥的基础上，3.2 万 hm^2旱作基本田全部开展“测、配、产、供、施”一条龙服务，分区分片取土化验 430 个点，化验 2150 项次，依据测土结果和作物需肥规律，制定合理的施肥配方，共计应用面积 3 万 hm^2。

（3）引进推广抗旱良种　针对近年天气变化大，气候干旱等状况，每年从外地调入抗旱优良品种，应用于旱作基本田中，保证种子的抗旱性、耐寒性、高产性。引进玉米新品种 64 万 kg，大豆 90 万 kg，马铃薯 30 万 kg，白瓜子 2 万 kg，油葵 0.3 万 kg。

（4）抗旱栽培技术　玉米坐水点种 2 万 hm^2，大豆滤水种 10 万 hm^2，应用喷灌水箱等设备播后补灌 10 万 hm^2；玉米地膜覆盖 0.67 万 hm^2，瓜菜覆膜 0.1 万 hm^2；精量播种 3 万 hm^2，化肥深施 2.93 万 hm^2，应用保水剂、抗旱剂 0.2 万 hm^2。这些技术措施有效地减少水分蒸发，保墒促早熟，提高了旱作农业区的产量。

（5）病虫草害综合防治　扎兰屯市大豆、玉米种植面积大，重迎茬危害较重，种子包衣面积达 2.67 万 hm^2，大豆多克福种衣剂应用 10t，玉米呋多种衣剂应用达 8t；苗前苗后应用除草剂普施特、虎威、拿扑净、豆磺隆等防治面积 2 万 hm^2，结合铲趟深松面积 3.2 万 hm^2，使病虫草害损失控制在 10%以下。

4. 保障措施

（1）组织领导　项目实施前，扎兰屯市委市政府就将旱作农业工程列入农业再上新台阶的主要工作，成立了以主管农业副市长为组长，农业、农机、金融、生资、水利等部门参加的领导小组。同时在各乡镇亦成立了领导小组，形成了市、乡镇、村、组都有专人主抓旱作农业工程，上下贯通，指导到位，保证了项目实施资金、物资的及时下拨，为项目顺利开展奠定基础。

（2）目标责任　项目实施后，对行政领导和技术人员都实行定岗定责，签订合同书，奖罚分明，任务目标具体化，使政、技、物、责、权、利协调统一，为扎扎实实贯彻旱作农业工程奠定了基础。

（3）技术投入　为保证旱作农业工程实施的质量，每年抽调 50 余名技术过硬人员深入到生产第一线，与农民同吃、同住、同劳动达 150 余 d，严把技术关，实行产前、产中、产后跟踪服务，发现问题及时解决。

（4）科技培训　通过科技培训，提高农民素质，增强旱作农业发展潜力。项目实施过程中共举办培训班 500 多期，培训人数达 5 万人次，现场观摩会 13 期，观摩人数达 1 万人，发放科普资料 10 万册，同时通过广播、电视、报纸等媒体宣传普及旱作农业知识。

5. 效益分析　1999—2001 年扎兰屯市虽遭受较大旱灾，但旱作基本田在全民共建，多方努力下仍取得较好收成。1999 年建设旱作基本田 1.37 万 hm^2，增产粮食 389.5 万 kg，平均公顷增产 285kg；2000 年在 1999 年的基础上又增 0.83 万 hm^2基本田，共增产粮食 1 221 万 kg，平均公顷增产 555kg；2001 年在前两年的基础上又增 1 万 hm^2，达 3.2 万 hm^2，共计增产粮食 1 895 万 kg，平均公顷增产 591kg。3 年来累计增产粮食 3 505.5 万 kg，总增收达 4 204 万元。

三、推广应用

2002—2006 年，全市旱作农业建设项目的主要内容是巩固第一、二期建设成果（2001 年 10 月 10 日，经国务院批准，撤销呼伦贝尔盟设立地级呼伦贝尔市），推广典型经验，大面积应用旱作节水补灌技术。在原有的旱作基本田建设基础上，实行统一规划，查找不足，进一步提高建设质量，完善配套设施，扩大渠网、林带面积，重点推广了旱作节水技术。同时，加强了组织领导和宣传动员工作，调动广大农民的积极性，增加投入，开展群众性的农田基本建设活动，加大了投工投劳量，取得了显著效果，对提高旱作基本田的综合生产能力发挥了重要作用。

2002 年全市计划改扩建旱作基本农田 3.33 万 hm^2，实际完成 3.49 万 hm^2，超计划指标 0.16 万 hm^2，超额 4.8%。其中旱坡地改造 2.57 万 hm^2，旱平地改造 0.92 万 hm^2。落实在扎兰屯市、阿荣旗、莫力达瓦达斡尔族自治旗、牙克石市和鄂伦春自治旗 5 个旗市的 44 个乡镇。项目区平均公顷增粮食 472kg，总增产 1 647.28 万 kg，总增收 1 978.83 万元。

2003 年全市计划新建旱作基本农田 3.33 万 hm^2，实际完成 3.63 万 hm^2，超计划指标0.3 万 hm^2，超额 9%。其中旱坡地改造 2.33 万 hm^2，旱平地改造 1.3 万 hm^2。公顷平均单产1 575kg，总产 5 722.5 万 kg。平均公顷增产 300kg，增产率 23.5%，总增产 1 090 万 kg，总增收 1 090 万元。

2004 年全市计划改扩建旱作基本农田 3.33 万 hm^2，实际完成了 3.67 万 hm^2。分别落实在扎兰屯市、阿荣旗、莫力达瓦达斡尔族自治旗 3 个旗市的 30 个乡镇。其中完成旱坡地改造 2.5 万 hm^2，平均公顷增粮食 383.1kg；完成旱平地改造 1.17 万 hm^2，平均公顷增粮食 572.6kg。新改扩建的基本农田平均公顷增产粮食 443.4kg，公顷增产值 665.1 元（按平均价 1.5 元/kg 计算），总增产粮食 1 627.3 万 kg，新增产值 2 440.9 万元，效益显著。

2005 年全市计划新增推广面积 6.67 万 hm^2，实际完成 9.22 万 hm^2。其中扎兰屯市2.63 万 hm^2，落实在 9 个乡镇；阿荣旗 2.85 万 hm^2、落实在 8 个乡镇；莫力达瓦达斡尔族自治旗 2.82 万 hm^2，落实在 7 个乡镇；牙克石市 0.92 万 hm^2，落实在 5 个乡镇。经不同季节的田间调查表明，示范田长势良好，增产效果显著。

2006 年借助国家优质粮食产业工程项目和测土配方施肥试点补贴资金项目的实施，呼伦贝尔市开发推广应用以深耕深松、节水补灌、水肥双节和膜下滴灌为核心的一批节水新技术，达到整体提升旱作农业生产水平的目的。2006 年全市计划推广旱作农业综合节水技术示范面积 16.67 万 hm^2，实际完成 19 万 hm^2，超计划完成 14%。其中：扎兰屯市完成面积 5.47 万 hm^2，落实在 6 个乡镇，涉及农户 1.3 万户；阿荣旗完成面积 5.6 万 hm^2，落实在 7 个乡镇，涉及农户 1.1 万户；莫力达瓦达斡尔族自治旗完成面积 5.8 万 hm^2，落实在 5 个乡镇，涉及农户 0.9 万户；牙克石市完成面积 2.13 万 hm^2，落实在 3 个乡镇，涉及 18 个家庭农场。通过综合节水技术的应用，项目区公顷产量3 846.8kg，非项目区公顷产量 3 120kg，公顷增产 726.8kg，增产率为 23.3%。

推广节水补灌面积 8 万 hm^2，扎兰屯市完成面积 2.67 万 hm^2，落实在 5 个乡镇，涉及农户 0.7 万户；阿荣旗完成面积 3.33 万 hm^2，落实在 6 个乡镇，涉及农户 0.83 万户；莫力达瓦达斡尔族自治旗完成面积 2 万 hm^2，落实在 4 个乡镇，涉及农户 0.5 万户。项目区全部采用滴灌和喷灌技术，结合高标准平整土地，深松深耕，起垄保水，营造农田防护林网，增施有机肥等农艺和农机措施，公顷产量达到 4 072.5kg，比非项目区公顷增产 792kg，增产率为 24.14%。

第四节 全国耕地地力调查与质量评价试点项目

土壤是人类赖以生存和发展最根本的物质基础，耕地是土壤的精华，耕地资源的质量对农业生产的发展、人们物质生活水平的提高及整个国民经济的发展都具有重要影响。中华人民共和国成立以来，我国先后开展了两次土壤普查，对全国的科学施肥、土壤改良与利用、促进粮食生产发挥了重大推动作用。随着时代的发展，耕作制度、作物品种、种植结构、产量水平、肥料和农药的使用均发生了巨大变化，很有必要对耕地地力进行全面调查。全国 16 位院士联名呼吁、众多人大代表和政协委员提议案、中央领导也曾多次做出批示开展此项工作。为此，农业部决定自“十五”起利用一定的时间完成全国的基本农田地力调查与质量评价工作。并从 2002 年起每年投资 1 000 万元在全国开展 10 个县级调查试点。呼伦贝尔市于 2002—2006 年分别在阿荣旗、扎兰屯市、牙克石市和莫力达瓦达斡尔族自治旗利用国家试点资金先后完成了县本级的调查任务，取得了一批县级调查成果。

组织形式：此次耕地地力调查与质量评价试点工作由自治区土肥站组织，呼伦贝尔市农业技术推广服务中心和各试点旗市农业技术推广中心参加共同完成。为了保证项目顺利实施，成立了内蒙古农业厅牵头的工作领导小组，负责项目实施全面指导与协调工作。同时聘请了农业、土壤、环保、水利、教学、科研等部门学科的专家成立专家组，专家组负责对评价因素的确定等关键技术环节的审定与技术把关。由自治区、呼伦贝尔市、县市三级土肥站的技术人员组成技术工作组，负责整个项目的具体实施工作，包括实施方案的制定、技术培训与物质准备、建立各种数据库和耕地资源管理信息系统、编写调查报告和成果图件编绘等工作。

投资与调查内容：本次耕地地力调查与质量评价试点工作总投资 204 万元（阿荣旗 60 万元、扎兰屯市 63 万元、牙克石市 38 万元、莫力达瓦达斡尔族自治旗 43 万元），其中中央财政投资 195 万元，地方配套资金 9 万元。调查填写了《大田采样点基本情况调查表》、《大田采样点农户调查表》、《大田采样点农户种植业收入情况调查表》、《采样点农业生产情况调查表》等共计 6 178 份，总共采集土壤样品 2 137 个、水样 38 个、污染样 51 个。全部样品由持有计量认证的内蒙古农科院测试中心和各旗市农技推广中心化验室承担检测任务，化验 26 875 项次。

主要成果：耕地地力调查与质量评价试点工作取得了五方面的成果。一是查清了项目区的耕地质量及分布情况；二是查清了耕地土壤肥力状况；三是撰写了成果报告，即各项目旗市《耕地地力调查与质量评价工作报告》、《耕地地力调查与质量评价技术报告》和专题报告；四是建立了各项目旗市耕地资源管理信息系统；五是绘制了地力等级、土壤养分含量等各类专业成果图件。

一、阿荣旗耕地地力调查与质量评价试点项目

（一）项目起止时间

2002 年 7 月至 2003 年 3 月。

（二）工作组织

1. 建立组织 2002 年 7 月下旬，连云港会议确定阿荣旗为全国试点县之后，自治区土肥站对调查和评价试点工作高度重视，把这项工作定为全站 2002 年度的核心工作。在组织全站技术骨干和聘请专家认真讨论《技术规程》的基础上，制定了详细的工作计划和具体实施方案，并向分管厅长做了专题汇报，决定并成立了项目领导小组、技术组、专家组。

领导小组：负责组织协调，人员落实，资金筹措。

组　　长：	尚金荣	自治区农业厅副厅长
副 组 长：	郭玉峰	自治区土肥站副站长
	张继昌	自治区农业厅财务处处长
成　　员：	郑海春	自治区土肥站副站长
	林宝奇	呼伦贝尔市农业技术推广中心主任
	唐　杰	阿荣旗农业局局长
	郝桂娟	阿荣旗农业技术推广中心主任

技 术 组：负责整个项目的具体实施。

组　　长：	郑海春	自治区土肥站副站长	高级农艺师
副 组 长：	崔文华	呼伦贝尔市农技推广服务中心土肥科科长	高级农艺师
成　　员：	郜翻身	自治区土肥站肥料科副科长	高级农艺师
	庞学成	阿荣旗农业技术推广中心副主任	高级农艺师
	李文彪	自治区土肥站肥料科	助理农艺师
	朴明姬	自治区土肥站肥料科	农艺师
	谷淑湘	阿荣旗农业技术推广中心土肥站站长	农艺师
	张淑华	阿荣旗农业技术推广中心化验室主任	农艺师

李寿强　自治区土肥站土壤科副科长　高级农艺师

专 家 组：聘请农业、土壤、环保、教学、科研等部门学科专家，负责项目实施的技术指导。成员如下：

高和平　内蒙古土地勘测设计院　高级工程师

李跃进　内蒙古农业大学生态环境学院　副教授

廉升光　内蒙古环境科学研究院　高级工程师

姚一萍　内蒙古自治区农业科学院　副研究员

王国光　内蒙古土肥站　推广研究员

包玉海　内蒙古师范大学资源与环境信息学院自治区重点实验室　博士

常玉山　内蒙古师范大学资源与环境信息学院自治区重点实验室　讲师

2. 资料收集和物质准备　2002 年 7 月底至 8 月初，搜集到了阿荣旗的地形图（1∶5 万）、行政区划图（1∶10 万）、土壤图（1∶10 万）、养分点位图（1∶2.5 万）、生态建设规划图（1∶2.5 万）、土地利用现状图（1∶10 万，2001 年航飞）、TM 卫片；《阿荣旗土壤》、《呼伦贝尔盟土壤》和基本农田保护区划资料；近 3 年统计资料、历年土壤肥力监测点田间记载及化验结果资料；历年化肥、农药、农膜等农用化学品的销售、使用情况，主要污染源调查及相关资料。将收集到的与调查和评价相关的资料进行检查、筛选、登记，然后分类编码。

物质准备包括：野外调查用具、计算机软、硬件配备、GPS 定位仪、照相机、分析化验仪器设备等。

3. 组织野外调查队伍　抽调自治区、市、旗有关部门的技术骨干 20 名（其中大多数参加过第二次土壤普查），组成野外调查队伍，抢时间、抓季节集中统一完成野外采样任务。同时经旗政府下文协调各乡镇抽调农业、土地等专业人员协助完成本乡镇的野外采样调查工作，为野外工作顺利完成提供了保障。整个取样工作历时半月时间，9 月 25 日作物收获时开始，10 月 10 日全部结束。全旗共取土壤农化样 597 个、污染样 7 个、水样 6 个、土壤剖面样 10 个、整段标本 6 个，调查农户 597 户，并填写了《大田采样点基本情况调查表》、《大田采样点农户调查表》、《大田采样点农户种植业收入情况调查表》1 791 份。

4. 技术培训　培训野外技术人员，要求采样方法统一，入户调查统一，并且掌握识土、识图和 GPS 定位仪的使用方法。

化验室分析人员掌握基本操作，在准备阶段聘请黑龙江省测试中心和内蒙古土勘院化验专家集中授课，同时抽调赤峰市农业化验中心 3 名技术骨干帮带，做到既完成了任务又培训人员。聘请计算机专家培训计算机操作、软硬件使用，同时聘请专业制图单位完成专业图件的矢量化工作。

外业分组前，抽调的所有外业人员，集中在一个乡镇，由有经验的专家演示，做好现场培训与实习，统一思想，统一采样方法，统一质量标准，然后分组包片开展工作。

5. 化验室改造与装备　阿荣旗农技推广中心化验室始建于 20 世纪 80 年代初，具备常规分析能力。但对于试点要求的多项目、大批量、高精度的技术要求还有一定的差距，为此，课题组投资 30 万元对化验室进行了全面改造，更新部分仪器设备，按照省级计量标准进行了重新设计，并经过了技术监督部门的全面检验，达到了省级化验室的标准，能够承担大量元素、中微量元素和部分重金属的测定。共化验分析 8 358 个项次，圆满完成了测试任务。

（三）主要成果

1. 耕地地力等级划分与分布　全旗耕地总面积 31.25 万 hm^2，以四、五级耕地为主，其次是六级地和三级地，三至六级耕地面积 22.144 万 hm^2，占全旗耕地总面积的 70.8%。各地力等级面积分别为：一级地 1.58 万 hm^2，占 5.05%，二级地 2 万 hm^2，占 6.41%；三级地 4.1 万 hm^2，占 13.13%；四级地 6.67 万 hm^2，占 21.34%；五级地 6.71 万 hm^2，占 21.46%；六级地 4.65 万 hm^2，占 14.89%；七级地 2.5 万 hm^2，占 7.99%；八级地 1.64 万 hm^2，占 5.24%；九级地 0.95 万 hm^2，占 3.05%；十级地 0.45 万 hm^2，占 1.43%。按农业部《全国耕地类型区、耕地地力等级划分》标准，将本次评价结果归入农业部地力等级体系，结果见表 8-1。

表 8-1　阿荣旗地力等级归并结果和面积统计

评价结果	一、二级地	三、四级地	五、六级地	七级地	八、九、十级地
农业部标准	六等地	七等地	八等地	九等地	十等地
面积（万 hm^2）	3.58	10.78	11.35	2.5	3.04
产量水平（kg/hm^2）	>6 000	4 500～6 000	3 000～4 500	1 500～3 000	<1 500

从区域上分析，北部的耕地地力水平较高，南部偏低，地力水平由南向北逐步表现为上升趋势。这个规律与南部开发较早而北部开发较晚有关。

2. 耕地土壤肥力状况　土壤有机质平均含量为 49.3g/kg，变幅 18.2～89.7g/kg；含量大于 40g/kg 的面积 28.41 万 hm^2，占总耕地面积的 90.9%。全氮含量平均为 2.64g/kg，变幅 1.10～4.5g/kg；含量大于 2.0g/kg 的面积 30.03 万 hm^2，占总耕地面积的 96.1%。有效磷平均含量为 26.5mg/kg，变幅 1.7～61.1mg/kg；含量在 20～40mg/kg 的耕地面积 25.16 万 hm^2，占 80.5%。土壤的速效钾含量较高，平均为 168mg/kg，变幅为 50～367mg/kg；含量在 150～200mg/kg 的面积 18.73 万 hm^2，占 59.9%。耕地土壤的硼、钼缺乏，锌、铜、铁、锰丰富。pH 在 5.2～7.3 之间，平均值为 6.2，属微酸性反应。土壤质地以中壤—轻壤为主，有少量的砂壤和重壤土，黏土很少。

概查了土壤环境和灌溉水的污染背景，该旗耕地土壤重金属含量低，阿伦河、格尼河、音河和几个主要的水库以及井灌区地下水的重金属含量也均未超过农田灌溉水要求指标，符合发展绿色食品生产的环境质量标准。

3. 撰写了 6 份成果报告　撰写了《阿荣旗耕地地力调查与质量评价工作报告》、《阿荣旗耕地地力调查与质量评价技术报告》、《阿荣旗耕地质量评价与改良利用》、《阿荣旗耕地质量评价与平衡施肥》、《阿荣旗耕地质量评价与种植业布局》、《阿荣旗耕地质量状况与水土流失专题报告》。

4. 建立了阿荣旗耕地资源管理信息系统

5. 资料汇总与图件编制　绘制了阿荣旗耕地地力等级分布图、各种养分分布图、土壤养分点位图，对阿荣旗基本农田地力等级面积、各乡镇不同评价单元农化样点分布情况、各乡镇不同土壤类型农化样点分布情况、各乡镇耕地土壤类型面积、阿荣旗耕地土壤农化分析结果、各乡镇耕地土壤农化分析结果、阿荣旗不同地力等级土壤理化性状、各乡镇不同地力等级土壤理化性状等进行了统计，并将各类成果表格汇编成《阿荣旗耕地地力调查与质量评价资料统计数据册》，为该项目的主要技术成果之一。

6. 成果应用　根据耕地地力调查与质量评价，全旗耕地资源划分为 3 个改良利用区，即：一至三级地为宜农性耕地区、四至六级地为宜农宜牧性耕地区、七至十级地为宜林性耕地区。按照地理位置、地貌类型和主栽作物把全旗种植业划分四个区，即西部低山丘陵—粮、豆、经作区，东部丘陵漫岗—粮、豆作区，中部低山—粮、豆、经、饲作区，北部中山—豆、饲作区。

开展了耕地水土流失的专项调研工作，阿荣旗的水土流失主要以水蚀为主，全旗耕地土壤中无明显侵蚀的耕地面积 9.31 万 hm^2，占总耕地面积的 29.8%；轻度、中度面蚀和沟蚀耕地面积 21.95 万 hm^2，占总耕地面积的 70.2%。其中，轻度面蚀和中度面蚀的耕地面积 21.26 万 hm^2，占总耕地面积的 68%；沟蚀耕地面积 0.69 万 hm^2，占总耕地面积的 2.2%。

指导农民开展平衡施肥，阿荣旗耕地土壤主要缺硼、钼两种微量元素，各种作物在施氮、磷、钾肥的基础上要结合施用硼和钼肥。当地大豆种植面积较大，重迎茬现象严重，而大豆是对钼较敏感的作物，应着重施钼肥。向日葵、甜菜种植面积也比较大，这两种作物对硼敏感，应着重施用硼肥。在重点区域的玉米、水稻等敏感作物应考虑施锌肥。阿荣旗耕地土壤的铜、铁、锰含量很高，一般作物不提倡施用这 3 种微量元素肥料。

（四）资金使用

项目总投资 60 万元，全部为中央财政资金。具体资金使用情况如下：

①化验室改造升级的购置费。包括新型仪器购置，易耗物品、电路改造、试剂等 30 万元。

②数码设备购置费。包括计算机硬件、软件，GPS 定位仪，数码相机等购置 10 万元。

③野外调查费用。包括租车、汽油、物品购置，人员补助 5 万元。

④制图费用。各种数字化图件、成果图件 6 万元。

⑤其他费用。包括差旅费、会议费、培训费、电话费、专家咨询费 6 万元，项目验收及专家评审费 3 万元。

二、扎兰屯市耕地地力调查与质量评价试点项目

(一) 项目起止时间

2003 年 5 月至 2004 年 4 月。

(二) 工作组织

1. 建立组织 为保证耕地地力调查与质量评价工作的顺利进行，内蒙古自治区农业厅成立了由分管副厅长任组长，种植业管理处、财务处、土肥站、呼伦贝尔市农业局、农业技术推广中心、扎兰屯市农业局的领导为成员的领导小组，负责组织协调、资金安排、检查监督等工作；扎兰屯市成立了由副市长任组长，农业、国土资源、环保、水利、气象等相关部门负责人为成员的工作领导小组，负责组织协调各部门各乡镇之间的配合，人员落实等工作。

聘请内蒙古农科院，环境科学研究院、土地勘测设计院、农业大学计算机方面等有关专家及基层参加过第二次土壤普查并具有丰富实践经验的技术人成立了专家组，具体负责实施方案的审定、技术指导、质量控制等工作。

由自治区、地市、县市三级土肥站的技术人员组成技术工作组，负责整个项目的具体实施工作。

2. 成立野外调查队 由自治区土肥站、呼伦贝尔市农业技术推广服务中心、扎兰屯市农业技术推广中心和各乡镇农技站的 56 名技术人员组成，分 4 个组，每个组配 2 名参加过第二次土壤普查的技术员，负责野外调查取样工作。从 9 月 18 日开始，至 10 月 3 日，历时半个月完成了 345 个大田农化样，37 个土壤容重样，20 个污染土样、13 个水样的采集工作。填写《大田采样点农户调查表》、《大田采样点基本情况调查表》、《耕地承载研究农户调查表》1 035 份，《污染源基本情况调查表》20 份。

3. 资料收集 收集了扎兰屯市地形图（1∶5 万）、土壤图（1∶10 万）、土壤养分点位图（1∶10 万），1986 年土地利用现状图（1∶10 万），1996 年土地利用现状图（1∶10 万）。

4. 农化样测试分析 分析化验任务由内蒙古农业科学院测试中心和扎兰屯市农技推广中心化验室承担，化验室均通过省级计量认证，化验人员持证上岗。扎兰屯市农技推广中心化验室建于第二次土壤普查，在 1998 年实施旱作农业工程项目时又进一步更新了仪器设备，添置所需的化学试剂，完成了土壤常规分析项目、中量元素和部分微量元素的分析化验。内蒙古农科院测试中心承担了污染土样、水样和土壤有效钼的分析化验。共测试分析了大田农化样、污染土样、灌溉水水样 378 个样品，48 个分析项目，完成了 4 998 个项次的分析化验任务。除完成技术规程规定的必测项目外，大田土壤样品增加了镁、钙、硅、硫的测定。主要灌溉水源雅鲁河的水样增加了悬浮物、总磷、生化需养量等 10 个项目的测定。

(三) 主要成果

1. 耕地地力等级及分布情况 扎兰屯市总耕地面积 19.95 万 hm^2，以五、六级耕地为主，其次是四级地和七级地，四至七级耕地面积 13.9 万 hm^2，占扎兰屯市耕地总面积的 69.67%。各地力等级面积分别为：一级地 0.72 万 hm^2，占 3.61%，二级地 1.3 万 hm^2，占 6.5%；三级地 2.22 万 hm^2，占 11.13%；四级地 3.38 万 hm^2，占 16.94%；五级地 3.98 万 hm^2，占 19.94%；六级地 3.91 万 hm^2，占 19.58%；七级地 2.63 万 hm^2，占 13.16%；八级地 1.55 万 hm^2，占 7.79%；九级地 0.26 万 hm^2，占 1.3%。按农业部《全国耕地类型区、耕地地力等级划分》标准，将本次评价结果归入农业部地力等级体系，结果见表 8-2。

表 8-2 扎兰屯市地力等级归并结果和面积统计

评价结果	一级地	二、三级地	四、五级地	六级地	七、八级地	九级地
农业部标准	五等地	六等地	七等地	八等地	九等地	十等地
面积（万 hm^2）	0.72	3.52	7.37	3.91	4.18	0.25
产量水平（kg/hm^2）	>7 500	6 000～7 500	4 500～6 000	3 000～4 500	1 500～3 000	<1 500

2. 耕地土壤肥力状况 耕地土壤有机质含量比较丰富，平均含量为 44.5g/kg，变幅 15.5～93.9g/kg；含量大于 40.0g/kg 的面积 11.95 万 hm^2，占总耕地面积的 59.9%。全氮含量较高，平均为 2.18g/kg，变幅 0.90～4.80g/kg；含量大于 2.0g/kg 的面积 11.6 万 hm^2，占 58.14%。有效磷变幅较大，平均含量 17.4mg/kg，最高含量达 77.4 mg/kg，最低含量只有 5.7mg/kg；含量主要集中在 10～20 mg/kg 范围之间，面积 14.28 万 hm^2，占总耕地面积的 71.6%。速效钾含量较高，平均为 174mg/kg，最高含量达 339mg/kg，最低的为 62mg/kg；主要集中在 150～200mg/kg 范围之间，面积 12.33 万 hm^2，占 61.8%。耕地土壤铁、锰、锌、硫、硅含量较高，有 93.9% 耕地土壤缺硼，87.7%的耕地缺钼。土壤的 pH 在 4.8～7.1 之间，平均为 6.0，呈微酸性反应。

3. 撰写了 6 份成果报告 撰写了《扎兰屯市耕地地力调查与质量评价工作报告》、《扎兰屯市耕地地力调查与质量评价技术报告》、《扎兰屯市耕地质量与改良利用》、《扎兰屯市耕地质量与平衡施肥》、《扎兰屯市耕地质量与种植业布局》、《扎兰屯市耕地承载力研究学与生态建设规划专题报告》。

4. 建立了扎兰屯市耕地资源管理信息系统

5. 图件编制 绘制了扎兰屯市耕地地力等级分布图、土壤养分（有机质、全氮、有效磷、速效钾、钙、镁、硫、硅、硼、锌、铁、锰、铜、钼）点位图和图斑分布图等电子版图件。

6. 成果应用

（1）指导农民合理利用和改良土壤 评价结果的一、二、三级地，通过农田基本建设，实现田、林、路配套，并合理开发利用丰富的水资源，发展水浇地，逐步建成高产基本农田。四、五、六级地通过种植绿肥或增施农家肥、草炭等，提高土壤的保水保肥能力，逐步建成旱作稳产基本农田并发展农区畜牧业。七、八、九级地逐步退耕还林还草。

（2）根据耕地质量评价结果指导农民合理调整作物布局 一是利用耕地面积较大的优势扩大饲料作物的种植面积，发展农区畜牧业；二是利用淳江油脂公司、仁强制糖责任有限公司、淀粉厂等龙头企业，实现大豆、甜菜、马铃薯等作物的规模化、产业化生产；三是在市郊区地力等级中等以上、分布的地形部位较平缓的耕地上，在加强水利设施建设，增施有机肥的基础上，以发展保护地栽培为主，适当发展出口创汇产品，加快推进产业化经营，实现从传统城郊农业向现代都市型农业转变。

（3）指导农民开展平衡施肥 大力开发有机肥源，培肥地力；生产适合各种作物的专用复混肥；抓住农业部在扎兰屯市建设高油大豆生产示范基地的契机，建立无公害高油大豆平衡施肥技术的新模式，并积极申报绿色品牌，实现高油大豆的标准化生产，不断提高市场竞争力。

（四）资金使用

项目总投资 63 万元，国家财政投资 60 万元，扎兰屯市政府配套资金 3 万元。总支出 63.32 万元，其中用于耕地地力调查与质量评价 49.87 万元，黑土专项调研 13.45 万元。具体资金使用情况如下：

1. 耕地地力调查的资金使用情况

①调查物质准备共使用资金 4.65 万元，占地力调查总支出的 9.33%。包括 6 台 GPS 定位仪 2.1 万元，2 台计算机与 1 台打印机 1.9 万元，40 个取样用环刀 0.4 万元，土钻、土袋等 0.01 万元，调查表格、培训教材标签等印刷费 0.24 万元。

②调查取样费用共 3.08 万元，占地力调查总支出的 6.18%。其中租车费（5 台车 15 天）1.35 万元，调查人员食宿费 0.53 万元，野外补助费每人每天 30 元，计 1.2 万元。

③样品分析及仪器设备购置费 25.43 元，占地力调查总支出的 50.99%。其中有效钼、污染土样、水样分析化验费 5.6 万元，仪器设备和化学试剂等 19.83 万元。

④基础图件矢量化 6 万元。其中地形图 5 万元，土地资源利用现状图 1 万元。

⑤技术培训费 1.5 万元。其中参加农业部组织的培训费、差旅费 1.2 万元，聘请内蒙古农业科学院测试中心专家培训化验人员差旅费、专家费 0.3 万元。

⑥专家费 2.2 万元。召开了 4 次专家研讨会，参会人员累计 80 人次，每人次费用 200 元；聘请农科院、农业大学、环境科学研究院专家 3 人参与项目，每位专家 2 000 元。

⑦资料费 3.61 万元，占地力调查度支出的 7.24%。包括报告印刷、装订费 0.65 万元，出版费

0.35 万元。

⑧人员差旅费 3.4 万元，包括自治区土肥站、盟市土肥站的技术人员赴项目县（市）的旅差、补助等费用。

2. 黑土退化调研资金使用情况

①野外调查费 4.7 万元。包括调查所需物资和车费、技术人员差旅费、野外补助费等。

②专家费 0.69 万元。召开了 2 次黑土退化调研研讨会，累计 23 人次参加，每人次 200 元，计 4 600元；专家旅差、食宿费 2 300 元。

③基础图件矢量化处理 7.5 万元。

④资料费 0.56 万元。包括报告打印、包装等费用。

三、牙克石市耕地地力调查与质量评价试点项目

（一）项目起止时间

2004 年 9 月至 2005 年 4 月。

（二）工作组织

1. 成立工作组，制定实施方案 为了保证项目工作的顺利开展与实施，成立了工作领导小组、专家组和技术工作组，并制定了《内蒙古自治区耕地地力调查与质量评价工作实施方案（2004 年）》，经专家组讨论审议后定稿。《方案》提出了项目实施的总体思路和目标，明确了调查评价的内容与方法，确立了组织形式和预期的技术成果，规划了进度时间表，并对经费使用做了安排。

2. 资料收集和物质准备 根据工作需要，收集了地形图、土壤图、土壤养分点位图、1983 年和 1996 年的土地利用现状图，第二次土壤普查的文字和养分数据资料，1994—2003 年的农业统计资料，1988 年农业区划资料，近年的肥料试验资料、土壤肥力监测点的田间记载和化验结果资料，植保部门的农药使用数量及品种资料，水利部门的水资源状况、水土保持资料，环保部门的生态建设和环境检测资料，以及农业、气象部门的其他相关资料。

物质准备包括野外调查取样所需物质、器械的准备，分析化验仪器和化学试剂的购置，计算机软硬件的购置及相关设备的配套，以及技术培训教材、调查表格的编制等。根据项目需要，购置了 3 台 GPS、8 台计算机、1 台打印机，化学试剂，以及环刀、土钻、土袋、标签等。

3. 组织野外调查队伍 由自治区土肥站、呼伦贝尔市农业技术推广服务中心、牙克石市农业技术推广中心和各乡镇农技站的 28 名技术人员组成了野外调查队，分为 3 个调查组，每个组配 2 名参加过第二次土壤普查的技术人员，负责野外调查取样工作，并协助化验室处理样品。于 2004 年 9 月 20 日至 10 月 8 日，历时半个多月，行程近 3 000 千米，在牙克石市 12 个乡镇、256 个农场，完成了 276 个大田农化样、32 个土壤容重样，12 个污染土样、6 个水样的采集工作，填写《大田采样点农户调查表》、《大田采样点基本情况调查表》552 份，《家庭农场农机具拥有情况调查表》200 份。

4. 开展技术培训 一是参加了在北京举行的 2004 年全国耕地地力调查与质量评价工作培训班，及时将技术意见落实到工作中。二是对参加项目的所有工作人员进行技术培训，提高技术素质和基本技能，先后举办了野外取样调查技术培训班，化验分析技术培训班和资料、表格整理技术培训班，并进行了现场示范与技术指导。三是组织有关部门领导、广大农技人员及农场负责人、技术员、农机手等举办了一次大型培训班，参加人员 400 多人，由内蒙古自治区土肥站专家郑海春研究员详细讲解了耕地地力调查与质量评价的目的、意义、内容、方法、手段及成果，并就成果应用进行了阐述和描绘。

5. 化验室的选定 分析化验任务由内蒙古农业科学院测试中心和扎兰屯市农技推广中心化验室承担，均通过省级计量认证，化验人员持证上岗。

扎兰屯市农技推广中心化验室完成了土壤常规分析项目，中量元素和大部分微量元素的分析化验。内蒙古农科院测试中心承担了污染土样、水样和土壤有效钼的分析化验。共计化验大田土样、污染土样、灌溉水样共 294 个，测试分析 16 个项目，3 100 余项次。

（三）主要成果

1. 耕地地力等级及分布情况 牙克石市耕地总面积 17.48 万 hm^2，五级耕地面积最大，其次是二级地和三级地，一级地面积最小。各地力等级面积分别为：一级地 2.2 万 hm^2，占 12.59%，二级地 4.06 万 hm^2，占 23.23%；三级地 3.69 万 hm^2，占 21.10%；四级地 3.45 万 hm^2，占 19.75%；五级地 4.08 万 hm^2，占 23.33%。按农业部《全国耕地类型区、耕地地力等级划分》标准，将本次评价结果归入农业部地力等级体系，结果见表 8-3。

表 8-3 牙克石市地力等级归并结果和面积统计

评价结果	一级地	二级地三级地	四级地	五级地
农业部标准	七等	八等	九等	十等
面积（万 hm^2）	2.2	7.75	3.45	4.08
产量水平（kg/ hm^2）	4 500～6 000	3 000～4 500	1 500～3 000	<1 500

一级地和二级地集中分布在牙克石市中部的低山丘陵地带，有免渡河、海拉尔河、扎敦河等三条主要河流流经本区。河流两岸地势平坦、草原辽阔、土地肥沃。土壤多是黑钙土、草甸土。土层厚度在 50～100cm 以上。

三级地和四级地主要分布在牙克石市境内中部的 5°～15°的坡耕地，土壤多是黑钙土、灰色森林土。土层深厚，土壤理化性状良好，分布地形较平缓，养分含量也比较丰富。

五级地位于牙克石市境内南北部山林多种经营区、东北部林牧结合多种经营区。土壤主要有棕色森林土、暗棕壤。属于落叶松森林植被，土壤瘠薄、耕作比较困难，适宜林草生长，应该是以林为主结合多种经营。另外，从等级的分布地域特征可以看出，等级的高低与地貌类型、土壤类型及海拔高度之间存在着密切的关系，呈现出明显的地域分布规律；随着耕地地力等级的升高，地貌类型沿着平缓平坡地—山前倾斜平地—缓坡这一方向变化，同时海拔高度逐渐升高。

2. 耕地土壤肥力状况 土壤有机质平均含量为 66.19g/kg，变幅 33.1～133.5g/kg；含量大于 40g/kg 的面积 17.39 万 hm^2，占总耕地面积的 99.48%。全氮含量平均为 3.08g/kg，变幅 1.44～6.78g/kg；含量大于 2.0g/kg 的面积 17.05 万 hm^2，占总耕地面积的 97.54%。有效磷平均含量为 20.42mg/kg，变幅 8.4～73.9mg/kg；含量在 10～20mg/kg 的耕地面积 10.25 万 hm^2，占 58.64%。速效钾含量平均为 253.2mg/kg，变幅为 156～1 085mg/kg；含量大于 200mg/kg 的面积 16.39 万 hm^2，占 93.76%。耕地土壤严重缺钼，锌、铜、铁、锰、硼含量丰富。pH 在 6.0～7.0 之间，平均值为 6.5，属微酸性—中性反应。土壤质地以中壤为主，遍及全市各地；重壤土主要分布在沿海拉尔河、图里河、雅鲁河、绰尔河两岸和山谷地带的低洼地；砂壤土主要分布在市境东南部的中山地带。

概查了土壤环境和灌溉水的污染背景，牙克石市的耕地土壤和水资源中的各类污染物都不超标，基本接近自然背景状态，说明牙克石市的生态环境保持的较好，而且有近 85%的林地和草地的自然净化和调控，其农业生产环境条件优越，是发展无公害农产品、绿色食品生产的优良基地。

3. 撰写了 6 份成果报告 撰写了《牙克石市耕地地力调查与质量评价工作报告》、《牙克石市耕地地力调查与质量评价技术报告》、《牙克石市耕地质量与改良利用》、《牙克石市耕地质量与平衡施肥》、《牙克石市耕地质量与种植业布局》、《采用综合防旱抗旱技术措施、确保粮油作物高产稳产》专题报告。

4. 建立了牙克石市耕地资源管理信息系统

5. 资料汇总与图件编制 编制了耕地地力等级图、种植业区划图、改良利用分区图、生态建设规划图、化肥使用区划图以及土壤各种养分分布图等 22 幅数字化成果图件。

6. 成果应用 根据耕地地力调查与质量评价，牙克石市耕地资源划分为三个改良利用区，即：一至三级地为宜农性耕地区、四级地为宜农宜牧性耕地区、五级地为宜林性耕地区。

针对牙克石市种植业生产现状及存在问题，提出了种植业调整策略。东南部粮经饲区重点建立马铃薯脱毒种薯、优质商品薯生产基地，大力发展大豆、小杂豆、玉米、甜菜、中草药、果树、食用菌、黑木耳、山野菜及优质饲草、饲粮生产。中部麦油经作区今后发展重点是建立优质小麦、专用小麦、双低油菜生产基地。北部麦油作物区以小麦、油菜为主，大力发展胡麻、中草药生产。城郊菜薯经作区建立马铃薯脱毒种薯、优质商品薯生产基地，建立洋葱、胡萝卜等出口创汇蔬菜生产基地，建立无公害蔬菜及名、优、特、新保护地蔬菜生产基地，大力发展西瓜、甜瓜保护地生产，开发花卉产业。

（四）资金使用

项目总投资 43 万元，其中中央财政资金 40 万元，项目单位自筹 3 万元。具体资金使用情况如下：

①调查与评价物资使用资金 5.4 万元，占项目总支出的 12.6%。包括 3 台 GPS 定位仪 0.7 万元，计算机 8 台 4 万元，打印机 1 台 0.4 万元，扫描仪 1 台 0.1 万元，环刀 10 个、取土袋、标签 500 付 0.08 万元，调查表格、培训教材 0.06 万元，采样器械 0.06 万元。

②会议及技术培训费使用资金 0.6 万元，占项目总支出的 1.4%。会议费 0.4 万元，参加农业部组织的培训费、差旅费 0.2 万元。

③采样调查及补助费包括租车费、调查人员食宿费、野外补助费等 3 万元，占项目总支出的 7.0 %。

④样品分析测试费包括有效钼、重金属、污染土样、水样等的化验费及化学试剂费用等，共计 16 万元，占项目总支出的 37.1 %。

⑤基础图件数字化使用资金 6 万元，占总项目的 14.0%。其中地形图 5 万元，土地利用现状图 1 万元。

⑥人员差旅费包括自治区土肥站、地市土肥站技术人员赴项目市（县）的差旅费、补助费共计 5 万元，占项目总支出的 11.6 %。

⑦资料与验收费使用 5 万元，占项目总支出的 11.6 %。其中文字、图件的打印、印刷、装订费 0.5 万元，出版费 3.5 万元，验收费 1 万元。

⑧专家费 2 万元，占项目总支出的 4.7%。

四、莫力达瓦达斡尔族自治旗耕地地力调查与质量评价试点项目

（一）项目起止时间

2005 年 4 月至 2006 年 3 月。

（二）工作组织

1. 建立组织　成立了项目领导小组、专家组、技术工作组、野外调查组和室内化验小组。

野外调查组由 27 名技术人员组成，分成 5 个小组，从 2005 年 4 月 15 日开始，至 5 月 9 日，历时 26 天完成了 919 个大田农化样、12 个污染样、13 个水样、66 个土壤容重样等的采集工作，填写了《采样点基本情况调查表》、《采样点农业生产情况调查表》、《农户收入支出情况调查表》共计 2 600份。

室内化验小组由 8 名成员组成，其中 3 名参加过第二次土壤普查室内化验工作，其余 5 名为专业学校毕业生。并聘请了阿荣旗农技中心 5 人担任技术指导，全程参加室内化验工作。部分化验项目由自治区农科院化验室承担。共计完成大田农化样、污染土样、水资源水样 944 个样品，10 419 个项次的分析化验任务，除完成技术规程规定的必测项目外，大田农化样增加了碱解氮的测定。

2. 资料收集和物质准备　收集了莫力达瓦达斡尔族自治旗地形图（1∶5 万）、土壤图（1∶10 万）、土壤养分点位图（1∶10 万），1986 年土地利用现状图（1∶10 万），1996 年土地利用现状图（1∶10万）等资料。

3. 确定化验室　分析化验任务由通过了省级计量认证的内蒙古农科院测试中心和阿荣旗农业技术推广中心化验室承担。

（三）主要成果

1. 耕地地力等级及分布情况　全旗总耕地面积 45.93 万 hm^2，占总土地面积的 43.34%。以三、

四级地为主，占耕地总面积的一半。一级地 3.39 万 hm^2，占耕地面积的 7.38%；二级地 5.28 万 hm^2，占 11.49%；三级地 10.67 万 hm^2，占 23.23%；四级地 12.59 万 hm^2，占 27.41%；五级地 7.78 万 hm^2，占 16.94%；六级地 6.22 万 hm^2，占 13.54%。按农业部《全国耕地类型区、耕地地力等级划分》标准，将本次评价结果的一至六级地分别归入农业部地力等级的五至十等地。

2. 耕地土壤养分状况 莫力达瓦达斡尔族自治旗耕地土壤养分含量较高，有机质平均含量为 61.3g/kg，大于 40g/kg 的面积占 91.1%；全氮平均含量为 3.06g/kg，大于 2g/kg 的面积占 93.3%；碱解氮平均含量为 240mg/kg，基本上全部大于 150 mg/kg；有效磷平均含量 25.8mg/kg，大部分处于中上等水平；速效钾的含量也比较高，平均为 209mg/kg，处于极丰富等级的面积占 50.48%。耕地土壤大部分缺硼、钼，锌、铜、铁、锰含量较高。土壤的 pH 在 3.9～6.4 之间，平均为 5.8，呈微酸性反应。

莫力达瓦达斡尔族自治旗土壤、主要河流、地下水中的各种污染物含量处于自然背景状态，没有受到污染，是发展绿色食品、无公害农产品生产的优良基地。

3. 撰写了 6 份成果报告 撰写了《莫力达瓦达斡尔族自治旗耕地地力调查与质量评价工作报告》、《莫力达瓦达斡尔族自治旗耕地地力调查与质量评价技术报告》、《莫力达瓦达斡尔族自治旗耕地质量与中低产田改良》、《莫力达瓦达斡尔族自治旗耕地质量与平衡施肥》、《莫力达瓦达斡尔族自治旗耕地质量与农牧业生产结构调整》、《莫力达瓦达斡尔族自治旗耕地质量与退耕还林》专题报告。

4. 建立了莫力达瓦达斡尔族自治旗耕地资源管理信息系统

5. 绘制了电子版专业图件 绘制了莫力达瓦达斡尔族自治旗耕地地力等级图、改良利用分区图、平衡施肥区划图、节水灌溉规划图、土壤养分（有机质、全氮、碱解氮、有效磷、速效钾、有效硼、锌、铁、锰、铜、钼）点位图、图斑分布图以及土地利用现状图等电子化图件 17 幅。

6. 成果应用 当地政府已利用本次调查结果，责成有关部门制定和完善了种植业结构调整、中低产田改良、退耕还林还草以及生态建设总体规划。研究开发了适合当地的专家施肥系统，应用本次耕地养分调查结果，在全旗范围内开展了配方施肥技术服务。根据本次耕地环境质量评价结果，明确了莫力达瓦达斡尔族自治旗目前还是一片“净土”，当地政府已提出充分利用这一优势，在保护耕地环境质量的基础上，大力发展无公害农产品生产。根据调查成果，确定逐步发展节水灌溉，解决限制当地农业生产的关键因素，提高耕地的综合生产能力。

（四）资金使用

农业部安排项目经费 35 万元，项目单位自筹 3 万元，累计使用资金 38 万元。具体使用情况如下：

①调查与评价物资准备费用 5.0 万元，占项目总支出的 13.16 %。包括 5 台 GPS 定位仪 1.2 万元，计算机及相关配套设施 3.2 万元，扫描仪 1 台 0.1 万元，环刀 10 个、取土袋、标签 500 付，调查表格、培训教材，采样器械等 0.5 万元。

②会议及技术培训费 0.5 万元，占项目总支出的 1.32%。包括会议费 0.3 万元，参加农业部组织的培训费、差旅费 0.2 万元。

③采样调查及补助费 3.5 万元，占项目总支出的 9.21%。包括租车费、调查人员食宿费、野外补助费等。

④样品分析测试费 17.5 万元，占项目总支出的 46.05%。包括有效钼、重金属、污染土样、水样等的化验费及化学试剂费用等。

⑤基础图件数字化费用 6 万元，占总项目的 15.79%。其中地形图 5 万元，土地利用现状图 1 万元。

⑥人员差旅费 3 万元，占项目总支出的 7.89%。包括自治区土肥站、地市土肥站技术人员赴项目市（县）的差旅费、补助费。

⑦资料与验收费 1.5 万元，占项目总支出的 3.95%。其中文字、图件的打印、印刷、装订费 0.5 万元，验收费 1 万元。

⑧专家费 1 万元，占项目总支出的 2.63%。

第五节 标准粮田建设项目

农业部自2004年起在全国13个粮食主产省区启动国家优质粮食产业工程项目，加大对农业基础设施建设的投入力度。重点开展优质专用良种繁育、病虫害防控、标准粮田和农机装备推进等项目建设。呼伦贝尔市从2005年开始逐步在全市8个旗（市、区、农场）实施标准粮田建设项目，累计投资4 843万元，建成高产高效标准粮田1.2万hm^2。主要建设内容包括平整土地、膜下滴灌、低压管灌、喷灌以及林网、田间路、机井、农电等农田基础设施的配套和改建，使农业生产水平大幅提高，为全市粮食连年丰收奠定了基础。

一、阿荣旗标准粮田建设项目

（一）立项依据

根据农业部《关于组织编报国家级优质粮食产业工程2004年项目可行性研究报告的通知》（农计发〔2004〕3号）及内蒙古自治区农牧业厅《关于举办国家优质粮食产业工程2004年项目申报工作培训班的通知》（内农牧计字〔2004〕157号）的文件精神编报申请立项。

（二）批复与验收时间

2004年12月由农业部批复立项（批准文号：农计函〔2004〕555号），项目初步设计与概算2005年1月上报自治区农牧业厅审批，2月通过专家论证，4月正式批复［《关于国家优质粮食产业工程2004年项目初步设计与概算的批复》（内农牧计发〔2005〕44号）］。2007年3月22日通过了自治区农牧业厅组织的竣工验收。

（三）项目建设地点

1. 4万亩标准粮田建设示范区建设地点 阿荣旗亚东镇的万兴村、东兴村、老山头村、新合村、永合村5个行政村（5个村在立项之初归属太平庄镇管辖，项目开始实施时太平庄镇撤销，5个村划归亚东镇管辖）。

2. 地力、墒情监测与实验场建设地点 阿荣旗新发乡唐王沟村农业技术推广中心良种场试验地内。

3. 地力墒情监测站建设地点 阿荣旗农业技术推广中心化验室。

4. 配肥站建设地点 阿荣旗那吉镇道西街。

（四）项目建设期限

2005—2006年。

（五）项目建设内容及规模

1. 田间工程 建设标准粮田2 666.7hm^2，其中万兴村600hm^2、东兴村800hm^2、老山头村533.3hm^2、新合村200hm^2、永合村533.4hm^2。在2 666.7hm^2标准项目建设中，包括喷灌面积2 400 hm^2，其中万兴村600 hm^2、东兴村600hm^2、老山头村533.33 hm^2、新合村133.3hm^2，永合村533.4 hm^2；膜下滴灌示范面积266.7 hm^2，其中东兴村2 010 hm^2、新合村66.7 hm^2（表8-4）。

表8-4 阿荣旗标准粮田建设地点及规模统计

标准粮田		合计	万兴村	东兴村	老山头村	新合村	永合村
面积（hm^2）	合计	2 666.7	600	800	533.3	200	533.4
	喷灌	2 400	600	600	533.33	133.3	533.4
	膜下滴灌	266.7	—	200	—	66.7	—

2. 仪器设备购置 购置仪器设备50台（套），其中试验监测仪器设备34台（套），包括地力与墒情监测设备8台（套）、化验室仪器设备26台（套），配肥站加工设备16台（套）。

(六) 项目资金使用情况

项目总投资 1 082 万元，其中中央财政投资 730 万元，地方配套资金 352 万元。

1. 田间工程 投资 945.5 万元，其中农田基础设施 645.5 万元，地力建设支出 300 万元。

2. 仪器设备购置 投资 56.5 万元，其中化验室仪器设备游子 21.4 万元、配肥站设备投资 35.1 万元。

3. 工程建设其他费用 支出 50 万元。

4. 预备费 支出 30 万元。

(七) 时间进度

2005 年 4 月 23 日工程招标，中标企业为阿荣旗劳动建筑公司和第一建筑公司。2005 年 5 月 15 日，农田水利土建工程开工。2005 年 10 月 8 日水源井工程开工兴建。2006 年 5 月 1 日，水源井 242 眼全部完成。截止 2006 年 7 月 31 日，已按期完成了项目批复的 2 666.7hm^2 标准粮田及各单项建设任务。2006 年 8 月 1 日，设计、监理、质检等有关部门专家组成的验收小组，对项目的单位工程、分部工程建设质量进行了初验，经验收组综合测评，3 个单位工程、23 个分部工程均达到了合格标准，其中优良工程率达 78%，项目建设的整体水平达到了优良工程标准。2007 年 3 月 22～23 日由内蒙古自治区农牧业厅组织的验收组对呼伦贝尔市阿荣旗国家标准粮田建设项目进行了验收。经验收组的内查外检，根据农业部《农业基本建设项目竣工验收管理规定》，项目建设标准、内容、规模和质量均达到预期目标，验收组一致同意验收合格。其中单位工程质量达到了优秀等级，1 431 个单元工程全部合格，优良率达 79.04%；分部工程全部合格，优良率达 73.91%。

(八) 主要建设成果

1. 完成项目区的施工图及田块的 GPS 定位

2. 建成旱涝保收的标准粮田 2 666.7hm^2，农田基础设施得到改善 完成农田桥 3 座（路面宽 5m，8m 跨度的 1 座、6m 跨度的 2 座），新建过水路面 5 个（均为计划外，宽 4m，跨度分别是 60m、46m、80m、10m、10m）。计划建筑各类涵洞 7 个，实际完成 54 个（双排涵 10 个，单排涵 18 个，石砌涵 3 个，路边涵 23 个）。新建主干路 19 787m，路面宽 5m，田间路 46 994m。农田桥、涵及田间路的建设，大大方便了农作物产品的外运和当地居民的通行。

新建山洪沟 14 694m；修建截洪沟 26 327m，标准是宽 5m，深 1.5m；排水斗沟完成 67 条，28 550m。

农田防护林沿农田主干道、斗沟、沙里沟河两岸栽植，行距 1.5m、株距 1.5m，完成计划任务 40 万株，面积 2 000 亩。这些树带达到了防风的效果，使喷灌受风力影响较小，当风力等级达到 4 级（5.5～7.9m/s）以上时，对喷灌均匀度没有产生影响，既防风又美化环境。林带的布置与田间排水沟及山洪截流沟相结合，田间每 400m 布设一条林带。

建设水源井 242 眼（深度 8m，内口径 2m），每眼喷灌井控制灌溉农田 10hm^2。通过阿荣旗政府采购中心购置喷灌设备 246 套，并在 2006 年春播前全部发放到农户手中，在春旱中发挥了作用。

通过标准化、规范化和模式化建设，基本达到了田成方、路成行、林成网、井站渠系定型、沟渠成一线。

3. 建设地力、墒情监测与施肥实验场 1 处，在监测场进行地力墒情监测，为专用肥生产和指导科学种田提供依据 实验场 6.7hm^2，补充配备阿荣旗农业技术中心化验室 1 个，补充分析实验仪器 34 台套，根据监测结果指导农户进行及时喷灌补水。地力与墒情监测配备数据采集设备 1 套，包括：SWR-2 型实时定位土壤水分速测仪 1 套、便携式土壤水分速测仪 1 台、GPS315/320 型 GPS 全球定位仪 1 台、小型自动气象数据采集站 1 套。数据处理设备 1 套，包括：联想奔 IV 计算机 1 台、评价指标体系建设 1 套、墒情与旱情信息管理系统 1 套、土壤农化信息采集系统 1 套。配置采样制样设备 1 套，包括：购置土壤粉碎机 1 台、土壤筛 1 套、土钻、环刀 1 套等。配置称量设备 1 套，包括：万分之一电子分析天平 1 台、百分之一电子分析天平 1 台。监测化验仪器设备 1 套，包括：半自动定氮仪 1 台、紫外分光光度计 1 台、数字式离子计 1 台、电导率仪 1 台、颗粒强度测定仪 1 台、土壤硬度计 1 台。控温及辅助设备包括：冷暖型分体式空调机 1 台、通风排毒系统 1 套、磁力恒温搅拌器 1 台、离心机 1 台、动槽式水银气压计 1 台、无氟冰箱 1 台、电热水器 1 个、鼓风干燥箱 1 台、电子可控电热板 1 台、恒温水浴振荡器 1 台、铂金坩埚 1 个、中心化验台 1 张。

4. 改建、扩建配肥站一座 购置更新复混肥加工设备16台（套），年生产复混肥能力由原来的1万t提升为3万t。

5. 通过地力建设，耕地质量明显提高 通过2005年的试验示范及2006年开展的新农村建设，项目区内农民对积造有机肥热情高涨，每年完成有机肥施用0.13万hm^2，公顷施用量37.5t；深耕深松完成2 666.7hm^2，深耕25cm，深松35cm；专用肥使用面积2 666.7hm^2；平整土地47.6hm^2；秸秆还田完成666.7hm^2，秸秆还田量为2 250kg/hm^2。采用深耕深松、秸秆还田、增施有机肥、平衡施肥等技术措施，使项目区47.6hm^2农田得到平整，田面坡度<3°，地力提高0.5个地力等级，化肥利用率提高10个百分点。

（九）项目效益

1. 经济效益 标准粮田项目的投资建成，使项目区内2 710.4 hm^2耕地的基础设施进一步完善，通过地力建设，大大提高了土壤肥力，耕地达到旱涝保收的标准田。当地主栽作物大豆的公顷单产水平由1 950kg提高到2 745kg，公顷增产795kg/ hm^2，总增产215万kg，增产率达40.8%。按当地价格平均2.4元/kg计算，公顷增收1 908元，总增收517万元。项目区实行测、配、产、供、施一条龙服务，每公顷施肥量可比建设前减少肥料用量8.4kg（纯量），每公顷节本增效33元，项目区每年节本增效8.9万元，实现年总增产增收525万元。每年生产优质高油大豆744万kg，年创产值1 785.6万元，实现年纯效益355万元。单位投资新增生产能力0.20kg（大豆），新增产值0.48元，新增收益0.33元。

2. 节水效果 项目的建成，对当地生态建设产生了重大影响。林网建设提高了项目区森林覆盖率，明显地增强了田间小气候的调节能力，对抗旱保水已发挥出重要作用。农田整治工程和地力建设工程的实施提高了耕地质量，改善生产环境，减轻土壤侵蚀，增加土壤蓄水保墒能力，有效地提高农田水分利用率。节水补灌配套设施建设可以充分利用现有水资源，提高灌溉保证率，改变了当地大旱大减产、小旱小减产的被动局面，基本做到了旱能灌、涝能排，增强了农业抗御自然灾害的能力，使项目区抗御中等自然灾害的能力由2年提高到10年。

3. 社会效果 项目的建成，对当地农民生产、生活和经济发展产生了重要影响；项目区5个村720户，共计2 390人直接受益；由于农田设施的建设，生产环境的改善，加之地力建设工程的作用，增强了农业生产的后劲，提高了当地科学种田水平，增加了当地农业综合生产能力和投资效益，使项目区变成旱涝保收的标准粮田。标准粮田项目的投资建成，可使项目区节水灌溉面积增加2 710.4hm^2；耕地地力和墒情监测系统的运行，可为项目区及周边7个乡镇提供土壤肥力变化动态和墒情预报，服务面积达10万hm^2耕地；项目区标准粮田建设及生产模式为毗邻旗市提供了模式和样板，辐射面达4个旗市，覆盖了66.67万hm^2农业耕地；施肥实验场建成可为全旗开展新技术试验研究和技术培训提供了基地。

二、莫力达瓦达斡尔族自治旗标准粮田建设项目

（一）批复时间

2006年由农业部批复立项（批准文号：《关于内蒙古自治区国家优质粮食产业工程2006年项目可行性研究报告的批复》农计函〔2006〕65号）。由内蒙古自治区农牧业厅、内蒙古自治区发展和改革委员会《关于2006年国家优质粮食产业工程项目初步设计与概算的批复》（内农牧计发〔2006〕281号）文件正式批复，并于2007年4月开工建设。

（二）项目建设地点

莫力达瓦达斡尔族自治旗尼尔基镇的大莫丁村、小莫丁村、兴农村。

（三）项目建设期限

2006—2007年。

（四）项目建设内容及规模

2 666.7hm^2标准粮田建设示范区建在尼尔基镇的大莫丁村、小莫丁村、兴农村。新增喷灌面积2 666.7hm^2，其中：大莫丁村1 200hm^2，新打管井113眼；小莫丁村866.7hm^2，新打管井80眼；

兴农村 600hm²，新打管井 61 眼。

建设地力、墒情监测中心站 1 处，地力墒情监测中心站化验室建在莫力达瓦达斡尔族自治旗农业技术推广中心化验室内。补充完善中心化验室一个，落实在莫力达瓦达斡尔族自治旗农技中心办公楼内。在全旗范围内设置 20 个固定的耕地质量监测点。配肥试验站建在莫力达瓦达斡尔族自治旗农业技术推广中心院内。

（五）项目资金使用情况

项目建设总投资 761 万元，其中：中央财政投资 540 万元，地方配套资金 221 万元。

田间工程投资 612.7 万元、仪器设备投资 58.3 万元、工程建设其他费 54 万元、基本预备费 36 万元。

（六）时间进度

2006 年 1～6 月，完成项目可行性研究报告的编写。2006 年 7～12 月，完成项目工程设计与概算书的编制。2007 年 1～3 月，购买喷灌及化验室仪器设备。2007 年 3～5 月，完成平整土地、水源工程建设、田间工程的田间路及 50%排水渠系建设。2007 年 6～9 月，完成田间工程的机耕路建设及配肥站、地力墒情检测站仪器设备购置及安装、调试运行。2007 年 10～11 月，完成 50%排水渠系建设、农田防护林建设。2007 年 12 月，项目总结。2009 年通过竣工验收。

（七）主要建设成果

1. 标准粮田建设 完成了 2 666.7hm²标准粮田建成任务。通过国家标准粮田项目建设，项目区基本实现了林成网、路畅通、排灌系统相配套的格局，农田基础条件得到了改善，增强了抗御自然灾害的能力。采取机械作业方式对项目区的土地进行平整，达到垄向齐、地块平整。开挖排水斗沟 43 200m，沟底宽 0.4m、深 0.8m；截洪沟 16 000m，沟底宽 1m、深 1m，主排水沟 4 000m；修建桥涵 29 座；打喷灌管井 254 眼，并配备 254 套移动式喷灌设备，每眼喷灌井控制灌溉农田 10hm²；铺设机耕路 9 条，共计 44 000m，机耕路与排水沟、林带相结合，路面宽 4.5m，路基总高 0.4m，上面覆盖黄砂土厚度 0.15m；田间路 54 000m，田间路的布设与排水沟及林带相结合，即 440m 布设一条田间路，路面宽 3.5m，设计路基高 0.3m，其中填土厚 0.20m，上覆 0.10m 砂砾层；营造农田防护林 66.7hm²，林带的布置与田间排水沟及截流沟相结合，东西向林带，每 440m 布设一条林带，东北向每 440m 布设一条林带，植树 15 万株，行距 1.5m，株距 2.0m。

2. 地力、墒情监测中心站和施肥实验场建设 建设地力、墒情监测中心站和施肥实验场各 1 处，面积为 6.7hm²。在监测场进行地力墒情监测，为专用肥生产和指导科学种田提供依据，以先进、科学、精密为原则更新实验设备，在原有的基础上升级改造，进一步提高化验质量。购置配备地力与墒情监测设备为：1 910 型紫外可见分光光度计、power Ⅰ型纯水器、9 820 型定氮仪、hB43 型土壤水分测定仪、GPS 定位仪、联想计算机、数码相机、打印机、墒情与旱情信息管理系统、定时定位土壤水分速测仪、土壤农化信息采集系统。

3. 集成配套了农业增产新技术 结合标准粮田项目的实施，在项目区内重点推广了配套的农业增产新技术，开展了增施有机肥试验、秸秆还田试验、深耕深松试验、测土配方施肥技术研究和耕地综合培肥研究等内容。在项目区进行了水肥双节大面积生产示范，示范田面积为 66.7hm²，其中：大豆 53.4hm²，玉米 13.3hm²。经秋后测产，示范田粮食公顷平均产量为 3 263.4kg，对照田公顷产量 2 994kg，公顷增产 269.4kg，增产率为 9%。玉米示范田公顷产量 7 689kg，对照田为 7 281kg，公顷增产 408kg，增产率为 5.6%，公顷增收 489.6 元；大豆示范田公顷产量 2 157kg，对照田为1 914kg，公顷增产 243kg，增产率为 12.7%，公顷增收 729 元。

4. 中心化验室的升级改造 升级改造补充完善中心化验室 1 个。化验室主体由国家优质粮食产业工程商品粮基地建设项目承建，配备以下仪器设备：磁力恒温搅拌器、动槽式水银气压计、电子可控电热板、淋洗柜、铂金坩埚、土钻环刀、土壤粉碎机、植物粉碎机、高速植物捣碎机、电导率仪、颗粒强度测定仪、电热恒温数显培养箱、消化炉等。

5. 配肥试验站建设 新建配肥试验站一个，购置复混肥生产加工设备 1 套。包括：5.5kW 加热炉风机，操作平台及安装附件，φ1.8×60011kW 碾砂机，LFD500 型立式粉碎机，D180S-6M 斗式提升机，YLD2800 型圆盘造粒机，DS500-10M 型皮带机，42R 型供水循环系统，43YX 型燃烧室，29GA-07GB 型弯热气接管，TH1200 型滚筒烘干机，ZCZ600 型沉降室抽烟除尘装置，D180S-5.5M 型斗式提升机，ZS1200 型振动筛，YJ800 型圆盘给料机，CL300 型储料仓，DS300-6.5M 皮带机，LJ1800 立式搅拌机。

(八) 项目效益

1. 经济效益 标准粮田项目的建设，使当地主栽作物大豆的单产水平由 1 980kg/hm^2 提高到 2 700kg/hm^2，公顷增产 720kg，总增产 192 万 kg，增产率达 36.4%。按当地价格 2.4 元/kg 计算，公顷增收 1 728 元，总增收 461 万元。每年可生产优质高油大豆 720 万 kg，年创产值 1 728 万元，实现年纯效益 320 万元。单位投资新增生产能力 0.17kg（大豆），新增产值 0.4 元，新增纯收益 0.27 元。

2. 配肥站效益 根据运作情况，每吨长效复混肥纯利润 60 元，年加工生产 0.5 万 t，纯利润 30 万元。

3. 社会效益 项目区节水灌溉面积增加 2 356.7hm^2，增长 88.38%；使项目区 3 个村 500 户，共计 2 220 人直接受益。耕地地力和墒情监测系统的运行，为项目区及周边 7 个乡镇提供土壤肥力变化动态和墒情预报，辐射服务面达 100 万 hm^2 耕地。

三、2008 年国家标准粮田建设项目

(一) 批复时间

根据内蒙古自治区发展和改革委员会、内蒙古自治区农牧业厅《关于编报 2008 年优质粮食产业工程项目的通知》（内发改农资〔2007〕1694 号）文件精神，扎兰屯市、鄂伦春自治旗、海拉尔农场管理局（拉布达林农场、三河马场、上库力农场）和大兴安岭农场管理局（欧肯河农场）被列入 2008 年的建设计划。2007 年 10 月由农业部批复立项（批准文号：农计函〔2007〕431 号），2008 年 6 月内蒙古自治区农牧业厅《内蒙古自治区 2008 年国家优质粮食产业工程标准粮田项目初步设计与概算的批复》（内农牧计发〔2008〕142 号）文件批复该项目初步设计与概算。

(二) 项目建设规模

6 个项目区建设总规模为 6 666.7hm^2 旱涝保收稳产高产标准粮田，计划总投资 3 000 万元。扎兰屯市、鄂伦春自治旗、海拉尔农场管理局的上库力农场、大兴安岭农场管理局的欧肯河农场建设规模均为 1 333.3hm^2，计划投资分别为 600 万元；海拉尔农场管理局的拉布达林农场、三河马场建设规模各为 666.7hm^2，计划投资分别为 300 万元。

(三) 项目建设内容

1. 田间工程 项目区累计打水源井 158 眼，购置喷灌设备 158 台（套），建水源井房 100 座，修建机耕路 5.31 万延长米，修建农田路 6 万延长米，挖排洪沟 6.2 万延长米，治理截洪沟 2.28 万延长米，冲刷沟 2.15 万延长米，建设涵洞 18 座、桥 4 座，建设水泥晒场 2.42 万 m^2、晾晒棚 0.46 万 m^2，营造农田防护林 33.3hm^2，治理涝地 20.8hm^2，治理农田渔眼泡 26.2hm^2。

2. 仪器设备购置 标准粮田项目区建设地力墒情监测站 2 个，补充完善化验室 2 个，建配肥试验站 2 座，配备地力与墒情监测设备 29 台（套），同时，配备了数据处理、监测化验仪器、控温及辅助设备等。购置复混肥加工设备 23 台（套），可进行不同配比的配方肥掺混加工，年加工能力达 2 万 t。

(四) 项目资金

标准粮田建设项目区总投资 3 000 万元，其中中央投资 2 000 万元，地方配套资金 1 000 万元。中央投资和地方配套资金全部到位，全部用于项目建设中。

(五) 取得的效益

通过项目的实施，建成的 6 666.7hm^2 高标准粮田，既提高了耕地地力等级又提高了肥料利用率；实现了项目区大豆产量 2 700kg/hm^2、玉米产量 9 000kg/hm^2 的目标，使中等旱灾年份粮食减产风险控制在 10% 以下。同时对当地的生态建设产生重大影响，一是增加了节水喷灌面积，调节了区域气

候，减少旱灾危害，为农业生产提供了可靠保证；二是地力工程建设可以有效地提高耕地质量，减轻土壤侵蚀，提高农田水分和肥料利用率，为粮食安全生产提供了保障。

第六节　旱作农业示范基地建设项目

加强农业基础建设，保障粮食等主要农产品基本供给，进一步促进农业稳定发展、农民持续增收，确保农村社会和谐发展，是我国农业和农村经济发展的基本任务。我国是世界上水资源严重紧缺的13个国家之一，人均水资源占有量约为世界平均水平的1/4，随着经济社会的快速发展，水资源供需矛盾日趋加剧。为贯彻党中央、国务院关于大力发展节水农业的一系列指示精神，全面落实《国民经济和社会发展第十一个五年规划纲要》提出的“在缺水地区发展旱作节水农业”，2007年中央1号文件提出的“启动旱作节水农业示范工程”和2008年中央1号文件提出的“加快实施旱作农业示范工程，建设一批旱作节水示范区”的要求，国家发展和改革委员会编制了《现代农业示范项目建设规划（2007—2010年）》，内蒙古自治区发展和改革委员会据此下发了《关于编制旱作农业示范基地建设项目可行性研究报告的通知》(内发改农字〔2008〕587号)，具体部署内蒙古自治区旱作农业示范项目的建设工作。

呼伦贝尔市阿荣旗、大兴安岭农场管理局以及莫力达瓦达斡尔族自治旗、海拉尔区和鄂伦春自治旗分别于2008年、2009年开始实施为期两年的旱作农业示范基地建设项目，累计投资940万元，建设旱作农业示范基地2 266.7hm^2。

一、阿荣旗旱作农业示范基地建设项目

（一）立项依据与批复时间

根据内蒙古自治区农牧业厅《关于2008年旱作农业示范基地建设项目初步设计与概算的批复》（内农牧种植发〔2008〕210号）的文件，确定阿荣旗为2008年实施旱作农业示范基地建设项目旗，项目于2008年8月正式立项实施。

（二）项目建设地点

阿荣旗旱作农业示范基地建在新发乡大有庄村，项目区建设面积666.7hm^2。项目区位于阿荣旗新发朝鲜民族乡的最南部，地理位置在东经123°57′18″，北纬48°19′15″，隶属于新发乡大有庄村。项目区涉及大有庄村的3个自然屯，即靠山屯、大有庄和山河组。项目区上起北新发沟，下至金界壕，西至阿伦河边，总控制面积673hm^2，项目区内耕地全部为旱田。

（三）项目建设期限

2008—2009年。

（四）项目建设内容及规模

1. 田间基础设施　完成路边沟9 000m，防护林15 000株，维修农田路17 000m，打水源井70眼，建过水路面1座，双排涵3座，单排涵6座，2009年6月末全部通车使用。

2. 地力建设　平整土地133.3hm^2，深耕深松666.7hm^2，秸秆还田200hm^2，增施有机肥333.3hm^2，地力墒情监测实验场3.3hm^2（建防护围栏1 100m，维修监测室40m^2）。

3. 抗旱新技术推广应用　膜下滴灌6.7hm^2。

4. 仪器设备购置　设备购置完成98台（套），其中实验及监测设备6台（套），化验室仪器设备10台（套），节水抗旱设备70台（套），农机具12台（套）。

（五）项目资金使用情况

阿荣旗旱作农业示范基地建设项目总投资220万元，其中中央投资200万元，地方配套20万元。以上资金于2009年全部到位。

1. 土建工程费用　共投入资金127.9万元（地方配套资金18万元）。

①田间工程：维修农田路17 000m，疏通路边沟9 000m，水源井工程70眼，桥涵10座，共使用

资金72.4万元

②防护林完成15 000株，使用资金7.5万元。

③膜下滴灌建设面积6.7hm^2，使用资金10万元。

④地力墒情监测实验场建设面积3.3hm^2，使用资金5万元（地方配套5万元）。

⑤地力建设工程：共投入资金33万元（地方配套资金13万元）。其中平整土地18万元（地方配套资金10万元），深耕深松10万元，增施有机肥2万元（地方配套资金1万元），秸秆还田3万元（地方配套资金2万元）。

2. 设备购置费用 共投入资金80.919万元。购置实验与监测设备6台（套）、化验室仪器设备10台（套）、节水抗旱设备70台（套）、农机具12台（套），共完成98台（套）。

3. 工程其他费用 共投入资金11.181万元（地方配套资金2万元）。

①可研报告编制费0.471万元。

②建设单位管理费2万元（地方配套资金2万元）。

③设计费1.8万元。

④技术依托费3万元。

⑤监理费3.91万元。

（六）项目实施做法

1. 实行法人责任制 项目建设单位为阿荣旗农业技术推广中心，具体负责项目实施管理、工程施工监督、财务核算和验收总结工作。由阿荣旗农业技术推广中心法人负责组织项目的实施。

2. 实行招投标制 委托呼伦贝尔市信诚工程招标代理公司承担田间工程的招标代理工作。于2009年3月5日在阿荣旗农业技术推广中心会议室召开了招标会，旗纪检委、审计局、财政局、开发办、农牧业局、农业中心及投标企业人员参加，共有三个工程施工企业参标，分别为阿荣旗第一建筑工程公司、扎兰屯第一建筑工程公司、莫力达瓦达斡尔族自治旗高丰建筑工程公司，最后阿荣旗第一建筑工程公司以113.8万元中标。仪器设备购置由阿荣旗政府采购中心会同旗纪检委、旗财政局和农业技术推广中心对伯格森（北京）科技有限公司、内蒙古元原科贸发展公司、东方科创（北京）生物技术有限公司、黑龙江省甘南县天龙水利排灌物资有限责任公司等公司进行邀标、询价，中标单位为伯格森（北京）科技有限公司和黑龙江省甘南县天龙水利排灌物资有限责任公司。

3. 实行合同制 为确保工程质量和项目效益，所有工程项目在实施前根据投标文件签订工程建设合同。项目建设单位与项目施工单位签订施工合同，明确工期、工程质量，与项目管理单位、项目监理单位签定项目管理责任制和委托监理合同，按合同要求履行工作职责。

4. 实行监督监理制 自治区土肥站委托内蒙古信元生态工程监理有限责任公司负责项目监理工作。自2008年10月6日委托方、建设方、监理方签署了建设工程委托监理合同后，监理公司即开展工程监理工作，每月上报监理月报，报告工程进度及监理工作开展情况。项目区田间工程施工期间，监理公司到现场监理，对隐蔽工程进行全过程的监理，保障了工程质量。

（七）项目效益

1. 经济效益 项目运行后实现了当地主栽作物的增产增收，2009年增产总量达到237.5万kg，总增收235.65万元。

项目区大豆种植面积337.3hm^2，单产2 730kg，公顷增产780kg，总增产26.31万kg，增产率达40%。按当地价格3.60元/kg计算，公顷增收2 808元，总增收94.72万元。

玉米种植面积66.7hm^2，单产9 229.5kg，公顷增产2 179.5kg，总增产14.53万kg，增产率达33.9%。按当地价格1.34元/kg计算，公顷增收2 920.5元，总增收19.47万元。

马铃薯种植面积200hm^2，单产32 100kg，公顷增产9 600kg，总增产192万kg，增产率达42.7%。按当地价格0.52元/kg计算，公顷增收4 992元，总增收99.84万元。

向日葵种植面积66.7hm^2，单产2 955kg，公顷增产705kg，总增产4.7万kg，增产率达31.3%。按当地价格4.60元/kg计算，公顷增收3 243元，总增收21.63万元。

2. 生态效益 项目区建成后，改善了农业生产条件和生态环境，提高农业综合生产水平。

666.7hm^{2}耕地达到了标准农田水平，真正实现了旱能灌、涝能排，整合工程措施、农机、农艺技术措施，提高土壤蓄水保墒和旱作节水能力。项目区耕地采用平整土地、深耕深松，秸秆还田、增施有机肥及测土配方施肥等技术措施，综合运用节水喷灌技术、轮作改良土壤，加强旱情墒情监测与科学指导，提高土壤肥力水平和综合生产能力，使地力提高 0.5 个地力等级，化肥利用率提高 10 个百分点。

3. 社会效益 通过项目的实施，在阿荣旗旱作农业区建成了科技含量高、示范带动作用强的旱作农业综合技术示范基地，辐射带动全旗旱作农业生产，促进该旗农业增效农民增收和农业可持续发展。

二、大兴安岭农场管理局旱作农业示范基地建设项目

（一）立项依据与批复时间

根据内蒙古自治区发展和改革委员会《关于 2008 年旱作农业示范基地建设项目可行性研究报告的批复》（内发改农字〔2008〕803 号）和呼伦贝尔市发展和改革委员会《关于下达 2008 年旱作农业示范基地建设项目中央预算内投资计划的通知》（呼发改投字〔2008〕338 号）文件精神，大兴安岭农场管理局诺敏河农场实施 2008 年 666.7hm^{2}旱作农业示范基地建设项目。

（二）项目建设地点

项目区设在诺敏河农场第五生产队，位于大杨树镇西 92km 处，该建设地点的东面是农场场部，南面是耕地，西面是七队，北面是耕地。项目区总面积 933.3hm^2，其中耕地面积 800hm^2，本次项目建设旱作农业示范基地 666.7hm^2。

（三）项目建设期限

2008—2009 年。

（四）项目建设内容及规模

1. 田间工程 完成田间路 5km，防护林 1.3hm^2，造林 3 000 株，田间路涵洞 4 座。

2. 仪器设备购置

①大型农机具 14 台，其中：1 304 轮式拖拉机 2 台、偏置重耙 2 台、免耕式播种机 2 台、喷药机 2 台、深松机 2 台、折叠式镇压器 2 台、液压翻斗 2 台。

②抗旱设备 265 套，其中：抗旱灌 200 个、喷灌机 65 套。

③晒场设备 4 台，其中：比重清选机 1 台、灌包机 1 台、履带式输送机 2 台。

④办公设备 10 台（件），其中：电脑 4 部，投影仪 1 台，数码相机 1 部，打字、复印扫描、传真一体机各 1 台，土壤墒情检测仪 1 台。

（五）项目资金使用情况

项目总投资 220 万元，其中中央投资 200 万元，地方投资 20 万元。

1. 田间工程 完成投资 14 万元，占总投资 6.4%。其中：田间路 5km，投资 5 万元；农防林 1.33hm^2，造林 3 000 株，投资 3 万元；涵洞 4 座，投资 6 万元。

2. 设备购置 投资 191 万元，占总投资 86.82%。其中：购置大型农机设备 14 台，抗旱设备 265 套，晒场设备 4 台，办公设备 10 台（件）。

3. 支付项目建设其他费 共计 15 万元，其中：可研编制费 1.8 万元、勘察及初设费 2 万元、工程监理费 4 万元、技术依托费 3 万元、预备费 2 万元、建设单位管理费 2.2 万元。

（六）主要技术规程

1. 高油大豆机械化生产技术规程

①选择生产品种要保证霜前正常成熟，尽量选用中早熟的品种，防止因年份气温的变化造成贪青减产。

②选用高油大豆品种，一般选用脂肪在 21%～23%之间的品种，主栽品种为蒙豆九号，东农 44 号。

③适时播种，合理密植。大豆发芽需要适宜的土壤温度是 10～15℃，播种后一周即可出全苗，因此，正确地确定大豆播种期应是当地气温稳定通过 6～8℃时，即是该地区大豆的最佳播种期，一

般常年5月15日左右，采用垄上三行窄沟密植法，公顷保苗45万株左右。

④大豆施肥技术。

a. 公顷施肥总量187.5kg左右，N∶P∶K比例为1∶2∶0.5。施肥方法：以种肥为主，种肥分开一次三层施肥，三行可采用6深8施肥法，个别土壤、薄地块可适当增加施肥量。

b. 叶面追肥。通常采用云大120，磷酸二氢钾等，绿农素，微肥，在大豆始花期和盛花期各喷施一次，叶面追肥，起到很好的促早熟和增产作用。

c. 中耕。采用头遍浅二遍深三遍不伤根的方法进行中耕管理。

d. 化除。采用播后苗前处理，一般公顷用乙草胺1 740ml，加75%噻吩磺隆22.5～30g。

e. 机械收割。机械直接收割的最佳时期在完熟初期，此期大豆叶片全部脱落，茎荚和籽粒均呈现出原有品种的色泽，籽粒含水量下降到17%左右，全面使用挠性割台收获。质量要求：割茬低，不留底荚，不丢枝，田间损失率小于3%，脱粒损失小于1%。破碎粒不超过5%，经过清选后，产品质量符合国家大豆收购标准三等以上。

2. 优质小麦机械化生产技术规程

（1）品种选择　小麦种子选择优质强筋小麦品种，品质达到湿面含量35%以上，蛋白质含量15%以上，沉降值45ml以上。稳定时间7min以上，种子质量达到不低于98%，净度98%以上，发芽率不低于90%，种子含水量不高于13%，品种为克丰10号。

（2）种子处理　用种子量1.5%的多克福小麦种衣剂，进行机械包衣，药液搅拌均匀，闷种5d后即可播种。

（3）轮作与选地　合理轮作，实行三区轮作体系，前茬大豆应秋耙茬深度15cm以上，对角耙，耙深一致，耙后地表平整，达到一深、一透、一碎、二平的待播状态。

（4）施肥量和施肥方法　每公顷施氮肥67.5kg，磷肥67.5kg，生物钾肥22.5kg。秋深施肥，一般在气温下降至10℃以下（10月1日）以后进行，深度10cm左右，深施肥占总施肥量的60%～70%。

（5）播期　土壤化冻10cm左右，开始播种（4月5日至15日），播深镇压后3～4cm，密度公顷保苗855～900万株。播种质量，以地块为单位，总播种量误差不超过2%，单口流量不超过正负1%，行距间误差不超过1cm，台间接复行距误差不超过2cm，播深一致，不重不漏，覆土严密。

（6）田间管理　3～4叶期压青苗追肥，一般公顷追尿素75kg左右，化学除草公顷用2，4-D丁酯1 500ml，加10%苯磺隆120g，加麦叶丰450ml，进行化学灭草，抗倒伏。

（7）收获　在小麦蜡熟期进行割晒，割晒时做到放铺均匀，割幅一致，不塌铺，割茬高度15cm，45°角，当小麦籽粒含水量低于18%时，应立即进行拾禾，综合损失率不超过2%。

（8）联合收获　麦类达到成熟期，应进行及时联合收获，收获高度不超过20cm，做到脱净，不跑粮，不裹粮，不漏粮，综合损失率不超过2%。

（9）晒场管理　小麦进场后，立即出风，清杂，晾晒，水分达到14%以下时，进行灌袋，及时入库。

（七）项目效益

1. 经济效益　项目投入运行后，综合抗灾能力明显提高，实现了农作物主栽品种的增产增收，2009年第五生产队公顷均增产粮豆483kg，增产总量43.68万kg，增加收入98.4万元。2009年第五生产队播种大豆597.9hm^2，收获单产2 070kg/hm^2，比2008年增产270kg/hm^2，增产总量16.14万kg，增产率15%。按当地市场价格每千克3.50元计算，公顷增效益945元。播种小麦304.7hm^2，收获单产4 275kg/hm^2，比2008年增产900kg/hm^2，增产率26.7%，总增产27.54万kg，按当地市场价格每千克1.52元计算，公顷增效益1 368元。

2. 生态效益　项目建成后，农业生产条件和生态条件得到普遍改善，综合生产能力得到较大提高。通过对耕地实行保护性耕作，秸秆粉碎还田培肥地力，采取少耕免耕，减少作业次数，增强土壤通透性，增加土壤蓄水量，实现蓄水保墒，达到秋雨春用，春旱秋防，抗旱防涝，秋施肥等。项目区采用平整土地，深松浅翻，秸秆还田，秋施肥以及测土配方施肥、耕作农艺措施整合资源，运用节水灌溉技术、轮作改良土壤，秸秆还田培肥地力，强化科学管理等手段，对改善当地生态环境起到积极的保障作用。

3. 社会效益 通过实施旱作农业示范基地建设项目，产生了较好的社会效益，起到了引领示范作用。一是大型农机具作业，整地质量好、效率高，既保证了项目区耕作需要，同时又辐射服务于周边村屯，为促进与周边的和谐发展做出了贡献；二是作为诺敏河农场现代农业建设新亮点的示范小区建设，引进、培育优良品种，各基层生产队和周边村屯可免费就地参观，减少员工及周边村民外购良种的费用；三是示范队建设，成为诺敏河农场科技含量高、示范带动作用强的旱作农业综合示范基地，每年生产优良作物种子，促进诺敏河农场以及周边农业增效，农民增收，促进农业可持续发展。

三、莫力达瓦达斡尔族自治旗旱作农业示范基地建设项目

（一）立项依据与批复时间

该项目于2009年7月22日由自治区发改委批准立项，立项文号为《关于2009年旱作农业示范基地建设项目可行性研究报告的批复》（内发改农字〔2009〕1551号）；2009年8月31日由自治区农牧业厅批复初步设计，批复文号为《关于2009年旱作农业示范基地建设项目初步设计与概算的批复》（内农牧计发〔2009〕190号）。

（二）项目建设地点

该项目建设地点为莫力达瓦达斡尔族自治旗西瓦尔图镇永安村，距尼尔基镇35km处，地理位置在东经124°20′，北纬48°40′；项目区建在永安水库南的河川甸子地上，总耕地面积2 646.7hm^2，项目区耕地233.3hm^2

（三）项目建设期限

2009—2010年。

（四）项目建设内容及规模

1. 田间基础设施 机耕路、排水沟、桥涵工程于2010年5月开工建设，共修建机耕路10km、排水沟8km、排洪沟2km、桥涵6座。

2. 地力建设 2010年对项目区的耕地进行平整、深松及旋耕，春季完成土地整治100hm^2，秋季完成133.3hm^2。

3. 仪器设备购置 已购置宣传培训设备4台，其中投影仪1台、笔记本电脑1台、数码相机2台；购置农机具21台，其中东方红804一台，小型拖拉机8台，全方位深松机4台，双轴灭茬旋耕机4台，深松浅翻犁4台；购置提水设备水泵10套。仪器设备于2010年春投入使用。

（五）项目资金使用情况

项目总投资125万元，其中中央预算内投资100万元，地方配套资金25万元。

1. 田间工程 共投入资金75.08万元。其中购置提水设备10套，投资7.701万元；购置灌溉抗旱水箱30个，投资3.45万元；修建农田桥涵6座、机耕路10 000m、排水沟8 000m、排洪沟2 000m，投资42.929万元，平整土地233.3hm^2，投资21.0万元。

2. 设备购置费用 设备购置费共投资36.18万元。其中宣传培训仪器设备支出3.0万元，购置农机具支出33.18万元。

3. 工程其他费用 共投入资金11.0万元。其中可研报告编制费1.0万元、勘察设计费2.0万元、监理费3.0万元、技术依托费2.0万元、项目管理费3.0万元。

4. 基本预备费使用情况 共2.74万元。用于桥涵、机耕路、排洪沟及排水沟的支出。

（六）主要技术规程

1. 深松浅翻 对项目区233.3hm^{2}耕地全部进行深松浅翻，由于项目区土壤以淤黑土居多，应深松35cm，浅翻18cm，打破以往18～20cm耕层下坚硬的犁底层，创造一个松软深厚的耕层环境，增强土壤蓄水保墒能力。浅翻可由旋耕代替，要保证旋耕达18cm深度，深松3年进行1次。

2. 旋耕 采用双轴灭茬旋耕机于秋季深松后对耕地进行旋耕，旋耕深度须达到18cm以上，可采取旋耕起垄一次操作，也可单独起垄，垄宽0.65m，适于推广大豆垄上三行窄沟密植技术，也方便

机械作业。为使耕层土壤细碎，旋耕机的旋耕刀片应均匀，并达到一定密度，根据购置的旋耕机，保证每个刀库都有旋耕刀片即可。

3. 增施有机肥 根据项目区的耕地状况，每公顷施用有机肥 22.5t 或商品有机肥 1 500kg 以上。农家肥应在旋耕前撒施，然后进行旋耕，保证施肥均匀；商品有机肥可条施或穴施，施肥深度为18～20cm，根据不同作物确定施肥方法。

4. 测土配方施肥 项目区全部应用测土配方施肥技术，配方肥用量根据土壤测试结果及种植的作物确定，平均参考施肥量为 184.5kg/hm²，要分层施肥，确保种肥分离，避免烧苗。

5. 秸秆还田 为提高地力水平，项目区耕地全部进行秸秆还田或留高茬还田，公顷还田秸秆 7 500kg 以上，在秋季整地时直接把秸秆及根茬翻入土壤，加快秸秆的腐熟和分解。玉米秸秆还田时应把秸秆提前粉碎再撒施翻入土壤。有条件的农户可利用大型联合收割机，在收获时直接将秸秆粉碎抛撒，翻压入土，减少人工的投入。

6. 抗旱坐水种 由于莫力达瓦达斡尔族自治旗春旱发生频繁，在较干旱的年份，利用抗旱水箱进行抗旱坐水种，在垄上先开浅沟，同时利用抗旱水箱条灌水，穴播作物可穴灌水，每穴灌水 2.0kg，也可在穴坑中施底肥。

7. 覆膜栽培 根据莫力达瓦达斡尔族自治旗十年九春旱的现象，穴播的玉米等可采取覆膜栽培的方式，蓄积土墒，保证全苗。

(七) 项目效益

1. 经济效益 通过耕地的整理及配套技术的推广，使项目区粮食产量明显提高，根据农户的产量及测产结果，公顷均增产大豆 1 057.5kg，233.3hm²项目区耕地总增产粮食 24.7 万 kg，按每千克大豆 3.7 元计算，公顷增产值 3 912.7 元，总增收 91.3 万元。

2. 生态效益 项目区耕地理化性状明显改善，蓄水保墒能力明显增强，减轻了水土流失，田间排水系统建设，减少了山洪冲毁耕地现象的发生，机耕路工程的建设，使村容村貌大有改观。

3. 社会效益 项目建成后，对当地农民生产、生活和经济发展产生重要影响；可使项目区 3 个村 688 户，共计 2 406 人直接受益；由于农田设施的建设，生产环境的改善，加之地力建设工程的作用，增加了农业生产后劲，提高了当地科学种田水平，增加了当地农业综合生产能力和投资效益，使项目区变成旱涝保收的优质农田；为有效地促进农村经济发展将发挥重要作用。

四、海拉尔区旱作农业示范基地建设项目

(一) 立项依据

该项目于 2009 年 7 月 22 日由自治区发改委批准立项，立项文号为《关于 2009 年旱作农业示范基地建设项目可行性研究报告的批复》(内发改农字〔2009〕1551 号)；2009 年 8 月 31 日由自治区农牧业厅批复初步设计，批复文号为《关于 2009 年旱作农业示范基地建设项目初步设计与概算的批复》(内农牧计发〔2009〕190 号)。

(二) 项目建设地点

项目区设在海拉尔区哈克镇恒进发展园区 226.7hm²、友联村农业园区建水肥一体化滴灌 6.67hm²。项目区集中连片，机耕路、防护林体系健全，基础好、机械化程度高，有多年种植技术经验。

(三) 项目建设期限

2009—2010 年。

(四) 项目建设内容及规模

1. 田间工程 在项目区利用 1254 型拖拉机、推土机、345 型 1GQNM-200 型双轴灭茬旋耕机、全方位深松机等机械，平整土地 226.7hm²，在坡度超过 1°以上的地块，进行机械平整，使地块整齐，地面平整，达到播种状态。增施有机肥 226.7hm²，公顷施入腐熟农家肥 22.5t，使土壤结构得到改善，起到蓄水保墒增肥作用。深耕深松 226.7hm²，打破犁底层，深松达 35cm，耕作层厚度 25cm。

2009年9月在小麦收割时，秸秆还田66.7hm^2，秸秆粉碎长度10cm，及时翻压。在友联农业园区实施水肥一体化滴灌6.67hm^2，安装100套滴灌设施，由专业人员实行整体安装。平均每个小区控制0.07hm^2，滴灌系统主管道与垅向相同，自田块中间支管路与垄相垂直，通过主管将灌溉水分配到各滴灌区，连接于支管上，毛管按作物行向布置。5月中旬安装完毕，开始投入使用，运行效果良好，受到农民欢迎。

2. 仪器设备购置 购置农机具9台、抗旱灌30个，用于保护性耕作，建设成马铃薯旱作标准示范基地226.7hm^2。购置水肥一体化滴灌设备100套，建设水肥一体化示范基地6.67hm^2。购置仪器设备8台套，建设地力监测试验站6.7hm^2。

（五）项目资金使用情况

项目总投资125万元，其中中央投资100万元，地方配套资金25万元。

2009年11月6日拨付项目资金20万元，购置仪器设备。由政府采购中心按招标合同支付。

2010年4月8日拨付项目资金45万元，购置农机设备。由政府采购中心按招标合同支付。

2010年6月9日拨付项目资金10万元，预付田间工程款。

2010年10月12日拨付项目资金40万元，其中：支付水肥一体化滴灌设施30万元，田间工程10万元。

2011年10月12日拨付项目资金10万元，支付田间工程款。

（六）主要技术规程

1. 深耕浅翻技术 深耕浅翻是一种疏松土壤、加深耕层的耕作技术。其作用是增加土壤的孔隙度，打破犁底层，增强雨水入渗速度和数量，促进根系生长发育。同时，深耕也是对秸秆进行掩埋促进腐解还田的主要手段之一。技术规范与实施要点：适用机具深翻通常用铧式犁进行。一般情况下，土壤含水量在15%～22%时适宜进行深耕浅翻。耕深一般应大于25cm，且深度一致。减少开闭垄，闭垄高度应小于10cm、开垄宽度小于35cm、深度小于10cm。实际耕幅与犁耕幅一致，避免重、漏耕。立垡、回垡率小于3%。深耕的时间应与当地雨季时间相吻合，一般应在当地雨季开始之前进行，以便充分接纳雨水。深耕的适宜深度应根据耕层、土壤特点、耕翻期间的天气和种植作物等条件选择。根据经验，一般在雨季前耕翻，可加深耕深，以充分蓄纳降雨，如翻耕后持续干旱，又无水源补偿，则耕深宜适当浅些。注意机具的合理配套，耕层浅的土地，要逐年加深耕层，尽可能避免将深层生土过多翻入耕层。深耕的同时应配合施有机肥，培肥地力，一般是2～3年深耕翻一次。

2. 深松技术 是指疏松土壤，打破犁底层，使雨水渗透到深处土壤，增加土壤储水能力，且不翻动土壤，不破坏地表植被，减少土壤水分无效蒸发损失的土壤新型耕作技术。深松是免耕保护性耕作的主要内容，深松有全面深松和局部深松两种。全面深松是用深松机在工作幅宽上全面松土，局部深松则是用杆齿、凿形铲进行间隔的局部松土。深松既可以作为秋收后主要耕作措施，也可用于春播前的耕地。其具体形式有全面深松、间隔深松、深松浅翻、灭茬深松、中耕深松、垄作深松、垄沟深松等。深松的深度应视耕作层的厚度而定。一般中耕深松深度为20～30cm，深松整地为30～40cm，垄作深度为25～30cm。农用动力要与作业机具配套。

3. 耙压保墒技术 耙压是传统的旱作保墒技术。改善耕层结构达到地平、土碎、灭草、保墒的一项整地措施。既能使土壤上实下虚、减少土壤水分蒸发，又可使下层水分上升，起到提墒引墒作用。耙压保墒作业一般在秋季和春季进行。秋季耙压一般在秋耕地后进行，务求把土地耙透、耙平、形成“上实下虚”的耕作层。春季应在土地刚刚解冻达3～4cm、昼消夜冻时开始耙地，随消随耙，反复纵横交错进行2～3次，以切断土壤毛管水蒸发，保持土壤水分。秋季耙压保墒作业宜在耕整地后、冬季地冻前进行镇压可密封土表，减少土壤气体与大气的交流，抑制土壤水分的冬季损失。春季耙压可在播前或播后进行，镇压可以使土壤水分上升，促使种子发芽出苗，提墒保苗。镇压一定要在地表干燥时进行，以免表土发生板结。配套机具通常用旋耕机、圆盘耙、缺口耙、平面耙和滚筒、圆盘式镇压器等进行作业。由于圆盘耙在干旱地区的使用有减少的趋势，而旋耕机使用的越来越广泛，因而目前多用有单排旋刀的普通旋耕机和有两排旋刀的双辊旋耕机代替圆盘耙，其中一些机型可一次完成旋耕、播种、施肥、镇压等多道工序，深受农民朋友的欢迎。

4. 垄作播种技术　该技术是海拉尔区广泛使用的传统种植技术，主要用于马铃薯等宽行作物。因为海拉尔区气候寒冷，春播季节地温较低，起垄可以加大地表与大气的接触面，垄体升温快，有利于种子发芽生长。同时，使降雨渗入垄沟底部，有利于作物根部吸收，在一些漫岗地，还可阻挡降雨形成的径流，有利于减少水土流失。机械化起垄播种有两种形式：一种是先起垄，后播种，在播种的同时还要进行镇压；另一种是起垄播种一次完成，主要适用于秋季起垄的地块，一般在播种的同时将肥料同时施入垄体，以保证作物不同时期的生长发育需求。配套机具：先起垄，后播种的机具主要有双轴灭茬旋耕起垄机和中耕起垄机，起垄播种一次完成的机具主要有联合旋耕起垄施肥播种机和播种中耕通用耕作机。

5. 免耕播种覆盖技术　目前海拉尔区免耕主要作物是小麦、大麦和油菜，以留高茬→免耕播种→化学除草→田间管理→收获留高茬为主要技术工艺。土地不进行犁翻或仅进行深松，留 25cm 左右的高茬，保留全部或大部秸秆覆盖在地表，使用免耕播种机进行精量播种。其优点：一是减少机械作业程序，降低生产成本，易实现抢时播种；二是实现秸秆还田，有利于增加土壤有机质含量，培肥地力；三是前茬作物的秸秆根茬留在地表，可大大减少降雨产生的地表径流，增加雨水的有效渗入量，减少水分无效蒸发；四是易在冬、春多风季节减少风蚀形成的土壤侵蚀，降低沙尘暴的发生概率和危害程度。免耕播种应结合进行化学除草，抑制杂草和病虫害发生。按作物的农艺要求进行播种，播种深度要适当深一些，比普通播种深 1～2cm。注意播种速度，覆土要严，镇压要实。免耕播种的地块应根据土壤情况适时进行深松。配套机具：免耕播种机或具备破茬功能的播种机具。

6. 补水种植技术　海拉尔区十年九春旱，春季基本没有降雨，春播期间干土层较厚，在旱情较重的地方干土层甚至超过 25cm，无法按期播种。我们以播种机为基础，采取拖拉机上加装水箱（罐），在种沟里补水后，再播种覆土，抗旱保苗和节水的效果很好，习惯上称“坐水种”或行走式施水播种技术。主要特点：一是机动灵活，不受地形限制，可充分利用各种水资源，提高了水资源的利用率；二是可根据作物的农艺要求及生长期的需求规律，与相应的农机具配套使用；三是结构简单、投资少、成本低、易操作，符合农民的技术水平和经济实力。补水种植技术常与沟播、铺膜等技术相结合应用，一次完成开沟、注水、播种、施肥、覆土覆膜等多道工序，以降低生产成本；“坐水量”须保证作物种子能够发芽出苗；水源宜近不宜远。常用配套机具：适用于马铃薯等中耕作物的施水播种机。

7. 秸秆还田技术　机械化秸秆粉碎直接还田，使之腐烂分解，将农作物秸秆中含有的氮、磷、钾、镁、钙、硫等多种养分和有机质及时翻压入土，可以改善土壤的结构和理化性状，增加有机质含量，可以促进农作物持续增产。技术规范与实施要点：要在作物成熟后及时实施作业，最好在含水量 30%以上，有利于粉碎和腐解；秸秆粉碎后要及时翻压；注意留茬高度，不可过高，也不能太低，避免刀片打击地面，粉碎长度一般不超过 10cm；机车作业速度要平稳。配套机具：一种是使用小麦联合收获机械配挂秸秆粉碎还田机作业，另一种是使用大型拖拉机配挂秸秆还田机作业完成。

8. 水肥一体化技术　应用灌溉系统和施肥系统结合进行的技术，是把固体的速效化肥溶于水中并以水带肥的施肥方式。一般在田间将化肥溶解并混合于水池中，以水为载体，灌溉的同时完成了施肥。肥料养分随灌溉水渗入到土壤中，再通过质流、扩散和根系截获等方式到达根表，为作物吸收利用。这种灌溉施肥方式的特点是达到了水肥一体化，推广模式化栽培。

9. 地力与墒情监测体系技术　地力监测技术按全国农业技术推广中心土壤养分监测标准执行，根据监测结果指导平衡施肥。墒情监测按照全国农业技术推广中心制定的《土壤墒情与旱情监测规程》（试行）进行监测，农业技术人员定期监测基地肥力、土壤墒情，据其结果指导测土配方施肥，指导项目区内农户进行旱作节水喷灌补水。

（七）项目效益

1. 经济效益　马铃薯旱作示范基地 226.7hm^2，经实地测产，马铃薯平均公顷产 31 605kg，较普通田公顷增产 10 605kg，226.7hm^{2}增产 240.4 万 kg，按当地价格 0.9 元/kg 计算，公顷增收 9 544.5 元，总增收 254.5 万元。每年可生产优质马铃薯 7 164t，年创产值 644.7 万元，实现年纯利润 347.1 万元。

大棚蔬菜公顷产 117 885kg，较普通棚蔬菜公顷增产 16 845kg，6.67hm^{2}增产 11.23 万 kg，按当地价格 1.3 元/kg 计算，公顷增收 21 898.5 元，总增收 14.6 万元。每年可生产优质蔬菜 785.9t，年创产值 102.16 万元，实现年纯利润 81.56 万元。

2. 生态效益　通过实施旱作农业示范基地建设项目，采取深耕深松、秸秆还田和增施有机肥等保护性耕作措施扭转和改善了海拉尔区春风大、十年九旱造成的耕层变薄、水土流失严重及传统掠夺式种植方式造成土地退化、沙化、肥力降低的状况，使海拉尔区农业环境得到改善。

实施秸秆还田、增施有机肥、水肥一体化技术，达到了蓄水、保墒、提高土壤有机质含量，改善土壤团粒结构，减少水土流失，增产增收等功效，节约水资源，减少化肥农药用量，降低了农业污染，改善了农产品的质量。同时有效地利用了农业资源，使海拉尔区农业环境得到进一步提升和优化。

3. 社会效益　旱作农业示范基地项目的实施，打破了海拉尔区十年九旱制约农业发展的瓶颈，为农民示范推广了旱作农业适用技术，大幅度提高了旱作农业区的技术应用水平，改善了农业生产条件，优化了耕地土壤环境，提高了土壤肥力，减少化肥和农药用量，降低了农业污染，在提高作物品质的同时保证了农产品安全，维护了市民的健康，促进农业增产、农民增收和农业可持续发展。

五、鄂伦春自治旗旱作农业示范基地建设项目

（一）立项依据

该项目于 2009 年 7 月 22 日由自治区发改委批准立项，立项文号为《关于 2009 年旱作农业示范基地建设项目可行性研究报告的批复》（内发改农字〔2009〕1551 号）；2009 年 8 月 31 日由自治区农牧业厅批复初步设计，批复文号为《关于 2009 年旱作农业示范基地建设项目初步设计与概算的批复》（内农牧计发〔2009〕190 号）。

（二）项目建设地点

项目区面积 466.7hm^2，建设地点在鄂伦春自治旗乌鲁布铁镇马尾山村，距离乌鲁布铁镇政府 15km，位于国道 111 公路两侧，交通便利。现有耕地面积 1 600hm^2。项目建设前农田基本情况是有主干机耕路 2 条，农田路 1 条，均年久失修，夏季雨水后道路泥泞不堪，为农田作业带来很大不便；机耕路一侧有排水沟渠，夏季降雨时，很难及时将雨水排出，经常造成农田洪涝灾害；水源井 15 眼，出水量不小于 40m^3/h，可保证 133.3hm^2 耕地灌水，现有的节水喷灌设备远不能满足项目区旱作节水农业的需要。

（三）项目建设期限

2009—2010 年。

（四）项目建设内容及规模

1. 田间工程　维修排水沟渠 5 400m，新建排水沟渠 4 500m，维修农田路 3 800m，新建农田路 2 200m，新建机耕路 1 500m。

2. 地力建设　增施有机肥 200hm^2，平整土地 133.3hm^2，深松耕地 31.1hm^2，秸秆还田 466.7hm^2。

3. 仪器设备购置　仪器设备购置委托鄂伦春自治旗政府采购中心招标，中标单位是黑龙江省哈尔滨农机总公司，购置农机具 32 台套，仪器设备 4 台套。

（五）项目资金使用情况

项目总投资 250 万元，其中中央投资 200 万元，地方配套资金 50 万元。项目资金完成 243.5 万元，完成投资的 97.4%，其中田间工程投入资金 113.5 万元，完成项目总投资的 45.4%；设备购置完成 119.908 万元，完成项目总投资的 47.96%；工程建设其他费用完成 10.092 万元，完成项目总投资的 4.04%。

1. 田间工程费用　共投入资金 113.5 万元，其中中央财政投资 70 万元，地方配套资金 43.5 万元。地方配套资金使用情况为：维修农田路 3 800m，新建农田路 2 200m，新建机耕路 1 800m，维修排水沟渠 5 400m，新建排水沟渠 4 500m，平整土地 133.3hm^2，共投资 18 万元；深松 466.7hm^2，共投资 7 万元；增施有机肥 200hm^2，共投资 15 万元；秸秆还田 466.7hm^2，共投资 3.5 万元。

2. 设备购置费用 共投入资金 119.908 万元。购置农机具 33 台（套），仪器设备 4 台（套），共完成37 台（套）。

3. 工程其他费用 共投入资金 10.092 万元。包括建设单位管理费 2.092 万元、招标费 1 万元、技术依托费 3 万元、监理费 4 万元。

（六）主要技术规程

1. 农田路建设 农田路设计为路面宽 2m，路基高 0.3m，其中填土厚 0.2m，上覆 0.1m 沙砾层，填筑土方 3 600m^3。

机耕路设计为路面宽 4m，路基高 0.4m，上面覆盖黄沙土 0.15m，填筑土方 3 300m^3，砂垫层 900m^3。

2. 排水沟渠建设 排水沟渠设计为底宽 0.4m，上宽 1m，深 0.8m，设计排涝流量为 0.21m^3/s，需开挖土方 5 544m^3。

3. 土壤改造地力建设

（1）坐水点种 应用于穴播大豆。在田块上按密度挖种子坑，同时在坑中施底肥。在每个坑穴中浇水 2kg 左右，浇灌水全部渗入土壤后，在穴底点种，随即覆盖 2～3cm 的湿土，并轻压。应用 2BMS-1（2）型滤水播种覆膜机进行大豆坐水条播抗旱播种，确保一次播种保全苗。采用坐水条播抗旱播种亩用水量 2～5m^3，可以提高出苗率 20%～30%。墒情好，出苗率高可达 98%以上，较不坐水种的出苗率提高 30%左右。可增加积温，提前 7～10d 出苗。且有利于提高肥效，致使种芽发育快、根系壮，苗势旺盛。坐水种与沟灌相比节水 70%～80%。干旱年土壤含水量占田间持水量的 51%～56%时注水量 75m^3/hm^2；严重干旱年，土壤含水量小于田间持水量的 51%时，注水量 105m^3/hm^2。

（2）免耕平播栽培种植模式

①收获留茬、秸秆抛撒覆盖：机械收获留茬，收割时要求割茬低，不留荚，割茬高度以不留底荚为准，一般为 5～6cm。抛撒覆盖方式可采用联合收割机自带抛撒装置和牵引式秸秆粉碎抛撒还田机作业两种。要求秸秆全部还田，将秸秆粉碎后均匀的抛撒地面，实行小麦—大豆—玉米科学轮作制度，不重不迎。

②选地与整地：根据大豆免耕技术对土地的要求，在上一年即要做好选地与整地的安排，最好选择地势平坦的地块作为下一年的免耕地，在整地时以深松浅翻作业为主，翻后耙两遍、耢平压实以减少土壤水分蒸发损失。整地后耕层土壤疏松细碎、地表平整基本达到播种状态。

③品种选择：选择抗逆和抗旱性强、有较大增产潜力且适合在大兴安岭东南部地区种植的品种，如蒙豆 9 号，东农 46，蒙豆 12 号，疆莫豆 1 号，黑河 38 等。同时，依据地势情况合理进行品种选择，漫岗地适当选用晚熟抗旱品种，播期适时提早，低洼地选用早熟抗旱品种，播期适时延后，达到避开旱情和减轻旱情的目的。

④种子处理及播种：采用重力式精选机进行精选，要求种子纯度不低于 98%，净度不低于 98%，发芽不低于 95%，含水量不高于 13.5%，精选后的种子用 35%的多克福种衣剂进行拌种。精量点播，一次性完成施肥、播种、覆土、镇压作业，播量和亩保苗视不同品种的品种特性而定，一般为 30 万～34.5 万株/hm^2，要求落籽均匀、播深一致，播期为 5 月 10～20 日。

⑤测土施肥：大豆的施肥体系一般由基肥、种肥和追肥组成，大豆种植区实行测土施肥和经验施肥相结合。施肥的原则是既要保证大豆有足够的营养，又要发挥根瘤菌的固氮作用。采用双效固氮菌肥、大豆专用肥、生物钾肥等，公顷施 225kg 作底肥，同时配合施用适量有机肥以不断提高土壤有机质含量，改善土壤理化性状。种肥深施于种子下部或侧面以避免种子与肥料直接接触。追肥采用叶面肥喷施方式在大豆盛花期和结荚期各喷施一次，以促进籽粒饱满，增加大豆含油量及产量。

⑥中耕深松：适时中耕可以打破土壤板结、减少水分蒸发，有明显的抗旱保墒效果。同时结合中耕进行深松，以保证耕层疏松，增加土壤毛管孔隙，给大豆根系创造良好的环境条件。

⑦适时收获：在大豆植株叶片脱落达到 80%以上，植株变黄，茎干草枯，籽粒归圆且含水量低于 18%时，联合直收。要求联合收获机械配有扰性割台同时加装秸秆粉碎装置，收获后留茬 5～6cm，粉碎后的秸秆均匀抛洒于地面，实现秸秆还田和固土保墒的目的。

⑧效果分析：应用大豆免耕覆膜栽培技术的示范田与常规处理对比，表现为免耕覆膜地块大豆成熟早，百粒重高。

（七）项目效益

1. 经济效益 项目运行后，可使当地主要栽培作物大豆增产增收增效，大豆的单产水平由2 250kg/hm^{2}提高到3 000kg/hm^2，公顷增产750kg，增产率达到33.33%。按当地价格3.6元/kg计算，公顷增收2 700元，种植面积466.7hm^2，总增收126万元，每年可生产优质高油大豆140万kg，年创产值504万元，实现年纯效益357万元。通过节水农业示范基地建设，使项目区耕地地力提高0.5个等级，农田水分生产效益提高15%，肥料利用率提高5个百分点。

2. 生态效益 鄂伦春自治旗旱作农业建设，一方面能改善农业生产条件，提高粮食单产，增加农民收入，另一方面有利于改善耕地土壤环境，治理水土流失，提高土壤肥力，减少农药对土壤的污染，能有效的利用水资源，有利于农业可持续发展和环境保护。

六、牙克石市旱作农业示范基地建设项目

（一）立项依据

根据内蒙古自治区发改委和农牧业厅《关于下达旱作农业示范基地项目2012年中央预算内投资计划的通知》（内发改投字〔2012〕1953号）和内蒙古自治区农业厅《关于2012年旱作农业示范基地建设项目初步设计与概算的批复》（内农牧种植发〔2012〕376号文件）要求，编制了项目初步设计与概算。

（二）项目建设地点

项目建设地点为牙克石市库都尔镇的丰华源农场和红旗农场。

（三）项目建设期限

建设时间为2012—2013年。

（四）项目建设内容及规模

建设旱作农业示范基地800hm^2。其中农田基础设施建设800hm^2，土壤改造800hm^2，购置农机具8台（套），购置仪器设备7台（套）。

1. 农田基础设施建设 新建喷灌工程240hm^2，新打机电井3眼，新建蓄水池1座，新购卷盘式喷灌机11台（套）等；新修田间排水沟11 500m，新修农田路6 200m，维修农田路5 000m。

2. 土壤改造 在项目区内完成深耕深松800hm^2，平整土地400hm^2，增施有机肥466.7hm^2，秸秆还田666.7hm^2。

3. 购置农机具及仪器设备 购置轮式拖拉机和深翻机等农机具8台（套），土壤墒情监测仪器设备7台（套）。

（五）任务完成情况

按照内蒙古自治区农业厅《关于2012年旱作农业示范基地建设项目初步设计与概算的批复》（内农牧种植发〔2012〕376号文件）和实施方案的要求，牙克石市旱作农业示范基地建设项目于2013年5月开始组织实施。建设内容包括：修建排水沟11条，总长度为9 150m，完成规划任务的79%；新修和维修农田路7 500m，完成规划任务的67%；建设112m^{2}机井房和371m^{2}其他设施，完成规划任务的100%；打水源井1眼，完成规划任务的33%；完成深耕深松800hm^2，完成规划任务的100%；平整土地400hm^2，完成规划任务的100%；增施有机肥466.7hm^2，完成规划任务的100%；秸秆还田666.7hm^2，完成规划任务的100%；购置配套农机具8台（套），仪器设备7台（件），完成规划任务的100%。已完成了大部分建设内容。

（六）项目资金使用情况

项目总投资为625万元，其中中央预算投资500万元，地方配套资金125万元。投资概算中，农田基础设施381.7万元，为中央投资；土壤改造118.0万元，为地方投资；农机具及仪器设备购置89.8万元，为中央投资；其他费用及预备费35.5万元，其中28.5万元为中央投资，7.0万元为地方投资。

中央预算资金已经全部拨付到牙克石市财政局，截至2017年末牙克石市财政局已拨付项目建设资金150万元，占项目总投资的24%。已完成的建设内容共使用资金总额为382.4万元（232.4万元为赊欠款），占项目总投资的61.2%。资金使用情况如下：

1. 农田基础设施建设 完成投资174.6万元。其中：修建排水沟投资46.9万元，新修和维修农田路投资18.5万元，机井房建设投资24.1万元，其他设施建设投资79.8万元，打水源井投资5.3万元。

2. 土壤改造 完成投资118万元。其中：深耕深松投资48万元，平整土地投资24万元，增施有机肥投资21万元，秸秆还田投资25万元。

3. 仪器设备购置 完成投资89.8万元。其中购置农机具74.2万元，仪器设备15.6万元。

第七节 测土配方施肥补贴项目

肥料是作物的“粮食”，不论是发达国家还是发展中国家，施肥都是最普遍、最重要、最快捷的农业增产措施。根据联合国粮农组织在41个国家18年的试验研究统计，化肥的增产作用占到农作物产量的60%，最高达到67%。长期以来，我国的农业增产主要依赖于化肥，是世界上肥料用量最多的国家。进入20世纪90年代后，主要依靠肥料的种植模式出现了瓶颈，化肥施用量不断增加，肥料的投入成本加大，但农作物产量却不能随之同幅度增加。出现这一情况的原因是多方面的，不合理施肥是其中的重要原因之一。

新中国成立以来，我国开展了两次全国性土壤普查：第一次是1958—1960年，以土壤农业性状为基础提出了全国第一个农业土壤分类系统，完成了4图（土壤图、土地利用现状图、土壤改良分区图、土壤养分图）1志（土壤志）；第二次是在1979年，分级完成了不同比例尺的土壤图、土地利用资源图、土壤养分图、土壤改良利用分区图。第二次土壤普查期间，在全国范围内建立起县级土壤肥料分析化验室，配备了相应的技术人员和分析化验人员，按统一规定面积采集土壤样品并进行分析，获得了上亿个化验数据，应用土壤肥力差减法、多水平试验选优法、养分丰缺指标法等方法制定了不同的因土因作物施肥的技术方案，为我国测土配方施肥工作奠定了大规模的人力、物力和技术基础。

2004年6月9日，国务院总理温家宝深入到湖北省枝江市安福寺镇桑树河村，亲自听取了农民曾祥华急需测土施肥的要求，迅速指示农业部指派专家帮助他解决了这一问题，从而拉开了我国新一轮推广测土配方施肥的序幕。2004年12月31日《中共中央国务院关于进一步加强农村工作提高农业综合生产能力若干政策的意见》（2005年中央1号文件）提出：中央和省级财政要较大幅度增加农业综合开发投入，新增资金主要安排在粮食主产区集中用于中低产田改造，建设高标准基本农田。搞好“沃土工程”建设，增加投入，加大土壤肥力调查和监测工作力度，尽快建立全国耕地质量动态监测和预警系统，为农民科学种田提供指导和服务。改革传统耕作方法，发展保护性耕作。推广测土配方施肥，推行有机肥综合利用与无害化处理，引导农民多施农家肥，增加土壤有机质。

为贯彻落实2005年中央1号文件有关推广测土配方施肥工作的精神，农业部于2005年4月9日下发了《关于开展测土配方施肥春季行动的紧急通知》（农农发〔2005〕8号），制定了《测土配方施肥春季行动方案》和《测土配方施肥秋季行动方案》，并联合财政部下发了《测土配方施肥试点补贴资金管理暂行办法》（财农〔2005〕101号），于2006年印发了《测土配方施肥技术规范（试行）修订稿》（农农发〔2006〕5号），从工作方法、资金管理、技术规范等方面入手，为测土配方施肥项目推广工作奠定了良好基础。在做好“测土”、“配方”公益性环节的基础上，2010年农业部办公厅印发了《2010年全国测土配方施肥普及行动工作方案》（农办农〔2010〕18号），把工作重心转移到“施肥”上来，在全国范围内组织开展“测土配方施肥普及行动”，采取以点带面、整村推进方式，探索整建制推进测土配方施肥的工作机制，进一步加大测土配方施肥技术指导服务力度，着力提高测土配方施肥技术入户率、覆盖率、到位率，全面推进测土配方施肥工作深入开展、测土配方施肥推广工作经历了从试点到巩固、普及的发展历程。

呼伦贝尔市自2005年起，先后有22个旗（市、区）及单位承担了国家测土配方施肥补贴项目，是内蒙古自治区承担项目县最多的盟市，截至2016年，国家投入项目经费累计达6 365万元。全市按照农业部测土配方施肥补贴实施方案要求，围绕“测土、配方、配肥、供肥、施肥指导”五个环节，十一项重点工作，精心组织，全面推进，在促进粮食连年增产、农业稳定发展、农民持续增收方面发挥了巨大作用。

一、项目区的选择依据与项目申报

（一）选择依据

根据2005年农业部、财政部制定的《测土配方施肥试点补贴资金项目实施方案》的要求，项目区以县为单位实行。项目县的选择以粮食主产区为重点，同时考虑经济发达水平和工作基础情况确定分配指标。具体按以下条件确定项目县：

1. 有一定的粮食种植规模 项目县原则上应为粮食主产县，每年粮食播种面积不少于4万hm^2。

2. 有测土配方施肥工作基础 有健全的土壤肥料技术推广机构，有承担常规分析化验的土肥化验室，有肥料试验示范基地，有较强的土肥技术力量。

3. 有配方肥供应能力 配方肥推广应用具有一定基础，初步建立了“测—配—产—供”运行机制，本地或周边地区有配方肥加工企业，并具备满足项目区配方肥生产和供应的能力。

4. 有实施测土配方施肥项目的积极性 项目县领导重视，组织得力，并有配套经费支持项目实施。同时，群众有施用配方肥的基础。

2007年后，项目县粮食种植面积条件放宽，要求全年不少于2.7万hm^2即可实施，项目逐渐普及，范围不断扩大，作物类型增多。

（二）项目申报

①根据中央财政年度预算安排、国家测土配方施肥项目规划、工作重点及各地的需求状况，由农业部、财政部制定下达年度《测土配方施肥补贴项目实施方案》，确定国家年度测土配方施肥实施范围、补贴资金额度、工作进度及要求等。

②各省级农业部门会同财政部门根据农业部、财政部下达的年度《测土配方施肥补贴项目实施方案》，组织编制本辖区的年度《测土配方施肥补贴项目实施方案》。

③各省辖地市农业部门会同财政部门根据省农业厅、财政厅下达的年度《测土配方施肥补贴项目实施方案》，向省农业部门和财政部门推荐符合条件的县（市）区，经批准后由各项目县农业部门组织实施。

④呼伦贝尔市申报情况。2005年牙克石市成为呼伦贝尔市第一个启动实施测土配方施肥补贴项目的旗县。2006年，阿荣旗为第二个启动实施测土配方施肥补贴项目的旗县。同时，牙克石市作为项目续建县，继续实施。2007年，国家扩大测土配方施肥补贴项目实施范围，扎兰屯市、莫力达瓦达斡尔族自治旗、海拉尔农牧场管理局、大兴安岭农场管理局成为呼伦贝尔市第三批启动实施测土配方施肥补贴项目的旗县（单位）。同时，牙克石市、阿荣旗作为续建县继续实施。2008年，鄂伦春自治旗、额尔古纳市、海拉尔区成为全市第四批启动实施测土配方施肥补贴项目的项目区。到2009年，全市启动实施测土配方施肥补贴项目的旗（市、区）和单位达到22个，覆盖了全市所有的种植业区域。

二、项目补贴规模及方式

（一）补贴规模

测土配方施肥是一项基础性、公益性、长期性的工作，国家测土配方施肥补贴项目按照一定多年不变方式整体推进。第一年实施叫新建项目县，补贴标准60万～100万元，重点在取土化验、田间试验、农民施肥调查、制定配方施肥建议卡、示范推广、实验室仪器设备、宣传培训、项目管理等环节给予补贴。第二、三年继续实施项目的叫续建项目县，补贴标准30万～55万元，主要用于取土化验，配方田间试验，仪器设备，耕地地力评价，建立数据库，构建耕地资源管理信息系统，宣传培训，项目管理费等方面。连续三年以上实施项目的叫巩固项目县。项目县根据项目县粮食面积、整建制推进等情况分配补贴资金，补贴标准15万～80万元，主要用于施肥指导服务、田间示范、田间试验、土样采集与分析、土壤养分和农户施肥情况监测、为配方肥生产企业提供肥料配方等（表8-5）。

表8-5 呼伦贝尔市各年度测土配方施肥补贴项目资金统计

年 度	2005	2006	2007	2008	2009	2010	2011	2012	2013	2014	2015	2016
补贴资金（万元）	100	150	500	595	1205	900	685	545	495	470	400	320
实施项目单位（个）	1	2	6	9	22	22	22	20	19	19	9	2

（二）补贴对象、补贴内容和补贴标准

1. 补贴对象 承担测土配方施肥任务的农业技术推广机构。

2. 补贴内容 包括对测土、配方、配肥等环节给予的补贴及项目管理费。测土补贴主要用于划分取样单元、采集土壤样品、分析化验和调查农户施肥情况等费用。配方补贴主要用于田间肥效试验、建立测土配方施肥指标体系、制定肥料配方和农户施肥指导方案等费用。设备补贴主要用于补充土壤采样和分析化验仪器设备、试剂药品，以及配肥设备的更新改造等费用。项目管理费，由项目县在补贴资金中提取，用于项目评估、论证、规划编制、检查验收等管理支出。

3. 补贴标准 测土、配方和土壤采样环节的补贴按照实际需要给予适当补助，仪器设备在充分整合利用现有资源的基础上适当添置，用于仪器设备的补贴原则上不超过财政补贴资金的30%，项目管理费不超过补贴资金的4%。

（三）资金拨付

①由省财政部门和农业部门以正式文件联合向财政部、农业部申请补贴资金。申报内容包括：项目县测土配方施肥工作基础、项目县选择的原则、资金概算、补贴内容、补贴标准、组织方式、保障措施等。

②农业部负责组织专家对各省上报的《测土配方施肥补贴资金使用方案》进行审核后报财政部。财政部审查后将中央财政补贴资金拨付到省级财政部门，再由省级财政部门下拨到省辖地市财政部门。

③项目县制定《测土配方施肥补贴项目实施方案》并与省级农业部门签订合同，合同内容包括项目资金使用方案，经省、市农业、财政部门批准后，将补贴资金由市财政部门下拨到县财政部门，然后由县财政部门划拨到县农牧业局设立的测土配方施肥项目资金专户专账上，对项目资金实行专户存储和封闭运行管理，专款专用，任何单位和个人不得挤占、截留、挪用。各级财政和农业部门负责项目资金预算管理与财务监督管理，自觉接受审计等部门的监督，严禁擅自改变资金用途，严格按项目制定进度安排资金支出，既不能超进度、超标准支出，也不能形成大量节余，影响项目质量。

三、项目执行与完成情况

（一）制定项目实施方案

各项目县根据各年度《内蒙古自治区测土配方施肥补贴项目总体实施方案》和《呼伦贝尔市测土配方施肥补贴项目实施方案》的要求，制定本县测土配方施肥补贴项目实施方案，经省、市农业部门批准后组织实施。实施方案主要内容有：

1. 项目区基本情况 包括县域基本情况和示范区基本情况。

2. 指导思想 提出原则要求及主攻方向。

3. 目标任务 提出年度目标任务。

4. 项目实施内容 “测土、配方、施肥、供肥、施肥指导”五个环节开展十一项工作。

5. 补贴资金预算 根据各年度工作任务内容和工作量安排。

6. 实施进度安排 第一年重点是化验室建设、田间试验、调查与取分析土样开展测试分析，之

后每年逐步加密测试分析土样密度，试验、示范和推广同步走。

7. 保障措施 包括成立领导组织、技术专家组、财务组、检测组、宣传推广组等。

8. 实行合同管理 省农业部门与项目县农业部门签订项目合同书，明确测土配方施肥补贴项目的目标任务、技术指标、质量标准、资金管理以及奖惩方法等；项目县与项目乡签订配方肥推广面积、示范区域、选定配方肥销售网点以及宣传等合同。

9. 建立监督检查验收制度 省农业厅会同财政厅组织农业科研院校、土肥推广部门的专家对测土配方施肥项目进行年度验收和技术应用效果评价，验收不合格者，终止后续项目执行。

10. 严格资金管理 对项目资金的使用情况进行专项审计和验收。如出现问题，给予通报并限期改正，问题严重的坚决依法依纪处理。

（二）项目实施内容及目标任务

新建项目县和续建项目县主要围绕“测土、配方、施肥、供肥、施肥指导”五个环节开展十一项工作。

1. 野外调查 坚持历史资料收集整理与野外点采集调查性结合、典型农户调查与随机抽样调查相结合原则，通过广泛深入的野外调查和取样地块农户调查，摸清耕地立地条件、土壤理化性状与施肥管理水平。

2. 采样测试 具体内容包括样品采集和测试分析两部分。根据各项目县的耕地面积、粮食总产量、作物布局等情况确定采样数量。2005—2007 年的新建项目县采集土壤样品总量不少于 4 000 个；2008—2009 年的新建项目县，依据耕地面积的大小，采样土壤样品总量 1 000～4 000 个。

3. 田间试验 开展多种类型的田间肥料肥效小区试验，完善各种作物的施肥指标体系，同时探索新的施肥技术，改进施肥方式。包括“3414”试验、氮磷钾肥不同用量试验、中微量元素试验、水肥一体化试验、缓控释肥料试验等。摸清土壤养分校正系数、土壤供肥量、农作物需肥规律和肥料利用率等基本参数。建立不同施肥分区主要作物的氮磷钾肥料效应模型，确定作物合理施肥品种和数量，基肥、追肥分配比例，最佳施肥时期和施肥方法，建立施肥指标体系，为配方设计和施肥指导提供依据。

同时，各项目县要按照划定的施肥分区单元，以实施区主要作物及其主栽品种为对象，选择通过养分测试具有代表性的田块，设置测土配方施肥、农户习惯施肥、空白对照 3 个处理的校正试验点，用以对比测土配方施肥的增产效果，验证和完善肥料配方，不断优化测土配方施肥技术参数。2005—2008 年项目县建立土壤肥力定位监测点 3 个，了解土壤养分动态变化情况，为调整施肥方案提供技术支撑。

4. 配方设计 项目县在汇总分析土壤测试和田间试验数据结果的基础上，组织有关专家，根据气候、地貌、土壤类型、作物品种、耕作制度等差异性，合理划分施肥类型区。审核测土配方施肥参数，建立施肥模型，分区域、分作物制定肥料配方和施肥建议卡。

研发的施肥配方分为覆盖全辖区范围的大配方和有针对性指导局部区域施肥的小配方两大类。大配方也称主配方，主要用作指导项目县（旗、市、区和单位）辖区整体施肥规划和配肥企业生产配方肥之用，大配方不宜太多，一般每种作物研发 1～2 个即可；小配方为指导农户具体施肥的配方，相比大配方针对性更强，施肥指导更具体，所以主要用来为农户开具施肥建议卡之用，一般每种作物设计 3～5 个小配方，对于某种面积大、分布范围广的主栽作物，小配方可以多设计一些，一般在 5～10 个的范围。

5. 配肥加工 按照要求，项目县在自治区土肥站认定的企业中自主选定配方肥定点生产企业，定点企业依据配方组织配方肥生产。项目县要加强与大型肥料经营公司或经营大户的合作，成立配送中心，在乡、村建立配送网点，实行连锁配送，直供到农户，并提供相配套的施肥技术指导和诚信服务，建立覆盖项目区的配送推广体系。

6. 示范推广 项目县针对项目区农户地块养分和作物种植情况，制定测土配方施肥建议卡，由项目乡（镇）农技人员发放入户。每个项目县建立测土配方施肥示范片面积 1 333.3hm^2 以上，树立样板，展示测土配方施肥技术效果，引导农民应用测土配方施肥技术。

7. 宣传培训　各项目县负责组织培训乡镇农技人员、肥料生产企业、肥料经销商有关技术人员、村组农民技术员和示范农户。同时通过广播、电视、网络、报刊、明白纸、现场会等形式，将测土配方施肥技术宣传到村、培训到户、指导到田，普及科学施肥知识，使广大农民逐步掌握合理施肥量、施肥时期和施肥方法。

8. 数据库建设　运用计算机技术、遥感（RS）、地理信息系统（GIS）和全球定位系统（GPS），按照规范化的测土配方施肥数据字典，以野外调查、农户施肥情况调查、田间试验和分析化验数据为基础，收集整理历年土壤肥料田间试验和土壤监测数据资料，建立省、市、县三级不同区域的测土配方施肥数据库。

9. 耕地地力评价　充分利用测土配方施肥项目的野外调查和分析化验数据，结合第二次土壤普查、土地利用现状调查等成果资料，完成图件数字化、评价指标体系建立、地力等级评价、成果图编制等工作。构建耕地资源管理信息系统，对县域内耕地地力进行评价，并将评价结果汇总成册编辑出版，形成公共资源，便于广大农民和相关单位查阅应用。

10. 效果评价　选择有代表性的样地，对测土配方施肥效果进行跟踪监测调查，并结合农民反馈意见进行综合分析，客观评价测土配方施肥实际效果，不断完善管理体系、技术体系和服务体系。对农户施肥情况进行分析汇总。

11. 技术研发　重点开展田间试验、土壤养分测试、肥料配方、数据处理、专家咨询系统等方面的技术研发工作，不断提升测土配方施肥技术水平。

巩固项目县按照“总结经验、突出重点、主攻难点、深化提高、持续发展”的思路，探索构建测土配方施肥长效机制，重点抓好以下五项工作：

开展施肥指导服务：在继续为示范区农户搞好指导服务的基础上，逐步扩大到为全项目区农民开展指导服务，通过发放配方建议卡、施肥宣传挂图、板报宣传、现场咨询等方式，做到指导到户、技术到田、培训到人，为农户提供及时、有效地测土配方施肥全程服务。有针对性地为种植大户、科技示范户、农民专业合作社组织等开展测土配方施肥个性化服务，充分发挥示范带动作用。

开展田间示范：将测土配方施肥技术与其他技术措施相配套，每个项目县至少建立 1 个测土配方施肥 666.7hm^2示范片，树立样板，展示测土配方施肥技术效果，示范带动测土配方施肥技术推广。安排配方校正试验，检验肥料配方科学性。

开展田间试验：继续布置粮食作物田间肥效试验，完善小麦、玉米、水稻等粮食作物施肥指标体系。围绕不同作物品种、土壤类型和种植制度，开展肥料品种、施肥时期和施肥方式等试验，形成科学的施肥方法。

开展土壤样品采集与分析：每个项目县根据“三年一轮回”的要求采集和分析土壤样品 300 个以上，其中耕地面积 10 万 hm^2以上的取样数量达到 400 个以上，耕地面积 13.3 万 hm^2以上的达到 500 个以上。逐步实现县域所有行政村和土壤类型“全覆盖”，部分区域根据实际情况加密或拾遗补漏采集分析土壤样品。

开展土壤养分和农户施肥情况动态监测：每个项目县依据不同土壤肥力水平、生产条件、轮作制度等因素，在全县范围内合理规划，建立 3 个土壤养分定位监测点，了解土壤养分动态变化情况，为调整施肥方案提供技术支撑。继续对已选定的农户施肥情况进行跟踪调查，分析施肥变化趋势，及时掌握施肥中存在的问题，为调整肥料结构、指导合理施肥和加强肥料管理提供决策依据。同时，巩固完善测土配方施肥数据库，对野外调查、农户施肥状况调查、实验室测试分析、田间试验示范和动态监测的数据进行有效管理和利用，为逐步建立国家、省、县的耕地质量动态变化预测预警体系提供技术支撑。

（三）项目任务完成情况

1. 土壤样品采集与测试　2005—2016 年，全市共采集并测试分析土壤样品 128 713 个，化验 1 477 620项次，主要检测项目包括有机质、全氮、碱解氮、有效磷、速效钾等各种大、中微量元素和 pH、土壤质地等 21 个指标，是第二次土壤普查以来最全面的土壤体检，摸清了土壤养分状况，为指导农民科学施肥提供了基础数据（表 8-6）。

表 8-6 全市各年度土壤样品采集及化验完成情况

年 度	2005	2006	2007	2008	2009	2010	2011	2012	2013	2014	2015	2016	合计
计划数（个）	4 000	8 000	17 500	17 000	39 000	12 250	7 700	4 250	4 450	6 600	3 430	660	124 840
完成数（个）	4 000	8 044	18 300	17 645	39 392	13 772	7 854	4 287	4 464	6 758	3 537	660	128 713
完成率（%）	100.0	100.6	104.6	103.8	101.0	112.4	102.0	100.9	100.3	102.4	103.1	100	103.1
化验（万项次）	1.2	10.2	20.5	24.2	43.2	21.5	9.6	3.5	3.5	4.9	5.0	0.462	147.762

2. 田间试验示范与施肥指标体系建立 各项目县按照自治区土肥站制定的田间肥效试验方案要求，认真选点、责任到人、统一供肥、规范操作，共落实小麦、玉米、大豆、油菜、马铃薯等作物“3414”田间肥效试验、氮磷钾肥梯度试验、肥料利用率试验、中微量元素肥料试验等 1 669 个。各项目县对已取得的大量田间试验数据进行了汇总分析，初步建立了施肥指标体系，为指导作物科学施肥提供了依据。

3. 测土配方施肥技术推广应用 通过项目实施带动，从 2010 年起，全市每年测土配方施肥技术推广面积在 120 万 hm^2左右，占农作物总播种面积的 70%以上。配方肥施用面积 80 万 hm^2，施用量 8.1 万 t（折纯），平均公顷用量 100.5kg（折纯）（表 8-7）。

4. 配方设计与施肥建议卡发放 项目县根据气候、地貌、土壤类型、作物类型及品质、产量水平、耕作制度和地力监测数据、田间试验结果等，合理划分施肥类型区，拟定出分区域、分作物的肥料配方，并印制成施肥建议卡，发放到农户。多数项目县每种作物研发覆盖全辖区范围的施肥大配方 1 个、有针对性指导局部区域施肥的小配方 3～5 个。大配方主要用作施肥规划和配肥企业生产配方肥之用，小配方主要为指导农户施肥和为农户开具施肥建议卡之用。

据统计，全市累计印发施肥建议卡 56.5 万份，配方施肥建议卡入户率达到 95%以上（表 8-7）。

表 8-7 全市各年度测土配方施肥技术指标完成情况

年 度	2006	2007	2008	2009	2010	2011	2012	2013	2014	2015	2016	合计
推广技术面积（万 hm^2）	6.8	20.7	35.7	100.7	124.8	125.4	113.3	112.7	117.2	115.2	123.3	995.7
配方肥施用面积（万 hm^2）	2.7	10.8	17.1	44.4	60.1	88.0	90.9	58.1	59.6	64.8	80.0	576.4
配方肥施用量（万 t）	0.58	1.84	2.68	8.23	9.00	12.84	12.02	10.85	11.60	12.10	8.1	89.84
示范面积（万 hm^2）	0.2	1.0	1.0	2.6	2.6	4.7	5.3	3.8	8.7	10.3	2.6	42.7
建议卡（万份）	0.37	0.66	5.87	4.50	5.96	6.44	5.42	6.17	6.20	13.90	1.0	56.50

5. 测土配方施肥数据库建设 各项目县在取得大量测土配方施肥数据的基础上，建立了采样点地块基本情况、施肥情况、田间试验示范、土壤与植株测试数据库，并安排专人负责，实行了有效管理，为进一步提升测土配方施肥技术水平奠定了基础。

6. 示范区建设 各项目县将测土配方施肥技术与其他技术措施相配套，累计建立主栽作物测土配方施肥示范方面积 42.7 万 hm^2，树立样板，展示测土配方施肥技术效果，示范带动测土配方施肥技术推广（表 8-7）。

7. 宣传培训 各项目县根据农业部测土配方施肥技术规范，结合本县实际，编写了《测土配方施肥技术宣传图画》、《测土配方施肥知识问答手册》等；采取多种宣传手段，下乡进村入户，多渠道、多形式、多层次宣传配方施肥的重要意义及其具体操作规程，提高广大农民的配方施肥意识，普及配方施肥技术。多次选派专业技术人员到自治区、市土肥站进行培训学习。

2005—2016 年共举办各类培训班 3 868 期次，培训各类人员 58.87 万人次，发放各种宣传材料 100.9 万份，在电视台举办电视专题技术讲座 5 次，网络宣传 963 条，在乡镇等召开测土配方施肥现场会 436 次，科技赶集 40 次，编写《测土配方施肥简报》2 293 期。在各重要路段悬挂宣传条幅和制作墙体广告 2 558 幅，技术服务农户 21.23 万户。通过宣传培训使测土配方施肥技术真正做到了落地入户。

8. 资料汇总 各项目县编写了《测土配方施肥项目工作报告》、《测土配方施肥项目技术报告》、

《耕地地力调查与质量评价工作报告》、《耕地地力调查与质量评价技术报告》、《耕地地力调查与质量评价成果应用》等。同时完成了项目区耕地地力调查与评价工作；建立了县域耕地资源管理信息系统；编制并数字化了土壤图、土地利用现状图、耕地地力等级分级图、耕地土壤养分图等技术基础图件。

四、项目实施的效果

（一）测土配方施肥技术得到推广，施肥结构得到优化

全市2005—2016年累计推广测土配方施肥技术面积995.7万hm^2，采集土壤样品12.87万个，免费为农民化验土壤样品12.87万个，发放施肥建议卡56.5万份。

据农户施肥跟踪调查统计，项目区施肥上出现了“补氮、稳磷、增钾”的明显变化，施肥结构得到进一步优化，氮磷钾比例趋于合理，实现了平衡施肥，避免和减轻因施肥不科学带来的浪费和环境污染，保护了生态环境。

（二）社会经济效益显著

2010年呼伦贝尔市粮食产量首次超过50亿kg，2013年粮食产量突破60亿kg，2015年粮食产量达到历史最高62.12亿kg，其中测土配方施肥项目起到重要作用。

通过测土配方施肥项目的实施，改变了项目区农民盲目施用和过量施用化肥的习惯，优化了施肥结构，化肥表施、撒施的现象得到纠正，氮、磷、钾流失减少。推广测土配方施肥也使作物长势健壮，抗病虫害能力增强。有机肥资源特别是秸秆大量还田，保护和改善了农田环境，提高了耕地综合生产能力，实现了科学施肥提质节本增效和农业可持续发展的目标，为增加农民收入，建设社会主义新农村作出贡献。

（三）形成了较为系统的科学施肥技术体系，探索了一条农技推广的新模式

通过项目实施，摸清了土壤养分状况、农户施肥现状、肥料增产效应及耕地地力状况，初步建立了本地区主要土壤类型养分丰缺指标和主要作物施肥指标体系，构建了测土配方施肥数据汇总平台，在此基础上，分区域形成了主要作物的肥料配方，结合测土配方施肥工作的开展，确定了耕地地力评价因子，研发了县域耕地资源管理信息系统，为进一步提升测土配方施肥技术水平奠定了基础。

以项目为依托，整合技术力量，技物有机结合，深入乡村田间，在讲授技术的同时，为农民提供信息物资服务，使技术推广更直接、更有效，深受农民欢迎。

（四）社会氛围已经形成，农民施肥观念发生转变

2005年以来，呼伦贝尔市把测土配方施肥补贴列入为农民办十件实事之一，受到市委、市政度的高度重视，扩大了测土配方施肥的社会影响，在全市掀起了测土配方施肥项目舆论高潮，提高了各级政府和农业部门对测土配方施肥重要性的认识，形成了推广应用测土配方施肥良好社会氛围。通过免费为农民测土、发放施肥建议卡、技术指导及开展多形式的宣传培训活动，项目区广大农民传统的施肥观念发生了变化，增强了测土施肥、配方施肥和施配方肥的科技意识。项目区不少农民主动要求农技人员进行取土，有些农民还积极主动送土样到土肥部门要求化验，按化验结果开具的配方进行施肥。

（五）土壤肥料技术推广服务体系得到加强

通过项目实施，土肥技术推广队伍得到补充和加强，基础设施得到完善。截至2016年底，全市拥有独立土肥技术推广服务机构15个，从事土肥业务人员188人，拥有土肥化验室19个，拥有各类化验仪器设备1 248台套，化验室总面积5 142m^2。各项目县都配齐了常规化验设备和数据传输设备，化验室能够正常运转。基本实现了样品分析规范化、批量化和数据传输网络化。具备了检测分析大、中、微量元素的条件，形成了与测土配方施肥技术推广相适应的服务手段，较好地满足了农民对测土配方施肥的要求。在项目实施过程中，项目县土肥技术人员都参加了省市组织的技术培训，并在取样、化验、试验、示范等环节的工作中不断磨炼，素质普遍提高。

五、各测土配方施肥项目县任务指标完成情况

（一）牙克石市测土配方施肥补贴项目

1. 资金使用 2005—2016年中央财政累计补贴资金845万元，实际使用资金845万元，使用率

100%。其中仪器设备购置费累计使用 48 万元，占总资金的 5.68%；调查、分析、采样等累计使用 775.2 万元，占总资金的 91.74%；项目管理费累计使用 21.8 万元，占总资金的 2.58%。

2. 样品采集与测试分析 2005—2016 年计划采集土壤样品 10 700 个，实际采集 11 150 个，完成率 101.4%。化验分析 137 000 项次，其中大量元素 46 550 项次，中微量元素 71 620 项次，pH 等其他项目 18 830 项次。采集植株样品 410 个，化验 1 992 项次。

3. 试验示范 布置各类田间试验 241 个，其中"3414"试验 100 个、中微量元素试验 103 个、施肥时期试验 6 个、叶面肥对比试验 22 个、肥料利用率试验 7 个、缓控释肥对比试验 3 个。累计建立示范片 343 个，面积 4.33 万 hm^2。

4. 宣传培训 2005—2016 年累计举办培训班 221 期，培训技术人员 4 083 人次，培训农民 2.5 万余人次，发放宣传培训资料 28 100 份。网络宣传 232 条，简报 252 条，张贴墙体广告、横幅 331 条。召开现场会 45 次。发放测土配方施肥建议卡 17 770 份。

5. 化验室建设 牙克石市农业技术推广中心化验室建成于 1994 年，并于 2005 年进行改扩建，面积 156m^2。2005 年通过牙克石市质量技术监督局认证。现有化验员 3 人。

6. 配方研发 通过多年多点田间分散试验，建立了区域作物施肥模型、土壤养分丰缺指标及主栽作物的施肥指标体系，研发了覆盖全市范围各类作物的施肥大配方 4 个、指导农户具体施肥的小配方 12 个，由此建立了牙克石地区的配方组合，作为配方肥生产和施肥指导的依据。

（1）小麦配方 推荐氮、磷、钾总养分含量为 45%的大配方 16-18-11，小配方 18-15-12、15-20-10、16-19-10。

（2）油菜配方 推荐氮、磷、钾总养分含量为 45%的大配方 16-20-9，小配方 18-15-12、18-21-6、15-15-15。

（3）大麦配方 推荐氮、磷、钾总养分含量为 45%的大配方 15-19-11，小配方 15-18-12、15-23-7、15-20-10。

（4）马铃薯配方 推荐氮、磷、钾总养分含量为 45%的大配方 15-11-19，小配方 15-13-17、15-10-20、12-11-22。

7. 推广成效 2005—2016 年累计计划推广测土配方施肥技术面积 117.8 万 hm^2，实际推广 115.98 万 hm^2，完成率 99.3%。计划施用配方肥面积 49 万 hm^2，施用量（折纯）84 800t，实际施用配方肥面积 49 万 hm^2，施用量（折纯）84 800t，完成率为 100%。

8. 经济效益 2005—2016 年牙克石市在小麦、大麦、油菜、马铃薯和其他作物上推广测土配方施肥技术面积 115.98 万 hm^2，公顷平均产量 3 440.7kg，比农民常规施肥公顷增产 393.15kg，增产率 12.76%，公顷增产值 904.65 元，总增产 45.59 万 t，总增产值 104 938.64 万元（表 8-8、表 8-9）。

表 8-8 牙克石市主要任务指标完成情况

年度	资金（万元）	采集土壤样品（个）	分析化验（项次）	试验个数（个）	推广技术面积（万 hm^2）	配方肥施用面积（万 hm^2）	配方肥施用量（t）	示范面积（万 hm^2）	建议卡（份）
2005	100	4 000	12 000	—	—	—	—	—	—
2006	50	200	41 000	46	4.0	1.3	2 000	0.13	650
2007	50	550	5 500	44	5.3	2.0	3 000	0.13	1 100
2008	55	2 000	29 000	25	6.7	2.7	4 000	0.20	1 500
2009	40	1 100	14 800	30	12.5	6.7	10 000	0.33	1 500
2010	45	600	7 400	16	12.0	6.7	10 000	0.43	1 420
2011	40	700	8 600	15	10.0	4.7	10 000	0.37	2 000
2012	40	300	3 500	5	12.0	4.7	7 000	0.37	2 000
2013	35	500	4 000	10	12.0	5.7	10 800	0.37	2 000
2014	50	500	3 500	30	13.3	4.7	8 750	0.67	2 000
2015	80	400	5 600	10	13.3	4.7	8 750	0.67	2 100
2016	260	300	2 100	10	14.8	5.3	10 500	0.67	1 500
合计	845	11 150	137 000	241	116	49	84 800	4.33	17 770

表 8-9 牙克石市测土配方施肥项目效益分析

作物名称	推广测土配方施肥技术完成情况		农民常规施肥产量（kg/hm²）	测土配方施肥新增产量			测土配方施肥新增产值	
	面积（万 hm²）	产量（kg/hm²）		增产（kg/hm²）	总增产（万 t）	增产率（%）	增产值（元/hm²）	总增产值（万元）
小麦	66.25	4 062.3	3 588.75	473.55	31.37	12.63	923.4	61 184.00
大麦	13.96	3 203.85	2 860.2	343.5	4.79	11.36	600.75	8 388.53
油菜	29.3	1 761.3	1 531.65	229.5	6.72	15.24	900.9	26 396.81
马铃薯	4.47	5 473.2	5 033.7	439.5	1.96	8.70	1 766.25	7 889.30
其他作物	2	4 573.5	4 198.5	375	0.75	8.93	540	1 080.00
汇总	115.98	3 440.7	3 047.4	393.15	45.59	12.76	904.65	104 938.64

注：马铃薯按 5∶1 的比例折粮。

（二）阿荣旗测土配方施肥补贴项目

1. 资金使用 2006—2015 年中央财政累计补贴资金 505 万元，实际使用资金 505 万元，使用率 100%。其中仪器设备购置费累计使用 49.75 万元，占总资金的 9.85%；调查、分析、采样等累计使用 448.25 万元，占总资金的 88.76%；项目管理费累计使用 7 万元，占总资金的 1.39%。

2. 样品采集与测试分析 2006—2015 年计划采集土壤样品 10 500 个，实际采集 10 651 个，完成率 101.44%。化验分析 121 876 项次，其中大量元素 54 367 项次、中微量元素 46 209 项次、pH 等其他项目 21 300 项次。采集植株样品 350 个，化验 2 100 项次。

3. 试验示范 布置各类田间试验 156 个，其中“3414”试验 105 个、化肥利用率试验 16 个、中微量元素试验 24 个、施肥时期试验 2 个、水肥一体化试验 3 个、缓控释肥试验 6 个。落实三区对比试验 442 个。累计建立示范片 904 个，面积 6.73 万 hm²。

4. 宣传培训 2006—2015 年累计举办培训班 1 227 期，培训技术人员 3 615 人次，培训农民 10 万余人次，发放宣传培训资料 29 万份。网络宣传 91 条，简报 153 条，张贴墙体广告、横幅 183 条。召开现场会 53 次。发放测土配方施肥建议卡 29 万余份。技术覆盖 148 个村，全部实现信息上墙，年指导服务农户 56 000 户。

5. 化验室建设 2002 年建立阿荣旗农产品质量安全检验检测站，并于 2007 年进行改扩建，面积达 620m²。2010 年通过内蒙古自治区质量技术监督局认证。现有化验员 10 人。

6. 配方研发 通过多年多点田间分散试验，建立了区域作物施肥模型、土壤养分丰缺指标及主栽作物的施肥指标体系。研发了覆盖全旗范围各类作物的施肥大配方 4 个、指导农户具体施肥的小配方 12 个，由此建立了阿荣旗的配方组合，作为配方肥生产和施肥指导的依据。

（1）大豆配方 推荐氮、磷、钾总养分含量为 45%的大配方 14-19-12，小配方 11-21-13、12-24-9、16-17-12。

（2）玉米配方 推荐氮、磷、钾总养分含量为 45%的大配方 21-12-11，小配方 20-13-12、19-16-13、25-10-10。

（3）马铃薯配方 推荐氮、磷、钾总养分含量为 45%的大配方 15-13-17，主要小配方有：15-14-16、17-13-15、14-14-17。

（4）水稻配方 推荐氮、磷、钾总养分含量为 45%的大配方 19-11-15，小配方 22-11-13、19-10-16、18-10-17。

7. 农企合作 从 2012 年起开展农企合作推广配方肥试点工作，选择查巴奇乡为整建制推进试点乡镇，确定阿荣旗金沃肥业有限责任公司为供应配方肥企业。通过农企合作、产销对接，扩大配方肥推广应用。

8. 推广成效 2006—2015 年累计推广测土配方施肥技术面积 172.93 万 hm²，施用配方肥面积

87.09 万 hm^2，施用量（折纯）66 964.1t。

9. 经济效益 2006—2015 年阿荣旗在大豆、玉米、马铃薯、水稻、葵花作物上推广测土配方施肥技术面积 172.93 万 hm^2，公顷平均产量 6 080.7kg，比农民常规施肥公顷增产 622.2kg，增产率 11.4%，公顷平均增产值 1 427.85 元，总增产 107.59 万吨，总增产值 246 920.16 万元（表 8-10、表 8-11）。

表 8-10 阿荣旗主要任务指标完成情况

年度	使用资金（万元）	采集土壤样品（个）	分析化验（项次）	试验个数（个）	推广技术面积（万 hm^2）	配方肥施用面积（万 hm^2）	配方肥施用量（t）	示范面积（万 hm^2）	建议卡（份）
2006	100	4 044	56 092	32	2.80	1.36	960	0.10	3 100
2007	50	1 000	6 000	36	4.67	2.00	1 260	0.14	4 044
2008	50	1 038	14 438	25	5.33	2.00	1 777.5	0.14	25 200
2009	35	1 049	6 294	16	22.10	11.07	9 860	0.21	12 000
2010	45	520	8 052	14	24.74	16.00	10 800	0.39	26 500
2011	40	1 000	11 000	10	20.33	10.00	6 750	0.44	26 500
2012	40	500	4 000	14	24.03	20.00	9 000	0.52	27 500
2013	35	500	4 500	3	23.18	7.33	8 505	0.51	55 000
2014	50	500	4 000	1	22.42	8.00	8 961.6	2.50	56 000
2015	60	500	7 500	5	23.33	9.33	9 090	1.77	56 000
合计	505	10 651	121 876	156	172.93	87.09	66 964.1	6.73	291 844

表 8-11 阿荣旗测土配方施肥项目效益分析

作物名称	推广测土配方施肥技术完成情况		农民常规施肥产量（kg/hm^2）	测土配方施肥新增产量			测土配方施肥新增产值	
	面积（万 hm^2）	产量（kg/hm^2）		增产（kg/hm^2）	总增产（万 t）	增产率（%）	增产值（元/hm^2）	总增产值（万元）
大豆	55.53	2 491.7	2 240.1	251.7	13.97	11.23	1 021.8	56 735.32
玉米	101.24	8 050.2	7 222.8	827.4	83.77	11.46	1 568.1	158 758.97
马铃薯	10.29	6 668.0	5 998.5	669.5	6.89	11.16	2 057.9	21 182.88
水稻	2.44	9 152.9	8 255.3	897.5	2.19	10.87	2 527.2	6 154.62
其他作物	3.43	2 108.7	1 886.0	222.8	0.76	11.81	1 190.9	4 088.37
汇总	172.93	6 080.7	5 458.7	622.2	107.59	11.40	1 427.9	246 920.16

注：马铃薯按 5∶1 的比例折粮。

（三）扎兰屯市测土配方施肥补贴项目

1. 资金使用 2007—2015 年中央财政累计补贴资金 445 万元，实际使用资金 375.28 万元，使用率 84.33%。其中仪器设备购置费累计使用 38.98 万元，占总资金的 10.39%；调查、分析、采样等累计使用 328.3 万元，占总资金的 87.48%；项目管理费累计使用 8 万元，占总资金的 2.13%。

2. 样品采集与测试分析 2007—2015 年计划采集土壤样品 10 000 个，实际采集 10 026 个，完成率 100.26%。化验分析 116 278 项次，其中大量元素 52 737 项次，中微量元素 52 511 项次，pH 等其他项目 11 030 项次。采集植株样品 274 个，化验 1 644 项次。

3. 试验示范 布置各类田间试验 74 个，其中“3414”试验 41 个、化肥利用率试验 3 个、中微量元素试验 29 个、施肥时期试验 1 个。累计建立示范片 65 个，面积 2.41 万 hm^2。

4. 宣传培训 2007—2015 年累计举办培训班 408 期，培训技术人员 483 人次，培训农民 5.66 万人次，发放宣传培训资料 14.9 万份。网络宣传 67 条，简报 99 条，张贴墙体广告、横幅 820 条。召开现场会 91 次。发放测土配方施肥建议卡 12.6 万份。技术覆盖 120 个村，全部实现信息上墙，年指导服务农户 65 000 户。

5. 化验室建设 扎兰屯市农业技术推广中心实验室始建于 1984 年，于 2007 年进行改扩建，现有化验室面积 330m^2，于 2010 年通过内蒙古自治区技术监督局认证，化验员 6 名。

6. 配方研发 研发了覆盖全旗市范围各类作物的施肥大配方 3 个、指导农户具体施肥的小配方 9 个，由此建立了扎兰屯市的配方组合，作为配方肥生产和施肥指导的依据。

（1）大豆配方 推荐氮、磷、钾总养分含量为 45%的大配方 14-19-12，小配方 14-21-10、18-16-11、15-17-13。

（2）玉米配方 推荐氮、磷、钾总养分含量为 45%的大配方 20-13-12，小配方 20-13-12、17-16-12、21-10-14。

（3）水稻配方 推荐氮、磷、钾总养分含量为 45%的大配方 21-11-13，小配方 23-9-13、22-11-12、20-13-12。

7. 农企合作 从 2012 年起开展农企合作推广配方肥试点工作，选择蘑菇气镇为整建制推进试点乡镇，确定阿荣旗金沃肥业有限责任公司为供应配方肥企业。通过农企合作、产销对接，扩大配方肥推广应用。

8. 推广成效 2007—2015 年累计计划推广测土配方施肥技术面积 130.67 万 hm^2，实际推广 131.27 万 hm^2，完成率 100.46%。计划施用配方肥面积 43.67 万 hm^2，施用量（折纯）36 900t，实际施用配方肥面积 46.4 万 hm^2，施用量（折纯）42 219t，完成率为 106.26%和 114.41%。

9. 经济效益 2007—2015 年扎兰屯市在大豆、玉米、水稻等作物上推广测土配方施肥技术面积 131.27 万 hm^2，公顷平均产量 5 891.1kg，比农民常规施肥公顷增产 591.45kg，增产率 11.16%，公顷平均增产值 1 127.6 元，总增产 77.65 万 t，总增产值 148 017.5 万元（表 8-12、表 8-13）。

表 8-12 扎兰屯市主要任务指标完成情况

年度	使用资金（万元）	采集土壤样品（个）	分析化验（项次）	试验个数（个）	推广技术面积（万 hm^2）	配方肥施用面积（万 hm^2）	配方肥施用量（t）	示范面积（万 hm^2）	建议卡（份）
2007	82.8	4 001	54 613	30	2.67	1.33	675	0.21	—
2008	42.5	1 000	13 550	3	4.00	1.67	1 575	0.20	10 000
2009	25	1 005	6 030	3	16.00	2.00	7 650	0.20	16 000
2010	48.5	1 000	14 428	3	13.33	6.67	4 500	0.27	25 000
2011	43	1 001	10 010	3	14.67	7.33	4 950	0.23	25 000
2012	40	510	3 570	14	20.20	7.33	4 950	0.40	20 000
2013	28.5	502	3 514	5	20.07	5.40	5 400	0.27	10 000
2014	44.5	505	3 535	10	20.33	7.33	6 300	0.33	10 000
2015	20.48	502	7 028	3	20.00	7.33	6 219	0.30	10 000
合计	375.28	10 026	116 278	74	131.27	46.40	42 219	2.41	126 000

表 8-13 扎兰屯市测土配方施肥项目效益分析

作物名称	推广测土配方施肥技术完成情况		农民常规施肥产量（kg/hm^2）	测土配方施肥新增产量			测土配方施肥新增产值	
	面积（万 hm^2）	产量（kg/hm^2）		增产（kg/hm^2）	总增产（万 t）	增产率（%）	增产值（元/hm^2）	总增产值（万元）
大豆	23.87	2 204.55	1 985.40	219.15	5.23	11.03	870.30	20 771.16
玉米	88.60	7 382.40	6 628.50	753.90	66.80	11.37	1 291.80	114 453.48
水稻	0.53	8 476.95	7 650.00	826.95	0.44	10.81	1 417.50	756.00
其他作物	18.27	3 398.25	3 114.90	283.35	5.18	9.10	658.95	12 036.82
汇总	131.27	5 891.10	5 299.50	591.45	77.65	11.16	1 127.55	148 017.5

（四）莫力达瓦达斡尔族自治旗测土配方施肥补贴项目

1. 资金使用 2007—2016 年中央财政累计补贴资金 500 万元，实际使用资金 500 万元，使用率 100%。其中仪器设备购置费累计使用 41.62 万元，占总资金的 8.32%；调查、分析、采样等累计使用 446.77 万元，占总资金的 89.35%；项目管理费累计使用 11.61 万元，占总资金的 2.33%。

2. 样品采集与测试分析 2007—2016 年计划采集土壤样品 10 060 个，实际采集 10 407 个，完成率 103.44%。化验分析 131 379 项次，其中大量元素 65 110 项次，中微量元素 53 966 项次，pH 等其他项目 12 303 项次。采集植株样品 358 个，化验 2 148 项次。

3. 试验示范 布置各类田间试验 143 个，其中“3414”试验 87 个、化肥利用率试验 23 个、中微量元素试验 21 个、氮磷钾单因素梯度试验 3 个、施肥时期试验 1 个、水肥一体化试验 1 个、大豆根瘤菌剂试验 2 个、肥料对比试验 5 个。落实三区对比试验 130 个。累计建立示范片 749 个，面积 2.52 万 hm^2。

4. 宣传培训 2007—2016 年累计举办培训班 678 期，培训技术人员 181 人次，培训农民 21 万余人次，发放宣传培训资料 25 万份。网络宣传 9 条，简报 204 条，张贴墙体广告、横幅 82 条。召开现场会 18 次。发放测土配方施肥建议卡 18 万余份。技术覆盖 220 个村，年指导服务农户 50 000 户。

5. 化验室建设 莫力达瓦达斡尔族自治旗农业技术推广中心化验室建成于 2007 年，并于 2013 年进行改扩建，面积 550m^2。现有化验员 6 人。

6. 配方研发 研发了覆盖全旗范围大豆、玉米作物的施肥大配方 2 个，指导农户具体施肥的小配方 6 个，由此建立了配方组合，作为配方肥生产和施肥指导的依据。

（1）大豆配方 推荐氮、磷、钾总养分含量为 45%的大配方 15-20-10，小配方 17-20-8、17-18-10、15-20-10。

（2）玉米配方 推荐氮、磷、钾总养分含量为 45%的大配方 21-15-9，小配方 21-14-10、19-16-10、23-14-8。

7. 农企合作 从 2012 年起开展农企合作推广配方肥试点工作，选择汉古尔河镇为整建制推进试点乡镇，确定莫力达瓦达斡尔族自治旗谷原测土配方肥有限公司为供应配方肥企业。通过农企合作、产销对接，扩大配方肥推广应用面积。

8. 推广成效 2007—2016 年累计计划推广测土配方施肥技术面积 236 万 hm^2，实际推广 236.46 万 hm^2，完成率 100.19%。计划施用配方肥面积 101 万 hm^2，施用量（折纯）117 030t，实际施用配方肥面积 102 万 hm^2，施用量（折纯）118 694t，完成率为 100.99%和 101.42%。

9. 经济效益 2007—2016 年在大豆、玉米、水稻、马铃薯作物上推广测土配方施肥技术面积 236.46 万 hm^2，公顷平均产量 3 088.35kg，比农民常规施肥公顷增产 282.6kg，增产率 10.32%，公顷平均增产值 745.65 元，总增产 66.83 万 t，总增产值 176 328.9 万元（表 8-14、表 8-15）。

表 8-14 莫力达瓦达斡尔族自治旗主要任务指标完成情况

年度	使用资金（万元）	采集土壤样品（个）	分析化验（项次）	试验个数（个）	推广技术面积（万 hm^2）	配方肥施用面积（万 hm^2）	配方肥施用量（t）	示范面积（万 hm^2）	建议卡（份）
2007	100	4 150	68 475	36	3.13	1.33	780	0.21	5 000
2008	50	1 100	15 070	26	4	1.67	1 274	0.07	4 400
2009	40	1 072	6 432	22	16	16.67	15 600	0.07	5 350
2010	45	647	9 490	11	30	13.33	12 480	0.07	2 200
2011	40	1 050	10 500	10	26.67	14.67	15 600	0.13	2 200
2012	40	500	3 500	3	26.67	7.33	14 560	0.25	2 200
2013	35	500	4 500	7	26.67	11	10 400	0.35	60 500
2014	50	500	3 500	16	26.67	11.33	15 000	1.09	55 000
2015	40	528	7 392	7	26.67	11.33	15 000	0.13	50 000
2016	60	360	2 520	5	50	13.33	18 000	0.16	1 000
合计	500	10 407	131 379	143	236.46	102.00	118 694	2.52	187 850

表 8-15　莫力达瓦达斡尔族自治旗测土配方施肥项目效益分析

作物名称	推广测土配方施肥技术完成情况		农民常规施肥产量（kg/hm²）	测土配方施肥新增产量			测土配方施肥新增产值	
	面积（万 hm²）	产量（kg/hm²）		增产（kg/hm²）	总增产（万 t）	增产率（%）	增产值（元/hm²）	总增产值（万元）
大豆	185.53	2 163.6	1 951.2	212.25	39.39	10.69	767.4	142 404.90
玉米	48.53	6 445.65	5 901.9	543.75	26.39	9.08	636.45	30 892.00
水稻	1.33	8 055	7 590	465	0.62	6.12	1 302	1 736.00
马铃薯	1.07	4 980	4 575	405	0.43	8.85	1 215	1 296.00
汇总	236.46	3 088.35	2 805.75	282.6	66.83	10.32	745.65	176 328.90

注：马铃薯按 5∶1 的比例折粮。

（五）海拉尔农牧场管理局测土配方施肥补贴项目

海拉尔农牧场管理局于 2007—2011 年实施了测土配方施肥补贴项目，具体由拉布大林农牧场承担。2009—2014 年，海拉尔农牧场管理局新增了 9 个农牧场分别实施该项目，2015 年项目整合，又由海拉尔农牧场管理局整体实施。

1. 资金使用　中央财政累计补贴资金 290 万元，实际使用资金 290 万元，使用率 100%。其中仪器设备购置费累计使用 60 万元，占总资金的 20.69%；调查、分析、采样等累计使用 222 万元，占总资金的 76.55%；项目管理费累计使用 8 万元，占总资金的 2.76%。

2. 样品采集与测试分析　2007—2011 年、2015 年计划采集土壤样品 7 200 个，实际采集 7 461 个，完成率 103.6%。化验分析 92 694 项次，其中大量元素 43 922 项次，中微量元素 40 451 项次，pH 等其他项目 8 321 项次。

3. 试验示范　布置各类田间试验 117 个，其中“3414”试验 71 个、化肥利用率试验 18 个、中微量元素试验 23 个、氮磷钾肥单因素梯度试验 3 个、水肥一体化试验 2 个。累计建立示范片 74 个，面积 9 033.3hm²。

4. 宣传培训　2007—2011 年、2015 年累计举办培训班 56 期，培训技术人员 720 人次，培训农民 17 650 人次，发放宣传培训资料 11 900 份。网络宣传 11 条，简报 83 条，张贴墙体广告、横幅 60 条。召开现场会 25 次。发放测土配方施肥建议卡 4 940 份。技术覆盖 12 个生产队。

5. 化验室建设　拉布大林农牧场土壤检测中心建于 2007 年，于 2010 年进行改扩建，现有化验室面积 500m²，化验员 15 名。

6. 配方研发　研发了覆盖全场范围小麦、油菜作物的施肥大配方 2 个，指导农户具体施肥的小配方 6 个，由此建立了配方组合，作为配方肥生产和农户施肥指导的依据。

（1）小麦配方　推荐氮、磷、钾总养分含量为 45%的大配方 20-17-8，小配方 21-19-5、22-15-8、20-16-9。

（2）油菜配方　推荐氮、磷、钾总养分含量为 45%的油菜大配方 17-20-8，小配方 15-18-12、21-15-9、17-23-5。

7. 推广成效　2007—2011 年、2015 年累计计划推广测土配方施肥技术面积 37.8 万 hm²，实际推广 37.97 万 hm²，完成率 100.44%。计划施用配方肥面积 21.13 万 hm²，施用量（折纯）24 563t，实际施用配方肥面积 21.13 万 hm²，施用量（折纯）24 941t，完成率为 100%。

8. 经济效益　2007—2011 年、2015 年海拉尔农牧场管理局在小麦、油菜作物上推广测土配方施肥技术面积 37.97 万 hm²，公顷平均产量 2 407.05kg，比农民常规施肥公顷增产 182.7kg，增产率 8.21%，公顷平均增产值 470.7 元，总增产 6.94 万 t，总增产值 17 869.54 万元（表 8-16、表 8-17）。

表 8-16 海拉尔农牧场管理局主要任务指标完成情况

年度	使用资金（万元）	采集土壤样品（个）	分析化验（项次）	试验个数（个）	推广技术面积（万 hm^2）	配方肥施用面积（万 hm^2）	配方肥施用量（t）	示范面积（hm^2）	建议卡（份）
2007	100	4 156	55 493	30	—	1.33	1 759.5	—	—
2008	50	1 032	14 128	25	4.01	1.67	2 160	666.7	1 970
2009	40	1 024	6 298	19	5.43	2.00	2 632.5	666.7	978
2010	40	595	8 091	10	5.53	2.20	2 864.25	666.7	988
2011	20	254	3 484	10	7.33	3.33	7 200	800.0	514
2015	40	400	5 200	23	15.67	10.60	8 325	6 233.3	490
合计	290	7 461	92 694	117	37.97	21.13	24 941.25	9 033.3	4 940

表 8-17 海拉尔农牧场管理局测土配方施肥项目效益分析

作物名称	推广测土配方施肥技术完成情况		农民常规施肥产量（kg/hm^2）	测土配方施肥新增产量			测土配方施肥新增产值	
	面积（万 hm^2）	产量（kg/hm^2）		增产（kg/hm^2）	总增产（万 t）	增产率（%）	增产值（元/hm^2）	总增产值（万元）
小麦	16.57	3 331.95	3 068.40	263.40	4.37	8.59	489.75	8 116.21
油菜	21.39	1 690.80	1 570.65	120.15	2.57	7.65	455.85	9 753.33
汇总	37.97	2 407.05	2 224.50	182.70	6.94	8.21	470.70	17 869.54

（六）大兴安岭农场管理局测土配方施肥补贴项目

1. 资金使用 2007—2015 年中央财政累计补贴资金 350 万元，实际使用资金 350 万元，使用率 100%。其中仪器设备购置费累计使用 61 万元，占总资金的 17.43%；调查、分析、采样等累计使用 280 万元，占总资金的 80%；项目管理费累计使用 9 万元，占总资金的 2.57%。

2. 样品采集与测试分析 2007—2015 年计划采集土壤样品 7 927 个，实际采集 7 927 个，完成率 100%。化验分析 91 761 项次，其中大量元素 41 897 项次，中微量元素 40 735 项次，pH 等其他项目 9 129 项次。采集植株样品 257 个，化验 1 542 项次。

3. 试验示范 布置各类田间试验 162 个，其中“3414”试验 123 个、化肥利用率试验 13 个、中微量元素试验 26 个。完成三区对比试验 226 个。累计建立示范片 239 个，面积 1.39 万 hm^2。

4. 宣传培训 2007—2015 年累计举办培训班 131 期，培训技术人员 230 人次，培训农民 26 000 人次，发放宣传培训资料 26 500 份。网络宣传 58 条，简报 159 条，张贴墙体广告、横幅 133 条。召开现场会 25 次。发放测土配方施肥建议卡 30 850 份。技术覆盖 32 个生产队，2014 年有 29 个生产队实现信息上墙，年指导服务农户 9 000 户。

5. 化验室建设 大兴安岭农场管理局检测中心建于 2005 年，于 2007 年进行改扩建，现有化验室面积 576m^2，化验员 7 名。

6. 配方研发 研发了覆盖全场范围小麦、大豆作物的施肥大配方 2 个，指导农户具体施肥的小配方 6 个，由此建立了配方组合，作为配方肥生产和农户施肥指导的依据。

（1）小麦配方 推荐氮、磷、钾总养分含量为 45%的大配方 17-18-10，小配方 15-17-13、16-21-8、21-11-13。

（2）大豆配方 推荐氮、磷、钾总养分含量为 45%的大配方 14-21-10，小配方 15-20-10、20-22-13、14-19-12。

7. 农企合作 从 2012 年起开展农企合作推广配方肥试点工作，选择巴彦农场为整建制推进试点农场，确定大兴安岭农垦物资石油供销总公司为供应配方肥企业。通过农企合作、产销对接，扩大配方肥推广应用面积。

8. 推广成效 2007—2015 年累计计划推广测土配方施肥技术面积 24 万 hm^2，实际推广 24 万 hm^2，完成率 100%。计划施用配方肥面积 12.2 万 hm^2，施用量（折纯）14 550t，实际施用配方肥面积 12.2 万 hm^2，施用量（折纯）14 550t，完成率为 100%。

9. 经济效益 2007—2015 年大兴安岭农场管理局在小麦、大豆、玉米作物上推广测土配方施肥技术面积 24 万 hm^2，公顷平均产量 3 347.85kg，比农民常规施肥公顷增产 284.1kg，增产率 9.27%，公顷平均增产值 714 元，总增产 6.82 万 t，总增产值 17 135.72 万元（表 8-18、表 8-19）。

表 8-18 大兴安岭农场管理局主要任务指标完成情况

年度	使用资金（万元）	采集土壤样品（个）	分析化验（项次）	试验个数（个）	推广技术面积（万 hm^2）	配方肥施用面积（万 hm^2）	配方肥施用量（t）	示范面积（万 hm^2）	建议卡（份）
2007	100	4 300	54 825	48	2.67	1.33	2 200	0.21	—
2008	50	1 200	15 300	25	4.00	1.33	2 250	0.13	9 000
2009	40	1 007	6 042	30	2.67	1.33	1 750	0.17	12 000
2010	40	510	7 394	19	3.13	2.67	2 500	0.20	1 000
2011	20	200	2 000	10	2.67	1.33	1 500	0.20	500
2012	25	100	700	6	2.00	1.33	1 250	0.15	200
2013	25	100	700	4	2.00	0.80	900	0.08	8 000
2014	20	305	2 135	10	2.33	1.00	1 050	0.13	100
2015	30	205	2 665	10	2.53	1.07	1 150	0.11	50
合计	350	7 927	91 761	162	24.00	12.20	14 550	1.39	30 850

表 8-19 大兴安岭农场管理局测土配方施肥项目效益分析

作物名称	推广测土配方施肥技术完成情况		农民常规施肥产量（kg/hm^2）	测土配方施肥新增产量			测土配方施肥新增产值	
	面积（万 hm^2）	产量（kg/hm^2）		增产（kg/hm^2）	总增产（万 t）	增产率（%）	增产值（元/hm^2）	总增产值（万元）
小麦	4.73	4 260.45	3 964.80	295.50	1.40	7.45	521.10	2 466.80
大豆	15.67	2 085.00	1 912.50	172.35	2.70	9.01	611.40	9 578.6
玉米	3.60	7 643.85	6 888.60	755.25	2.72	10.96	1 414.05	5 090.60
汇总	24.00	3 347.85	3 063.75	284.10	6.82	9.27	714.00	17 135.72

（七）鄂伦春自治旗测土配方施肥补贴项目

1. 资金使用 2008—2015 年中央财政累计补贴资金 375 万元，实际使用资金 375 万元，使用率 100%。其中仪器设备购置费累计使用 74 万元，占总资金的 19.73%；调查、分析、采样等累计使用 289.2 万元，占总资金的 77.12%；项目管理费累计使用 11.8 万元，占总资金的 3.15%。

2. 样品采集与测试分析 2008—2015 年计划采集土壤样品 8 131 个，实际采集 8 131 个，完成率 100%。化验分析 105 087 项次，其中大量元素 47 606 项次，中微量元素 48 273 项次，pH 等其他项目 9 208 项次。采集植株样品 290 个，化验 1 740 项次。

3. 试验示范 布置各类田间试验 86 个，其中“3414”试验 56 个、化肥利用率试验 10 个、中微量元素试验 20 个。累计建立示范片 307 个，面积 1.12 万 hm^2。

4. 宣传培训 2008—2015 年累计举办培训班 325 期，培训技术人员 1 570 人次，培训农民85 500 人次，发放宣传培训资料 154 000 份。网络宣传 22 条，简报 174 条，张贴墙体广告、横幅 187 条。召开现场会 29 次。发放测土配方施肥建议卡 7 500 份。技术覆盖 82 个村，2015 年有 57 个村实现信息上墙，年指导服务农户 7 000 户。

5. 化验室建设 鄂伦春自治旗测土配方施肥土壤化验室建于 2008 年，现有化验室面积 $500m^2$，化验员 7 名。

6. 配方研发 研发了覆盖全场范围大豆作物的施肥大配方 1 个，指导农户具体施肥的小配方 3 个，由此建立了配方组合，作为配方肥生产和农户施肥指导的依据。

大豆配方。推荐氮、磷、钾总养分含量为 45%的大配方 15-20-10，小配方 18-19-8、13-22-10、16-17-12。

7. 手机信息服务 2015 年鄂伦春自治旗被选定为测土配方施肥手机短信服务示范县。2015 年 11 月，完成“鄂伦春自治旗县域测土配方施肥专家系统”的建设与应用，进驻“国家测土配方施肥数据管理平台”，实现了施肥方案手机短信查询服务、微信平台查询服务、互联网地图发布服务等工作目标。农户可以通过测土配方施肥手机短信平台、微信平台、互联网地图发布服务、掌上施肥咨询系统（Android 版、IOS 版）等客户端查询到作物施肥方案和土壤养分等信息。

8. 推广成效 2008—2015 年累计计划推广测土配方施肥技术面积 70 万 hm^2，实际推广 70 万 hm^2，完成率 100%。计划施用配方肥面积 39.4 万 hm^2，施用量（折纯）33 074t，实际施用配方肥面积 39.4 万 hm^2，施用量（折纯）33 074t，完成率为 100%。

9. 经济效益 2008—2015 年鄂伦春自治旗在大豆作物上推广测土配方施肥技术面积 70 万 hm^2，公顷平均产量 2 222.7kg，比农民常规施肥公顷增产 239.25kg，增产率 12.06%，公顷平均增产值 947.7 元，总增产 16.75 万 t，总增产值 66 335.80 万元（表 8-20、表 8-21）。

表 8-20 鄂伦春自治旗主要任务指标完成情况

年度	使用资金（万元）	采集土壤样品（个）	分析化验（项次）	试验个数（个）	推广技术面积（万 hm^2）	配方肥施用面积（万 hm^2）	配方肥施用量（t）	示范面积（万 hm^2）	建议卡（份）
2008	100	4 065	59 287	25	2.67	1.33	1 125	0.07	—
2009	50	555	8 375	15	4.00	2.87	2 249.1	0.11	4 000
2010	55	1 025	14 873	10	11.33	6.67	5 400	0.08	500
2011	25	760	7 600	10	13.33	6.67	5 400	0.20	1 000
2012	30	303	2 121	3	13.33	6.67	5 400	0.17	700
2013	30	510	3 570	10	8.00	4.80	4 500	0.17	300
2014	25	503	3 521	3	8.67	5.20	4 500	0.17	500
2015	60	410	5 740	10	8.67	5.20	4 500	0.17	500
合计	375	8 131	105 087	86	70.00	39.40	33 074	1.12	7 500

表 8-21 鄂伦春自治旗测土配方施肥项目效益分析

作物名称	推广测土配方施肥技术完成情况		农民常规施肥产量（kg/hm^2）	测土配方施肥新增产量			测土配方施肥新增产值	
	面积（万 hm^2）	产量（kg/hm^2）		增产（kg/hm^2）	总增产（万 t）	增产率（%）	增产值（元/hm^2）	总增产值（万元）
大豆	70	2 222.7	1 983.45	239.25	16.75	12.06	947.7	66 335.80

（八）额尔古纳市测土配方施肥补贴项目

1. 资金使用 2008—2015 年中央财政累计补贴资金 330 万元，实际使用资金 330 万元，使用率 100%。其中仪器设备购置费累计使用 42 万元，占总资金的 12.73%；调查、分析、采样等累计使用 280.2 万元，占总资金的 84.91%；项目管理费累计使用 7.8 万元，占总资金的 2.36%。

2. 样品采集与测试分析 2008—2015 年计划采集土壤样品 6 725 个，实际采集 6 935 个，完成率 103.12%。化验分析 82 982 项次，其中大量元素 40 244 项次，中微量元素 34 458 项次，pH 等其他项目 8 280 项次。采集植株样品 160 个，化验 720 项次。

3. 试验示范 布置各类田间试验 121 个，其中“3414”试验 88 个、化肥利用率试验 10 个、中微量元素试验 10 个、氮磷钾肥单因素梯度试验 6 个、叶面肥对比试验 7。累计建立示范片 43 个，面积 0.97 万 hm^2。

4. 宣传培训 2008—2015 年累计举办培训班 81 期，培训技术人员 202 人次，培训农民 5 287 人次，发放宣传培训资料 9 293 份。网络宣传 98 条，简报 143 条，张贴墙体广告、横幅 105 条。召开现场会 10 次。发放测土配方施肥建议卡 6 975 份。技术覆盖 4 个村 8 个生产队，年指导服务农户 300 户。

5. 化验室建设 额尔古纳市测土配方施肥项目化验室建于 2008 年，现有化验室面积 $260m^2$，化验员 7 名。

6. 配方研发 研发了覆盖项目区范围各类作物的施肥大配方 3 个，指导农户具体施肥的小配方 9 个，由此建立了配方组合，作为配方肥生产和农户施肥指导的依据。

（1）小麦配方 推荐氮、磷、钾总养分含量为 45%的大配方 19-18-8，小配方 20-16-9、16-18-11、19-20-6。

（2）大麦配方 推荐氮、磷、钾总养分含量为 45%的大配方 17-20-8，小配方 12-21-12、18-21-6、18-19-8。

（3）油菜配方 推荐氮、磷、钾总养分含量为 45%的大配方 19-20-6，小配方 22-19-4、20-17-8、16-22-7。

7. 推广成效 2008—2015 年累计计划推广测土配方施肥技术面积 26 万 hm^2，实际推广 26 万 hm^2，完成率 100%。计划施用配方肥面积 11.93 万 hm^2，施用量（折纯）13 027.5t，实际施用配方肥面积 11.93 万 hm^2，施用量（折纯）13 027.5t，完成率为 100%。

8. 经济效益 2008—2015 年额尔古纳市在小麦、大麦、油菜作物上推广测土配方施肥技术面积 26 万 hm^2，公顷平均产量 3 111kg，比农民常规施肥公顷增产 242.85kg，增产率 8.47%，公顷平均增产值 644.4 元，总增产 6.31 万 t，总增产值 16 754 万元（表 8-22、表 8-23）。

表 8-22 额尔古纳市主要任务指标完成情况

年度	使用资金（万元）	采集土壤样品（个）	分析化验（项次）	试验个数（个）	推广技术面积（万 hm^2）	配方肥施用面积（万 hm^2）	配方肥施用量（t）	示范面积（万 hm^2）	建议卡（份）
2008	100	4 039	55 081	30	2.67	1.33	1 350	0.07	—
2009	50	564	3 384	25	4.00	1.67	1 687.5	0.08	3 080
2010	45	750	9 750	20	4.00	2.00	2 025	0.14	945
2011	25	300	2 873	10	4.00	2.00	2 025	0.24	1 050
2012	25	320	2 560	9	2.67	2.00	2 025	0.11	800
2013	35	307	2 149	6	2.67	0.93	1 170	0.11	500
2014	20	330	2 310	11	3.00	1.00	1 350	0.11	300
2015	30	325	4 875	10	3.00	1.00	1 395	0.11	300
合计	330	6 935	82 982	121	26.00	11.93	13 028	0.97	6 975

表 8-23 额尔古纳市测土配方施肥项目效益分析

作物名称	推广测土配方施肥技术完成情况		农民常规施肥产量（kg/hm^2）	测土配方施肥新增产量			测土配方施肥新增产值	
	面积（万 hm^2）	产量（kg/hm^2）		增产（kg/hm^2）	总增产（万 t）	增产率（%）	增产值（元/hm^2）	总增产值（万元）
小麦	10.80	3 963.15	3 696.60	266.55	2.88	7.21	536.55	5 794.50
大麦	4.00	3 795.30	3 519.00	276.30	1.10	7.85	504.90	2 019.80
油菜	11.20	2 045.10	1 836.90	208.20	2.33	11.33	798.15	8 939.70
汇总	26.00	3 111.00	2 868.15	242.85	6.31	8.47	644.40	16 754.00

(九)海拉尔区测土配方施肥补贴项目

1. 资金使用 2008—2014年中央财政累计补贴资金270万元，实际使用资金270万元，使用率100%。其中仪器设备购置费累计使用39万元，占总资金的14.45%；调查、分析、采样等累计使用224万元，占总资金的82.96%；项目管理费累计使用7万元，占总资金的2.59%。

2. 样品采集与测试分析 2008—2014年计划采集土壤样品4 300个，实际采集4 329个，完成率100.6%。化验分析52 772项次，其中大量元素23 705项次，中微量元素21 249项次，pH等其他项目7 818项次。采集植株样品435个，化验1 864项次。

3. 试验示范 布置各类田间试验74个，其中“3414”试验64个、中微量元素试验10个。累计建立示范片57个，面积5 160hm²。

4. 宣传培训 2008—2014年累计举办培训班147期，培训技术人员280人次，培训农民7 530人次，发放宣传培训资料2 5000份。网络宣传、简报共138期(条)，张贴墙体广告、横幅113条。召开现场会14次。发放测土配方施肥建议卡21 000份。技术覆盖17个村屯。

5. 配方研发 研发了覆盖全区范围各类作物的施肥大配方3个，指导农户具体施肥的小配方8个，由此建立了配方组合，作为配方肥生产和农户施肥指导的依据。

(1)小麦配方 推荐氮、磷、钾总养分含量为45%的大配方19-14-12，小配方17-15-13、21-13-11。

(2)马铃薯配方 推荐氮、磷、钾总养分含量为45%的大配方12-11-22，小配方10-10-25、14-6-25、14-8-23。

(3)油菜配方 推荐氮、磷、钾总养分含量为45%的大配方19-14-12，小配方16-15-14、20-11-14、20-13-12。

6. 推广成效 2008—2014年累计计划推广测土配方施肥技术面积13.33万hm²，实际推广15.05万hm²(其中粮食作物14万hm²，蔬菜作物1.05万hm²)，完成率112.9%。计划施用配方肥面积6.67万hm²，施用量(折纯)5 355t,实际施用配方肥面积6.83万hm²,施用量(折纯)5 355t，完成率为102.4%和100%。

7. 经济效益 2008—2014年海拉尔区在小麦、油菜、蔬菜等作物上推广测土配方施肥技术面积15.05万hm²，其中粮食作物14万hm²，公顷平均产量4 088.75kg，比农民常规施肥公顷增产405.95kg，增产率11.02%，公顷平均增产值1 809.43元，总增产5.68万t，总增产值25 325.85万元；蔬菜作物1.05万hm²，公顷平均产量67 708.5kg，比农民常规施肥公顷增产6 301.5kg，增产率10.26%，公顷平均增产值7 185元，总增产6.62万t，总增产值7 544.25万元(表8-24、表8-25)。

表8-24 海拉尔区主要任务指标完成情况

年度	使用资金(万元)	采集土壤样品(个)	分析化验(项次)	试验个数(个)	推广技术面积(万hm²)	配方肥施用面积(万hm²)	配方肥施用量(t)	示范面积(hm²)	建议卡(份)
2008	90	2 029	26 377	10	2.35	0.77	—	200.0	—
2009	50	500	4 000	25	2.02	0.80	810	666.7	6 000
2010	35	700	11 200	10	2.33	1.33	810	706.7	3 000
2011	25	200	3 200	10	2.35	1.33	540	733.3	3 000
2012	25	300	2 100	3	2.00	1.33	900	733.3	3 000
2013	25	300	3 795	6	2.00	0.60	900	733.3	3 000
2014	20	300	2 100	10	2.00	0.67	1 395	1 386.7	3 000
合计	270	4 329	52 772	74	15.05	6.83	5 355	5 160.0	21 000

表 8-25 海拉尔区测土配方施肥项目效益分析

作物名称	推广测土配方施肥技术完成情况		农民常规施肥产量	测土配方施肥新增产量			测土配方施肥新增产值	
	面积（万 hm^2）	产量（kg/hm^2）	（kg/hm^2）	增产（kg/hm^2）	总增产（万 t）	增产率（%）	增产值（元/hm^2）	总增产值（万元）
小麦	5.41	4 284.00	3 900.00	384.00	2.08	9.85	624.00	3 373.76
油菜	2.29	1 534.50	1 366.50	168.00	0.38	12.29	619.50	1 416.59
马铃薯	5.43	4 816.50	4 297.50	519.00	2.82	12.08	3 684.9	20 009.0
玉米	0.87	5 047.50	4 585.50	462.00	0.40	10.08	607.50	526.50
粮食作物汇总	14	4 088.75	3 682.80	405.95	5.68	11.02	1 809.43	25 325.85
蔬菜	1.05	67 708.50	61 408.50	6 301.50	6.62	10.26	7 185	7 544.25

注：马铃薯按 5：1 的比例折粮。

（十）陈巴尔虎旗测土配方施肥补贴项目

1. 资金使用 2009—2012 年中央财政累计补贴资金 180 万元，实际使用资金 177.72 万元，使用率 98.73%。其中调查、分析、采样等累计使用 173.12 万元，占总资金的 97.41%；项目管理费累计使用 4.6 万元，占总资金的 2.59%。

2. 样品采集与测试分析 2009—2012 年计划采集土壤样品 3 685 个，实际采集 3 660 个，完成率 99.32%。化验分析 50 495 项次，其中大量元素 22 872 项次，中微量元素 23 176 项次，pH 等其他项目 4 447 项次。采集植株样品 53 个，化验 318 项次。

3. 试验示范 布置各类田间试验 25 个，其中“3414”试验 11 个、化肥利用率试验 6 个、中微量元素试验 5 个、氮磷钾肥单因素梯度试验 3 个。累计建立示范片 94 个，面积 1 760.1hm^2。

4. 宣传培训 2009—2012 年累计举办培训班 53 期，培训技术人员 280 人次，培训农民 3 310 人次，发放宣传培训资料 7 950 份。网络宣传 38 条，简报 40 条，张贴墙体广告、横幅 18 条。召开现场会 15 次。发放测土配方施肥建议卡 127 份。技术覆盖 40 家庭农场。

5. 配方研发 研发了覆盖项目区范围各类作物的施肥大配方 3 个，指导农户具体施肥的小配方 9 个，由此建立了配方组合，作为配方肥生产和农户施肥指导的依据。

（1）小麦配方 推荐氮、磷、钾总养分含量为 45%的大配方 16-20-9，小配方 13-22-10、17-18-10、18-18-9。

（2）油菜配方 推荐氮、磷、钾总养分含量为 45%的大配方 17-20-8，小配方 14-23-8、18-19-8、17-18-10。

（3）大麦配方 推荐氮、磷、钾总养分含量为 45%的大配方 16-21-8，小配方 18-20-8、13-23-8、17-22-7。

6. 推广成效 2009—2012 年累计计划推广测土配方施肥技术面积 10.67 万 hm^2，实际推广 10.8 万 hm^2，完成率 101.25%。计划施用配方肥面积 4.67 万 hm^2，施用量（折纯）5 139t，实际施用配方肥面积 4.67 万 hm^2，施用量（折纯）5 139t，完成率为 100%。

7. 经济效益 2009—2012 年陈巴尔虎旗在小麦、油菜作物上推广测土配方施肥技术面积 10.8 万 hm^2，公顷平均产量 2 892.15kg，比农民常规施肥公顷增产 288.75kg，增产率 11.09%，公顷平均增产值 435.9 元，总增产 3.12 万 t，总增产值 4 707.7 万元（表 8-26、表 8-27）。

表 8-26 陈巴尔虎旗主要任务指标完成情况

年度	使用资金（万元）	采集土壤样品（个）	分析化验（项次）	试验个数（个）	推广技术面积（万 hm^2）	配方肥施用面积（万 hm^2）	配方肥施用量（t）	示范面积（hm^2）	建议卡（份）
2009	78.46	2 800	38 348	8	1.00	—	—	1 200.0	—
2010	44.26	410	5 807	9	1.80	0.67	729	26.7	38
2011	30	300	4 215	5	4.00	2.00	2 205	266.7	49
2012	25	150	2 125	3	4.00	2.00	2 205	266.7	40
合计	177.72	3 660	50 495	25	10.80	4.67	5 139	1 760.1	127

表 8-27 陈巴尔虎旗测土配方施肥项目效益分析表

作物名称	推广测土配方施肥技术完成情况		农民常规施肥产量 (kg/hm²)	测土配方施肥新增产量			测土配方施肥新增产值	
	面积（万 hm²）	产量（kg/hm²）		增产（kg/hm²）	总增产（万 t）	增产率（%）	增产值（元/hm²）	总增产值（万元）
小麦	8.13	3 275.85	2 943.00	332.85	2.71	11.31	432.00	3 513.6
油菜	2.67	1 722.00	1 567.50	154.50	0.41	9.86	447.75	1 194.0
汇总	10.80	2 892.15	2 603.40	288.75	3.12	11.09	435.90	4 707.7

（十一）呼伦贝尔市农业技术推广服务中心测土配方施肥补贴项目

项目区包括新巴尔虎左旗、新巴尔虎右旗、满洲里市和根河市 4 个旗市，该区域是以畜牧业和林业生产为主导的地区，种植业所占比重相对较小。主要种植作物为小麦、油菜、马铃薯和蔬菜等作物。新巴尔虎左旗和新巴尔虎右旗属于以畜牧业生产为主的地区，农业专业技术力量薄弱，不具备实施测土配方施肥项目的条件；满洲里市和根河市虽然设有农业技术推广部门，但耕地面积都小于 1 万 hm^2，也不能单独申报立项。因此，将以上 4 个旗市打捆合并，由呼伦贝尔市农业技术推广服务中心统一组织实施。

1. 资金使用 2009—2015 年中央财政累计补贴资金 305 万元，实际使用资金 305 万元，使用率 100%。其中仪器设备购置费 10 万元，占总资金的 3.28%；调查、分析、采样等累计使用 284.52 万元，占总资金的 93.29%；项目管理费累计使用 10.48 万元，占总资金的 3.43%。

2. 样品采集与测试分析 2009—2015 年计划采集土壤样品 1 955 个，实际采集 1 982 个，完成率 101.38%。化验分析 27 673 项次，其中大量元素 12 394 项次，中微量元素 12 801 项次，pH 等其他项目 2 478 项次。采集植株样品 114 个，化验 684 项次。

3. 试验示范 布置各类田间试验 35 个，其中“3414”试验 10 个、化肥利用率试验 6 个、中微量元素试验 10 个、氮磷钾肥单因素梯度试验 9 个。累计建立示范片 139 个，面积 1 660hm^2。

4. 宣传培训 2009—2015 年累计举办培训班 103 期，培训技术人员 223 人次，培训农民 2 672 人次，发放宣传培训资料 13 810 份。网络宣传 123 条，简报 107 条，张贴墙体广告、横幅 28 条。召开现场会 16 次。发放测土配方施肥建议卡 240 份。技术覆盖 42 家庭农场。

5. 配方研发 研发了覆盖项目区范围各类作物的施肥大配方 3 个，指导农户具体施肥的小配方 9 个，由此建立了配方组合，作为配方肥生产和农户施肥指导的依据。

（1）小麦配方 推荐氮、磷、钾总养分含量为 45%的大配方 16-18-11，小配方 14-20-11、18-16-11、16-20-9。

（2）油菜配方 推荐氮、磷、钾总养分含量为 45%的大配方 16-19-10，小配方 15-17-13、13-21-11、18-17-10。

（3）大麦配方 推荐氮、磷、钾总养分含量为 45%的大配方 15-19-11，小配方 13-21-11、17-19-9、17-17-11。

6. 推广成效 2009—2015 年累计计划推广测土配方施肥技术面积 10.2 万 hm^2，实际推广 10.2 万 hm^2，完成率 100%。计划施用配方肥面积 4.2 万 hm^2，施用量（折纯）5 548.8t，实际施用配方肥面积 4.2 万 hm^2，施用量（折纯）5 561.8t，完成率为 100.23%。

7. 经济效益 2009—2015 年在小麦、油菜作物上推广测土配方施肥技术面积 10.22 万 hm^2，公顷平均产量 3 421.05kg，比农民常规施肥公顷增产 344.25kg，增产率 11.19%，公顷平均增产值 826.2 元，总增产 3.51 万 t，总增产值 8 427.95 万元（表 8-28、表 8-29）。

表 8-28 呼伦贝尔市农业技术推广服务中心主要任务指标完成情况

年度	使用资金（万元）	采集土壤样品（个）	分析化验（项次）	试验个数（个）	推广技术面积（万 hm^2）	配方肥施用面积（万 hm^2）	配方肥施用量（t）	示范面积（hm^2）	建议卡（份）
2009	80.00	703	9 672	7	1.00	—		800.0	
2010	45.00	409	5 658	9	0.53	0.27	316.8	26.7	30
2011	40.00	205	2 807	5	1.33	0.67	816	166.7	42
2012	40.00	154	2 123	3	1.33	0.67	816	166.7	42
2013	40.00	103	1 409	3	2.00	0.83	1 200	166.7	42
2014	30.00	203	2 799	3	2.00	0.83	1 212.96	166.7	42
2015	30.00	205	3 205	5	2.00	0.93	1 200	166.7	42
合计	305.00	1 982	27 673	35	10.20	4.20	5 562	1 660.0	240

表 8-29 呼伦贝尔市农业技术推广服务中心测土配方施肥项目效益分析

作物名称	推广测土配方施肥技术完成情况		农民常规施肥产量（kg/hm^2）	测土配方施肥新增产量			测土配方施肥新增产值	
	面积（万 hm^2）	产量（kg/hm^2）		增产（kg/hm^2）	总增产（万 t）	增产率（%）	增产值（元/hm^2）	总增产值（万元）
小麦	6.67	4 067.25	3 661.35	406.05	2.71	11.09	806.70	5 377.70
油菜	3.53	2 201.70	1 973.85	227.85	0.80	11.54	863.25	3 050.25
汇总	10.20	3 421.05	3 076.80	344.25	3.51	11.19	826.20	8 427.95

（十二）鄂温克族自治旗测土配方施肥补贴项目

1. 资金使用 2009—2011 年中央财政累计补贴资金 130 万元，实际使用资金 130 万元，使用率 100%。其中仪器设备购置费 4.98 万元，占总资金的 3.83%；调查、分析、采样等累计使用 122.42 万元，占总资金的 94.17%；项目管理费累计使用 2.6 万元，占总资金的 2%。

2. 样品采集与测试分析 2009—2011 年计划采集土壤样品 1 724 个，实际采集 1 724 个，完成率 100%。化验分析 23 489 项次，其中大量元素 10 690 项次，中微量元素 10 862 项次，pH 等其他项目 1 937 项次。采集植株样品 14 个，化验 84 项次。

3. 试验示范 布置各类田间试验 19 个，其中“3414”试验 8 个、化肥利用率试验 1 个、中微量元素试验 10 个。累计建立示范片 44 个，面积 293.3hm^2。

4. 宣传培训 2009—2011 年累计举办培训班 54 期，培训技术人员 30 人次，培训农民 2 740 人次，发放宣传培训资料 4 200 份。网络宣传 37 条，简报 32 条，张贴墙体广告、横幅 11 条。召开现场会 9 次。发放测土配方施肥建议卡 168 份。技术覆盖 69 家庭农场。

5. 配方研发 研发了覆盖全旗各类作物的施肥大配方 3 个，指导农户具体施肥的小配方 9 个，由此建立了配方组合，作为配方肥生产和农户施肥指导的依据。

（1）小麦配方 推荐氮、磷、钾总养分含量为 45%的大配方 16-20-9，小配方 15-22-8、15-21-9、19-20-7。

（2）油菜配方 推荐氮、磷、钾总养分含量为 45%的大配方 16-20-9，小配方 14-23-8、16-18-11、18-20-7。

（3）大麦配方 推荐氮、磷、钾总养分含量为 45%的大配方 17-20-8，小配方 15-22-8、17-18-10、19-18-8。

6. 推广成效 2009—2011 年累计计划推广测土配方施肥技术面积 3 万 hm^2，实际推广 3 万 hm^2，完成率 100%。计划施用配方肥面积 1 万 hm^2，施用量（折纯）1 084.5t，实际施用配方肥面积 1 万 hm^2，施用量（折纯）1 084.5t，完成率为 100%。

7. 经济效益 2009—2011 年在小麦、大麦、油菜作物上推广测土配方施肥技术面积 3 万 hm^2，公顷平均产量 2 527.05kg，比农民常规施肥公顷增产 265.8kg，增产率 11.76%，公顷均增产值 470.25

元，总增产 0.80 万 t，总增产值 1 410.53 万元（表 8-30、表 8-31）。

表 8-30 鄂温克族自治旗主要任务指标完成情况

年度	使用资金（万元）	采集土壤样品（个）	分析化验（项次）	试验个数（个）	推广技术面积（万 hm^2）	配方肥施用面积（万 hm^2）	配方肥施用量（t）	示范面积（hm^2）	建议卡（份）
2009	60	1 095	14 897	5	1.00	—	—	66.7	36
2010	40	409	5 602	9	0.67	0.33	364.5	26.7	48
2011	30	220	2 990	5	1.33	0.67	720	200.0	84
合计	130	1 724	23 489	19	3.00	1.00	1 085	293.3	168

表 8-31 鄂温克族自治旗测土配方施肥项目效益分析

作物名称	推广测土配方施肥技术完成情况		农民常规施肥产量（kg/hm^2）	测土配方施肥新增产量			测土配方施肥新增产值	
	面积（万 hm^2）	产量（kg/hm^2）		增产（kg/hm^2）	总增产（万 t）	增产率（%）	增产值（元/hm^2）	总增产值（万元）
小麦	1.93	3 093.00	2 771.85	321.15	0.62	11.58	506.55	979.20
大麦	0.07	3 127.50	2 769.00	358.50	0.02	12.95	353.70	23.58
油菜	1.00	1 392.90	1 240.05	152.85	0.15	12.32	407.70	407.75
汇总	3.00	2 527.05	2 261.25	265.80	0.80	11.76	470.25	1 410.53

（十三）苏沁农牧场测土配方施肥补贴项目

1. 资金使用 2009—2014 年中央财政累计补贴资金 180 万元，实际使用资金 180 万元，使用率 100%。其中仪器设备购置费 18.7 万元，占总资金的 10.39%；调查、分析、采样等累计使用 155.8 万元，占总资金的 86.56%；项目管理费累计使用 5.5 万元，占总资金的 3.06%。

2. 样品采集与测试分析 2009—2014 年计划采集土壤样品 3 100 个，实际采集 3 600 个，完成率 116%。化验分析 38 550 项次，其中大量元素 18 500 项次，中微量元素 16 950 项次，pH 等其他项目 3 100 项次。采集植株样品 144 个，化验 486 项次。

3. 试验示范 布置各类田间试验 47 个，其中“3414”试验 35 个、氮磷钾单因素梯度试验 12 个。累计建立示范片 20 个，面积 4 033.3hm^2。

4. 宣传培训 2009—2014 年累计举办培训班 28 期，培训技术人员 305 人次，培训农民 1 640 人次，发放宣传培训资料 2 430 份。网络宣传 7 条，简报 78 条，张贴墙体广告、横幅 47 条。召开现场会 6 次。发放测土配方施肥建议卡 487 份。技术覆盖 7 个生产队。

5. 化验室建设 苏沁农牧场农林科技实验站建于 2008 年，并于 2009 年进行了改扩建，化验室面积 140m^2，化验员 5 名。

6. 配方研发 研发了覆盖全场小麦、油菜作物的施肥大配方 2 个，指导农户具体施肥的小配方 6 个，由此建立了配方组合，作为配方肥生产和农户施肥指导的依据。

（1）小麦配方 推荐氮、磷、钾总养分含量为 45%的大配方 18-19-8，小配方 19-17-9、17-17-11、19-19-8。

（2）油菜配方 推荐氮、磷、钾总养分含量为 45%的大配方 20-17-8，小配方 19-16-10、21-16-8、19-18-8。

7. 推广成效 2009—2014 年累计计划推广测土配方施肥技术面积 4 万 hm^2，实际推广 3.47 万 hm^2，完成率 86.7%。计划施用配方肥面积 1.83 万 hm^2，施用量（折纯）4 073t，实际施用配方肥面积 1.83 万 hm^2，施用量（折纯）4 214t。

8. 经济效益 2009—2014 年在小麦、油菜作物上推广测土配方施肥技术面积 3.47 万 hm^2，公顷平均产量 3 405.3kg，比农民常规施肥公顷增产 191.85kg，增产率 5.97%，公顷平均增产值 360.9 元，总增产 0.67 万 t，总增产值 1 251 万元（表 8-32、表 8-33）。

表 8-32 苏沁农牧场主要任务指标完成情况

年度	使用资金（万元）	采集土壤样品（个）	分析化验（项次）	试验个数（个）	推广技术面积（万 hm^2）	配方肥施用面积（万 hm^2）	配方肥施用量（t）	示范面积（hm^2）	建议卡（份）
2009	60	2 000	27 000	20	—	—	—	66.7	—
2010	35	600	7 350	10	0.33	0.13	300	66.7	140
2011	30	200	700	5	0.67	0.33	800	1 000.0	140
2012	20	200	700	6	0.67	0.33	815	766.7	100
2013	20	200	700	3	0.77	0.43	985	800.0	100
2014	15	400	2 100	3	1.3	0.60	1 314	1 333.3	7
合计	180	3 600	38 550	47	3.47	1.83	4 214	4 033.3	487

表 8-33 苏沁农牧场测土配方施肥项目效益分析

作物名称	推广测土配方施肥技术完成情况		农民常规施肥	测土配方施肥新增产量			测土配方施肥新增产值	
	面积（万 hm^2）	产量（kg/hm^2）	产量（kg/hm^2）	增产（kg/hm^2）	总增产（万 t）	增产率（%）	增产值（元/hm^2）	总增产值（万元）
小麦	2.67	3 796.95	3 592.50	204.45	0.55	5.69	345.45	921.00
油菜	0.80	2 100.00	1 950.00	150.00	0.12	7.69	412.50	330.00
汇总	3.47	3 405.30	3 213.45	191.85	0.67	5.97	360.90	1 251.00

（十四）三河种马场测土配方施肥补贴项目

1. 资金使用 2009—2014 年中央财政累计补贴资金 195 万元，实际使用资金 195 万元，使用率 100%。其中仪器设备购置费 33.5 万元，占总资金的 17.18%；调查、分析、采样等累计使用 157.5 万元，占总资金的 80.77%；项目管理费累计使用 4 万元，占总资金的 2.05%。

2. 样品采集与测试分析 2009—2014 年计划采集土壤样品 4 250 个，实际采集 4 250 个，完成率 100%。化验分析 54 690 项次，其中大量元素 25 690 项次，中微量元素 24 380 项次，pH 等其他项目 4 620 项次。采集植株样品 177 个，化验 621 项次。

3. 试验示范 布置各类田间试验 48 个，其中“3414”试验 30 个、中微量元素试验 16 个、水肥一体化试验 2 个。肥料校正试验 15 个，累计建立示范片 26 个，面积 3 940hm^2。

4. 宣传培训 2009—2014 年累计举办培训班 34 期，培训技术人员 270 人次，培训农民 1 400 人次，发放宣传培训资料 2 210 份。网络宣传 9 条，简报 76 条，张贴墙体广告、横幅 48 条。召开现场会 16 次。发放测土配方施肥建议卡 740 份。技术覆盖 10 个生产队。

5. 化验室建设 三河种马场测土配方施肥化验室建于 2007 年，化验室面积 200m^2，化验员 4 名。

6. 配方研发 研发了覆盖全场小麦、油菜作物的施肥大配方 2 个，指导农户具体施肥的小配方 5 个，由此建立了配方组合，作为配方肥生产和农户施肥指导的依据。

（1）小麦配方 推荐氮、磷、钾总养分含量为 45%的大配方 18-21-6，小配方 18-21-6、16-23-6、20-19-6。

（2）油菜配方 推荐氮、磷、钾总养分含量为 45%的大配方 19-18-8，小配方 18-19-8、20-17-8。

7. 推广成效 2009—2014 年累计计划推广测土配方施肥技术面积 7.33 万 hm^2，实际推广 7.33 万 hm^2，完成率 100%。计划施用配方肥面积 3.1 万 hm^2，施用量（折纯）5 085.9t，实际施用配方肥面积 3.1 万 hm^2，施用量（折纯）5 085.9t。

8. 经济效益 2009—2014 年在小麦、油菜作物上推广测土配方施肥技术面积 7.33 万 hm^2，公顷平均产量 2 823.6kg，比农民常规施肥公顷增产 146.1kg，增产率 5.46%，公顷平均增产值 351.3 元，总增产 1.07 万 t，总增产值 2 576.40 万元（表 8-34、表 8-35）。

表 8-34 三河种马场主要任务指标完成情况

年度	使用资金（万元）	采集土壤样品（个）	分析化验（项次）	试验个数（个）	推广技术面积（万 hm^2）	配方肥施用面积（万 hm^2）	配方肥施用量（t）	示范面积（hm^2）	建议卡（份）
2009	60	3 000	41 100	20	—	—	—	100.0	—
2010	45	500	6 850	10	0.53	0.20	265.5	673.3	100
2011	30	200	2 740	10	1.33	0.67	1 895.4	166.7	240
2012	25	150	1 200	6	1.33	0.67	900	833.3	200
2013	20	100	700	1	1.80	0.77	1 035	833.3	100
2014	15	300	2 100	1	2.33	0.80	990	1 333.3	100
合计	195	4 250	54 690	48	7.33	3.10	5 086	3 940.0	740

表 8-35 三河种马场测土配方施肥项目效益分析

作物名称	推广测土配方施肥技术完成情况		农民常规施肥	测土配方施肥新增产量			测土配方施肥新增产值	
	面积（万 hm^2）	产量（kg/hm^2）	产量（kg/hm^2）	增产（kg/hm^2）	总增产（万 t）	增产率（%）	增产值（元/hm^2）	总增产值（万元）
小麦	4.40	3 430.50	3 236.40	194.10	0.85	6.00	359.55	1 582.00
油菜	2.93	1 913.40	1 839.15	74.10	0.22	4.03	339.00	994.40
汇总	7.33	2 823.60	2 677.50	146.10	1.07	5.46	351.30	2 576.40

（十五）上库力农场测土配方施肥补贴项目

1. 资金使用 2009—2014 年中央财政累计补贴资金 195 万元，实际使用资金 195 万元，使用率 100%。其中仪器设备购置费 41.9 万元，占总资金的 21.49%；调查、分析、采样等累计使用 146.8 万元，占总资金的 75.28%；项目管理费累计使用 6.3 万元，占总资金的 3.23%。

2. 样品采集与测试分析 2009—2014 年计划采集土壤样品 4 300 个，实际采集 4 300 个，完成率 100%。化验分析 77 400 项次，其中大量元素 32 000 项次，中微量元素 33 300 项次，pH 等其他项目 12 100 项次。采集植株样品 213 个，化验 648 项次。

3. 试验示范 布置各类田间试验 48 个，其中“3414”试验 31 个、化肥利用率试验 5 个、中微量元素试验 3 个、氮磷钾肥单因素梯度试验 9 个。累计建立示范片 31 个，面积 3 460hm^2。

4. 宣传培训 2009—2014 年累计举办培训班 38 期，培训技术人员230 人次，培训农民 3 250 人次，发放宣传培训资料 3 500 份。网络宣传 22 条，简报 64 条，张贴墙体广告、横幅 44 条。召开现场会 6 次。发放测土配方施肥建议卡 650 份。技术覆盖 9 个生产队。

5. 化验室建设 上库力农场土壤化验室建于 2009 年，并于 2011 年进行了改扩建，现有化验室面积 180m^2，化验员 3 名。

6. 配方研发 研发了覆盖全场小麦、油菜作物的施肥大配方 2 个，指导农户具体施肥的小配方 5 个，由此建立了配方组合，作为配方肥生产和农户施肥指导的依据。

（1）小麦配方 推荐氮、磷、钾总养分含量为 45%的大配方 17-20-8，小配方 16-18-11、18-20-7、14-22-9。

（2）油菜配方 推荐氮、磷、钾总养分含量为 45%的大配方 15-20-10，小配方 12-20-13、14-20-11。

7. 推广成效 2009—2014 年累计计划推广测土配方施肥技术面积 7.33 万 hm^2，实际推广 7.33 万 hm^2，完成率 100%。计划施用配方肥面积 3.23 万 hm^2，实际施用配方肥面积 3.23 万 hm^2，施用量（折纯）9 944t。

8. 经济效益 2009—2014 年在小麦、油菜作物上推广测土配方施肥技术面积 7.33 万 hm^2，公顷平均产量 3 334.5kg，比农民常规施肥公顷增产 225kg，增产率 7.24%，公顷平均增产值 516.9 元，总增产 1.65 万 t，总增产值 3 790.6 万元（表 8-36、表 8-37）。

表 8-36 上库力农场主要任务指标完成情况

年度	使用资金（万元）	采集土壤样品（个）	分析化验（项次）	试验个数（个）	推广技术面积（万 hm²）	配方肥施用面积（万 hm²）	配方肥施用量（t）	示范面积（hm²）	建议卡（份）
2009	60	3 000	60 000	24	—	—	—	120.0	—
2010	45	500	10 000	10	0.53	0.33	793	673.3	160
2011	30	200	2 000	5	1.33	0.67	2 348	833.3	150
2012	25	150	1 350	3	1.33	0.67	2 058	833.3	160
2013	20	150	1 350	3	1.80	0.77	2 535	833.3	100
2014	15	300	2 700	3	2.33	0.80	2 210	166.7	80
合计	195	4 300	77 400	48	7.33	3.23	9 944	3 460.0	650

表 8-37 上库力农场测土配方施肥项目效益分析

作物名称	推广测土配方施肥技术完成情况		农民常规施肥	测土配方施肥新增产量			测土配方施肥新增产值	
	面积（万 hm²）	产量（kg/hm²）	产量（kg/hm²）	增产（kg/hm²）	总增产（万 t）	增产率（%）	增产值（元/hm²）	总增产值（万元）
小麦	4.13	4 328.40	4 023.60	304.80	1.26	7.58	482.70	1995.00
油菜	3.20	2 050.65	1 928.70	121.95	0.39	6.32	561.15	1795.60
汇总	7.33	3 334.50	3 109.50	225.00	1.65	7.24	516.90	3790.60

（十六）哈达图农牧场测土配方施肥补贴项目

1. 资金使用 2009—2014 年中央财政累计补贴资金 185 万元，实际使用资金 181.4 万元，使用率 98.05%。其中仪器设备购置费 43.4 万元，占总资金的 23.93%；调查、分析、采样等累计使用 133.5 万元，占总资金的 73.59%；项目管理费累计使用 4.5 万元，占总资金的 2.48%。

2. 样品采集与测试分析 2009—2014 年计划采集土壤样品 4 200 个，实际采集 4 200 个，完成率 100%。化验分析 55 475 项次，其中大量元素 25 900 项次，中微量元素 25 025 项次，pH 等其他项目 4 550 项次。采集植株样品 195 个，化验 90 项次。

3. 试验示范 布置各类田间试验 45 个，其中“3414”试验 30 个、化肥利用率试验 6 个、氮磷钾肥单因素梯度试验 9 个。累计建立示范片 24 个，面积 3 440hm²。

4. 宣传培训 2009—2014 年累计举办培训班 42 期，培训技术人员 129 人次，培训农民 2 600 人次，发放宣传培训资料 4 100 份。网络宣传 11 条，简报 80 条，张贴墙体广告、横幅 50 条。召开现场会 6 次。发放测土配方施肥建议卡 780 份。技术覆盖 8 个生产队。

5. 化验室建设 哈达图农场土壤化验室建于 2007 年，并于 2009 年进行了改扩建，现有化验室面积 200m²，化验员 1 名。

6. 配方研发 研发了覆盖全场小麦、油菜、大麦作物的施肥大配方 3 个，指导农户具体施肥的小配方 9 个，由此建立了配方组合，作为配方肥生产和农户施肥指导的依据。

（1）小麦配方 推荐氮、磷、钾总养分含量为 45%的大配方 15-18-12，小配方 15-17-13、13-19-13、17-15-13。

（2）油菜配方 推荐氮、磷、钾总养分含量为 45%的大配方 15-20-10，小配方 13-20-12、11-22-12、15-18-12。

（3）大麦配方 推荐氮、磷、钾总养分含量为 45%的大配方 15-18-12，小配方 17-17-11、15-15-15、13-19-13。

7. 推广成效 2009—2014 年累计计划推广测土配方施肥技术面积 5.6 万 hm²，实际推广 5.6 万 hm²，完成率 100%。计划施用配方肥面积 2.7 万 hm²，施用量（折纯）2 594.25t，实际施用配方肥面积 2.7 万 hm²，施用量（折纯）2 651.4t。

8. 经济效益 2009—2014 年在小麦、油菜作物上推广测土配方施肥技术面积 5.6 万 hm^2，公顷平均产量 2 841.45kg，比农民常规施肥公顷增产 161.4kg，增产率 6.02%，公顷平均增产值 319.65 元，总增产 0.9 万 t，总增产值 1 790 万元（表 8-38、表 8-39）。

表 8-38 哈达图农牧场主要任务指标完成情况

年度	使用资金（万元）	采集土壤样品（个）	分析化验（项次）	试验个数（个）	推广技术面积（万 hm^2）	配方肥施用面积（万 hm^2）	配方肥施用量（t）	示范面积（hm^2）	建议卡（份）
2009	60	3 000	43 350	20	—	—	—	300.0	—
2010	40	500	7 225	10	0.40	0.20	202.5	673.3	500
2011	30	150	1 050	6	1.33	0.67	549.9	100.0	150
2012	20	100	700	3	1.33	0.67	585	766.7	50
2013	20	150	1 050	3	1.20	0.50	594	800.0	30
2014	15	300	2 100	3	1.33	0.67	720	800.0	50
合计	185	4 200	55 475	45	5.60	2.70	2 651	3 440.0	780

表 8-39 哈达图农牧场测土配方施肥项目效益分析

作物名称	推广测土配方施肥技术完成情况		农民常规施肥	测土配方施肥新增产量			测土配方施肥新增产值	
	面积（万 hm^2）	产量（kg/hm^2）	产量（kg/hm^2）	增产（kg/hm^2）	总增产（万 t）	增产率（%）	增产值（元/hm^2）	总增产值（万元）
小麦	3.33	2 733.60	2 547.60	186.00	0.62	7.30	244.80	816.00
油菜	2.27	3 000.00	2 874.75	125.25	0.28	4.36	429.75	974.00
汇总	5.60	2 841.45	2 680.05	161.40	0.90	6.02	319.65	1 790.00

（十七）特泥河牧场测土配方施肥补贴项目

1. 资金使用 2009—2014 年中央财政累计补贴资金 180 万元，实际使用资金 180 万元，使用率 100%。其中仪器设备购置费 39.7 万元，占总资金的 22.06%；调查、分析、采样等累计使用 132.1 万元，占总资金的 73.39%；项目管理费累计使用 8.2 万元，占总资金的 4.56%。

2. 样品采集与测试分析 2009—2014 年计划采集土壤样品 4 150 个，实际采集 4 336 个，完成率 104.5%。化验分析 54 859 项次，其中大量元素 23 591 项次，中微量元素 25 458 项次，pH 等其他项目 5 810 项次。采集植株样品 197 个。

3. 试验示范 布置各类田间试验 42 个，其中“3414”试验 35 个、水肥一体化试验 4 个、氮磷钾肥单因素梯度试验 3 个。设置三区对比试验 30 个。累计建立示范片 17 个，面积 3 006.7hm^2。

4. 宣传培训 2009—2014 年累计举办培训班 31 期，培训技术人员 290 人次，培训农民 2 900 人次，发放宣传培训资料 4 700 份。网络宣传 39 条，简报 72 条，张贴墙体广告、横幅 28 条。召开现场会 7 次。发放测土配方施肥建议卡 420 份。技术覆盖 7 个生产队。

5. 化验室建设 特泥河农业科技试验示范园区土壤化验室建于 2008 年，现有化验室面积 400m^2，化验员 7 名。

6. 配方研发 研发了覆盖全场小麦、油菜、大麦作物的施肥大配方 3 个，指导农户具体施肥的小配方 9 个，由此建立了配方组合，作为配方肥生产和农户施肥指导的依据。

（1）小麦配方 推荐氮、磷、钾总养分含量为 45%的大配方 18-19-8，小配方 16-21-8、20-17-8、18-19-8。

（2）油菜配方 推荐氮、磷、钾总养分含量为 45%的大配方 15-21-9，小配方 14-21-10、14-23-8、15-20-10。

（3）大麦配方 推荐氮、磷、钾总养分含量为 45%的大配方 15-20-10，小配方 16-21-8、14-19-12、13-21-11。

7. 推广成效 2009—2014 年累计计划推广测土配方施肥技术面积 6.13 万 hm^2，实际推广

6.13 万 hm^2，完成率 100%。计划施用配方肥面积 3.2 万 hm^2，施用量（折纯）7 795t，实际施用配方肥面积 3.2 万 hm^2，施用量（折纯）7 795t。

8. 经济效益　2009—2014 年在小麦、油菜作物上推广测土配方施肥技术面积 6.13 万 hm^2，公顷平均产量 2 502.75kg，比农民常规施肥公顷增产 185.85kg，增产率 8.02%，公顷平均增产值 528.45 元，总增产 1.14 万 t，总增产值 3 241.44 万元（表 8-40、表 8-41）。

表 8-40　特泥河牧场主要任务指标完成情况

年度	使用资金（万元）	采集土壤样品（个）	分析化验（项次）	试验个数（个）	推广技术面积（万 hm^2）	配方肥施用面积（万 hm^2）	配方肥施用量（t）	示范面积（hm^2）	建议卡（份）
2009	60	3 185	43 475	20	—	—	—	—	70
2010	35	500	6 825	10	0.40	0.20	420	6.7	70
2011	30	151	1 359	5	1.33	0.67	1 400	100.0	70
2012	20	100	700	3	1.33	0.67	1 400	766.7	70
2013	20	100	700	2	1.67	1.00	2 775	800.0	70
2014	15	300	1 800	2	1.40	0.67	1 800	1 333.3	70
合计	180	4 336	54 859	42	6.13	3.20	7 795	3 006.7	420

表 8-41　特泥河牧场测土配方施肥项目效益分析

作物名称	推广测土配方施肥技术完成情况		农民常规施肥	测土配方施肥新增产量			测土配方施肥新增产值	
	面积（万 hm^2）	产量（kg/hm^2）	产量（kg/hm^2）	增产（kg/hm^2）	总增产（万 t）	增产率（%）	增产值（元/hm^2）	总增产值（万元）
小麦	1.80	3 844.50	3 572.25	272.25	0.49	7.62	511.95	921.60
油菜	4.33	1 945.50	1 795.35	150.00	0.65	8.36	535.35	2 319.84
汇总	6.13	2 502.75	2 316.90	185.85	1.14	8.02	528.45	3 241.44

（十八）谢尔塔拉种牛场测土配方施肥补贴项目

1. 资金使用　2009—2014 年中央财政累计补贴资金 180 万元，实际使用资金 180 万元，使用率 100%。其中仪器设备购置费 37.63 万元，占总资金的 20.91%；调查、分析、采样等累计使用 136.31 万元，占总资金的 75.73%；项目管理费累计使用 6.06 万元，占总资金的 3.37%。

2. 样品采集与测试分析　2009—2014 年计划采集土壤样品 4 100 个，实际采集 4 100 个，完成率 100%。化验分析 52 004 项次，其中大量元素 21 700 项次，中微量元素 21 200 项次，pH 等其他项目 9 104 项次。采集植株样品 193 个，化验 624 项次。

3. 试验示范　布置各类田间试验 45 个，其中“3414”试验 35 个、中微量元素试验 10 个。累计建立示范片 30 个，面积 4 740hm^2。

4. 宣传培训　2009—2014 年累计举办培训班 29 期，培训技术人员 171 人次，培训农民 2 560 人次，发放宣传培训资料 2 200 份。网络宣传 9 条，简报 60 条，张贴墙体广告、横幅 49 条。召开现场会 10 次。发放测土配方施肥建议卡 718 份。技术覆盖 8 个生产队。

5. 化验室建设　谢尔塔拉农科中心化验室建于 2007 年，并于 2010 年进行了改扩建，现有化验室面积 204m^2，化验员 7 名。

6. 配方研发。研发了覆盖全场小麦、油菜、大麦作物的施肥大配方 3 个，指导农户具体施肥的小配方 9 个，由此建立了配方组合，作为配方肥生产和农户施肥指导的依据。

（1）小麦配方　推荐氮、磷、钾总养分含量为 45%的大配方 17-20-8，小配方 16-18-11、18-18-9、16-21-8。

（2）油菜配方　推荐氮、磷、钾总养分含量为 45%的大配方 18-20-7，小配方 21-16-8、18-21-6、16-16-13。

（3）大麦配方　推荐氮、磷、钾总养分含量为 45%的大配方 18-17-10，小配方 18-14-13、20-14-11、

16-21-8。

7. 推广成效 2009—2014年累计计划推广测土配方施肥技术面积4.8万hm^2，实际推广4.8万hm^2，完成率100%。计划施用配方肥面积2.7万hm^2，施用量（折纯）5 100t，实际施用配方肥面积2.7万hm^2，施用量（折纯）5 100t。

8. 经济效益 2009—2014年在小麦、油菜作物上推广测土配方施肥技术面积4.8万hm^2，公顷平均产量2 473.2kg，比农民常规施肥公顷增产184.8kg，增产率8.20%，公顷平均增产值542.55元，总增产0.88万t，总增产值2 605万元（表8-42、表8-43）。

表8-42 谢尔塔拉种牛场主要任务指标完成情况

年度	使用资金（万元）	采集土壤样品（个）	分析化验（项次）	试验个数（个）	推广技术面积（万hm^2）	配方肥施用面积（万hm^2）	配方肥施用量（t）	示范面积（hm^2）	建议卡（份）
2009	60	3 000	39 150	20	—	—	—	500.0	—
2010	35	500	7 550	10	0.33	0.20	450	673.3	500
2011	30	100	1804	5	1.00	0.67	1 155	1 155	120
2012	20	100	700	—	1.00	0.67	810	733.3	24
2013	20	100	700	—	1.13	0.50	1 095	766.7	24
2014	15	300	2 100	10	1 590	0.67	1 590	1 400.0	50
合计	180	4 100	52 004	45	4.80	2.70	5 100	4 740.0	718

表8-43 谢尔塔拉种牛场测土配方施肥项目效益分析

作物名称	推广测土配方施肥技术完成情况		农民常规施肥	测土配方施肥新增产量			测土配方施肥新增产值	
	面积（万hm^2）	产量（kg/hm^2）	产量（kg/hm^2）	增产（kg/hm^2）	总增产（万t）	增产率（%）	增产值（元/hm^2）	总增产值（万元）
小麦	1.8	3 666.6	3 392.7	273.9	0.49	8.42	587.4	1 057.40
油菜	3.0	1 757.25	1 626.00	131.25	0.39	8.07	515.85	1 547.60
汇总	4.8	2 473.2	2 288.4	184.8	0.88	8.20	542.55	2 605.00

（十九）莫拐农场测土配方施肥补贴项目

1. 资金使用 2009—2014年中央财政累计补贴资金175万元，实际使用资金175万元，使用率100%。其中仪器设备购置费29.5万元，占总资金的16.86%；调查、分析、采样等累计使用137万元，占总资金的78.29%；项目管理费累计使用8.5万元，占总资金的4.86%。

2. 样品采集与测试分析 2009—2014年计划采集土壤样品3 100个，实际采集3 128个，完成率100.9%。化验分析42 670项次，其中大量元素18 500项次，中微量元素18 820项次，pH等其他项目5 350项次。采集植株样品166个，化验45项次。

3. 试验示范 布置各类田间试验50个，其中“3414”试验30个、中微量元素试验15个、氮磷钾单因素梯度试验3个、植物固氮壮根素试验2个。累计建立示范片35个，面积4 800hm^2。

4. 宣传培训 2009—2014年累计举办培训班41期，培训技术人员447人次，培训农民2 200人次，发放宣传培训资料2 200份。网络宣传18条，简报74条，张贴墙体广告、横幅42条。召开现场会6次。发放测土配方施肥建议卡236份。技术覆盖7个生产队。

5. 化验室建设 海拉尔农垦集团莫拐分公司化验室建于2006年，并于2011年进行了改扩建，现有化验室面积205m^2，化验员5名。

6. 配方研发 研发了覆盖全场小麦、油菜作物的施肥大配方2个，指导农户具体施肥的小配方6个，由此建立了配方组合，作为配方肥生产和农户施肥指导的依据。

（1）小麦配方 推荐氮、磷、钾总养分含量为45%的大配方17-20-8，小配方14-22-9、20-17-8、16-17-12。

（2）油菜配方 推荐氮、磷、钾总养分含量为45%的大配方17-18-10，小配方21-14-10、14-22-9、

17-15-13。

7. 推广成效 2009—2014年累计计划推广测土配方施肥技术面积3.13万hm^2，实际推广3.17万hm^2，完成率101%。计划施用配方肥面积1.33万hm^2，施用量（折纯）3 369t，实际施用配方肥面积1.33万hm^2，施用量（折纯）3 369t。

8. 经济效益 2009—2014年在小麦、油菜作物上推广测土配方施肥技术面积3.17万hm^2，公顷平均产量2 680.65kg，比农民常规施肥公顷增产222.9kg，增产率9.39%，公顷平均增产值739.05元，总增产0.70万t，总增产值2 340.4万元（表8-44、表8-45）。

表8-44 莫拐农场主要任务指标完成情况

年度	使用资金（万元）	采集土壤样品（个）	分析化验（项次）	试验个数（个）	推广技术面积（万hm^2）	配方肥施用面积（万hm^2）	配方肥施用量（t）	示范面积（hm^2）	建议卡（份）
2009	60	2 008	31 270	20	—	—	—	400.0	—
2010	30	510	6 800	10	0.33	0.13	270	673.3	70
2011	30	100	900	5	0.69	0.33	690	800.0	94
2012	20	100	900	3	0.68	0.33	714	800.0	21
2013	20	100	700	2	0.80	0.27	875	726.7	21
2014	15	310	2 100	10	0.67	0.27	820	1 400.0	30
合计	175	3 128	42 670	50	3.17	1.33	3 369	4 800.0	236

表8-45 莫拐农场测土配方施肥项目效益分析

作物名称	推广测土配方施肥技术完成情况		农民常规施肥	测土配方施肥新增产量			测土配方施肥新增产值	
	面积（万hm^2）	产量（kg/hm^2）	产量（kg/hm^2）	增产（kg/hm^2）	总增产（万t）	增产率（%）	增产值（元/hm^2）	总增产值（万元）
小麦	1.02	3 790.5	3 499.35	291.15	0.29	8.54	648.6	657.20
油菜	2.15	2 158.5	1 967.7	190.8	0.41	9.79	781.65	1 683.2
汇总	3.17	2 680.65	2 457.75	222.9	0.70	9.39	739.05	2 340.40

（二十）牙克石农场测土配方施肥补贴项目

1. 资金使用 2009—2014年中央财政累计补贴资金175万元，实际使用资金175万元，使用率100%。其中仪器设备购置费32.1万元，占总资金的18.34%；调查、分析、采样等累计使用133.6万元，占总资金的76.34%；项目管理费累计使用9.3万元，占总资金的5.31%。

2. 样品采集与测试分析 2009—2014年计划采集土壤样品3 100个，实际采集3 100个，完成率100%。化验分析38 400项次，其中大量元素18 500项次，中微量元素16 550项次，pH等其他项目3 350项次。采集植株样品181个。

3. 试验示范 布置各类田间试验50个，其中"3414"试验30个、中微量元素试验15个、氮磷钾单因素梯度试验3个、植物固氮壮根素试验2个。累计建立示范片30个，面积2 840hm^2。

4. 宣传培训 2009—2014年累计举办培训班29期，培训技术人员158人次，培训农民1 662人次，发放宣传培训资料2 070份。网络宣传15条，简报65条，张贴墙体广告、横幅42条。召开现场会6次。发放测土配方施肥建议卡688份。技术覆盖50个生产队。

5. 化验室建设 牙克石农场化验室建于2007年，并于2010年进行了改扩建，现有化验室面积200m^2，化验员3名。

6. 配方研发 研发了覆盖全场小麦、油菜作物的施肥大配方2个，指导农户具体施肥的小配方6个，由此建立了配方组合，作为配方肥生产和农户施肥指导的依据。

（1）小麦配方 推荐氮、磷、钾总养分含量为45%的大配方17-20-8，小配方13-20-12、15-16-14、22-14-9。

（2）油菜配方 推荐氮、磷、钾总养分含量为45%的大配方19-17-9，小配方21-15-9、19-19-8、

19-15-11。

7. 推广成效　2009—2014 年累计计划推广测土配方施肥技术面积 3.13 万 hm^2，实际推广 3.13 万 hm^2，完成率 100%。计划施用配方肥面积 1.3 万 hm^2，施用量（折纯）1 609.65t，实际施用配方肥面积 1.3 万 hm^2，施用量（折纯）1 609.65t。

8. 经济效益　2009—2014 年在小麦、油菜作物上推广测土配方施肥技术面积 3.13 万 hm^2，公顷平均产量 2673.15kg，比农民常规施肥公顷增产 185.7kg，增产率 7.47%，公顷平均增产值 727.95 元，总增产 0.58 万 t，总增产值 2 281.10 万元（表 8-46、表 8-47）。

表 8-46　牙克石农场主要任务指标完成情况

年度	使用资金（万元）	采集土壤样品（个）	分析化验（项次）	试验个数（个）	推广技术面积（万 hm^2）	配方肥施用面积（万 hm^2）	配方肥施用量（t）	示范面积（hm^2）	建议卡（份）
2009	60	2 000	27 200	20	—	—	—	400.0	—
2010	30	500	6 800	10	0.33	0.13	169.8	673.3	500
2011	30	100	900	5	0.67	0.33	392.8	800.0	94
2012	20	100	700	3	0.67	0.33	392.8	733.3	30
2013	20	100	700	2	0.67	0.23	323.2	100.0	24
2014	15	300	2 100	10	0.80	0.27	331.05	133.3	40
合计	175	3 100	38 400	50	3.13	1.30	1 609.65	2 840.0	688

表 8-47　牙克石农场测土配方施肥项目效益分析

作物名称	推广测土配方施肥技术完成情况		农民常规施肥	测土配方施肥新增产量			测土配方施肥新增产值	
	面积（万 hm^2）	产量（kg/hm^2）	产量（kg/hm^2）	增产（kg/hm^2）	总增产（万 t）	增产率（%）	增产值（元/hm^2）	总增产值（万元）
小麦	1.00	4 165.95	3 979.05	187.05	0.19	4.70	401.25	401.20
油菜	2.13	1 973.40	1 788.30	185.10	0.40	10.35	881.25	1 879.90
汇总	3.13	2 673.15	2 487.45	185.70	0.58	7.47	727.95	2281.10

（二十一）那吉屯农场测土配方施肥补贴项目

1. 资金使用　2009—2014 年中央财政累计补贴资金 175 万元，实际使用资金 175 万元，使用率 100%。其中仪器设备购置费 31.5 万元，占总资金的 18 %；调查、分析、采样等累计使用 137.7 万元，占总资金的 78.69%；项目管理费累计使用 5.8 万元，占总资金的 3.31%。

2. 样品采集与测试分析　2009—2014 年计划采集土壤样品 3 100 个，实际采集 3 100 个，完成率 100%。化验分析 40 900 项次，其中大量元素 17 200 项次，中微量元素 18 000 项次，pH 等其他项目 5 700 项次。采集植株样品 315 个。

3. 试验示范　布置各类田间试验 59 个，其中“3414”试验 49 个、化肥利用率试验 10 个。落实三区对比试验 45 个。累计建立示范片 33 个，面积 4 253.3hm^2。

4. 宣传培训　2009—2014 年累计举办培训班 28 期，培训技术人员 108 人次，培训农民 1 101 人次，发放宣传培训资料 1 377 份。网络宣传 12 条，简报 56 条，张贴墙体广告、横幅 99 条。召开现场会 6 次。发放测土配方施肥建议卡 1 270 份。技术覆盖 18 个生产队，服务 620 农户。

5. 化验室建设　那吉屯农场土壤化验站建于 2008 年，现有化验室面积 200m^2，化验员 3 名。

6. 配方研发　研发了覆盖全场大豆、玉米作物的施肥大配方 2 个，指导农户具体施肥的小配方 5 个，由此建立了配方组合，作为配方肥生产和农户施肥指导的依据。

（1）大豆配方　推荐氮、磷、钾总养分含量为 45%的大配方 16-18-11，小配方 17-18-10、18-15-12、15-16-14。

（2）玉米配方　推荐氮、磷、钾总养分含量为 45%的大配方 21-13-11，小配方 20-13-12、22-12-11。

7. 推广成效 2009—2014年累计计划推广测土配方施肥技术面积4万hm^2，实际推广4万hm^2，完成率100%。计划施用配方肥面积4万hm^2，施用量（折纯）2 307t，实际施用配方肥面积4万hm^2，施用量（折纯）2 303t。

8. 经济效益 2009—2014年在大豆、玉米作物上推广测土配方施肥技术面积4万hm^2，公顷平均产量7 840.8kg，比农民常规施肥公顷增产720kg，增产率10.11%，公顷平均增产值1 288.95元，总增产2.88万t，总增产值5 156万元（表8-48、表8-49）。

表8-48 那吉屯农场主要任务指标完成情况

年度	使用资金（万元）	采集土壤样品（个）	分析化验（项次）	试验个数（个）	推广技术面积（万hm^2）	配方肥施用面积（万hm^2）	配方肥施用量（t）	示范面积（hm^2）	建议卡（份）
2009	60	2 000	26 000	20	—	—	—	400.0	—
2010	30	500	9 500	20	0.33	0.33	157.875	686.7	650
2011	30	100	1 800	10	0.67	0.67	368.375	133.3	432
2012	20	100	800	3	0.67	0.67	385.495	1 000.0	60
2013	20	100	700	3	1.00	1.00	655.186	700.0	64
2014	15	300	2 100	3	1.33	1.33	736.75	1 333.3	64
合计	175	3 100	40 900	59	4.00	4.00	2 303.681	4 253.3	1 270

表8-49 那吉屯农场测土配方施肥项目效益分析

作物名称	推广测土配方施肥技术完成情况		农民常规施肥	测土配方施肥新增产量			测土配方施肥新增产值	
	面积（万hm^2）	产量（kg/hm^2）	产量（kg/hm^2）	增产（kg/hm^2）	总增产（万t）	增产率（%）	增产值（元/hm^2）	总增产值（万元）
大豆	0.33	2 145.00	1 950.00	195.00	0.065	10.00	552.00	184
玉米	3.67	8 358.60	7 590.75	767.70	2.82	10.11	1 356.00	4 972
汇总	4.00	7 840.80	7 120.80	720.00	2.88	10.11	1 288.95	5 156

（二十二）东方红农场测土配方施肥补贴项目

大兴安岭农场管理局东方红农场项目区包括东方红农场、欧肯河农场、宜里农场、古里农场、扎兰河农场、诺敏河农场。

1. 资金使用 2009—2014年中央财政累计补贴资金200万元，实际使用资金200万元，使用率100%。其中仪器设备购置费30.2万元，占总资金的15.1%；调查、分析、采样等累计使用164.2万元，占总资金的82.1%；项目管理费累计使用5.6万元，占总资金的2.8%。

2. 样品采集与测试分析 2009—2011年计划采集土壤样品5 835个，实际采集5 835个，完成率100%。化验分析78 345项次，其中大量元素31 239项次，中微量元素36 727项次，pH等其他项目10 379项次。采集植株样品135个，化验810项次。

3. 试验示范 布置各类田间试验81个，其中"3414"试验55个、中微量元素试验26个。落实三区对比试验264个。累计建立示范片167个，面积0.9万hm^2。

4. 宣传培训 2009—2014年累计举办培训班84期，培训技术人员133人次，培训农民18 000人次，发放宣传培训资料18 000份。网络宣传35条，简报84条，张贴墙体广告、横幅38条。召开现场会17次。发放测土配方施肥建议卡7 600份。技术覆盖51个生产队，服务11 584农户。

5. 配方研发 研发了覆盖全场小麦、大豆作物的施肥大配方2个，指导农户具体施肥的小配方6个，由此建立了配方组合，作为配方肥生产和农户施肥指导的依据。

（1）小麦配方 推荐氮、磷、钾总养分含量为45%的大配方17-19-9，小配方15-17-13、16-21-8、21-11-13。

（2）大豆配方 推荐氮、磷、钾总养分含量为45%的大配方15-20-10，小配方15-20-10、20-22-13、14-19-12。

6. 推广成效 2009—2014 年累计计划推广测土配方施肥技术面积 15.07 万 hm^2，实际推广 15.07 万 hm^2，完成率 100%。计划施用配方肥面积 7.2 万 hm^2，施用量（折纯）9 344t，实际施用配方肥面积 7.2 万 hm^2，施用量（折纯）9 344t，完成率为 100%。

7. 经济效益 2009—2014 年在小麦、大豆、玉米作物上推广测土配方施肥技术面积 15.07 万 hm^2，公顷平均产量 2 494.5kg，比农民常规施肥公顷增产 210.75kg，增产率 9.23%，公顷平均增产值 713.1 元，总增产 3.18 万 t，总增产值 10 743.19 万元（表 8-50、表 8-51）。

表 8-50 东方红农场主要任务指标完成情况

年度	使用资金（万元）	采集土壤样品（个）	分析化验（项次）	试验个数（个）	推广技术面积（万 hm^2）	配方肥施用面积（万 hm^2）	配方肥施用量（t）	示范面积（万 hm^2）	建议卡（份）
2009	60	4 000	58 600	30	2.67	1.33	2 156	0.13	500
2010	45	720	10 440	15	1.67	0.80	980	0.14	4 500
2011	30	500	5 000	10	2.53	1.33	1 600	0.13	500
2012	25	150	1 050	6	2.00	1.33	1 664	0.20	300
2013	20	150	1 050	10	3.00	1.13	1 404	0.17	300
2014	20	315	2 205	10	3.20	1.27	1 540	0.13	1 500
合计	200	5 835	78 345	81	15.07	7.20	9 344	0.90	7 600

表 8-51 东方红农场测土配方施肥项目效益分析

作物名称	推广测土配方施肥技术完成情况		农民常规施肥	测土配方施肥新增产量			测土配方施肥新增产值	
	面积（万 hm^2）	产量（kg/hm^2）	产量（kg/hm^2）	增产（kg/hm^2）	总增产（万 t）	增产率（%）	增产值（元/hm^2）	总增产值（万元）
小麦	3.07	3 935.55	3 663.00	272.55	0.84	7.44	554.25	1 699.55
大豆	11.60	1 915.20	1 739.70	175.50	2.04	10.09	727.65	8 440.44
玉米	0.40	8 245.05	7 485.00	760.05	0.30	10.15	1 507.95	603.20
汇总	15.07	2 494.50	2 283.75	210.75	3.18	9.23	713.10	10 743.19

第八节 土壤有机质提升补贴项目

呼伦贝尔市（原呼伦贝尔盟）20 世纪 50 年代以前的农业生产基本靠自然肥力，耕地面积小，土地投入也很微弱。农家肥的积造应用是从 1949 年新中国建立之后才开始出现，但是肥料质量不高，施肥水平也很低，公顷施肥量不足 4.5t，施用面积不足播种面积的 1/3，一般 3～4 年轮施一茬。60 年代初期随着全国性的大造农家肥运动的开展，积造农家肥的数量逐年提高。新的农家肥积造技术的推广应用，使肥料质量也大有改善，多以堆肥、沤肥为主，也有土杂肥，河塘泥。1960 年以前全市年积造农家肥量不足 50 万 t，公顷施用量 3～4.5t。到 1973 年积肥总量猛增到 208 万 t，平均公顷施用量达 8t 以上，公顷施 15t 以上的面积达 14 万 hm^2，占总播种面积的 55.5%。到 1976 年，积造农家肥总量又上一个大台阶达 352.5 万 t，突破历史最高水平，当时公顷平均施用量达 12.25t，公顷施 15t 以上的面积达 23.5 万 hm^2，占当时总播种面积 81.7%。1976 年以后农家肥的积造量逐年递减，到 1982 年降到最低点，全市总积肥量只有 17.5 万 t，平均公顷施用量为 6.7t，公顷施用 15t 以上的面积仅有 10 万 hm^2，占总播种面积的 45%，退回 60 年代末期水平。1980 年以后积造农肥总量略有增加，但幅度不大，始终没能突破 275 万 t，肥质也有所下降，有的还不如优质土壤养分含量高。到 1988 年全盟年积造农肥总量为 265 万 t，平均公顷施用量 7.5t 左右，较 1976 年减少近 1/3，经检测，因肥料质量不高，只相当优质农肥 185.5 万 t。农家肥积造大幅下降的主要原因，一是改革开放以后，以磷酸二铵为代表的肥效快、施用方便的化肥大量进入农业生产领域替代了有机肥，造成有机肥施用量大幅下降；二是以小四轮拖拉机为代表的农用小型机械大量进入农村千家万户，替代了过去以牛马为主的畜力作业，农村饲养牲畜数量大幅减少，肥源也随之越来越少，也是造成有机肥施用量降低主要原因。

1988年国务院《关于重视有机肥料工作的通知》下达以后，农家肥的积造施用又得到了高度重视。为了认真贯彻执行内蒙古自治区《关于大力抓好积造农家肥工作的通知》精神，当时呼伦贝尔盟行署于1988年9月12～13日在扎兰屯市组织召开了岭东农区三旗市积造农家肥现场会议。岭东三旗市各级领导、业务部门、技术人员大力宣传，得到了农民的响应，变冬季农闲为农忙，开展有机肥积造活动。加强了棚圈建设，做到“五有三勤”，即户有厕所、畜有棚、猪有圈、禽有舍、粪有坑，做到勤起、勤垫、勤打扫。过去有机肥的积制方法主要是堆积发酵，这样有时会影响肥料质量，因冬季积制时，温度往往是影响肥料腐熟的关键因素，现在很多地方采用高温造肥的方法以提高肥质。另有些农户在堆积发酵时，为解决温度低，采用盖土和压实等方法以提高堆内温度，翻捣降低温度，使肥效提高，腐熟好的堆沤肥是优质的有机肥料，对改土有良好的作用。农户对于有机肥料的腐熟有许多好的方法，如加水调节堆肥内湿度和温度，添加含N物质以调节原料物质的碳氮比，加石灰或草木灰以调节酸碱度等等。这些措施的采用，大大提高了肥料的质量，也蕴含着农户的科学种田水平的提高。

积造有机肥是一项长期的、繁重的地力建设行动，为保证其顺利进行，当时部分乡镇制定了一些培肥地力的制度。这些制度的制定，主要是鼓励农户向土地多投入并限制了向土地掠夺性经营的行为，其做法主要有：阿荣旗新发乡后新立屯对于公顷施农家肥超过30t的农户，每公顷多施肥7.5t给予奖励20元；亚东镇公顷施7.5t有机肥奖励1元，少则罚1元；红花梁子镇规定耕地公顷施有机肥要达到22.5t，如果低于50%的耕地不施则收回承包土地。这些乡规奖励政策在现在看来数量太低，但在20世纪80年代末期还是起到了一定的积极作用。

通过大力宣传有机肥建设活动，1989年全盟积造农家肥331万t，比1988年的同期增长24.9%。已接近1976年历史最好水平的352.5万t，公顷均施有机肥1t。其中扎兰屯市115万t，公顷均施达16.7t，为单位面积施肥量最高；阿荣旗90万t；莫力达瓦达斡尔族自治旗116.5万t；牙克石市9.5万t。

1990年全盟积肥总量达373万t，达到了历史最高水平，但各地施用农家肥的水平很不平衡，岭东农区施用面积大，施用量高；岭北则很低。岭东农区三旗市积施360万t，占全市总量的96.39%，施用面积15.13万hm^2，公顷均施23.8t。扎兰屯市施农家肥145万t，施用面积6.5万hm^2，公顷均施22.4t；阿荣旗施农家肥100万t，施肥面积4.7万hm^2，公顷均施21.4t；莫力达瓦达斡尔族自治旗施农家肥115万t，施农家肥4万hm^2，公顷均施肥量28.7t。1990年盟土肥站拟定出台了《呼伦贝尔盟耕地培肥地力条例》，经过几年的试行，收到了很好的效果，使全地区的地力建设工作逐步纳入法制化管理，改变了以前的滥奖滥罚现象。1991—1994年，呼伦贝尔盟进一步加强了积肥设施建设，积造有机肥稳步上升，并开展绿肥和秸秆还田，广辟有机肥源，进行有机肥和无机肥料配合施用，提高了施肥效益。

进入21世纪后，随着各项栽培新技术的推广应用，农作物产量大幅度提高，秸秆数量也随之增加；加之沼气生产技术的推广普及，用作燃料的农作物秸秆大幅度下降，使农村秸秆大量富余，不少农民只好在田间地头将其焚烧，既污染环境又易引起火灾。另一方面，因片面追求粮食产量，大量使用化肥，造成土壤有机质急剧下降。全市土壤有机质提升迫在眉睫。

2009年，为认真贯彻落实中央一号文件提出的“开展鼓励农民增施有机肥、种植绿肥、秸秆还田奖补试点”意见，农业部、财政部结合测土配方施肥补贴项目，进一步加大土壤有机质提升补贴力度，大面积推广应用稻田秸秆还田腐熟技术，适度恢复绿肥种植规模，启动增施商品有机肥补贴试点。制定了《2009年土壤有机质提升补贴项目实施指导意见》（农办财〔2009〕59号），以调动农民积极性为出发点和落脚点，以加快有机肥资源利用、培肥地力为目标，采取技术补贴方式，鼓励农民还田秸秆、种植绿肥、增施有机肥，强化耕地质量建设，促进农业全面可持续发展。

2009—2013年，牙克石市、莫力达瓦达斡尔族自治旗、阿荣旗、海拉尔农牧场管理局先后实施了土壤有机质提升补贴项目，在提升耕地基础地力方面发挥了重要作用。

一、牙克石市土壤有机质提升补贴项目

（一）增施商品有机肥项目

1. 实施年度 2009—2010 年。

2. 实施地点 牙克石市东兴办事处牙克石市良种场和图里河镇春兴农场。

3. 实施规模 2009 年小麦、油菜增施商品有机肥 1 666.7hm²，增施商品有机肥 3 125t，消纳规模养殖畜禽粪便 7 500t。2010 年小麦、油菜增施商品有机肥 2 000hm²，增施商品有机肥 4 125t，消纳规模养殖畜禽粪便 9 500t（表 8-52）。

表 8-52 牙克石市土壤有机质提升补贴项目完成情况统计

年度	施用地点	施用作物	施用面积（hm²）	实际完成面积（hm²）	增施有机肥（t）	消纳有机废弃物总量（t）
2009	市良种场	油菜	333.3	333.3	625	1 500
		小麦	666.7	666.7	1 250	3 000
	春兴农场	油菜	333.3	333.3	625	1 500
		小麦	333.3	333.3	625	1 500
小 计			1 666.7	1 666.7	3 125.0	7 500.0
2010	市良种场	油菜	333.3	333.3	625	1 500
		小麦	666.7	666.7	1 500	3 500
	春兴农场	油菜	666.7	666.7	1 250	3 000
		小麦	333.3	333.3	750	1 500
小 计			2 000	2 000	4 125	9 500
总 计			3 666.7	3 666.7	7 250	17 000

4. 资金补贴方式和标准 补贴标准为每公顷 300 元，两年共计补贴 110 万元。按每公顷增施商品有机肥 1 977.3kg 计算，折合每吨商品有机肥补贴 151.7 元。补贴方式采取售价折扣补贴的方式，农民直接到中标商品有机肥生产企业，以中标零售价扣除财政补贴后价格支付肥料价款。

5. 实施内容

（1）选择适宜的有机肥产品 通过招投标选择呼伦贝尔市田宝有机肥厂的“呼伦湖牌有机肥”产品，中标价格为 1 100 元/t，供货数量为 7 250t。与供肥企业签订供货及相关服务合同，确保产品质量和服务质量。

选择的有机肥料是经自治区农业主管部门登记的、利用畜禽粪便、动植物残体及富含有机质的副产品等有机废弃物为主要原料、经槽式或条垛式发酵腐熟制成的产品，主要技术指标：有机质≥30%、$(N+P_2O_5+K_2O)\%\geq4\%$。氮磷钾、有机质及水分含量符合《有机肥料》（NY525-2002）农业行业标准，重金属、有害病菌和虫卵等必须达到无害化要求。

（2）确定合理的有机肥使用量 应用测土配方施肥成果，结合牙克石市生产实际和粮油作物目标产量、土壤供肥能力、作物需肥总量等参数，采用同效当量法，合理确定有机肥与化肥使用量。

（3）施肥时期和施肥方式 在春季结合播种一次性集中施用。

6. 实施效果监测 项目区建设长期定位观测点 5 个，牙克石市良种场 3 个、东兴办事处春兴农场 2 个，每个观测点设置两个处理：处理 1 为对照（常规化肥施用量），处理 2 为施用有机肥＋对照等量的化肥。2010 年和 2011 年秋季分别取样，经检测分析，增施商品有机肥对土壤理化性状的影响表现为：

与项目实施前的基础地力相比，增施有机肥使土壤有机质、氮、磷、钾等肥力指标均有不同程度的改善；与未施有机肥相比，增施有机肥的土壤有机质、全氮、有效磷、速效钾养分含量增加，容重略有下降。有机质提高 0.7～1.0g/kg，提高幅度 1.27%～1.78%；全氮增加 0.02～0.10g/kg，增加幅度为 0.6%～3.14%；有效磷增加 0.2～0.5mg/kg，增加幅度为 0.85%～2.23%；速效钾增加

1～4mg/kg,增加幅度为 0.44%～1.73%。土壤容重降低 0.01～0.08g/cm^3，降低幅度为 0.76%～6.2%。

7. 项目效益

（1）经济效益 经实收测产小麦公顷平均增产 358.5kg，增产率为 6.9%；油菜公顷平均增产 292.5kg，增产率为 5.6%。

（2）生态效益 ①替代化肥施用，削减氮、磷排放。②减轻有机废弃物污染，改善农村生态环境。③提高农产品品质，支持现代高效农业发展。④改善土壤理化性状，保障耕地可持续发展。

（二）秸秆还田项目

1. 实施年度 2011 年。

2. 实施地点 牙克石市东兴办事处的春兴农场、春光农场、牧原良种场，免渡河镇的袁纯和农场以及煤田办事处科技示范农场。

3. 实施规模 实施秆还田面积 2 333.3hm^2。按作物分解指标如下：

（1）小麦秸秆还田 面积 1 333.3hm^2，应用腐熟剂 40t。其中东兴办事处 1 000hm^2，使用腐熟剂 30t；免渡河镇 200hm^2，使用腐熟剂 6t；煤田办事处 133.3hm^2，使用腐熟剂 4t。

（2）油菜秸秆还田 面积 1 000hm^2，应用腐熟剂 30t。其中东兴办事处 733.4hm^2，使用腐熟剂 22t；免渡河镇 133.3hm^2，使用腐熟剂 4t；煤田办事处 133.3hm^2，使用腐熟剂 4t。实现项目区麦、油秸秆还田率达到 90%以上（表 8-53）。

表 8-53 牙克石市作物秸秆还田技术实施情况统计

作物	乡镇	村（农场）	面积（hm^2）	还田模式
		春兴农场	466.7	
	东兴办事处	春光农场	400.0	小麦留高茬+覆盖还田
		牧原良种场	133.3	
小麦	小计		1 000.0	
	免渡河镇	袁纯和农场	200.0	小麦留高茬+覆盖还田
	煤田办事处	科技示范农场	133.3	小麦留高茬+覆盖还田
	合计		1 333.3	
		春兴农场	266.7	
	东兴办事处	春光农场	266.7	油菜留高茬+覆盖还田
		牧原良种场	200.0	油菜留高茬+覆盖还田
油菜	小计		733.3	
	免渡河镇	袁纯和农场	133.3	油菜留高茬+覆盖还田
	煤田办事处	科技示范农场	133.3	油菜留高茬+覆盖还田
	合计		1 000	

4. 资金补贴方式和标准 秸秆腐熟剂每公顷补贴 300 元，补贴面积 2 333.3hm^2，共计 70 万元。根据农业部和自治区土壤肥料工作站提供的腐熟剂生产企业，通过公开招投标选择确定腐熟剂生产企业。北京市沃土天地生物科技有限公司中标供应秸秆腐熟剂，品种是沃土牌有机物料腐熟剂，中标价格为 10 000 元/t，供货数量为 70t。牙克石市农业技术推广中心和中标企业签订生产供应合同。由乡镇（或办事处）调查项目区农户秸秆还田面积，并进行登记造册后报市农牧业局。核对无误后牙克石市农业技术推广中心按照各乡镇（或办事处）调查的实际数量发放到村，由村发放到农场手中，并在村进行公示，公示时间为 7 天，乡镇（或办事处）将发放清单交付牙克石市农业技术推广中心。

5. 技术模式

（1）小麦留高茬+覆盖还田免耕栽培技术

技术原理：在小麦收获时留高茬，并将麦秸直接留于地面，第二年贴茬播种油菜，麦秸在油菜生长的全过程呈带状覆盖。

技术指标：①机收留麦茬高度 12～15cm。②利用收割机尾部的秸秆粉碎抛洒器将麦秆粉碎成 10～15cm 长，均匀撒地面。③施用秸秆腐熟剂。按每公顷 30kg 秸秆腐熟剂用量将腐熟剂与适量潮湿的细砂土混匀后均匀地撒在作物秸秆上。同时，每公顷增施 75kg 尿素调节 C/N。利用雨水或灌溉水使土壤保持较高的湿度，达到快速腐烂的效果。④侧深施肥免耕播种油菜，应用约翰迪尔 1560 型免耕条播机施肥播种，一次完成分草、开沟、施肥、播种、覆土、镇压。⑤适合在全市区域推广。

（2）油菜留高茬＋覆盖还田秋翻栽培技术

技术原理：在油菜收获时留高茬，并将油菜秸秆直接留于地面，进行秋翻。

技术指标：①机收留油菜茬高度 12～15cm。②利用收割机尾部的秸秆粉碎抛洒器将秸秆粉碎成 10～15cm 长，均匀撒地面。③施用秸秆腐熟剂。按每公顷 30kg 秸秆腐熟剂用量将腐熟剂与适量潮湿的细砂土混匀后均匀地撒在作物秸秆上。同时，每公顷增施 75kg 尿素调节 C/N。④进行秋翻，以便于秸秆的覆盖和整地质量的提高。耕深要求在 26cm 以上，做到不重、不漏、覆盖严密。秋翻后，要用重耙、圆盘耙进行平整土地。⑤第二年播种小麦。⑥适合在全市区域推广。

6. 试验示范

（1）小麦留高茬＋覆盖还田免耕栽培技术　在东兴办事处春兴农场、煤田办事处科技示范农场开展佛山金葵子植物营养有限公司生产的有机物料腐熟剂、北京沃土天地生物科技有限公司生产的沃土牌有机物料腐熟剂、北京世纪阿姆斯生物技术有限公司生产的阿姆斯生物发酵剂、北京中农新科生物科技有限公司生产的中农生物速腐剂对比试验。

试验设 6 个处理：

处理 1：对照（常规施肥，无秸秆还田）。

处理 2：不加腐熟剂秸秆还田（常规施肥＋秸秆还田）。

处理 3：广东佛山金葵子植物营养有限公司生产的金葵子腐秆剂腐熟秸秆还田（常规施肥＋金葵子＋秸秆还田）。

处理 4：北京沃土天地生物科技有限公司生产的沃土牌有机物料腐熟剂还田（常规施肥＋沃土牌＋秸秆还田）。

处理 5：北京世纪阿姆斯生物技术有限公司生产的阿姆斯生物发酵剂还田（常规施肥＋阿姆斯牌＋秸秆还田）。

处理 6：北京中农新科生物科技有限公司生产的中农生物速腐剂还田（常规施肥＋中农牌＋秸秆还田）。

每个处理设 3 个重复，小区面积 $30m^2$，各小区随机排列。

（2）油菜留高茬＋覆盖还田秋翻栽培技术　在东兴办事处春兴农场、煤田办事处科技示范农场开展佛山金葵子植物营养有限公司生产的有机物料腐熟剂、北京沃土天地生物科技有限公司生产的沃土牌有机物料腐熟剂、北京世纪阿姆斯生物技术有限公司生产的阿姆斯生物发酵剂、北京中农新科生物科技有限公司生产的中农生物速腐剂对比试验。

试验设 6 个处理：

处理 1：对照（常规施肥，无秸秆还田）。

处理 2：不加腐熟剂秸秆还田（常规施肥＋秸秆还田）。

处理 3：广东佛山金葵子植物营养有限公司生产的金葵子腐秆剂腐熟秸秆还田（常规施肥＋金葵子＋秸秆还田）。

处理 4：北京沃土天地生物科技有限公司生产的沃土牌有机物料腐熟剂还田（常规施肥＋沃土牌＋秸秆还田）。

处理 5：北京世纪阿姆斯生物技术有限公司生产的阿姆斯生物发酵剂还田（常规施肥＋阿姆斯牌＋秸秆还田）。

处理 6：北京中农新科生物科技有限公司生产的中农生物速腐剂还田（常规施肥＋中农牌＋秸秆还田）。

每个处理设 3 个重复，小区面积 30 m^2，各小区随机排列。

按照项目要求，在项目区建设长期定位观测点 5 个，每个观测点在当地具有广泛的代表性。在每个观测点设置两个处理：即处理 1 为对照（常规化肥施用量），处理 2 为施用有机肥＋与对照等量的化肥。

二、莫力达瓦达斡尔族自治旗土壤有机质提升补贴项目

（一）增施商品有机肥项目

1. 实施年度 2009—2010 年，由于项目批复较晚，具体建设工作内容延迟一年实施，即 2010 年春季实施 2009 年的建设内容，2011 年实施 2010 年的建设内容。

2. 实施地点 莫力达瓦达斡尔族自治旗西瓦尔图镇永安村、卧罗河办事处前进村。

3. 实施规模 2009 年增施商品有机肥 1 666.7hm^2，有机肥施用量 470t。其中西瓦尔图镇永安村 1 066.7hm^2，包括大豆 1 000hm^2、水稻 66.7hm^2；卧罗河办事处前进村 600hm^2，作物为大豆。

2010 年增施有机肥 2 000hm^2，增施商品有机肥 3 680t。西瓦尔图镇永安村和卧罗河办事处前进村各 1 000hm^2。种植作物为大豆 1 933.3hm^2、水稻 66.7hm^2。

4. 项目资金 2009 年国家补贴资金 50 万元。2010 年国家补贴资金 60 万元，农户自筹资金 348 万元，共计 458 万元。辐射区农户采取沤制有机肥的方式投入耕地质量建设。

5. 实施内容

（1）补贴物资招标与发放情况 采取邀请招标的方式确定商品有机肥供货企业。委托专业的招标代理机构进行招标，评标委员会主要成员为莫力达瓦达斡尔族自治旗农业部门多年从事土壤肥料工作的专家。

2009 年共有 3 家企业投标，为了比较两种原材料生产的商品有机肥的肥效，选择了两家商品有机肥生产企业为中标企业。一家是阿荣旗金沃肥业有限责任公司，产品名称为阿伦河牌商品有机肥，加工原料为小麦秸秆，中标价格为 1 200 元/t，供货区域为卧罗河办事处前进村，供货数量 220t；另一家是化德县恒力硅藻土生物有机肥有限责任公司，产品名称为恒力牌羊粪有机肥，中标价格为 950 元/t，供货区域为西瓦尔图镇永安村，供货数量 250t。

2010 年中标企业为阿荣旗金沃肥业有限责任公司，产品名称为阿伦河牌商品有机肥，中标价格为 1 200 元/t，供货区域为卧罗河办事处前进村和西瓦尔图镇永安村，供货数量 500t，面积为 2 000hm^2。

（2）补贴物资使用情况 在补贴物资使用上，采取国家补贴一部分，农户自筹一部分的办法进行补贴。农户先到企业进行购置商品有机肥，按每公顷补贴 300 元计算，达到数量后，我们再把补贴资金直通车拨付给供货企业。购肥农户及购肥数量由推广中心及村委会根据农户所在地块及面积共同确定，购肥时由村委会组织农户集中购买。

6. 技术模式

（1）大豆作物 目标产量为 2 175kg/hm^2。商品有机肥做基肥，结合秋翻整地、播种集中撒入垄沟内，每公顷增施有机肥 1 800kg。由于有机肥总养分含量低、养分释放较缓慢，因此，在施用有机肥同时，结合化肥施用，每公顷施掺混肥 135kg 做底肥，保证作物的生长所需养分。

（2）水稻作物 目标产量为 8 250kg/hm^2。商品有机肥做基肥，结合泡田施入田内，每公顷施 3 000kg。在施用有机肥同时，结合化肥施用，每公顷施掺混肥 255kg 做底肥。根据作物需肥规律进行追肥，公顷追尿素 75kg。

7. 田间试验 建立 5 个长期定位观测点，卧罗河办事处 2 个、西瓦尔图镇 3 个，其中大豆作物 4 处、水稻作物 1 处。观测点设两个处理：对照（施化肥）、施商品有机肥＋同对照等量的化肥。大豆公顷施有机肥 1 800kg＋掺混肥 135kg，对照施掺混肥 135kg/hm^2。水稻公顷施有机肥 3 000kg＋掺混肥 255kg，追施尿素 75kg；对照施掺混肥 255kg，追施尿素 75kg。

大豆各处理间设置 1m 观察道、1m 保护行，每个小区面积 667m^2。各处理播种前和收获后都要取土化验。通过田间调查可知，施有机肥的小区植株长势黑绿、粗壮，无虫害。经秋季测产，施有机肥的大豆小区比对照田公顷增产 330kg，以大豆 3.78 元/kg 计算，公顷增产 1 247.4 元。施有机肥的

水稻小区比对照田公顷增产 675kg，以水稻 2.0 元/kg 计算，公顷增产 1 350 元。

8. 示范点建设 2009 年建立核心示范片 200hm^2，其中西瓦尔图镇永安村大豆示范片 53.3hm^2、水稻示范片 13.3hm^2，卧罗河办事处前进村大豆示范片 66.7hm^2。

水稻公顷施有机肥 3 000kg，结合泡田施入田内。通过田间实际调查，施用有机肥的示范片长势强壮，几乎没有虫害，而相邻的不施有机肥的参照田长势偏弱。秋季测产表明，示范片的产量比非示范片的产量提高 6.6 个百分点，即公顷均增产 450kg，秸秆产量也相对高些。

大豆公顷施有机肥 1 800kg，结合春季旋耕起垄施入田内。通过田间实际调查，施用有机肥的示范片大豆呈黑绿色、苗情整齐强壮，而相邻的不施有机肥的参照田苗情相对较差，苗色黄绿。经秋季测产，示范片的产量比对照田的产量提高 17.24 个百分点，即公顷均增产 375kg。通过示范片的对比，给农民树立样板，起到了很好的示范带动作用。

9. 经济效益 2009 年实施面积 1 666.7hm^2，总计减少化肥用量 72.5t，减少化肥投入合计 18.13 万元，增效 211 万元。其中：大豆减少化肥用量 45kg/hm^2，减少化肥支出 112.5 元/hm^2，总计减少用肥 72t，减少化肥支出 18 万元。水稻减少化肥用量 7.5kg/hm^2，减少化肥支出 18.75 元/hm^2，减少用肥 0.5t，减少化肥支出 1 250 元。

2010 年实施面积 2 000hm^2，共增产粮食 78.5 万 kg，增收 294.75 万元。其中大豆公顷均增产 375kg，按大豆价格 3.9 元/kg 计算，公顷均增收 1 462.5 元，总增收 282.75 万元；水稻公顷均增产 900kg，按 2.0 元/kg 计算，公顷均增收 1 800 元，总增收 12 万元。

三、阿荣旗土壤有机质提升补贴项目

（一）种植绿肥项目

1. 实施年度 2010 年。

2. 实施地点和规模 2010 年在阿荣旗亚东镇、霍尔奇镇、向阳峪镇、得力其尔乡、查巴奇乡、音河乡 6 个乡镇的 12 个村，种植绿肥作物 2 000hm^2，其中紫花苜蓿 1 733.3hm^2、草木樨 266.7hm^2。

3. 资金补贴方式和标准 中央财政补贴资金 60 万元，用于购买绿肥种子补贴，绿肥作物种子价格不足部分由农民自筹解决。通过阿荣旗政府采购中心招标确定种子供应企业为黑龙江省齐齐哈尔市北方草业有限责任公司，中标产品为紫花苜蓿和草木樨。紫花苜蓿中标价格为 1.6 万元/t，供货数量为 33.3t；草木樨中标价格为 1.1 万元/t，供应 6.1t（表 8-54）。

表 8-54 阿荣旗绿肥种植地点及规模汇总

乡镇	技术模式	绿肥品种	还田量（鲜重，kg/hm^2）	推广面积（hm^2）	总还田量（t）
得力其尔乡	绿肥—大豆—绿肥	紫花苜蓿	6 300	500.0	3 150.0
		草木樨	6 450	33.3	215.0
亚东镇	绿肥—大豆—绿肥	紫花苜蓿	6 150	233.3	1 435.0
		草木樨	6 750	33.3	225.0
伙尔奇镇	绿肥—大豆—绿肥	紫花苜蓿	5 700	400.0	2 280.0
		草木樨	7 050	133.3	940.0
向阳峪镇	绿肥—玉米—绿肥	紫花苜蓿	6 150	68.4	420.7
		草木樨	7 350	66.7	490.0
音河乡	绿肥—大豆—绿肥	紫花苜蓿	5 700	133.3	760.0
查巴奇乡	绿肥—大豆—绿肥	紫花苜蓿	6 000	400.0	2 400.0
合计				2 001.7	12 315.7

补贴方式是以发放绿肥作物种子的方式补贴农户，每公顷补贴 300 元。先由承担项目的农户提出申请，待村委会确认并公示，无异议后上报所在乡镇政府，乡镇政府汇总、审核后上报阿荣旗农业技术推广中心，由项目实施单位按时、按量、免费提供给种植户。

4. 技术模式

（1）种子处理 对购进的种子由专业部门做出发芽率试验，验证种子质量，并在播种前采用去杂、精选、浸种、消毒、摩擦等措施对种子进行处理。

（2）田间整地 在播前对土壤进行耕、耙、耢、压4个环节的耕作处理，机械动力采用雷沃TG-1254拖拉机带JLTQS-535型5铧液压翻转犁或圆盘耙翻耙，翻耙后耢平压实，可减少水分蒸发，达到蓄水保墒之功能，利于种子发芽，为绿肥作物生长创造良好的土壤环境条件。

（3）播种 2010年7月20日开始播种，播种方式采用条播，行距30cm，每公顷播种量15～22.5kg，播种深度为1～3cm。采用2BF-24型谷物播种机播种，该机性能基本符合绿肥作物栽培的农业技术要求。其缺点是用种量稍大，要在播种时添加绿肥作物种子量2倍的填充物，与绿肥作物种子拌匀后播种。

（4）水分管理 绿肥喜湿润，但不耐涝。种植绿肥地块达到排水自如，田面不积水；播种后如遇干旱天气，要进行喷灌，保持田间湿润，满足种子发芽对水的需要。

（5）施肥 种植绿肥作物的地块大部分是瘠薄耕地，在播种时应施种肥。种肥以每公顷施用复合肥100.5kg为宜，在绿肥作物生长旺盛期追尿素37.5～60kg/hm^2，以促进生长，达到小肥换大肥、无机促有机的目的。

（6）田间管理 主要以中耕除草为主，当出现第一片真叶时及时中耕除草，在苗高5～6cm时进行第二次中耕除草。

（7）适时翻压 翻耕时期宜在9月下旬至10月上旬，先用机引圆盘耙横切刈割一次，然后翻压，这个时期温度还比较高，翻耕后绿肥作物的茎叶开始腐烂，第二年可以供给后茬作物所需的一定营养。在一定范围内，绿肥翻压数量增加，培肥地力的效果也逐渐提高，但阿荣旗的气候条件使鲜草当年不能完全腐烂，鲜草数量过多对第二年春播有一定的影响，所以公顷用鲜草15t左右为宜。翻压时要求绿肥翻入土层，做到压严、压实。一般深度掌握在耕层范围内。翻耕后，应尽快耙地，加快绿肥腐解。

5. 绿肥作物筛选试验 2010年开展了绿肥品种筛选试验。绿肥筛选主要考察品种在当地的适宜性和鲜草产量，通过筛选试验，确定当地适宜种植的绿肥作物、品种，指导产品的招标采购工作。筛选试验确定阿荣旗适宜种植的绿肥作物为紫花苜蓿和草木樨两个作物。

6. 实施效果监测 建立绿肥种植定位监测点5个，其中：得力其尔乡1个、向阳峪镇1个、霍尔奇镇2个、亚东镇山里屯村1个。在每个调查点设2个处理，面积0.133hm^{2}以上，在全面发动全旗农民种植绿肥作物的同时，选取了交通较便利、比较集中的较大地块为核心示范田，进行人工习惯播种法展示。百公顷田推广标准化机播示范。2010年种植的绿肥作物因播种晚，生长期短，没能刈割，只能直接还田，绿肥作物株高25～30cm，每公顷鲜草还田量为6 450kg。

调查数据分析结果表明，与项目实施前的基础地力相比，绿肥翻压还田使土壤有机质、氮、磷、钾等肥力指标均有不同程度的改善；与未种植绿肥相比，绿肥还田的土壤有机质、氮、磷、钾养分含量增加，容重略有下降。有机质提高4.3～4.7g/kg，提高幅度13.7%～17.9%；全氮增加0.05～0.44g/kg，增加幅度为2.1%～25.9%；碱解氮增加13.4～38.3mg/kg，增加幅度为8.3%～27.0%；有效磷增加0.4～7.8mg/kg，增加幅度为2.5%～39.8%；速效钾增加17.8～44.5mg/kg，增加幅度为9.7%～27.5%。项目实施前土壤容重在1.38～1.46g/cm^{3}之间，绿肥还田后土壤容重为1.31～1.43g/cm^3，平均降低0.06g/cm^3。

7. 项目效益

（1）经济效益 通过项目的实施，大豆平均增产180kg/hm^2，玉米平均增产450kg/hm^2，分别增收702元/hm^{2}和882元/hm^2；减少化肥施用量49.95kg/hm^2（纯量），节支228.15元/hm^2，分别节本增收930.15元/hm^2、1 105.65元/hm^2。2010年实施绿肥种植面积2 001.7hm^2，总增产522.3t、增收151.3万元、节肥94t，节支45.7万元，节本增收总计197万元。

（2）社会效益 紫花苜蓿、草木樨等绿肥作物固氮能力强，氮素利用效率也高，大大节约肥料投入。绿肥作物有机质丰富，含有氮、磷、钾和多种微量元素等养分，它分解快，肥效迅速，一般含1kg氮素的绿肥作物，可增产粮食9～10kg，绿肥作物地块可生产绿色农产品，社会效益明显。

（3）生态效益 由于绿肥作物含有大量有机质，绿肥作物生长最后一茬及根部，秋季被耕翻压入土壤还田后，能明显改善土壤结构，提高土壤的保水保肥和供肥能力，绿肥作物有茂盛的茎叶覆盖地面，能防止或减少水、土、肥的流失，生态效益明显。

（二）秸秆还田项目

1. 实施年度 2011—2012 年。

2. 实施地点和规模 2011 年在亚东镇、霍尔奇镇、向阳峪镇等 7 个乡镇的 9 个村实施秸秆还田技术，推广面积 2 333.3hm²。其中，玉米机械收获秸秆粉碎翻压还田技术面积 1 000hm²、玉米秸秆留高茬还田技术面积 666.7hm²、大豆机械收获秸秆粉碎翻压还田技术面积 666.6hm²。

2012 年项目落实在霍尔奇镇、新发乡、得力其尔乡等 6 个乡镇的 11 个村，秸秆还田面积6 666.7 hm²。其中，玉米机械收获秸秆粉碎翻压还田技术面积 4 000hm²、玉米秸秆留高茬还田技术面积 2 666.7hm²。具体实施情况见表 8-55。

表 8-55 阿荣旗秸秆还田项目实施地点及规模汇总

年度	乡镇	秸秆种类	技术模式	推广面积（hm²）
2011	新发乡	玉米秸秆	秸秆粉碎翻压还田腐熟技术模式/秸秆留高茬翻压还田腐熟技术模式	666.7
	向阳峪镇			333.3
	霍尔奇镇			333.3
	查巴奇乡		秸秆粉碎翻压还田腐熟技术模式	333.3
	六合镇	大豆秸秆	秸秆粉碎翻压还田腐熟技术模式	133.3
	亚东镇			200.0
	得力其尔乡			333.3
	合计			2 333.3
2012	霍尔奇镇	玉米秸秆	秸秆粉碎翻压还田腐熟技术模式/秸秆留高茬翻压还田腐熟技术模式	2 328.0
	新发乡			892.0
	得力其尔乡			1 225.3
	查巴奇乡			1 192.0
	复兴镇			549.3
	音河乡			480.0
	合计			6 666.7

3. 资金补贴方式和标准 中央财政投入资金 220 万元，用于使用秸秆还田技术的腐熟剂补贴。

2011 年秸秆腐熟剂通过旗政府采购中心统一进行招标采购，确定秸秆腐熟剂供应企业。中标原则是其他项目旗县已使用过的秸秆腐熟剂产品。辽宁宏阳生物有限公司、中农绿康（北京）生物技术有限公司为参标企业，最后辽宁宏阳生物有限公司中标，品种是秸秆生物降解专用菌剂，中标价格为 6 000 元/t，供货数量为 117t。

2012 年由内蒙古自治区统一招标采购秸秆腐熟剂，确定秸秆腐熟剂供应企业为中农绿康（北京）生物技术有限公司，品种是秸秆腐熟剂，中标价格为 5 700 元/t，供货数量为 263.2t。

补贴发放方式是对农民应用秸秆腐熟剂给予补贴。农户先申报秸秆还田面积、所需秸秆腐熟剂数量，通过村委会张榜公示后上报所在乡镇政府，经乡镇政府审核、汇总后上报项目实施单位，项目实施单位深入实地核对地块、面积，无误后发放腐熟剂。2011 年每公顷补贴 300 元，实施面积2 333.3hm²，投入补贴资金 70 万元；2012 年公顷补贴 225 元，实施面积 6 667hm²，投入补贴资金 150 万元。

4. 技术模式

（1）秸秆机械粉碎翻压还田腐熟技术模式 秸秆机械粉碎翻压还田腐熟技术模式是将作物秸秆经过机械粉碎处理后直接翻入土壤，包括玉米、大豆秸秆粉碎翻压还田技术模式。

①技术原理：通过机械的粉碎并翻耕将作物秸秆深翻入土中，使秸秆在土壤微生物和酶的作用下

快速腐解，从而提高土壤有机质含量，改善土壤理化性状，增强土壤蓄水保墒能力，提高作物产量。

②技术要点：

a. 作物收获：作物成熟后，机械或人工收获籽粒（穗）。

b. 秸秆处理：作物成熟后，采用联合收获机械边收获玉米穗边切碎秸秆10cm左右，使其均匀覆盖地表。还田的秸秆应尽可能保持青绿，此时秸秆含水率和糖分较高，利于切碎和腐熟。

c. 耕作整地：采用深耕深松机进行深耕作业，耕作深度25cm以上，将作物秸秆全部打入土层，减少表土秸秆量。

③配套技术：增施氮肥，调节C/N：每公顷施尿素75kg，将秸秆C/N调节到25∶1左右。

a. 水分调节：秸秆翻入土壤后应及时灌水使土壤保持较高的湿度，加快秸秆腐烂速度，0～20cm土壤含水量黏质土20%～22%，壤质土18%～20%、砂壤土16%～18%。

b. 施加腐熟剂：秸秆粉碎后，及时按每公顷30kg秸秆腐熟剂与75kg尿素混均匀后撒到作物秸秆上，加快秸秆腐解。

（2）玉米秸秆留高茬翻压还田腐熟技术模式　玉米收获时，采用机械或人工收割方式，人为提高割茬高度，仅收割作物上部的籽粒与分枝茎叶，留下一定数量的作物基部茎秆（高茬）直接耕翻入土的还田方式。该技术模式适用于玉米产区。

①技术原理：玉米收获时，人为提高割茬高度，将残留的作物根茬结合整地连同作物根茬一起归还土壤中，在适宜的条件下，经微生物分解，增加土壤有机质含量，平衡耕地土壤养分，改善土壤理化性质，培肥地力。该方法具有工序操作简便易行，还田秸秆均匀等特点。

②技术要点：

a. 适时收获与翻压：玉米成熟后，人工收割整株玉米，距地表留秸秆30cm左右。灭茬旋耕之前每公顷施用30kg秸秆腐熟剂，马上用双轴灭茬旋耕机将秸秆粉碎深翻还田。深耕作业深度20cm以上，将玉米秸秆全部打入土层，减少表土秸秆量。

b. 增施肥料，调节C/N：施用秸秆腐熟剂时与每公顷75kg的尿素混拌均匀后同施，调节C/N比至25∶1左右，加快秸秆腐解，促进秸秆养分释放，防止与后茬作物争肥。

c. 肥水管理技术：秸秆腐解后转化为腐殖质，并释放出氮磷钾等养分，在肥水管理上采取浅灌、勤灌，严禁漫灌，以防止养分流失，同时，秸秆还田与测土配方施肥技术的推广相结合，达到合理施肥的目的。

d. 秸秆催腐技术：选择适宜的秸秆腐熟菌剂，严格按照使用说明书合理使用，加速秸秆的分解腐熟。

5. 秸秆腐熟剂筛选试验　2011年选择3种腐熟剂产品开展秸秆腐熟剂品种筛选试验，试验以不施用秸秆腐熟剂的还田秸秆为对照，3次重复，小区随机排列，每个小区面积260 m^2，秸秆还田量相同。

玉米、大豆腐熟剂品种筛选试验设4个处理，分别是：处理1施用辽宁宏阳生物有限公司生产的秸秆生物降解专用菌剂；处理2施用北京沃土天地生物科技有限公司生产的VT有机物料腐熟剂；处理3施用河南省鹤壁市人元生物技术发展有限公司生产的RW促熟剂；处理4为不施用腐熟剂处理（对照）。秸秆腐熟剂筛选试验点数及产品采购情况见表8-56。

表8-56　秸秆腐熟剂筛选试验点分布统计

年度	乡镇	筛选试验点数	招标企业	产品
2011	向阳峪镇	2	辽宁宏阳生物有限公司	秸秆生物降解专用菌剂
	新发乡	1		
	霍尔奇镇	1	北京沃土天地生物科技有限公司	VT有机物料腐熟剂
	六合镇	1		
	小计	5		
2012	霍尔奇镇	1	中农绿康（北京）生物技术有限公司	秸秆腐熟剂
	合计	6		

2012 年选择 5 种腐熟剂产品开展秸秆腐熟剂品种筛选试验，试验以不施用秸秆腐熟剂的还田秸秆为对照，3 次重复，小区随机排列，每个小区面积 130 m^2，秸秆还田量相同。

玉米腐熟剂品种筛选试验设 7 个处理，分别是：

处理 1：对照（常规施肥，无秸秆还田）。

处理 2：不加腐熟剂秸秆还田（常规施肥＋秸秆还田）。

处理 3：广东佛山金葵子植物营养有限公司生产的金葵子腐秆剂（常规施肥＋金葵子＋秸秆还田）。

处理 4：中农绿康（北京）生物技术有限公司生产的有机物料腐熟剂（常规施肥＋有机物料腐熟剂＋秸秆还田）。

处理 5：河南省鹤壁市人元生物技术发展有限公司生产的 RW 促熟剂（常规施肥＋RW 促熟剂＋秸秆还田）。

处理 6：北京沃土天地生物科技有限公司生产的有机物料腐熟剂（常规施肥＋有机物料腐熟剂＋秸秆还田）。

处理 7：江苏天象生物科技有限公司生产的有机物料腐熟剂（常规施肥＋有机物料腐熟剂＋秸秆还田）。

6. 实施效果监测 为长期跟踪监测秸秆还田实施效果，建立还田定位观测点 5 个，调查点基本情况见表 8-57。在每个调查点设 2 个处理，面积 0.133hm^2 以上，即对照（施配方肥）、秸秆还田＋腐熟剂＋与对照等量的配方肥。监测点试验设 3 次重复，2 个处理的田间管理相同。每个监测点的每个处理在播种施肥、秸秆还田前和作物收获后取土样分析有机质、全氮、有效磷、速效钾含量。

试验结果表明：施用腐熟菌剂处理的秸秆失重率与不施腐熟菌剂处理在同一时间点进行相比，其秸秆失重率之差达到 10%以上，达到显著性差异水平，表明各腐熟剂有良好的腐熟效果。

不同腐熟菌剂处理在同一时间段内，其秸秆失重率之差没有达到 5%以上，表明不同腐熟菌剂产品之间的腐熟效果不存在明显差异。

施用腐熟剂处理比对照处理增产 256.5～435kg/hm^2，增产率分别增长 3.9%～10.5%。与未秸秆还田相比，秸秆还田的土壤有机质、全氮、有效磷、速效钾养分含量均有增加，分别提高 3.5～4.5g/kg、0.17～0.19g/kg、0.4～2.7mg/kg、13～16 mg/kg。

表 8-57 秸秆还田定位监测点基本情况统计

年度	乡（镇）	村	作物	对照施肥种类及数量（kg/hm^2）	秸秆还田用量（kg/hm^2）
2011	向阳峪镇	松树林	玉米	48%（22-15-11）复混肥 225，尿素 150	11 820
	向阳峪镇	松树林	玉米	48%（22-15-11）复混肥 225，尿素 150	6 094.5
	查巴奇乡	猎民村	玉米	48%（17-21-10）复混肥 225，尿素 150	10 725
	霍尔奇镇	霍尔奇村	大豆	48%（17-19-12）复混肥 225	3 045
	六合镇	德发村	大豆	48%（17-21-10）复混肥 225	2 925
2012	新发乡	大有庄村	玉米	45%（20-13-12）复混肥 270，尿素 150	8 460
	向阳峪镇	松树林村	玉米	45%（19-14-12）复混肥 300，尿素 150	8 550
	得力其尔乡	杜代沟村	玉米	45%（21-14-10）复混肥 225，尿素 150	3 900
	霍尔奇镇	霍尔奇村	大豆	48%（14-19-12）复混肥 225，	8 385
	查巴奇乡	猎民村	玉米	48%（21-12-12）复混肥 270，尿素 150	7 605

7. 经济效益 玉米秸秆粉碎还田、玉米秸秆留高茬还田平均每公顷增产 459kg，分别增收 1 119 元/hm^2、720 元/hm^2。减少化肥施用量 72.3kg/hm^2（纯量），节支 389.55 元/hm^2，分别节本增收 1 508.55元/hm^2、1 109.55 元/hm^2。2011—2012 年实施秸秆种植面积 9 000hm^2，总增产 4 133.45t，增收 799.5 万元，节肥 602.5t，节支 324.63 万元，节本增收总计 1 124.13 万元。

四、海拉尔农牧场管理局土壤有机质提升补贴项目

（一）种植绿肥

1. 实施年度　2011—2013年。由于本项目通知下达时间为2011年10月，具体工作只能顺延到下一年实施。

2. 实施地点和规模　项目落实在海拉尔农牧场管理局拉布大林农牧场、特泥河农牧场、谢尔塔拉农牧场、哈达图牧场、三河马场、苏沁牧场6个农牧场的47个农业生产队，累计实施绿肥种植面积16 666.7hm^2，其中苜蓿4 366.7hm^2，油菜10 633.3hm^2，豆类1 666.7hm^2（表8-58）。

表8-58　项目落实单位、实施面积及资金分配情况

项目实施单位	2011年		2012年		2013年		合计	
	面积（hm^2）	资金（万元）	面积（hm^2）	资金（万元）	面积（hm^2）	资金（万元）	面积（hm^2）	资金（万元）
拉布大林农牧场	—	—	3 333.3	75	1 333.3	30	4 666.7	105
特泥河农牧场	—	—	3 333.3	75	1 000.0	22.5	4 333.3	97.5
谢尔塔拉农牧场	833.3	25	3 333.3	75	1 000.0	22.5	5 166.7	122.5
哈达图牧场	833.3	25	—	—	—	—	833.3	25
三河马场	833.3	25	—	—	—	—	833.3	25
苏沁牧场	833.3	25	—	—	—	—	833.3	25
合计	3 333.3	100	10 000.0	225	3 333.3	75	16 666.7	400

3. 资金补贴方式和标准　实行绿肥种子补贴制度，3年中央财政资金共计400万元。其中2011年每公顷补贴300元，投入资金100万元；2012年每公顷补贴225元，投入资金225万元；2013年每公顷补贴225元，投入资金75万元。各年度项目资金分配见表8-58。

4. 技术模式　在绿肥种植技术模式上，主要采取休闲地种植绿肥与粮油作物轮作的技术模式，即：绿肥—小麦/大麦、绿肥—油菜。在操作流程上采取第一年播种绿肥后，适时翻压腐解，第二年播种小麦/大麦、油菜。

（1）紫花苜蓿种植技术模式

①选地整地：选择土层深厚、平坦、含钙较多的中性、微碱性土壤种植为佳。苜蓿种子小，顶土能力差，整地要求深耕，下实上虚。适宜的土壤墒情条件为，黏壤土含水率18%～20%，砂壤土含水率20%～30%为佳。

②品种选择、种子处理：推荐俄罗斯紫花苜蓿和国内草原2号、中苜1号等品种试种。播种前种子要经过精选，去掉杂质、草籽等，净度90%以上，发芽率要达到85%以上，同时对种子进行以防病、防虫为目的的处理。

③播期。在春季最低温度5℃以上或4～5月播种。适宜的发芽和苗期土壤温度为10～25℃，土壤有足够的墒情，并且疏松透气。

④播种方法、密度。行距一般在15～30cm，根据土壤质地和墒情而定，一般播深在3～4cm，最好用牧草专用播种机播种，没有专用播种机的也可借助小麦播种机进行适当调整进行播种，简便易行。播种量要根据种子发芽率确定，一般控制在1kg左右，每平方米保苗300～450株。

⑤田间管理。苜蓿在播种当年的生长前期，主要管理措施是防治杂草和保证土壤墒情，以利于幼苗的良好生长。苜蓿是豆科作物，可固定空气中的氮素，因此施肥重点是磷钾肥。低肥力地块公顷底施氮肥30kg左右，磷肥60～90kg，钾肥150kg左右。

⑥病虫草防治。在苜蓿生长期要注意病虫草的发生和防治，杂草防治一般选择普施特，病虫则针对发生类型、程度，视农药的残留期，适时喷洒适宜药剂。苜蓿主要病害为：苜蓿叶斑病、黄斑病、锈病等。虫害主要为：蚜虫、蓟马、蛴螬、黏虫等。

⑦适时翻压。翻压要根据产量、品质和有利于生长的原则确定。一般在开花时翻压，养分含量最高，最晚不迟于盛花期。否则，落叶严重，茎纤维化品质下降。

(2) 油菜种植技术模式

①选地、品种：所选地块要求墒情较好的平地或岗坡地，避开风口和低洼地。品种主要选择太空蒙四。

②种子处理。要求达到籽粒均匀，发芽率 90%以上，净度 98%以上，纯度 99%，水分 10%以下。种子必须在第一个回暖期提前晒种，拌种或包衣处理采用油菜种衣剂（药种比 1∶45）。

③适时播种。最佳播期的气象指标是日平均气温稳定通过 6～8℃，对于墒情好的地块要及时早播，在回暖期抓住墒情进行抢播，适时早播。

④合理密植。为了提高油菜绿肥的群体质量，应合理密植，公顷保苗在 60 万株左右，采用 30cm 行距，以利提高整株光合效率，减轻病害，便于管理。

⑤合理施肥。一般公顷施油菜专用复合肥 150kg 或公顷施磷酸二铵 75kg＋尿素 30kg＋硫酸钾 15kg。

⑥田间管理。及早选择、备足高效低毒的灭虫灭菌的生物、化学农药和喷药机械，争取主动，降低损失。干旱严重的山岗地、林缘地等地块和重、迎茬地，极易造成甘蓝夜蛾、小菜蛾、地老虎、草地螟等害虫大发生，必须做到重点防治，发现幼虫及时施药。对苗期根腐病、立枯病，采用种子包衣或拌种进行防治。

⑦适期翻压。在收割时做到“一高、四轻”，即“高留茬、轻割、轻放、轻捆、轻运”，不宜在田间堆放、晾晒，以防裂角落粒。在 8 月左右适时翻压，翻压深度一般为 10～15cm 左右，过深会因为缺氧而不利于发酵，过浅则不能充分腐解而难以发挥肥效及降低绿肥的转化率。

5. 绿肥作物筛选试验 开展不同种类绿肥的效果对比试验，设置 4 个处理，随机排列，不设重复。处理 1 种植绿肥品种为紫花苜蓿；处理 2 种植绿肥品种为大豆；处理 3 种植绿肥品种为油菜。处理 4 为 CK（空白对照）。3 年累计设置 35 个调查点，进行绿肥翻压与有机质提升效果监测(表 8-59)。

表 8-59 2011—2013 年绿肥调查点落实情况

项目实施单位	2011 年	2012 年	2013 年	合计
拉布大林农牧场	—	2	2	4
特泥河农牧场	—	2	2	4
谢尔塔拉农牧场	5	2	2	9
哈达图牧场	5	1	—	6
三河马场	5	1	—	6
苏沁牧场	5	1	—	6
合计	20	9	6	35

6. 实施效果监测 项目实施 3 年，实施面积 16 666.7hm²，绿肥还田总量为 199 000t。其中 2011 年种植绿肥作物有苜蓿、豆类、油菜，绿肥总还田量 14 237.3t，其中苜蓿为 8 589.3t、豆类2 232.5t、油菜 3 415.5t；2012—2013 年种植绿肥作物为苜蓿、油菜，绿肥总还田量 184 763t，苜蓿为56 658t、油菜 128 105t。通过对绿肥还田监测点的监测结果表明，绿肥翻压还田对于改善土壤性状具有明显作用。

(1) 对土壤理化性状的影响 绿肥是重要的有机肥料资源，对于改良土壤、培肥地力有着重要的作用。通过试验数据调查表明，项目区土壤理化性状发生了一定的改变。

①土壤有机质：项目实施前土壤有机质含量在 41.2～50.1g/kg 之间，苜蓿还田后土壤的有机质含量在 42.3～50.9g/kg 之间，提高 0.8～1.1g/kg，提高幅度为 1.59%～2.67%；大豆还田后土壤的有机质含量在 42.0～53.8g/kg，提高 0.8～3.7g/kg，提高幅度为 1.94%～7.39%。

②土壤全氮：项目实施前土壤全氮含量在 1.61～3.35g/kg 之间，苜蓿还田后土壤的全氮含量提升至 1.71～3.37g/kg，提高 0.02～ 0.1g/kg、，提高幅度为 0.6%～6.21%；大豆还田后土壤的全氮含量提升至 2.10～3.38g/kg，提高 0.03～ 0.49g/kg，提高幅度为 0.9%～30.43%。

③土壤有效磷：项目实施前土壤有效磷含量在 14.7～22.6mg/kg 之间，苜蓿还田后土壤的有效磷含量提升至 16.0～22.8mg/kg，提高 0.2～1.3mg/kg，提高幅度为 0.88%～8.84%；大豆还田后土壤的有效磷含量提升至 18.7～23.2mg/kg，提高 0.6～4.0mg/kg，提高幅度为 2.65%～27.21%。

④土壤全磷：项目实施前土壤全磷含量在 0.24～0.73g/kg 之间，苜蓿还田后土壤的全磷含量提升至 0.5～0.74g/kg，提高 0.01～0.26g/kg，提高幅度为 1.37%～108.33%；大豆还田后土壤的全磷含量提升至 0.28～0.74g/kg，提高 0.01～0.04g/kg，提高幅度为 1.37%～16.67 %。

⑤土壤速效钾：项目实施前土壤速效钾含量在 190～326mg/kg 之间，苜蓿还田后土壤的速效钾含量提升至 205～351mg/kg，提高 15～25mg/kg，提高幅度为 7.67%～7.89%；大豆还田后土壤的速效钾含量提升至 203～331mg/kg，提高 5～13mg/kg，提高幅度为 1.53%～6.84%。

⑥土壤缓效钾：项目实施前土壤缓效钾含量在 794～1 103mg/kg 之间，苜蓿还田后土壤的缓效钾含量提升至 842～1 109mg/kg，提高 6～48mg/kg，提高幅度为 0.54%～6.05%；大豆还田后土壤的缓效钾含量提升至 828～1 133mg/kg，提高 30～34mg/kg，提高幅度为 2.72%～4.28%。

⑦土壤全钾：项目实施前土壤全钾含量在 10.1～12.3g/kg 之间，苜蓿还田后土壤的全钾含量提升至 10.5～12.4g/kg，提高 0.1～0.4g/kg，提高幅度为 0.81%～3.96%；大豆还田后土壤的全钾含量提升至 12.3～12.5 g/kg，提高 0.2～2.2g/kg，提高幅度为 1.63%～21.78%。

（2）绿肥还田提供大量元素养分量　苜蓿、大豆的平均还田量（鲜重）分别为 15 270kg/hm^2、13 395kg/hm^2，合计项目区绿肥还田总量 4.95 万 t。苜蓿还田提供的纯 N、P_2O_5、K_2O 养分平均分别为 63.6kg/hm^2、18 kg/hm^2、45.6kg/hm^2，大豆还田提供的纯 N、P_2O_5、K_2O 养分平均分别为 77.55kg/hm^2、13.65 kg/hm^2、51.9kg/hm^2。

（3）绿肥还田对作物产量的影响　绿肥还田明显提高作物产量，苜蓿、大豆还田种植小麦的地块产量分别为 4 992.75kg/hm^2、4 856.25 kg/hm^2，较不还田地块分别增加 382.5kg/hm^2、420 kg/hm^2，增产率为 16.53%和 18.96%。

第九节　耕地保护与质量提升项目

为贯彻落实中央经济工作会议、中央农村工作会议和中央 1 号文件精神，2014 年中央财政安排农业资源及生态保护补助资金，支持开展耕地保护与质量提升工作。根据农业部办公厅、财政部办公厅《关于做好 2014 年耕地保护与质量提升工作的通知》（农办财〔2014〕68 号）的要求，自治区农牧业厅、财政厅联合下发了《关于印发 2014 年内蒙古自治区耕地保护和质量提升项目实施方案的通知》（内农牧财发〔2014〕262 号），确定了包括莫力达瓦达斡尔族自治旗和扎兰屯市在内的 23 个旗县实施耕地保护与质量提升项目。实施技术模式为粮食作物增施有机肥技术（以畜禽粪便为原料堆沤有机肥）。由于扎兰屯市在项目实施过程中因地方财政困难，资金不能及时拨付到位，2015 年调整到阿荣旗。2014—2015 年全市耕地保护与质量提升项目共实施 5 866.7hm^2，补贴资金 440 万元（表 8-60）。

表 8-60　耕地保护与质量提升项目落实情况

项目单位	实施年度	实施面积（hm^2）	补贴资金（元/hm^2）	补贴资金（万元）	实施技术模式
扎兰屯市	2014 年	1 466.7	750	110	粮食作物增施有机肥技术（以畜禽粪便为原料堆沤有机肥）
莫力达瓦达斡尔族自治旗	2014—2015 年	2 933.3	750	220	
阿荣旗	2015 年	1 466.7	750	110	
总计		5 866.7	750	440	

一、扎兰屯市耕地保护与质量提升项目

（一）实施年度

计划实施年度 2014 年，实际实施年度 2014—2016 年。扎兰屯市于 2014 年开始实施耕地保护与

质量提升项目，由于项目资金没有全部到位，部分任务指标未能按期完成，2015 年继续后续工作，截至 2016 年项目资金全部发放完毕。

（二）实施地点和规模

扎兰屯市选择蘑菇气镇、大河湾镇、达斡尔民族乡、卧牛河镇、柴河镇的种植大户、专业合作社、大型农场和具有集中连片的适宜实施区域。计划实施面积 1 466.7hm^2，经过技术人员应用 GPS 实地测量后，截至 2015 年底实际落实面积 800hm^2。

（三）资金补贴方式和标准

1. 补贴对象 具有集中连片的适宜实施区域，优先选择粮食种植面积 33.3hm^2 以上的种植大户、家庭农场、农民合作社或大型农场进行补贴。

2. 补贴标准 在粮食作物上每公顷施用以畜禽粪便为原料堆沤有机肥 15t 以上的地块，每公顷补助 750 元，项目实施 1 466.7hm^2，项目总投入补贴资金 110 万元。

3. 补贴方式 扎兰屯市农牧业局对增施有机肥技术的农户和地块进行实地核准，确定面积和施用有机肥数量，并建立花名册，张榜公布。确认无误后上报扎兰屯市财政局，市财政局将补贴资金采取一卡通方式直接拨付给增施有机肥技术的农户。

4. 资金使用情况 截至 2015 年底已支付资金 60 万元。

（四）试验示范

为了明确技术模式的实施效果，在蘑菇气镇、大河湾镇、达斡尔民族乡、卧牛河镇、柴河镇各设 1 个调查点，共 5 个。在每个调查点设 2 个处理，面积 0.13hm^2 以上，即对照（施配方肥）、增施有机肥＋同对照等量的配方肥。每个调查点的每个处理在实施各种技术模式前和作物收获后都要取土样、植株样，严格按照调查表中的内容，分析化验土壤的理化指标和植株的养分指标等。

在实施项目过程中，与高产创建、基层服务体系建设、测土配方施肥等项目结合，加大技术推广力度。在达斡尔民族乡忠奇合作社、蘑菇气镇野马河村建立 2 个百公顷以上的核心示范区，强化示范带动作用，组织农户进行现场观摩，以点带面促进耕地保护与质量提升项目的顺利实施（表 8-61）。

表 8-61 扎兰屯市调查点基本情况

乡（镇）名称	村名称	作物	处理 1 对照施肥种类及数量（kg/hm^2）	处理 2 施肥种类及数量（kg/hm^2）
达斡尔乡	满都村	玉米	45%（21-14-10）复混肥 300 kg，尿素 150 kg	有机肥 15t＋45%（21-14-10）复混肥 300 kg，尿素 150 kg
大河湾镇	金星村	玉米	45%（21-14-10）复混肥 300 kg，尿素 150 kg	有机肥 15t＋45%（21-14-10）复混肥 300 kg，尿素 150kg
卧牛河镇	三道桥村	玉米	45%（21-14-10）复混肥 300kg，尿素 150kg	有机肥 15t＋45%（21-14-10）复混肥 300kg，尿素 150kg
蘑菇气镇	野马河场	玉米	45%（21-14-10）复混肥 300kg，尿素 150kg	有机肥 15t＋45%（21-14-10）复混肥 300kg，尿素 150kg
柴河镇	振兴村	小麦	45%（16-14-15）复混肥 225kg	有机肥 15t＋45%（16-14-15）复混肥 225 kg

二、阿荣旗耕地保护与质量提升项目

（一）实施年度

2015 年。

（二）实施地点和规模

项目建设地点落实在向阳峪镇、霍尔奇镇、复兴镇、亚东镇、六合镇、三岔河镇、新发乡、音河乡、得力其尔乡、查巴奇乡 10 个乡镇的 15 个村中，实施面积 1 466.7hm^2，这些乡镇的专业合作社基础好，有流转的耕地，有配套的农机具，有能力按项目要求进行实施。

（三）资金补贴方式和标准

1. 补贴对象的选择 由旗、乡两级农技人员下乡宣传以畜禽粪便为原料堆沤有机肥补助政策，农机专业合作社、种植大户或示范户提出申请后，乡镇政府、农服中心根据申请进行地块和农机具核实。核实内容包括：地块面积、种植作物、农机专业合作社机具等。具备条件者确定承担项目实施，并进行登记造册。

2. 补贴标准　项目资金用于在粮食作物上施用以畜禽粪便为原料的堆沤有机肥，每公顷补助750元，实施面积1466.7hm^2，总投入补贴资金110万元。

3. 补贴方式　承担户确认后，由村委会通过村务公开栏进行一周以上时间补贴资金公示，接受群众监督。公示内容包括农户的应用面积、以畜禽粪便为原料堆沤有机肥数量。公示后上报乡镇政府，经乡镇政府审核、汇总后上报项目实施单位。项目实施单位深入实地核对地块、面积，无误后及时向承担户发放补贴资金。

（四）技术模式

1. 坑式堆沤模式

（1）选坑或建坑　在田头地角、村边住宅旁或牲畜棚圈旁边，依照牲畜粪便的数量建堆沤池，或利用自然地形凹坑作为积肥坑。

（2）积肥　在饲养牲畜的过程中，每天及时打扫棚圈，将清除出去的粪便堆积在积肥坑中，可添加作物秸秆、细土与畜粪相间堆置。同时根据粪便的类型，增加热性肥料，如果堆沤材料以厩肥为主，添加一定比例的过磷酸钙，不仅可以加快厩肥腐熟，防止厩肥中氮素挥发流失，还能增加肥料中有机磷含量，提高磷肥功效；如果堆沤材料中人粪尿比重较大，添加0.5%的硫酸亚铁，可使人粪尿中碳酸铵转化成性质稳定的硫酸铵，起到保肥除臭，防止氮素挥发的作用。

（3）翻堆腐熟　秋季入冬前或者春季翻混肥料，并加水腐熟。温度过低时，可在粪堆中刨一个坑，内填干草等易燃物点燃，通过缓慢烟熏提高肥堆温度，促进堆肥快速升温、发酵腐熟。

2. 平地堆沤模式　将畜禽粪、秸秆等物料经搅拌充分混合，水分调节在55%～65%，堆成宽约2m、高约1.5m的长垛，长度可根据需要而定。每2～5d可用机械或人工翻垛一次，以提供氧气、散热和使物料发酵均匀，发酵中如发现物料过干，应及时在翻堆时喷洒水分，确保顺利发酵，如此经40～60d的发酵达到完全腐熟。为加快发酵速度，可在堆垛条底部铺设通风管道，以增加氧气供给。通风管道可以自然通风，也可以机械送风。在通风良好情况下可明显加快发酵。

3. 发酵槽堆沤模式　发酵槽为水泥、砖砌成，每个发酵槽高1～1.5m，宽5～6m，便于机械翻动或铲车翻动，长5～10m甚至更长。有的发酵槽底部设有通气管，装入混合物料后用送风机定时强制通风。将畜禽粪运至大棚，加发酵菌剂，调节水分在55%～65%，物料翻堆使用移动翻堆机械，每隔5d翻堆一次，发酵温度55～75℃，经过20～30d的好氧发酵，温度逐渐下降至稳定时即可进行后熟。后熟时间为2周至2个月（腐殖化）。

（五）试验示范

1. 调查点布设和试验内容　为了明确增施畜禽粪便为原料堆沤有机肥的实施效果，在新发乡大有庄村、查巴奇乡民族村、向阳峪镇乐昌村、霍尔奇镇知木伦村、亚东镇山里屯村各设置1个玉米作物调查点，共5个。每个调查点试验设2个处理，处理1为对照，每公顷施用48%复混肥（17-21-10）375 kg＋尿素150 kg；处理2为增施有机肥＋配方施肥，每公顷施用有机肥15t＋48%复混肥（17-21-10）375 kg＋尿素150 kg。每个调查点的每个处理在实施各种技术模式前和作物收获后都要取土样、植株样，严格按照调查表中的内容，分析化验土壤的理化指标和植株的养分指标等，明确不同技术模式的实施效果。

2. 样板示范引导　在实施项目过程中，与高产创建、测土配方施肥等项目结合。建立2个133.3hm^{2}以上的粮食作物增施有机肥示范区，设置醒目的标示牌，强化示范带动作用，组织农户进行现场观摩，以点带面促进耕地保护与质量提升项目的顺利实施。

（六）时间进度

①2015年3～6月，完成实施方案的编制。开展项目宣传发动、技术培训。组织落实增施有机肥技术的乡镇村组农户及地块面积，并将承担户登记造册，张榜公示，建立档案。

②2015年7～10月，完成有机肥的堆沤，并做好相关准备工作。

③2015年11月至2016年3月，进行项目自检，对内业资料进行整理，为接受上级业务站检查

做准备。

④2016 年 4～5 月，指导农民增施有机肥工作。召开现场培训会，同时开展试验和收集定位监测点的相关数据。技术人员深入各项目区进行技术指导。

⑤2016 年 6～10 月，开展试验和示范的观察记载，详细记载试验和示范的相关数据，召开现场会。

⑥2016 年 11～12 月，对工作进行全面总结，撰写总结报告，整理项目内业，完善档案，及时总结上报项目开展情况。对调查点的数据和相关的试验结果进行汇总分析，科学评价实施耕地保护与质量提升项目的效果。

三、莫力达瓦达斡尔族自治旗耕地保护与质量提升项目

（一）实施年度

2014—2015 年。

（二）实施地点和规模

实施地点落实在尼尔基镇、腾克镇、登特科办事处、西瓦尔图镇、汉古尔河镇、卧罗河办事处、奎勒河镇、杜拉尔乡、红彦镇、额尔和办事处、坤密尔堤办事处、阿尔拉镇 12 个乡镇办事处的 28 个村，每年堆沤农家肥 2.2 万 t 以上，施用农家肥面积 1 466.7hm^2，中央财政补贴 110 万元。

（三）资金补贴方式和标准

1. 补贴对象 具有集中连片的适宜实施区域，优先选择粮食种植面积 33.3hm^2 以上的种植大户、家庭农场、农民合作社或大型农场进行补贴。

2. 补贴标准 在粮食作物上每公顷施用以畜禽粪便为原料堆沤有机肥 15t 以上的地块，每公顷补助 750 元。

3. 补贴方式 项目资金采用一卡通的形式下拨，由乡镇村根据本乡镇所涉及的农户及每户的完成数量进行上报，旗财政和推广中心进行审核后，由财政部门直接将补贴资金下拨给乡镇财政所，按各户的完成量直接分配到农户的直补卡。

4. 资金使用情况 2014 年的 110 万元补贴资金于 2015 年 7 月全部下发到农户。

（四）项目实施工作方式

根据项目批复的实施方案，结合莫力达瓦达斡尔族自治旗的实际情况，筛选了 12 个乡镇办事处 28 个村的 195 户农户进行农家肥的堆沤。旗农业技术推广中心负责技术指导，并对每户积造的农家肥都进行实地查看和测量，留存照片。堆沤农家肥从 2014 年夏季开始，至 2015 年的春季截止，采用坑式堆沤模式、平地堆沤模式进行堆沤，控制农家肥的秸秆量和水分，及时翻堆，保证有机肥的充分腐熟。施用时，采用小四轮人工撒施后，进行耕地旋耕起垄，使有机肥均匀分布于耕地土壤中。对每户施用农家肥的过程留存图片。

（五）试验示范

每年设置 5 个调查点，在每个调查点安排1个试验，每个试验2个重复，共10个处理小区（表 8-62）。

表 8-62 莫力达瓦达斡尔族自治旗调查点基本情况

乡（镇）名称	村名称	作物	处理 1 对照施肥种类及数量（kg/hm^2）	处理 2 施肥种类及数量（kg/hm^2）
尼尔基镇	前兴农村	玉米	50%（25-15-10）复混肥 375kg，尿素 225kg	50%（25-15-10）复混肥 375kg，尿素 225kg＋有机肥 15t
登特科镇	郭尼村	玉米	50%（25-15-10）复混肥 375kg，尿素 225kg	50%（25-15-10）复混肥 375kg，尿素 225kg＋有机肥 15t
西瓦尔图镇	永安村	大豆	52%（12-28-12）复混肥 300kg	52%（12-28-12）复混肥 300kg＋有机肥 15t
阿尔拉镇	拉力浅村	大豆	52%（12-28-12）复混肥 300kg	52%（12-28-12）复混肥 300kg＋有机肥 15t
汉古尔河镇	胜利村	玉米	50%（25-15-10）复混肥 375kg，尿素 225kg	50%（25-15-10）复混肥 375kg，尿素 225kg＋有机肥 15t

注：每个调查点于春季和收获后进行两次土样采集，并进行了化验。对每个试验点进行测产，并采集 10 个植株样。

第十节 呼伦贝尔市耕地地力评价汇总项目

呼伦贝尔市自2005年开始实施国家测土配方施肥补贴项目，截至2009年实施的项目单位达到了22个，覆盖了全市13个旗（市、区）、海拉尔农牧场管理局和大兴安岭农场管理局，成为目前农业生产上应用农户最多、覆盖面积最广的一项农业增产新技术，对促进农民增收、农业增效，以及农村经济发展做出了重要贡献。

通过项目实施，各旗（市、区）分别建立了测土配方施肥数据库、施肥指标体系和县域耕地资源管理信息系统，同时开展了行政区域内的耕地地力评价等工作。通过全市汇总，可以有效整合各旗（市、区）较为分散的技术资料，构建全市整体技术平台，形成大兴安岭丘陵山麓区域性技术成果，将对全面提升呼伦贝尔市测土配方施肥和耕地质量建设工作的整体水平发挥重要作用。

一、组织措施

为了保障全市汇总工作顺利进行。经请示主管局批准，成立全市项目汇总工作领导小组、技术工作组和专著编辑部。领导小组、技术工作组和专著编辑部负责汇总工作的全面组织协调，技术力量整合，做好项目汇总、反馈验证与补充调查、专著的编撰等工作。

（一）领导小组

组　长：	尹迅锋	呼伦贝尔市农牧局	副局长
副组长：	卢亚东	呼伦贝尔市农技推广中心	主任
成　员：	连万全	呼伦贝尔市农牧局种植业科	科长
	张秀梅	呼伦贝尔市农牧局科教科	科长
	崔文华	呼伦贝尔市农技推广中心土肥科	科长
	辛亚军	牙克石市农技推广中心	主任
	张更乾	海拉尔农牧场管理局农机科技部	副部长
	吕树东	大兴安岭农牧场管理局农业处	处长

（二）技术工作组

组　长：	崔文华	市农技推广中心土肥科	推广研究员
成　员：	王　璐	市农技推广中心土肥科	农艺师
	窦杰凤	市农技推广中心土肥科	农艺师
	张连云	市农技推广中心土肥科	农艺师
	蒋万波	市农技推广中心土肥科	高级农艺师
	苏　都	市农技推广中心土肥科	农艺师
	李学友	牙克石市农技推广中心	高级农艺师
	王崇军	扎兰屯市农技推广中心	高级农艺师
	李晓东	阿荣旗农技推广中心	农艺师

二、主要工作内容

（一）全市耕地地力评价汇总工作

通过项目汇总，建立全市的耕地地力评价指标体系，矫正和拼接各旗（市、区）数字化的土壤图、土地利用现状图、耕地分布图、坡度图、行政区划图等专业图件，建立全市行政区域的空间与属性数据库，开展全市的耕地、人工牧草地地力评价工作，确定耕地地力等级，并进行属性数据统计和耕地适宜性评价，最终建立呼伦贝尔市耕地资源管理信息系统，为开展全市测土配方施肥统筹规划和耕地质量建设提供有效的技术支撑与服务。

（二）全市测土配方施肥项目汇总工作

以2005年以来全市的土壤测试数据和肥料田间试验、示范等方面的数据资料为基础，经统计分析并汇总提升，形成全市不同区域各作物的施肥指标体系，建立各作物的施肥模型、养分丰缺指标和配套的施肥与栽培技术规程，并与全市的耕地资源管理信息系统进行整合，为全市按区域开展分类指导施肥建立高效的咨询与技术服务平台。

（三）专著编辑出版工作

通过全市汇总和技术提升，建立全市的耕地地力评价和测土配方施肥技术体系，并按专业技术内容分类编撰出版相关的专辑。包括《呼伦贝尔市耕地地力与科学施肥》、《呼伦贝尔市土壤与耕地地力图集》、《呼伦贝尔市土种志》、《呼伦贝尔市土壤资源数据汇编》、《呼伦贝尔市岭东耕地土壤农化分析数据汇编》、《呼伦贝尔市岭西耕地土壤农化分析数据汇编》、《呼伦贝尔市牧区耕地》。

（四）评价结果反馈验证与补充调查工作

根据农业部《测土配方施肥技术规范》的要求，完成耕地地力评价之后，要开展评价结果的实地验证工作。选取10%左右的图斑，组织技术人员深入实地开展调研，通过与当地有实践经验的农民和技术人员进行座谈，了解相关地块的实际产量水平，并对每个图斑评价的地力指数与实地调查的产量进行相关分析，要求达到显著水平，才能确保评价结果的准确性。同时，由于土壤图是20世纪80年代全国第二次土壤普查时期手工描绘制作的，距今已有30多年的时间，存在图纸变形和土壤类型与界线误差的问题，与近期完成较为精确的国土二调数据相比，土壤图很大程度上成为限制耕地地力评价结果精度的主要因素。因此，适当开展补充调查，有限度地进行土壤图矫正很有必要。

三、资金来源

项目所需资金为75万元。其中：评价结果反馈验证与补充调查15万元，配备数据处理与存储设备8万元，购置影像采集处理设备8万元，调查工具、资料和培训费9万元，成果编辑出版费35万元。

由于该项工作没有专项资金，所以资金的来源主要通过地方财政支持和测土配方施肥项目两方面解决。其中争取地方财政资金40万元，主要用于评价结果反馈验证与补充调查，购置数据处理与存储、影像采集处理设备，外业调查交通费用等项支出；调剂测土配方施肥项目资金35万元，主要用于成果的编辑出版费支出。全市每个测土配方施肥项目单位在2012年或2013年的项目资金预算中列出2万～5万元，用于开展耕地地力评价汇总工作。

四、时间进度

全市耕地地力评价汇总项目工作于2011年初正式启动，至2013年12月完成了数据库建立、数据统计分析、专业图件的矫正拼接和成果图的设计与编制等工作，截至2015年4月，完成了后续的全部专著编辑出版等工作。

2011年3～9月，拟定工作方案、建立汇总组织、确定工作目标。完成各旗市和项目单位纸质和电子版资料的收集与归档工作。包括第二次土壤普查资料、各类总结报告、成果图件、土壤测试、田间试验、数据库等方面的资料。

2011年10月至2012年2月，完成《呼伦贝尔市土壤资源数据汇编》的编辑出版工作。

2012年3～5月，完成《呼伦贝尔市岭东耕地土壤农化分析数据汇编》、《呼伦贝尔市岭西耕地土壤农化分析数据汇编》的编辑出版工作。

2012年6～12月，建立全市耕地地力评价指标体系和测土配方施肥指标体系，完成各级土壤图、现状图、行政区划图等专业图件矫正、配准和拼接工作，同时做好专业图属性数据赋值和全市耕地地力评价工作，建立全市的耕地资源管理信息系统。

2013年1～5月，完成各类图件属性数据的统计分析，并建立全市的统计数据册，完成《呼伦贝尔市耕地地力与科学施肥》、《呼伦贝尔市土壤与耕地地力图集》、《呼伦贝尔市土种志》三部专著初稿编辑，在岭西地区开展耕地地力评价结果验证与土壤图补充调查工作。

2013年6～8月，在岭东地区开展耕地地力评价结果验证与土壤图补充调查工作，根据实地验证与补充调查数据修正数据库和三部专著的汇编内容。

2013 年 9～10 月，建立全市耕地资源管理信息系统和施肥指标体系，完成《呼伦贝尔市耕地地力与科学施肥》、《呼伦贝尔市土壤与耕地地力图集》、《呼伦贝尔市土种志》三部专著编辑、会审和定稿工作。

2013 年 11～12 月，完成汇总的全部后续工作，提交汇总技术成果，出版发行《呼伦贝尔市耕地地力与科学施肥》、《呼伦贝尔市土壤与耕地地力图集》、《呼伦贝尔市土种志》三部专著。

2015 年 4 月，完成《呼伦贝尔市牧区耕地》的编辑出版工作。

第十一节 “水肥”双节技术示范

“水肥”双节技术是以作物生产中节水、节肥为核心，通过生产示范，研究和探索节水、节肥技术方法和规律，解决作物生产中“水肥”利用率的问题。根据呼伦贝尔市农业生产实际，2005—2011 年先后在阿荣旗、莫力达瓦达斡尔族自治旗、扎兰屯市建立示范点，进行“水肥”双节技术示范，推广节水、节肥新技术。

一、阿荣旗“水肥”双节技术示范项目

（一）实施年度

2005—2006 年。

（二）实施地点和规模

2005 年计划完成 200hm^2，实际完成 207.8hm^2，超计划指标 3.9%。承担项目实施的有 3 个镇、3 个村，共 163 个农户。其中亚东镇东兴村完成大豆作物“水肥”双节技术示范 70.9hm^2，涉及农户 43 户；霍尔奇镇霍尔奇村完成大豆作物“水肥”双节技术示范 66.9hm^2，涉及农户 51 户；三道沟镇松树林村完成玉米作物“水肥”双节技术示范 70hm^2，涉及农户 69 户。

2006 年示范项目落实在阿荣旗亚东镇标准粮田建设项目区内，示范面积共 73.3hm^2，其中：大豆面积 43.3hm^2，示范农户 43 户；玉米面积 30hm^2，示范农户 59 户。小区试验安排在阿荣旗亚东镇项目区和扎兰屯市农牧学校示范场内。

（三）实施的主要目标和内容

1. 具体目标 粮食单产提高 20%，公顷新增收益1 500元；降水利用率由的 4.2kg/（mm · hm^2）提高到 7.5kg/（mm · hm^2）；化肥利用率提高 5%；水肥“双节”技术入户率达到 95%；农民人均收入增加 10%；喷灌水分利用率达到 80%；间歇灌水分利用率达到 85%。

2. 主要内容 以增强农业的综合生产能力为中心，以提高水资源利用率和肥料效益为目标，采取以点带面，最终达到集中连片的目标，突出规模效益。

（四）采取的技术措施

1. 核心技术

（1）坐水种植　示范田使用 2BMS-1（2）型滤水播种机进行坐水条播抗旱播种，公顷用水量 30m^3，以保苗全苗齐。

（2）节水补灌　以 9～15kW 小型拖拉机为动力，采用 ZY-2 型 10 喷头移动式小型喷灌机，利用田间大口井和沙力沟河为水源进行适时补灌水，把浇地改为浇作物。示范田全部落实在节水补灌项目区内，依据旱情情况，确定补灌次数，用水量大豆 1 350m^3/hm^2，玉米 1 500m^3/hm^2。

（3）测土配方施肥技术　把测土配方施肥技术作为“水肥”双节的核心技术内容进行落实。补灌示范田公顷均施有机肥 20t，旱地示范田公顷均施有机肥 22.5t。主要为猪、羊粪沤制有机肥，增施有机肥活化了土壤耕层，增加了土壤肥力，耕层厚度为 22cm。在化肥的使用上结合春季测土配方项目的开展对每块示范田进行了测土化验，按土壤测试结果，结合当地农业生产情况，确定 N、P、K 施肥量。大豆公顷施纯 N 75kg、P_2O_5 90～105kg、K_2O 90～105kg；玉米公顷施纯 N112.5kg、P_2O_5 90kg、K_2O 75～

90kg。由阿荣旗阿大肥厂生产供应的作物专用肥，实行了“测、配、产、供、施”一条龙服务。

2. 配套技术

（1）高标准平整土地　采用大型农机具（东方红 75 或 802 牵引）平整土地，使同一单元地表相对高差小于 10cm。

（2）深耕深松　对项目区进行统一耕翻，耕翻深度为 22～25cm。深松采用大型拖拉机配套 IQ250 或 IQ340 型全方位深松机，深度为 30～35cm。

（3）应用抗旱品种　大豆选用新北丰（5208）、垦鉴豆 25、蒙豆 14 等高油大豆品种。玉米选用海玉四、海玉六等海玉系列，马铃薯选用大西洋，葵花选用甘葵一、二号。

（4）农业措施　优质玉米、大豆示范田均采用秸秆还田。病虫草害综合防治：针对近年来地下害虫和因大豆重迎茬引起的病虫害严重的实际情况，播种前对示范田进行统一供种，全部进行种子包衣。播后、苗前进行化学除草，减少杂草争水争肥。玉米田在播种后覆盖前使用 50％的乙草胺乳油 150～200ml 或 40％的乙阿合计 400g 配制成溶液进行垄上喷洒，防治玉米田杂草。大豆田亩用 5％咪草烟水剂 130ml 或 31.5％氟磺咪水剂 120ml 进行茎叶喷雾防治杂草。

适时播种保全苗：精细选种，使种子纯度、净度达 98％以上，发芽率达 96％以上。播前采用种子包衣，药剂：种子为 1∶75。5 月 1～15 日采用 2BT-2 型精量播种机进行播种，侧施种肥。因当年春季干旱，故 5 月下旬才完成播种。

设置对照：每块示范田设置不小于 66.7m^2 的常规田为对照，共设置 15 处，面积 0.12hm^2。

（五）采取的其他措施

1. 建立健全组织措施，明确责任　成立了项目实施管理领导小组，组长由阿荣旗农业技术推广中心主任担任，具体工作由土肥站牵头落实，负责日常管理和项目具体实施。为做好任务落实工作，做到了责任到人，任务到户，技术到田块。

2. 狠抓科技培训　与科技入户工程相结合，通过举办乡镇培训班，编印技术手册，组织科技讲座，召开现场会等多种形式，并通过广播、电视等新闻媒体，进行宣讲有关“水肥”双节技术，提高农民科技意识，达到技术普及到户。市和旗农技人员亲临现场指导，确保了项目的顺利进行。

3. 统一规划，增加投入　项目进行整体规划，与农业部良种推广项目相结合，统一供种。并与农机部门联合，统一深耕深松。增施有机肥料。全部采用测土配方施肥技术，与旗阿大化肥厂联合，采用“测、配、产、供、施”一条龙服务，提高施肥精度。

4. 树典型，提高科技示范　与科技入户工程相结合，选取示范户，示范区至少有 15 户重点示范户，起到以点带面并对周边起到辐射作用。设置对照田，项目区的村在大豆、玉米作物上至少要有不小于 130m^2 的对照田，作为生长季节进行各项田间调查记载的依据，以利于各种统计分析。

5. 现场技术指导　在项目实施的过程中，技术人员采取下乡蹲点的方式，结合实施农业部科技入户工程的开展，给予农户及时的指导，搞好技术服务和有关数据的采集。

（六）效果分析

1. 经济效益分析

（1）2005 年度　示范田大豆平均株高 95～100cm，平均株粒数 98.5，百粒重 18g，公顷保苗 215 250株，公顷产量 3 816.45kg。对照田平均株高 85～90cm，平均株粒数 76.3，百粒重 17g，公顷保苗 230 010 株，公顷产量 2 983.65kg。示范田较对照田公顷增产 832.8kg，增产率为 27.91％，每千克按 2 元计，公顷增产值 1 665.6 元。

示范田玉米均为地膜覆盖的制种田。平均株高 150cm，平均穗粒数 536.4，百粒重 28g，公顷保苗 55 725 株，公顷产量 8 369.4kg。对照田平均株高 115cm，百粒重 26.5g，平均穗粒数 486.7，公顷保苗 57 375 株，公顷产量 7 399.95kg。示范田较对照田公顷增产 969.45kg，增产率 13.10％。制种田玉米平均价格按 3 元/kg 计，公顷增产值 2 908.35 元。

大豆示范田公顷成本 2 069.25 元，公顷产值为 7 632.9 元，公顷净收入为 5 563.65 元。对照田公顷成本 1 759.5 元，公顷产值为 5 967.3 元，公顷净收入为 4 207.8 元。示范田比对照田公顷增收 1 355.85元。示范田产投比为 3.69∶1，对照田为 3.39∶1。

玉米示范田公顷成本 3 585 元，公顷产值 25 108.2 元，净收入为 21 523.2 元。对照田公顷成本 2 041.5元，公顷产值 22 199.85 元，净收入 20 158.35 元。示范田比对照田公顷增收 1 364.85 元。

（2）2006 年度　示范田粮食平均产量为 4 663.5kg/hm^2，对照田产量 3 937.95kg/hm^2，增产 725.55kg/hm^2，增产率达 18.4%。纯增收 665.55 元/hm^2。示范田产投比为 2.19：1。

2. 水分利用率分析　2005 年 4 月末至 9 月中旬，项目区自然降水量 419.3mm。示范田玉米自然降水利用率 19.95kg/（mm·hm^2），对照为 17.4kg/（mm·hm^2），提高了 12.07%；示范田大豆自然降水利用率 9.15kg/（mm·hm^2），对照为 7.05kg/（mm·hm^2），降水利用率提高了 29.79%。

2006 年示范田大豆水分利用率为 6.255kg/（mm·hm^2），对照田为 3.778 5kg/（mm·hm^2）；示范田玉米水分利用率为 20.722 5kg/（mm·hm^2），对照田为 12.937 5kg/（mm·hm^2），水分利用率均提高了 60%以上。氮肥利用率达到 29%，比对照田提高了 6～7 个百分点；磷肥利用率达到 23%，比对照田提高了近 4 个百分点。

3. 生态效益　“水肥”双节综合技术的应用，有效地改善了作物的生长条件，充分利用土壤肥力和自然降水，提高了作物产量，降低了生产成本，节约了水资源，合理有效的施用了肥料，避免了污染，保护了环境。增加了农民收入，对促进农村经济发展做出了重要贡献。

二、莫力达瓦达斡尔族自治旗“水肥”双节技术示范项目

2007 年结合国家标准粮田建设项目的实施，在莫力达瓦达斡尔族自治旗小莫丁村落实“水肥”双节技术示范 66.7hm^2。

（一）项目实施情况

示范面积 66.7hm^2，其中大豆 53.4hm^2，由 38 户承担；玉米 13.3hm^2，由 15 户承担。由于春旱，土壤墒情不好，播期延后，示范田于 5 月中旬完成播种。播完进行补灌，公顷用水量 75m^3。但出苗后无有效降雨，致使产量有所下降。大豆平均公顷产 2 157kg，玉米平均公顷产 7 689kg。

（二）主要技术措施

1. 核心技术

（1）节水补灌技术　主要采用滴灌、喷灌、低压管道补充灌溉、小畦浅灌节水技术、渠道防渗技术、水肥一体化灌溉施肥技术。

（2）平衡施肥技术　利用近年耕地质量调查的养分数据，建立分区定量施肥模式，做到因土因作物科学高效施肥。

2. 配套技术

（1）土地整理　采用高标准平整土地，深松深耕、起埂保水等方案，以增加土壤活化和土壤蓄水量。

（2）选择抗旱品种　根据当地气候和土壤条件，选择具有植株紧凑、叶面窄、根系发达的作物品种。

（3）农艺措施　采取坐水点种、坐水条播等抗旱播种技术，节约水资源，提高作物出苗率；应用覆盖栽培技术，减少土壤水分蒸发；应用病虫害综合防治技术。

（三）效果分析

1. 经济效益分析　经测产，“水肥”双节技术示范田大豆平均公顷产 2 157kg，对照田平均公顷产 1 914kg，公顷增产 243kg，增产率 12.70%，示范田大豆公顷成本 2 677.5 元，对照田公顷成本为 2 395.5 元，大豆价格按 3 元/kg 计算，公顷增产值 729 元，公顷纯增效益 447 元。

示范田玉米平均公顷产 7 689kg，对照田平均公顷产 7 281 kg，公顷增产 408 kg，增产率 5.6 %，示范田玉米公顷成本 3 234 元，对照田为 2 803.5 元，玉米价格按 1.2 元/kg 计算，公顷增产值 489.6 元，公顷纯增效益 59.1 元。

2. 节水节肥效果分析　试验示范表明玉米、大豆“水肥”双节技术的应用有着很好的效果。项目区 4～9 月上旬降水量 335mm，折算为 3 304.5m^3/hm^2。大豆、玉米喷灌水节水率均达到 50%以上。

玉米氮肥利用率达到 29.96%，比对照的 23.85%高 6.11 个百分点，磷肥利用率达到 24.15%，比对照的 20.28%高 3.87 个百分点；大豆氮肥利用率达到 29.78%，比对照的 23.42%高 6.36 个百分点，磷肥利用率达到 23.98%，比对照的 19.56%高 4.42 个百分点。

三、扎兰屯市“水肥”双节技术示范项目

（一）实施年度

2008—2011 年。

（二）实施地点和规模

2008 年在扎兰屯市中和办事处福兴村落实大豆“水肥”双节技术示范面积 66.7hm^2。

2009 年在扎兰屯市成吉思汗镇和平村落实大豆“水肥”双节技术示范面积 66.7hm^2。

2010 年在扎兰屯市关门山办事处宫家街村建设集中连片大豆、玉米各 6.7hm^2“水肥”双节技术的生产示范田。

2011 年落实在扎兰屯市关门山办事处和中和镇，共建设大豆、玉米示范区各 33.3hm^2。

（三）实施的主要目标、内容

1. 具体目标

①经济指标：大豆公顷增产 900kg、玉米公顷增产 1 500kg 以上。

②降水利用率提高 1.5～4.5kg/（mm·hm^2）。

③化肥利用率提高 5%。

④喷灌水分利用率达到 80%以上。

2. 主要内容 通过应用农艺农机措施，提高耕地产出率，实现农业生产节本增效，促进农业增产和农民增收，为农业持续发展提供技术支撑。主要建设内容为：

①建设大豆、玉米作物示范区。应用的主要技术内容有节水补灌技术、膜下滴灌、测土配方施肥技术、高标准整地、选择抗旱良种、行间机械覆膜和病虫草害综合防治等。

②做好农田土壤墒情与旱情监测工作，提高墒情监测的准确性。

（四）采取的技术措施

1. 核心技术

①深松深耕：示范田应用 IQ250 全方位深松机进行深松、起垄、镇压，深松深度为 30～35cm。

②节水补灌：充分利用地下水进行节水补灌，采用 ZY-2 型 10 喷头移动式小型喷灌机适时补灌，确保苗全苗齐。

③测土配方施肥技术：针对示范田的土壤化验值和大豆需肥规律及目标产量，示范田全部应用测土配方施肥技术施肥，应用 48%大豆专用肥 225kg/hm^2。为了补充大豆生产中极易缺失的硼、钼微肥，每公顷地增施持力硼 3kg 随化肥施入，并用 30g 钼酸铵拌种 50kg，保证大豆生长需要，能增花保荚，从而达到增产、增收目标。

④选择高产抗旱品种：示范区统一根据当地的积温、地力、生产条件选择了良种“蒙豆 14”、“蒙豆 30”作为高产创建的主打品种。蒙豆 14、蒙豆 30 抗旱耐涝，分枝强，抗炸荚，有较强的增产潜力。示范区使用的种子全部采用 4 000 倍 BT 生物种衣剂绿普安进行种子处理。

⑤垄上三行栽培技术：采用垄上三行精播机播种，播种质量整齐统一，苗齐、苗全，垄上三行清晰，苗间布局合理。

⑥行间机械覆膜技术：采用 2BMS-2A 型大豆覆膜机于 4 月 28 日至 5 月 2 日播种，播种、覆膜、施肥、压膜一次性完成。地膜厚度 0.008cm，幅宽 90cm，公顷播种量 60kg。

⑦统一化学除草：在 6 月 15 日开始对示范区统一进行化学除草，根据示范区杂草的种类、群落、杂草的草龄选择了 25%氟磺胺草醚 1 500ml/hm^2，48%苯达松 1 800ml/hm^2，12.5%烯禾啶1 800ml/hm^2 进行三元混配化学除草，这样既对草下药又不伤苗，而且对后作无药害残留，做到了经济、安全、无害。

⑧根据旱情组织喷灌：根据旱情对项目区进行喷灌，保证示范区不因干旱造成减产，在 5 月16～24 日对示范区进行了第一次全面喷灌，缓解了干旱，促进出苗。在 8 月 10～18 日对示范区进行了第二次全面喷灌，增花保荚，促进子粒灌浆增产。

2. 配套试验、示范

①大豆垄上三行栽培技术示范。

②大豆覆膜栽培技术示范。

③大豆品种对比示范。

④大豆硼、钼微肥不同时期叶面喷施效果试验。

⑤大豆肥料对比试验。

⑥大豆肥料三区较正试验。

（五）保障措施

1. 加强领导，健全机构　为了加强组织管理，项目建设期间由呼伦贝尔市农业技术推广服务中心组织，扎兰屯市农业技术推广中心和乡镇办事处农业服务站，成立项目建设领导小组，领导小组由市中心主任担任。领导小组对项目建设负总责，把好建设质量关，搞好协调，对建设内容、管理办法、运行机制进行审定和规范。领导小组下设办公室，设在呼伦贝尔市农业技术推广服务中心土肥科，办公室负责日常事务管理和项目建设工作，负责制定项目实施技术方案，组织项目实施，检查督促项目建设进展情况，及时发现和解决建设中存在的问题，按时将项目建设情况向上级部门和项目领导小组汇报。

2. 项目整合　与重点项目相结合，在项目实施过程中，有机地结合了国家良种推广补贴项目、高产创建活动项目、农业综合开发科技推广项目、科技入户工程项目、测土配方施肥项目、行业科技项目，充分发挥项目投入优势，加大项目区的人力、物力投资力度，强化高产稳产基础设施建设，提高粮食生产能力，做到看有样板、学有典型，真正起到示范带动作用。

3. 加大宣传，扩大影响　通过电视、报纸、培训等各种途径形式进行宣传报道，既可以满足农民对农业技术的渴求，又扩大了项目的影响。这样不但使农民更深切了解农业生产情况，又把技术人员多年的实践经验带给更多农民，不但展示了农技推广人员的风采，又宣传了党的惠农政策。4 年共举办电视讲座 14 讲，出版简报 11 期，办培训班 15 期，发放资料 6 600 份，参加科技大集、科技三下乡 9 次。通过密集强势的宣传使项目深入民心，扩大了影响力，增加了辐射面。

4. 多方努力、筹措资金　为保障项目顺利实施多方筹措资金，用于项目实施中农民补贴及有关设施建设，资金主要应用于春季统一灭茬、统一播种，统一提供化肥、微肥，微喷灌及配套设施等。

5. 技术指导，跟踪服务　成立技术指导小组，抽调技术全面、经验丰富、吃苦耐劳的专业技术人员，组建了一支专业强、业务精的技术队伍，在项目实施的全过程中，技术人员采取产前、产中、产后全程跟踪指导，同时呼伦贝尔市农技中心技术人员也多次采取下乡蹲点的方式，搞好技术服务和有关数据的采集。

（六）效果分析

1. 经济效益分析

（1）2008 年度　项目田平均公顷产 2 812.5kg，与普通田平均公顷产 1 800kg 相比，公顷增产 1 012.5kg，66.7hm^2 总增产 6.75 万 kg。

项目田平均公顷成本 2 970 元，大豆价格 3.6 元/kg，公顷产值为 10 125 元，公顷纯收入 7 155 元；普通田平均公顷成本 1 650 元，大豆价格 3.6 元/kg，公顷产值为 6 480 元，公顷纯收入 4 830 元，项目田高油大豆与普通田相比，公顷纯增收 2 325 元，66.7 公顷总纯增收 15.51 万元。

（2）2009 年度　项目田平均公顷产 2 790kg，与普通田平均公顷产 1 575kg 相比，公顷增产 1 215kg,66.7hm^2 总增产 8.1 万 kg。

项目田平均公顷成本 2 970 元，大豆价格 3.6 元/kg，公顷产值为 10 044 元，公顷纯收入 7 074 元；普通田平均公顷成本 1 800 元，大豆价格 3.6 元/kg，公顷产值为 5 670 元，公顷纯收入 3 870 元，项目田高油大豆与普通田相比，公顷纯增收 3 204 元，66.7hm^2 总纯增收 21.37 万元。

（3）2010 年度　大豆平均公顷产 2 970kg，与普通田平均公顷产 1 980kg 相比，公顷增产 990kg，项目田平均公顷成本 3 000 元，大豆价格 3.7 元/kg，公顷产值为 10 989 元，公顷纯收入 7 989 元；普通田平均公顷成本 1 650 元，大豆价格 3.7 元/kg，公顷产值为 7 326 元，公顷纯收入 5 676 元，项目田大豆与普通田相比，公顷纯增收 2 313 元，6.67hm^2 总纯增收 1.54 万元。

玉米平均公顷产 8 430kg，与普通田平均公顷产 6 825kg 相比，公顷增产 1 605kg，项目田平均公顷成本 34 50 元，玉米价格 1.5 元/kg，公顷产值为 12 645 元，公顷纯收入 9 195 元；普通田平均公顷成本 2 700 元，玉米价格 1.5 元/kg，公顷产值为 10 237.5 元，公顷纯收入 7 537.5 元，项目田玉米与普通田相比，公顷纯增收 1 657.5 元，6.67hm^2 总纯增收 1.11 万元。

（4）2011 年度　大豆平均公顷产 2 910kg，与普通田平均公顷产 1 995kg 相比，公顷增产 915kg，项目田平均公顷成本 3 000 元，大豆价格 3.7 元/kg，公顷产值为 10 767 元，公顷纯收入 7 767 元；普通田平均公顷成本 1 800 元，大豆价格 3.7 元/kg，公顷产值为 7 381.5 元，公顷纯收入 5 581.5 元，项目田大豆与普通田相比，公顷纯增收 2 185.5 元，33.3hm^2 总纯增收 7.28 万元。

玉米平均公顷产 11 559kg，与普通田（未覆膜）平均公顷产 7 194kg 相比，公顷增产 4 365kg，项目田平均公顷成本 3 675 元，玉米价格 1.7 元/kg，公顷产值为 19 650.3 元，公顷纯收入 15 975.3 元；普通田平均公顷成本 2 700 元，玉米价格 1.7 元/kg，公顷产值为 12 229.8 元，公顷纯收入 9 529.8元，项目田玉米与普通田相比，公顷纯增收 6 445.5 元，33.3hm^2 总纯增收 21.5 万元。

2. 社会效益

（1）提高了农民种田水平　通过项目实施，使广大农民充分掌握了农作物栽培、植保、肥料、农机种子等相关知识，提高了广大农民科学种田水平，充分认识到“水肥”双节技术的益处和意义。

（2）部分改变广大农民掠夺式生产种植　项目的实施，使广大农民充分认识到有机无机结合的重要性，公顷施化肥由原 75～105kg，提高到 187.5kg/hm^2，化肥利用率提高 6%～10%，公顷施有机肥达 22.5t，使农民充分认识到平衡施肥的重要性。

（3）提高抗旱种植能力　“水肥”双节技术使广大农民尝试到了机械种植，水利设施的益处，改变过去大旱大减产、小旱小减产的状况，使机械化应用水平提高 1.2 倍，充分利用降雨、河水、地下水、应用水箱、喷灌等设备进行浇灌，降水利用率达到 6.9kg/（mm·hm^2）。

第十二节　土壤墒情监测网站建设

土壤监测是土壤肥料的重要工作之一，做好土壤监测，特别是对耕地土壤的监测，对合理开发与利用土地资源，确保农业持续发展具有重要意义。

一、墒情监测点的布设

农田墒情监测预报是农情动态监测的重要内容，对于制定农业生产措施，指导农民粮食生产，确保农业丰收和粮食安全都具有重要作用。自 2007 年以来，全市先后在阿荣旗、扎兰屯市、牙克石市、额尔古纳市和莫力达瓦达斡尔族自治旗开展实施了农田土壤墒情与旱情监测工作，共设 26 个监测点。

2007—2011 年，在阿荣旗设置 4 个监测点，其中旱地监测点 2 个，设在阿荣旗良种场，种植作物为大豆、马铃薯；灌溉区监测点 2 个，设在新发乡，种植作物为玉米、葵花。2012 年设置 5 个监测点，其中旱地监测点 3 个，分别是查巴奇乡河西村、霍尔奇镇霍尔奇村和阿荣旗良种场，种植作物为大豆、马铃薯；灌溉农田监测点 2 个，设在那吉镇农业中心示范园，种植作物为玉米、葵花。

2011 年，牙克石市和扎兰屯市成为新增的自治区级土壤墒情监测县。牙克石市 4 个监测点设在牧原良种场、图里河一公司农场、免渡河镇袁纯河农场、西山良种场；扎兰屯市 4 个监测点分别落实在卧牛河镇马场一组、大河湾大水泉村二组、中和镇居委会、雅尔根楚水甸沟村八组。2012 年，自治区土肥站将扎兰屯市定为土壤墒情监测标准站之一，建立了 4 个自动监测站和 1 个固定监测站，分别为卧牛河固定站（用速测仪和烘干法监测）、大河湾金星中心站、哈拉苏标准站、古里金标准站、北安标准站。同年，牙克石市新增一个监测点，设在东兴办事处占廷农场。2012 年，新增额尔古纳市为自治区级土壤墒情监测县。设 6 个监测点，室韦农场 2 个、恩和农场正阳队 2 个、苏沁农场农林站和苏沁农场苏沁队各 1 个。

2014 年，新增莫力达瓦达斡尔族自治旗为自治区级土壤墒情监测县，设 5 个监测点，分别为尼尔基镇大莫丁村、登特科办事处安民村、宝山镇东宝山村、塔温敖宝镇塔温敖宝村、红彦镇红彦村。全市 26 个监测点基本情况见表 8-63。

表 8-63 全市土壤墒情监测点基本情况

行政区	乡镇	东经	北纬	土壤类型	地力等级	作物
阿荣旗	查巴奇鄂温克族乡	123°01′44″	48°30′17″	暗棕壤	四级地	大豆玉米
	霍尔奇镇	123°20′08″	48°20′05″	黑土	二级地	
	那吉镇	123°26′48″	48°08′34″	黑土	六级地	
	那吉镇	123°26′41″	48°08′41″	黑土	六级地	
	那吉镇	123°25′21″	48°10′07″	暗棕壤	四级地	
扎兰屯市	卧牛河镇	122°39′22″	48°07′41.6″	黑土	一级地	玉米
	大河湾镇	123°03′18.6″	47°48′04.7″	草甸土	三级地	
	鄂伦春民族乡	122°30′02.6″	48°06′53.3″	草甸土	二级地	
	成吉思汗镇	122°49′00.6″	47°49′50.9″	草甸土	四级地	
	蘑菇气镇	122°29′27.9″	47°31′50.2″	黑土	二级地	
莫力达瓦达斡尔族自治旗	尼尔基镇	124°29′24.3″	48°26′50.2″	黑土	五级地	玉米大豆
	登特科办事处	124°33′11.2″	48°44′13.2″	暗棕壤	六级地	
	宝山镇	124°06′04.0″	48°36′40.2″	草甸土	五级地	
	塔温敖宝镇	124°05′57.5″	49°04′52.6″	暗棕壤	三级地	
	红彦镇	125°01′55.4″	49°30′28.8″	黑土	二级地	
牙克石市	东兴街道办事处	121°07′49.2″	49°24′18.9″	黑钙土	三级地	小麦油菜马铃薯
	东兴街道办事处	121°15′11″	49°25′11″	黑钙土	二级地	
	东兴街道办事处	120°57′16.9″	49°23′53.0″	草甸土	四级地	
	免渡河镇	120°57′45.2″	49°05′39.4″	灰色森林土	三级地	
	免渡河镇	121°39′36″	49°15′51″	灰色森林土	三级地	
额尔古纳市	蒙兀室韦苏木	119°51′09.6″	51°16′58.6″	灰色森林土	一级地	小麦大麦油菜
	蒙兀室韦苏木	119°53′31.2″	51°19′13.6″	灰色森林土	一级地	
	恩和俄罗斯族民族	119°37′42.4″	50°41′06.0″	黑钙土	二级地	
	恩和俄罗斯族民族	119°36′12.4″	50°41′0.20″	黑钙土	一级地	
	三河回族乡	119°45′45.2″	50°28′32.5″	黑钙土	一级地	
	三河回族乡	119°44′17.1″	50°26′24.0″	黑钙土	一级地	

二、监测方法与信息发布

监测方法、数据采集、数据记载和数据分析及评价指标体系的建立，按照《内蒙古土壤墒情与旱情监测暂行办法》来执行。

根据当地的播种时期，提前半个月开始墒情监测工作，每月两次（即每月的 10 日和 25 日各上报一次土壤墒情简报），直到土壤冻结结束。其中春播关键时期加密监测（每 5d 1 次）。取样日遇降雨时，日降雨量小于 25mm，雨后 3d 取样测定；日降雨量大于 25mm，雨后 5d 取样测定，取样日连续降雨则不取样测定，但要及时上报说明情况并记载降雨量。上报时间不能超过测定日期后的 2d，即每月的 12 日和 27 日之前上报。

2007 年发布墒情监测简报 10 期，2008 年发布墒情监测简报 13 期，2009 年发布墒情监测简报 13 期，2010 年发布墒情监测简报 15 期。

2011 年，阿荣旗、扎兰屯市和牙克石市三个监测旗县共发布墒情监测简报 43 期，市中心发布全市墒情监测简报 16 期。

2012 年，全市共发布了墒情监测简报 91 期，其中阿荣旗 24 期、扎兰屯市 23 期、牙克石市 21 期、额尔古纳市 23 期。

2013 年，阿荣旗发布农田土壤墒情简报 19 期、扎兰屯市 24 期、牙克石市 18 期、额尔古纳市 18 期，全市汇总的市（盟）级简报发布 19 期。

2014 年，全市共发布农田土壤墒情简报 150 期，其中阿荣旗发布 25 期、扎兰屯市 26 期、莫力达瓦达斡尔族自治旗 24 期、牙克石市 25 期、额尔古纳市 25 期，全市汇总的市（盟）级简报发布 25 期。

2015 年，全市共发布农田土壤墒情简报 142 期，其中阿荣旗发布 24 期、扎兰屯市 24 期、莫力达瓦达斡尔族自治旗 25 期、牙克石市 21 期、额尔古纳市 24 期，全市汇总的市（盟）级简报发布 24 期。采集数据期数 79 次，共采集测试数据共 1 048 次。

2016 年，全市墒情简报共发布 140 期，其中市级简报 19 期，阿荣旗 21 期、扎兰屯市 26 期、莫旗 26 期、牙克石市 24 期、额尔古纳市 24 期。

2017 年，全市墒情简报共发布 176 期，其中市级简报 30 期，阿荣旗 29 期、扎兰屯市 30 期、莫旗 28 期、牙克石市 29 期、额尔古纳市 30 期。

第十三节　耕地质量监测网站建设

2005—2008 年启动的测土配方施肥项目旗（市、区），分别在高、中、低肥力水平的地块上建立了 3 个自治区级耕地地力长期定位监测点，各项目单位按照《土壤监测规程》（NY/T1119—2006）标准要求开展土壤肥力定位监测工作，分析耕地土壤养分变化趋势、重金属及农药残留污染程度、肥料投入等情况。全市共建立 27 个自治区级土壤地力长期监测点，涵盖了耕地主要土壤类型，充分发挥监测结果对耕地质量建设与保护的基础支撑作用。

为进一步增强国家级耕地质量监测点的覆盖面、代表性和功能性，全国农业技术推广服务中心下发了《关于做好 2016 年国家耕地质量监测工作的通知》（农技土肥水函〔2016〕357 号）文件，根据文件精神，按照逐步扩大监测点规模的原则，在内蒙古自治区原有 4 个国家级耕地质量监测点的基础上，综合考虑耕地土壤类型、种植制度和产量水平等因素，2016 年全区新增 56 个国家级耕地质量监测点，其中呼伦贝尔市有 6 个自治区级耕地质量监测点上升为国家级监测点。2017 年全区又新增 15 个国家级耕地质量监测点，其中呼伦贝尔市新增 2 个（表 8-64）。

表 8-64　呼伦贝尔市国家级耕地质量监测点基本情况统计

序号	旗县	监测点编号	乡镇	经度	纬度	县地力等级	土壤类型	备注
1	阿荣旗	150511	新发乡大有庄村	123°33′09″	48°08′32″	三级	草甸土	2016 年升级
2	鄂伦春自治旗	150512	大杨树镇街西村	124°34′26″	49°45′56″	四级	暗棕壤	2016 年升级
3	额尔古纳市	150513	室韦农牧场室韦队	119°53′25.5″	51°19′03.7″	二级	黑钙土	2016 年升级
4	海拉尔区	150514	哈克镇团结村	120°03′04.2″	49°14′05.1″	二级	草甸土	2016 年升级
5	牙克石市	150530	牧原镇牧原村	121°07′49.2″	49°24′18.4″	二级	黑钙土	2016 年升级
6	扎兰屯市	150531	高台子办事处近郊村	122°48′53″	47°58′07″	七级	暗棕壤	2016 年升级
7	莫力达瓦达斡尔族自治旗	150982	腾克镇东伊必奇村	124°28′08.3″	48°54′50.4″	一级	黑土	2017 年新增
8	莫力达瓦达斡尔族自治旗	150983	汉古尔河镇胜利村	124°28′03.6″	48°17′46.4″	四级	草甸土	2017 年新增

按照自治区土肥站《关于做好国家级耕地质量监测点的工作通知》（内农土肥发〔2016〕24 号）和《关于做好 2017 年全区耕地质量监测工作的通知》（内农土肥发〔2017〕20 号）文件要求，开展了监测点建设、监测等项工作。

一、监测点建设

严格按照《耕地质量监测技术规程》（NY/T 1119-2012）的有关要求，完善国家级监测点的设置、建设工作。

(一) 监测点的选择

选择交通便利、代表性强的粮食生产功能区、重要农产品生产保护区设立国家级耕地质量长期定位监测点。

(二) 小区设置

每个监测点共设 5 个处理，每个处理 333.3m²，共 1 666.7～2 666.7 m²。

处理 1：常年不施肥区（无肥区）。

处理 2：当年不施肥区。

处理 3：常规区（农民常规施化肥）。

处理 4：秸秆还田＋常规施用化肥区。

处理 5：有机肥＋常规施用化肥区。

种植作物与农民当年种植作物一致。处理 3 常规施肥量与当地农民习惯施肥量一致，每年度可不同。处理 4 秸秆还田量为本处理作物秸秆实际产量。处理 5 有机肥为腐熟农家肥，施用量参考当地农民习惯施用量。各处理间要设置地埂，每个监测点四周要设置地埂和 1～2m 宽的保护行。各处理顺序按第一年顺序固定，长期保持不变。

(三) 标牌设置

地头要设置长期固定的、砖混结构的耕地质量监测点标牌。

1. 规格尺寸说明　标牌材质为大理石，最小尺寸限制：标牌高 800 mm，宽 1 000 mm，厚 250mm。

(1) 标牌正面　"国家级耕地质量监测点"字样在上方居中，位置距上边缘 62.5 mm，左边缘 160 mm，字体为方正粗宋简体，字号 120，颜色为红色（RGB：255，0，0）（图 8-1）。

图 8-1　国家耕地质量监测点标牌

"中国耕地质量监测标识"位于"国家级耕地质量监测点"字样下方 20mm，距左边缘 300 mm。标识最小尺寸限制：外圆直径 35 mm，内圆直径 27 mm。中英文字体：黑体；弧度：100。

监测点信息"编号"、"地理位置"、"建点年份"、"土壤类型"、"地力等级"等字样自上而下等间距（15 mm）排列；"编号"字样距上边缘 260 mm，距左边缘 150 mm。字体为方正大黑简体，字号 50，颜色为黑色（RGB：0，0，0）。

(2) 标牌背面　各处理内容；田块面积；监测单位；标牌制作时间。

2. 监测点信息填写说明

编号：填写国家级耕地质量监测点的标准 6 位编码。前两位是省级行政区划代码，后四位是国家级耕地质量监测点顺序号。

地理位置：填写监测点 GPS 定位信息，如东经：115°：40′：01″；北纬：40°：25′：01″。

建点年份：填写监测点建成年份。

土壤类型：分别填写自治区和旗县土类、亚类、土属、土种名称。

地力等级：根据县域耕地地力评价成果填写。

（四）中国耕地质量监测标识说明

1. 规格尺寸说明 最小尺寸限制：外圆直径 35 mm，内圆直径 27 mm。中英文字体：黑体；弧度：100。

2. 含义说明 标识主体颜色为绿色，代表着生命与希望，表达了“保护耕地质量，确保粮食安全”的主题思想。圆形图案，体现了耕地质量监测“全球化、国际化”的精神理念。标志的中心部分，是一棵茁壮成长的禾苗，浅绿色的发散线条，似广袤大地上的田陇。禾苗上方的“CCLM”是“China Cultivated Land Monitoring”（“中国耕地质量监测”）的缩写，寓意耕地质量监测是确保粮食安全的重要基础性工作。图形的外围，是“中国耕地质量监测”的中、英文全称，采用庄重而明晰的字体，围成一圈，与中心图形共同构成了标识的主体（图 8-2）。

图 8-2 中国耕地质量监测标识

二、监测点维护管理

建成的国家级耕地质量长期定位监测点要长期固定，任何单位和个人不得擅自变动监测点的位置，不得损坏监测点的设施及标志。在运行过程中确需变更的，应经呼伦贝尔市农业主管部门审核批准，相关费用由申请变更单位或个人承担。

监测点的各监测小区内容处理、田间管理、观察记载、调查取样等要有专人负责，及时、客观记录相关信息，不得随意减少调查、监测内容，确保数据的完整性、真实性和准确性。

三、监测内容

（一）初始监测内容

建立监测点时，应调查监测点的立地条件和农业生产概况，建立监测点档案信息，按 NY/T1121.1规定的方法挖取土壤剖面，监测各发生层次理化性状。

监测点的立地条件和农业生产概况主要包括监测点的常年降水量、有效积温、无霜期、地形部位、地块坡度、潜水埋深、排灌条件、种植制度、常年施肥量、作物产量、成土母质和土壤类型等。

监测点土壤剖面的理化性状包括监测发生层次深度、颜色、结构、紧实度、容重、新生体、机械组成、化学性状，并拍摄监测点剖面照片。

（二）年度监测内容

监测田间作业情况、作物产量、施肥量，并在每年作物收获后，每个处理取土壤样品送指定化验室化验。

田间作业情况记载年度内每季作物的名称、品种、播期、播种方式、收获期、耕作情况、灌排、病虫害防治，自然灾害出现的时间、强度、对作物产量的影响以及其他对监测地块有影响的自然、人为因素。

施肥情况监测有机肥和化肥的施肥时期、肥料品种、施肥次数和施用实物量，并记载所施肥料的养分含量。

作物产量是对每个处理的作物分别进行籽实产量（风干基）和茎叶产量（风干基）的测定。

土壤理化性状监测耕层厚度、耕层土壤 pH 及有机质、全氮、有效磷、速效钾、缓效钾等含量。

（三）五年监测内容

每五年增加检测土壤容重、全磷、全钾、中微量元素（交换性钙、镁，有效硫、硅、铁、锰、铜、锌、硼、钼）；重金属元素（镉、汞、铅、铬、砷、镍、铜、锌）。

四、土壤样品的采集、处理和贮存

土壤样品采集与制备方法参照测土配方施肥技术规范。土样一式二份（每份 1kg），阴干后一份送指定单位化验，一份监测单位备存，用于备查。

监测点土壤样品贮存按测土配方施肥项目土样贮存方法长期保存。

五、监测报告

监测报告应包括监测点基本情况，耕地质量主要性状的现状及变化趋势，农田肥料投入、结构现状及变化趋势，作物产量现状及变化趋势，耕地质量变化原因分析，提高耕地质量的对策和建议等内容。

第十四节　黑土保护利用项目

为贯彻落实中央1号文件精神，扎实开展耕地质量保护与提升行动，2015年农业部财务司、财政部农业司联合下发了《农业部财务司、财政部农业司关于做好东北黑土地保护利用试点工作的通知》(农财金函〔2015〕38号)，根据文件精神，在东北地区组织实施黑土地保护利用试点工作，全国选择17个县（市、旗、区）开展试点，其中内蒙古自治区2个、辽宁省2个、吉林省4个、黑龙江省9个。试点期一般为3年。每个试点县（市、旗、区）实施面积达到6 666.7hm^2以上。呼伦贝尔市阿荣旗被列为首批实施黑土地保护利用试点县之一。

一、实施年度

2015—2017年。

二、实施地点和规模

实施低山丘陵黑土保护养育综合模式试点面积为1 000hm^2。缓坡漫岗与平川甸子黑土保护养育综合模式试点面积为5 733.3hm^2，其中：向阳峪镇松树林村466.7hm^2，六合镇东山屯村（含现代农业示范园区）1 933.3hm^2，新发乡大有庄村733.3hm^2，亚东镇六家子村466.7hm^2，向阳峪镇乐昌村333.3hm^2，霍尔奇镇后山根村1 200hm^2，霍尔奇镇知木伦村600hm^2。

三、项目资金使用情况

2015—2017年三年项目资金总计9 000万元，项目资金实行专账管理，资金使用情况见表8-65。

表8-65　阿荣旗黑土地保护利用项目资金施用情况

技术名称	具体措施	资金（万元）	占比（%）
坡岗地黑土保护综合技术	建立“草业冠”	76.8	0.85
	缓坡环耕（横垄）种植	18	0.20
	筑地埂、种生物篱带	8.8	0.10
	挖截水沟、排水沟	78.96	0.88
增加有机质含量综合技术	秸秆粉碎还田	911.05	10.12
	秸秆堆沤还田	155.75	1.73
	增施有机肥	2 833.81	31.49
	种植绿肥	2 204	24.49
	建有机肥堆沤场	40	0.44
黑土养育综合技术	粮豆轮作	864	9.60
	施用缓控释肥	630	7.00
	秸秆掺拌深翻深松联合整地	128.08	1.42
	砾石清理捡拾	50.37	0.56
黑土地保护利用技术研发		405	4.50
耕地质量动态变化预警监测		410.22	4.56
其他支出：主要用于实验示范等与黑土地保护利用相关的其他支出		185.16	2.06
总计		9 000	100.00

四、实施主要目标、内容

（一）主要目标

①耕地质量平均提高 0.5 个等级以上。

②土壤有机质含量提高 3 个百分点，由平均含量 45.9g/kg 提高到 47.3g/kg。

③耕作层厚度达到 30cm 以上。

④秸秆综合利用率达到 80%，畜禽粪便等有机肥资源利用率达到 60%，项目区测土配方施肥技术覆盖率达到 100%。

（二）主要内容

按照“控、增、保、养、节”的技术路径确定试点内容，因地制宜，分类指导，综合施策。

1. 控 即坡岗地黑土保护，控制黑土流失。通过在丘陵缓坡单元，缓坡耕地改顺坡垄为环耕（横垄）种植、改长坡为短坡种植，保护黑土和养分流失，遏制黑土地退化，打造坡岗黑土地稳产增产的核心基础。

2. 增 即增加有机质含量。土壤有机质是土壤可持续利用的核心物质，与土壤肥力提升、农业可持续发展、生态环境保护等关系密切，直接决定土壤肥力水平，进而影响土壤质量的优劣和作物产量的高低。增加土壤有机质需遵循生态平衡原则和经济原则，使土壤有机质积累量大于有机质降解量，使有机质转化的平衡过程向有机质含量提高的方向移动。增加有机质含量有两种途径：一是秸秆还田。秸秆中含有一定的氮、磷、钾等多种元素，同时富含大量的纤维素和蛋白质，因此将秸秆还田作为增加有机质含量的一项主要措施。二是增施有机肥。施用有机肥是增加土壤有机质最有效、最直接的方法。有机肥施入土壤后，首先改善了土壤团粒结构，提高保水、保肥能力，为农作物生长创造良好的土壤环境；其次，良好的结构促进土壤微生物和酶活性增强，有利于提高土壤缓冲性和抗逆性。有机肥与化肥搭配使用，可以达到相互补充，平衡施肥的目的。同时，有机肥在提高肥料利用率，增加作物产量、改善农产品品质、提高微生物活性，抑制土传病害、增强作物抗逆性、促进作物早熟等方面的作用显著。三是种植绿肥。通过在项目区种植紫花苜蓿、饲用油菜等绿肥品种，在 9 月份将生长旺盛的绿肥用机引圆盘耙横切刈割，然后翻压还田，从而达到固氮肥田、增加土壤有机质含量的作用。

3. 保 即保水保肥。通过深耕深松整地将秸秆掺混到耕作层，并打破犁底层，改善黑土地理化性状，增强黑土地保水保肥能力。

4. 养 即黑土养育。通过粮豆轮作、套作等固氮肥田措施，实现黑土地用养结合、持续利用。

5. 节 即节水节肥节药。通过农机农艺融合，推进节水灌溉、增加有机质含量、黑土养育、保水保肥、测土配方施肥、病虫草害综合防治措施，提高水肥利用率，减少农药化肥投入，使项目区黑土地资源得到恢复和提升，实现农业生产用水、肥、药的高效利用。

五、技术措施

1. 坡岗地黑土保护 缓坡环耕（横垄）种植，将丘陵缓坡上的顺坡垄，通过机械起垄改为环耕种植或横垄种植。丘陵缓坡环耕护土技术针对丘陵浅山坡顺垄种植、长垄种植容易造成水土流失的耕地而采取的一项农机农艺结合技术，该项技术在对顺山种植的地块进行整地的基础上，改顺坡种植为环耕（横垄）种植，改长坡种植为短坡种植，减少水土流失，巩固坡耕地的土壤，从而改变原有种植水土流失严重的现状。

建立“草业冠”64hm^2，实施缓坡环耕（横垄）种植 266.7hm^2，筑地埂、栽种生物篱带2 200m，挖截水沟 7 100m、挖排水沟 5 600m 并栽植防护林带。

2. 增加有机质含量 通过开展秸秆还田、增施有机肥、种植绿肥方式来提高土壤有机质含量。

2015—2017 年累计秸秆粉碎还田模式完成面积 11 306.7hm^2，秸秆堆沤还田模式完成 620hm^2。由专业合作组织负责有机肥运输、田间堆沤、施用，3 年累计施用面积 9 013.3hm^2。累计完成绿肥种植面积 1 836.7hm²。建有机肥堆沤场 2 个。

3. 黑土养育

粮豆合理轮作：通过玉米—大豆、玉米—大豆—马铃薯轮作，提高土壤肥力，减少农作物病虫害，实现黑土地用养结合、持续利用。

缓控释肥施用：缓控释肥突出特点是其释放率和释放期与作物生长规律有机结合，提高肥料利用率。通过对项目区缓控释肥料的补助，引导农民改变施肥观念，实现节肥、增效，减少污染，进而达到保护提升黑土地质量，有效控制黑土退化的目的。

秸秆掺拌深松联合整地：通过大型动力机械配套灭茬旋耕等机具，在对地表秸秆和根茬进行粉碎的同时，采用联合整地机械完成旋耕作业的一项技术。该项技术粉碎地表秸秆、根茬，通过机械作业把粉碎的秸秆、根茬掺拌入耕层内，提高耕作层有机质含量和耕层结构，并使耕作层达到待播状态。机械深松可以打破犁底层，改善耕层结构，创建深厚、肥沃的耕层土壤，提高土壤蓄水保墒、保肥能力。

2015—2017 年累计完成粮豆轮作面积 5 473.3hm²，缓控释肥施用面积 19 333.3hm²，秸秆掺拌深松联合整地 2 093.3hm²，深翻深松 5 366.7hm²，清理捡拾砾石 186.7hm²。

4. 黑土地保护利用技术研发 内蒙古农业大学科研团队在生态建设和黑土地耕地质量保护、建设方面开展了低山丘陵、缓坡漫岗和平川甸子黑土保护养育 3 种综合模式的黑土地保护利用技术攻关。开展了玉米秸秆不同还田方式、不同还田量对土壤及作物产量的影响；有机肥不同施用量、缓控释肥（配方肥）不同施用量对土壤及作物产量的影响；粮豆轮作、深松整地方式对黑土地肥力及作物产量的影响等试验示范。完成了技术模式总结，形成了试点工作年度评估报告。

六、其他措施

1. 开展黑土耕地质量长期定位监测点监测工作 主要监测土壤墒情、地温、降雨量、空气湿度、耕地养分状况、农作物病虫害的预测预报。应用监测点上配备的自动化监测设备和远程无线传输和网络化信息管理平台，及时掌握发布耕地质量现状和演变规律，预测预警耕地质量状况。

2. 耕地土壤墒情监测 通过定点、定期对降水量、气温、地温、作物全生育期采取的农艺技术措施、灾害性天气等的观察记载和土壤含水量的测定，实现农田土壤墒情与旱情监测，为农业抗旱救灾、生产布局和结构调整、节水技术推广提供信息服务和技术支撑。

3. 土壤肥力监测 以 33.3 hm² 为 1 个取样单元，在项目区采集土样开展土壤肥力监测工作。

4. 植株和籽实样品监测 在项目区采集检测植株和籽实样品，开展植株和籽实样品监测工作。

5. 不同黑土耕地类型土壤剖面结构及功能监测 按照《耕地质量监测技术规程》（NY/T 1119—2012），对项目区内典型土类进行土壤剖面结构及功能监测，重点对耕地土壤肥力变化状况进行监测，开展作物种类、作物产量、施肥量和土壤环境质量的监测工作。

6. 效果评估 重点对黑土地保护利用的各种技术模式实施效果进行监测，为不断完善技术模式和科学评价项目实施效果提供依据。

第四部分

>>> 成果与应用

第九章　获奖科技成果

第一节　科技成果奖

一、“呼伦贝尔市耕地信息系统的建立及在测土配方施肥中的应用”项目

1. 授奖种类　科技进步奖。

2. 奖励级别　省级。

3. 授奖等级　二等。

4. 颁奖部门　内蒙古自治区人民政府。

5. 获奖年度　2012 年。

6. 完成单位　呼伦贝尔市农业技术推广服务中心。

7. 主要完成人　崔文华，窦杰凤，王璐，谭志广，李学友，王崇军，张连云。

8. 实施年限　2005—2008 年。

9. 鉴定单位与时间　呼伦贝尔市科技局，呼科鉴字〔2008〕第 0301 号，2008 年 3 月 4 日。

10. 鉴定意见　选题符合呼伦贝尔市农业生产的实际。采用的技术先进可靠，推广措施切实可行，提交的技术文件资料齐全完整，可用于进一步指导大面积生产推广应用。

该项目利用“3S”技术，通过建立呼伦贝尔市耕地信息系统，集成了耕地的空间数据库和属性数据库。并针对呼伦贝尔市近时期随着氮磷肥施用量的大幅度增加，土壤综合能力持续下降的现实，以耕地信息系统为平台，建立了测土、配方、施肥、供肥、施肥指导技术模式，自 2005 年起，在牙克石市、扎兰屯市、阿荣旗和莫力达瓦达斡尔族自治旗大面积推广应用了测土配方施肥技术。在项目区共完成各类试验 826 点次。通过采用先进的土壤测试方法，3 年来摸清了项目区土壤养分状况，建立了测土配方施肥指标体系，对土壤肥力等级进行了划分。按照不同肥力单元划分施肥类型区，共确定了适宜不同地区的施肥系列配方 41 个，并根据不同作物提出了肥料科学施用技术与方法，实现了因土、因作物定量施肥。通过一系列技术集成创新使该项目应用效果达到了自治区领先水平。

11. 立项依据　国外发达国家在耕地管理与农业生产等方面基本实现了数字化，在农作物科学施肥方面也做到了精准化，“3S”技术在耕地质量建设和农业生产领域的应用比较广泛。相对国内在该领域的应用技术整体水平还有很大的差距。主要表现在没有建立起规范的耕地资源管理信息系统，耕地的数量和质量不清，农业生产水平较低，设施不配套，缺乏必要的人才队伍，管理手段落后，农田施肥技术发展不平衡，肥料的利用率和效应较低，施肥不当带来的环境问题日益增多。针对以上现状，农业部、财政部自 2005 年起，在全国实施了测土配方施肥补贴项目，主要目标是通过“3S”技术的应用，建立县域耕地资源管理信息系统，以加强对耕地质量的监控与管理；研发测土配方施肥技术，提高肥料利用率和施肥效应，实现耕地管理与施肥技术的数字化、精准化，逐步向数字化农业迈进。通过七年来的项目实施，不仅完成了各个旗市的县域耕地资源管理信息系统建立的基本任务，还构建了呼伦贝尔市级耕地资源管理信息系统，建立了全市测土配方施肥技术体系，成为全区首家建立地市级耕地资源管理信息系统的盟市，走在了全区的前列。

呼伦贝尔市的耕地多数为 20 世纪 70～90 年代开发的，农业开发不足百年历史，生产水平比较落

后。由于地广人稀，经济欠发达，耕地管理滞后于全国其他省区。虽然土壤潜在肥力较高，但由于气温冷凉影响土壤矿化度，供磷、供氮能力较差。近时期随着氮磷肥施用量的大幅度增加，使土壤的供肥能力和结构发生明显的变化，基本趋势是有机质为负累积，有效磷递增，全氮和碱解氮递减，速效钾大幅度下降。在此之前，农村普遍存在盲目施肥现象。生产上重氮磷，轻钾肥的施肥习惯是致使土壤磷素富集，氮、钾素损失较重，土壤供肥失衡的直接原因。由于缺乏对辖区内耕地资源的全面了解，导致测土配方施肥技术覆盖率低、推而不广。

自2005年起，在全市主要农业区实施了测土配方施肥项目。完成了采样地块基本情况和农户施肥情况调查，建立了呼伦贝尔市级耕地资源管理信息系统和规范的测土配方施肥数据库与施肥指标体系。基本摸清了全市耕地的数量与质量，掌握了施肥与作物产量构成因素的关系。建立了大豆、玉米、小麦等主栽作物的测土配方施肥技术模式，并研制了系列的施肥配方。集成了测土配方施肥分区图、施肥推荐表、农户施肥建议卡的测土配方施肥“三个一工程”的推广模式，形成了覆盖全市所有耕地的管理系统与农化服务体系，取得了良好的经济效益、社会效益和生态效益。

12. 核心技术

（1）建立了呼伦贝尔市耕地资源管理信息系统　应用卫星遥感技术（RS）、地理信息系统（GIS）和全球卫星定位系统（GPS）构建了全市耕地空间数据库，结合耕地农化样的定位采集与测试分析、耕地环境与农户施肥情况调查，首次建立了呼伦贝尔市耕地资源管理信息系统。该系统的建立，为土壤改良、耕地质量建设与管理、测土配方施肥技术推广等方面工作搭建了平台。

（2）集成了测土配方施肥分区图、施肥推荐表和农户施肥建议卡的“三个一工程”技术推广模式　以耕地资源管理信息系统为平台，通过测土配方施肥分区图、施肥推荐表、农户施肥建议卡测土配方施肥“三个一工程”模式的实施，整合集成了设备，优化了技术，强化了推广措施，实现了测土配方施肥的宏观调控与微观指导的有机结合。

（3）建立了施肥指标体系及施肥模式　采用多点分散田间试验方法，选用三元二次效应方程 $y=b_0+b_1N+b_2P+b_3K+b_4NP+b_5NK+b_6PK+b_7N^2+b_8P^2+b_9K^2$、二元二次效应方程 $y=b_0+b_1N+b_2P+b_3NP+b_4N^2+b_5P^2$、对数回归方程 $y=a+b\ln x$ 等模拟肥料效应，进行施肥量和农业技术经济评估，建立氮、磷、钾测土配方施肥模式，并应用“3S”技术建立测土配方施肥数据库和施肥专家系统，最终实现计算机指导施肥。

试验采用“3414”方案设计，即氮、磷、钾3个因素、4个水平、14个处理小区。播种前取0～20cm耕层农化样进行常规分析。在作物生长季节和成熟期取植株样进行植株分析和生理生化测定。应用数理统计学的最小二乘法原理配置效应方程式系数，并进行拟合性检验。通过效应方程聚类和土测值的判别分析，建立氮、磷、钾三元测土配方施肥模型。

根据系统聚类分析的原理，特征相似的方程归为一类，多点方程可分为若干类，由此建立类方程，用于分类指导施肥。大豆、玉米作物分别划分出4个类，由类方程建立N、P、K施肥量组合和目标产量（表9-1）。

每个类方程根据不同的耕地等级（低、中、高）确定施肥下限、中值和上限。地力等级的划分参照自治区标准DB15/T44—92执行。地力等级高，有利于肥效发挥，施肥可以选中值或上限，一般情况下选用施肥下限，以增加施肥的可靠性。

根据聚类分析结果，以土测值为判别要素，进行逐步判别分析，建立判别函数，用于类方程的选择，判别函数值最大者选择应用相对应的类方程指导施肥。

大豆作物判别函数：

Ⅰ类：$y=-96.575+22.581\,2x_1+0.307\,7x_2-1.030\,1x_3+0.227\,6x_4$

Ⅱ类：$y=-79.783\,7+20.235\,9x_1+0.298\,9x_2-1.002\,9x_3+0.182\,6x_4$

Ⅲ类：$y=-53.187+16.478\,3x_1+0.236\,1x_2-0.735x_3+0.156\,8x_4$

Ⅳ类：$y=-37.245\,7+13.219\,5x_1+0.123\,4x_2-0.056\,1x_3+0.213\,49x_4$

x_1：有机质；x_2：碱解氮；x_3：速效磷；x_4：速效钾。

$x_2=29.14$，$x_2^{0.05}=26.3$，$x_2>x_2^{0.05}$。

玉米作物判别函数：

Ⅰ类：$y=-22.447+10.1062x_1+0.0072x_2$

Ⅱ类：$y=-11.3774+7.3197x_1-0.058x_2$

Ⅲ类：$y=-10.4124+5.8559x_1+0.0857x_2$

Ⅳ类：$y=-21.3474+11.049x_1-0.2921x_2$

x_1：有机质；x_2：速效磷。

$x_2=18.92$，$x_2^{0.05}=15.51$，$x_2>x_2^{0.05}$。

表 9-1 氮磷钾三因素肥料效应类方程汇总

作物	类别	增产率（%）	回归效应类方程（以667m²为面积单位计算）	相关系数
大豆	Ⅰ	71.3	$Y=103.924+12.639N+6.025P+5.56K-0.119NP+0.348NK-0.238PK-1.232N^2-0.169P^2-0.674K^2$	0.966**
	Ⅱ	66.5	$Y=82.71+10.423N+6.089P+2.815K-2.999NP+0.153NK+0.0879PK-1.69N^2-0.313P^2-0.189K^2$	0.981**
	Ⅲ	105.7	$Y=76.86+15.473N+5.667P+5.633K-0.281NP+0.255NK+0.275PK-1.735N^2-0.379P^2-0.491K^2$	0.934**
	Ⅳ	107.5	$Y=78.18+15.888N+5.525P+7.578K-0.011NP+0.067NK-0.0205PK-1.554N^2-0.476P^2-0.481K^2$	0.998**
玉米	Ⅰ	34.34	$Y=303.29+21.034N+5.085P+10.025K-0.163NP+0.413NK-0.0025PK-1.966N^2-0.131P^2-0.9904K^2$	0.919**
	Ⅱ	48.54	$Y=292.85+20.735N+16.394P+6.479K-0.976NP+1.378NK+0.175PK-2.019N^2-0.91P^2-0.835K^2$	0.924**
	Ⅲ	61.8	$Y=203.397+7.511N+10.148P+11.54K+0.170NP+0.263NK+0.857PK-0.393N^2-1.293P^2-1.170K^2$	0.939**
	Ⅳ	94.1	$Y=174.08+21.553N+19.967P+11.828K-0.378NP+1.247NK-1.779PK-1.853N^2-0.649P^2-0.474K^2$	0.999**

（4）非试验地施肥量确定　通过相关模式的选择，土壤有效磷、全氮、碱解氮和速效钾与施肥量的相关函数式选用 $y=ax^b$ 乘幂函数拟合相关性显著（y 为施肥量，x 为土测值，a、b 为回归系数），由此建立的回归模式可以用于确定非试验地磷肥、氮肥和钾肥施用量。以相对产量（缺素区产量占全肥区产量的百分比）表达耕地土壤的供肥能力，并选用 $y=a+b\ln x$ 自然对数函数模拟土测值（x）与相对产量（y）的关系（a、b 为回归系数），达到了显著水平（各回归方程式均是以 666.7m² 为面积单位计算）。

①大豆作物施肥相关函数的建立。土壤有效磷与最佳施磷肥的相关函数式：

$y=13.317x^{-0.4874}$，$R=0.7598^{**}$

y 为最佳施磷肥量，x 为土壤有效磷，R 为相关系数。

土壤有效磷与相对产量的相关函数式：

$y=29.633\ln x-16.445$，$R=0.698^{**}$

y 为相对产量，x 为土壤有效磷，R 为相关系数。

②玉米作物施肥相关函数的建立。土壤全氮与最佳施氮量的相关函数式：

$y=5.0035x^{-0.4859}$，$R=0.6211^{**}$

y 为最佳施氮肥量，x 为土壤全氮，R 为相关系数。

土壤全氮与相对产量的相关函数式：

$y=44.031\ln x+51.036$，$R=0.8038^{**}$

y 为相对产量，x 为土壤全氮，R 为相关系数。

③小麦作物施肥相关函数的建立。土壤速效钾与最佳施钾肥的相关函数式：

$y=33.923x^{-0.5164}$，$R=0.8193^{**}$

y 为最佳施钾肥量，x 为土壤速效钾，R 为相关系数。

土壤速效钾与相对产量的相关函数式：

$y=38.618\ln x-128.04$，$R=0.725^{**}$

y 为相对产量，x 为土壤速效钾，R 为相关系数。

（5）建立了各种微量元素在高寒地区作物上施用的临界值　通过多点中微量元素田间肥效试验，建立了各种微量元素在高寒地区作物上施用的临界值，为有针对性地施用微量元素肥料提供了可靠的依据。

（6）建立了主栽作物系列的施肥配方　按照不同肥力单元划分施肥类型区，确定了适宜不同地区的施肥系列配方，并根据不同作物提出了肥料科学施用技术与方法，取得了显著的增产效果。

二、“呼伦贝尔市耕地地力评价与应用”项目

1、授奖种类　科技进步奖。

2. 奖励级别　省级。

3. 授奖等级　三等。

4. 颁奖部门　内蒙古自治区人民政府。

5. 获奖年度　2016 年。

6. 完成单位　呼伦贝尔市农业技术推广服务中心。

7. 主要完成人　崔文华，辛亚军，窦杰凤，平翠枝，苏都。

8. 实施年限　2005—2014 年。

9. 鉴定单位与时间　呼伦贝尔市科技局，呼科鉴字〔2014〕第 6001 号，2014 年 6 月 12 日。

10. 鉴定意见　该项目利用“3S”技术，通过耕地农化样品的采集与测试分析、田间肥效试验、耕地环境与农户生产施肥调查，获得了大量的耕地属性数据，使用微软的数据库管理系统进行处理分析，建立了耕地属性数据库。应用综合指数法对全市耕地地力进行了评价，对耕地的生产能力进行了等级划分；并分别进行了理化性状与面积分布统计分析，建立了呼伦贝尔市及各旗（市、区）的耕地地力分级图。同时运用区域地力综合指数法对每个行政区域的综合地力水平进行了量化，根据土壤污染评价方法和水质污染评价方法，对全市耕地环境质量做出了综合评价，形成了全市统一标准的地力等级成果，依据《全国耕地类型区、耕地地力等级划分》（NY/T309—1996）标准将结果归入全国耕地地力等级体系。

以全市大豆、玉米、小麦等七大主栽作物田间肥效试验数据为基础，通过汇总分析，建立了全市各项土壤肥力要素的丰缺指标体系，编辑出版了《呼伦贝尔市土壤与耕地地力图集》等系列专著，并广泛应用于农业生产实际中。为全市种植业区划、耕地的合理配置、土壤改良与培肥、农作物科学施肥、农田规划等项目的实施提供科学的依据和技术支撑。

该项目完成了地市级耕地地力评价工作，以地理信息系统、县域耕地资源管理信息系统为平台，通过卫星遥感照片的解译和土壤图等专业图件的矢量化，建立了耕地空间数据库。由耕地属性数据库和空间数据库的集成，建立的呼伦贝尔市耕地资源管理信息系统，达到了国内领先水平，对国内地级耕地地力评价汇总工作具有重要指导意义。该项成果经内蒙古科技查新中心查新：国内未见相同报道，具有新颖性。

11. 立项依据　呼伦贝尔市国土总面积达 25.3 万 km^2，其中耕地总面积达 188.18 万 hm^2，约占全区总耕地面积的 1/5，位于各盟市之首。同时具有分布范围广、气候与地形多样化等特征，给耕地的开发应用与管理带来诸多不便。

自 20 世纪 80 年代开展第二次土壤普查以来，全市 20 多年没有进行过全面的耕地地力调查。由于耕作和施肥方式的改变，特别是不同农户间的种植制度、肥料投入、产量等差异较大，导致耕地土壤地力和养分情况发生了很大变化。由于没有建立完善的耕地资源管理信息系统，缺乏对全市耕地地力现状的掌握，无法实现对全市耕地质量全程的实时、实地监控管理，迫切需要开展耕地地力调查与

质量评价，对全市耕地质量基础数据进行全面更新，以此指导农民科学施肥，实现节本增收、提质增效的目标。

自 2005 年起，农业部、财政部在全国实施了测土配方施肥补贴项目，主要目标是通过“3S”技术的应用，建立县域耕地资源管理信息系统，以加强对耕地质量的监控与管理，对县域内耕地地力进行评价。但地市级以上较大区域范围的耕地信息管理与评价工作处于空白状态。呼伦贝尔市成为全区首家建立地市级耕地资源管理信息系统并全面完成耕地地力评价的盟市，走在全区乃至全国的前列，总体技术达到了国内领先水平。

12. 核心技术

（1）全市耕地数据库的建立与评价方法　呼伦贝尔市耕地数据库与资源管理信息系统是以 ArcGIS 为支撑平台，利用 GPS、RS 获取动态信息，通过图层叠加等空间分析形成各类属性相对较一致的图斑，建立了全市耕地属性与空间数据库，对辖区内耕地利用、土壤环境、农业生产基本情况等资料进行统一管理。全市耕地资源管理信息系统主要包括属性数据库和空间数据库两方面的建设内容。

耕地属性数据库的建立。应用数据库管理系统和 Visual FoxPro、MicrosoftAccess、spss 的处理分析建立耕地属性数据库。属性数据的内容包括行政界线、湖泊、交通道路、土地利用现状等属性数据，土壤分析化验数据，采样地块基本情况和农户施肥情况调查数据等，数据表以 dBASE 的 dbf 格式保存（图 9-1）。

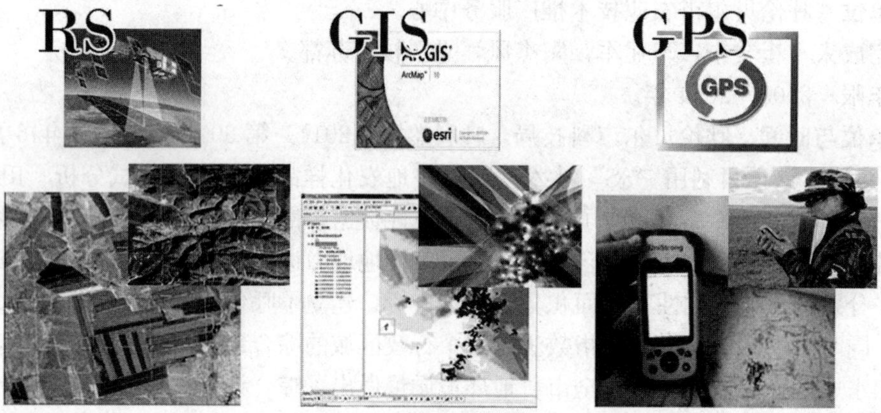

图 9-1　“3S”技术应用

耕地空间数据库的建立。空间数据库信息包括全市及各旗（市、区）行政区划图、土壤图、土地利用现状图、耕地坡度图等各类专业图件。首先应用 ArcGIS 地理信息系统完成图件矢量化，建立数字化的耕地空间数据库。对矢量化的专业图件进行坐标和投影转换，采取 1954 年北京大地坐标系、高斯—克吕格投影（Gauss-Krüger Projection）保存入库，形成标准完整的数字化图层。在 ArcGIS 下调入相应的属性库，完成库间的连接，并对属性字段进行相应的整理，使其标准化，建立完整的具有相应属性要素的数字化专业图件。

应用“耕地资源管理信息系统 V4.0”，对上述数字化图件进行管理和专题评价，建立了呼伦贝尔市耕地地力等级分区图等各类成果图件 235 幅（图 9-2）。

耕地地力评价方法。①评价指标的确定。选取土壤管理、剖面性状、立地条件、耕层养分 4 个项目的 15 个因素作为全市耕地地力的评价指标。由专家组对各评价指标与耕地地力的隶属度进行评估，确定对应的隶属指标，确定不同指标条件下的隶属度评估值，作为拟合函数的原始数据。②评价单元的划分。采用土壤图、土地利用现状图、行政区划图和坡度图叠加形成的图斑作为评价的基本单元，每个评价单元的行政区域、土壤类型、利用方式等相对比较一致。全市耕地共划分出 44 万个评价单元，最小评价单元面积为 0.1hm^2，具有很高的精确度。③评价过程。以县域耕地资源管理信息系统（CLRMIS4.0）为平台，通过评价指标因素评语和因素的组合权重计算，编辑并建立层次分析模型和隶属函数模型。隶属函数模型选择戒上型函数和概念型两种类型，其表达式分别为：

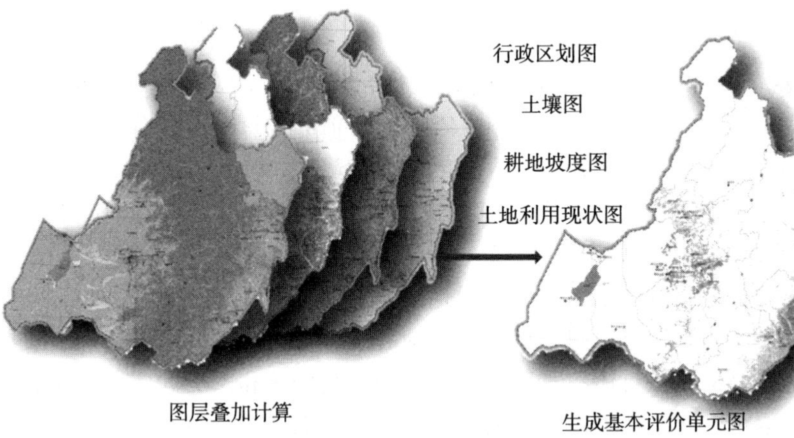

图 9-2 图层空间叠加分析生成耕地基本评价单元

戒上型函数：

$$Y_i=\begin{cases}0, & u_i\leqslant u_t\\ 1/\left[1+a_i\ (u_i-c_i)^2\right], & u_t<u_i<c_i,\ (i=1,\ 2,\ \cdots,\ n)\\ 1, & c_i\leqslant u_i\end{cases}$$

式中，Y_i 为第 i 个因素的评语；u_i 为样品观察值；c_i 为标准指标；a_i 为系数，u_t 为指标下限值。

概念型指标：如耕层质地、地形部位等，这类指标其性状是定性的、综合性的，与耕地的生产能力之间是一种非线性的关系。

以评价单元图为基础对全市耕地进行生产潜力评价，确定地力综合指数和分级方案（等距法），得出评价单元的地力等级。用加法模型计算耕地地力综合指数，公式为：

$$IFI=\sum F_i\times C_i\ (i=1,\ 2,\ 3,\ \cdots,\ m)$$

式中，*IFI*（*Integrated Fertility Index*）为耕地地力综合指数；F_i 为第 i 个因素评语（隶属度）；C_i 为第 i 个因素的组合权重。

（2）土壤肥力要素丰缺指标体系的建立 ①建立过程。首先针对具体的作物种类，在各种不同速效养分含量的土壤上进行施用氮、磷、钾肥料的全肥区和缺素区的作物产量对比试验；根据试验结果计算出缺素区作物产量占全肥区作物产量的百分比，称为相对产量；以《农业部配方施肥技术要点》为依据，把相对产量划分为≤50%、50%～70%、70%～85%、85%～95%、>95%5 个等级，对应的丰缺指标分别为极低、低、中、高、极高；将各试验点的土壤养分含量测定值依据上述标准分组，确定养分含量丰缺指标。②中微量元素临界值的研究。根据田间试验示范结果和农业生产实际，研发并建立了全市耕地土壤中微量元素的有效施用临界值和必须施用临界值。以相对产量 95%对应的丰缺指标值为有效施用临界值。当土壤中微量元素含量高于有效施用临界值时，施用微肥作物增产效果不明显，施用不当还会引起中毒；以相对产量 70%对应的丰缺指标值为必须施用临界值。当土壤中的中微量元素含量低于必须施用临界值时，作物会出现较明显的缺素症状。因此在制定施肥方案时，必须考虑配施中微量元素肥料。

（3）耕地和人工牧草地土壤属性分析 ①养分现状分析。以全市 7.8 万个土壤农化样品的 107 万项次测试分析数据为基础，经过 Kriging 空间插值等一系列的科学分析，计算出各种养分的加权平均值。结果表明：全市耕地和人工牧草地土壤呈微酸性，除有效钼为低水平外，其余大中微量元素均达到中等或中等以上水平。②耕地土壤养分动态变化。随着农业生产的发展及施肥、耕作经营管理水平的变化，耕地土壤有机质及大量元素含量也随之变化。与 1981—1987 年全国第二次土壤普查时的耕层养分测定结果相比，全市耕地土壤有机质、全氮、碱解氮、速效钾含量平均值有所下降，有效磷平均含量显著提高。有机质由 61.48g/kg 下降到 59.22g/kg，下降了 3.68%；全氮由 3.101g/kg 降低到 2.918g/kg，下降了 5.91%；碱解氮由 270.9mg/kg 下降到 246.6mg/kg，下降了 8.96%；速效钾由 252mg/kg 下降到 204mg/kg，下降了 19.02%；有效磷则由 12.3mg/kg 增加到 23.0mg/kg，提高了 86.75%。

(4) 全市耕地地力评价

①面积统计与区域分布。呼伦贝尔市耕地面积 1 881 898.9hm²，人工牧草地面积 190 501.8hm²，按照地力等级的划分指标，通过对 441 006 个评价单元 *IFI* 值的计算，对照分级标准，将全市耕地划分出 7 个等级。全市耕地和人工牧草地均以三、四级地面积最大，为 1 083 846.7hm²，占耕地和人工牧草地总面积的 52.30%。一、二级地面积 672 604.8hm²，占总面积的 32.45%。五、六、七级地面积 315 949.3hm²，占总面积的 15.25%。

一、二级地主要集中在额尔古纳市境内、莫力达瓦达斡尔族自治旗北部和鄂伦春自治旗东部。主要土壤为黑钙土、黑土和暗色草甸土，其土层深厚，地势平坦，土壤养分含量高；三、四级地主要分布在岭东地区的莫力达瓦达斡尔族自治旗和阿荣旗，土壤以暗棕壤和黑土为主，土层较厚，土壤养分含量中等；五、六、七级地除额尔古纳市、根河市、牙克石市以外的其他旗（市、区）均有分布。土壤类型以暗棕壤、栗钙土和黑土为主，土壤瘠薄，条件较差，耕作比较困难。

②归入农业部地力等级体系。按农业部《全国耕地类型区、耕地地力等级划分》标准（NY/T309—1996），将本次评价结果归入农业部地力等级体系，归并结果见表 9-2。

表 9-2 归并结果统计（hm²）

农业部标准 市地力等级	四等地 一级地	五等地 二级地	六等地 三级地	七等地 四级地	八等地 五级地	九等地 六级地	十等地 七级地
生产能力（kg/hm²）	9 000～10 500	7 500～9 000	6 000～7 500	4 500～6 000	3 000～4 500	1 500～3 000	≤1 500
耕地	234 239.09	392 930.94	545 070.10	454 067.49	193 533.64	52 051.78	10 005.91
人工牧草地	14 090.10	31 344.63	48 211.54	36 497.57	21 003.42	7 715.46	31 639.12
合计	248 329.19	424 275.56	593 281.64	490 565.06	214 537.06	59 767.23	41 645.02

(5) 耕地地力区域性综合评价　耕地地力区域性综合评价是运用区域地力综合指数法确定某一行政区域内的耕地地力综合水平的评价方法。通过评价对每个行政区域的综合地力水平进行了量化，实现不同行政区域间耕地地力综合生产能力的对比，确定各行政区域综合地力水平的差别，为区域农林牧规划和种植业布局提供科学依据。

①评价方法。为了量化区域地力水平，将各地力等级赋予 0.1～1 之间的数值，并以面积为权重，计算出区域地力综合指数。具体计算方法如下：

等级系数。采用等距法对各地力等级赋值，等级差为 0.15。各地力等级从一级地至七级地分别对应的等级系数（*GR*）为 1，0.85，0.7，0.55，0.4，0.25，0.1。

等级指数。等级指数（*GI*）=等级系数（*GR*）×地力等级面积/耕地总面积

区域地力综合指数。$RI=\sum GI_i$（$i=1, 2, 3, \cdots, 7$）

式中，*RI* 为区域地力综合指数；GI_i 为第 i 个地力等级的等级指数。

区域地力水平。用区域地力综合指数的大小代表区域地力水平的高低，指数越大表明该区域地力水平越高。区域地力综合指数>0.7，区域地力水平较高；区域地力综合指数 0.55～0.7，区域地力水平中等；区域地力综合指数≤0.55，区域地力水平较低。

②评价结果。评价结果表明，在 13 个旗（市、区）中，额尔古纳市区域地力水平最高，新巴尔虎右旗区域地力水平最低。各旗（市、区）区域地力水平排序为：额尔古纳市>陈巴尔虎旗>牙克石市>鄂伦春自治旗>莫力达瓦达斡尔族自治旗>扎兰屯市>根河市>满洲里市>新巴尔虎左旗>阿荣旗>鄂温克族自治旗>海拉尔区>新巴尔虎右旗。

(6) 耕地环境质量评价　①耕地环境质量评价方法。耕地土壤及农田灌溉水污染评价以《土壤环境质量标准》(GB15618－1995)、《农田灌溉水质标准》(GB5084－2005) 等要求为依据，采用单因子污染指数法和尼梅罗综合污染指数法，分别选择土壤和水质二者环境要素中多因子综合污染指数的最低级别，并以该级别标准计算水、土环境要素综合指数，根据综合污染指数大小，对污染程度进行

分级。②耕地环境质量评价。根据土壤和灌溉水资源的评价结果，分别计算岭东地区和岭西地区水、土综合指数。综合评价结果表明：岭东地区水土综合指数为0.55，岭西地区水土综合指数为0.46，均小于0.7，按规程规定的污染类划分，耕地土壤单项因素和综合因素评价均为非污染，综合环境质量状况属于清洁水平。

（7）开展了地市级耕地地力专题研究，集成了土壤培肥改良与利用配套技术 结合耕地地力评价结果，将全市耕地按《全国各耕地类型区高中低产田粮食单产指标参照表》划分为高产田和中低产田，根据不同耕地的立地条件、土壤属性、土壤养分状况和农田基础设施建设，制定了切实可行的耕地土壤改良利用方案（图9-3）。

图9-3 《呼伦贝尔市耕地地力与科学施肥》系列专著

（8）编辑出版了地市级的耕地地力与科学施肥系列专著 为了加快技术成果的推广应用进程，项目组成立了编辑委员会，编撰出版了《呼伦贝尔市耕地地力与科学施肥》等6部专著，是呼伦贝尔市耕地地力评价与应用项目所取得的主要技术成果之一，对农牧林各业科研、教学及技术部门具有很高的指导作用，同时对促进科技成果转化也具有重要意义。

三、"呼伦贝尔市主要作物降水利用率和旱作节水技术研究与应用"项目

1. 授奖种类 科技进步奖。

2. 奖励级别 省级。

3. 授奖等级 三等。

4. 颁奖部门 内蒙古自治区人民政府。

5. 获奖年度 2018年。

6. 完成单位 呼伦贝尔市农业技术推广服务中心。

7. 主要完成人 崔文华，苏都，焦玉光，张连云，王敏。

8. 实施年限 2000—2017年。

9. 鉴定单位与时间 呼伦贝尔市科技局，呼科鉴字〔2017〕第13号，2017年7月4日。

10. 鉴定意见 鉴定委员会审阅了项目单位的相关材料，听取了工作汇报，经质疑、答辩，形成如下鉴定意见：

①提交的材料齐全，内容翔实，符合鉴定要求。

②本项目针对呼伦贝尔市旱作农业生产区水资源利用率低的现实，自2000年起，开展了以提高旱作农业水资源利用率为主要内容的研究课题。建立了项目区不同作物的降水生产潜力模型，摸清了该区域降水利用率情况及生产潜力，研发了以农艺、农机等综合技术集成的旱作节水技术模式，并进行了大面积推广应用。

③本项目主要创新点：

a. 开展了呼伦贝尔市主要作物降水利用率与生产潜力的研究，摸清了作物降水利用率指标，并建立了主要作物降水生产潜力模型。

b. 建立了呼伦贝尔市农业投入要素与粮食产量的多元非线性相关数学模型，并对农业投入要素

贡献情况进行了综合评价。

c. 通过多年多点分散田间试验，掌握了不同的农机和农艺等措施下 1m 土体深度的耕地土壤水分演变规律。

d. 以 ArcGis 地理信息系统为平台，实现区域墒情监测数据可视化，制定了全市土壤墒情与旱情等级指标体系。

e. 通过多年的试验研究和生产示范验证，制定了大兴安岭丘陵区旱作节水技术模式。

④2014—2016 年累计推广应用旱作综合节水技术面积 216.3 万 hm^2，新增总产 128.12 万 t、总经济效益 104 447.8 万元，取得了显著的经济效益和社会效益。

建议：加大宣传培训力度，促进成果转化与应用，进一步开展旱作节水技术与生态农业、绿色农业的相关研究。

11. 立项依据 呼伦贝尔市现有耕地 177.3 余万 hm^2，旱耕地面积占总耕地面积 90%以上。由于该地区降水不足、农田基础设施落后，产量水平低而不稳，多年来，始终没能摆脱"雨养农业"、"靠天吃饭"的被动局面。自 2000 年起，结合国家旱作农业示范基地等建设项目的实施，在全市开展了以水分高效利用为核心的研究课题。项目的开展是以试验研究为主线，采用试验、示范、推广相结合的方式进行。主要分为调查与试验研究、示范验证与模式研发、技术成果推广应用 3 个阶段。历时 18 年，调查分析了 1978—2014 年共 37 年的气象、粮食产量和生产投入要素之间的相关联系，开展了不同农业生产条件下降水利用率的试验研究，建立了不同作物降水生产潜力模型，摸清了该区域降水利用率情况及生产潜力。建立了农业投入要素与粮食产量的多元非线性相关数学模型，并对农业投入要素贡献情况进行了综合评价。研发了以农艺、农机、平衡施肥为核心的旱作节水技术模式，并进行了大面积推广应用。

12. 核心技术 自 2000 年起，结合国家旱作农业示范基地建设项目的实施，开展了以水分高效利用为核心的研究课题。项目的开展是以试验研究为主线，采用试验、示范、推广相结合的方式进行的。主要分为调查与试验研究、示范验证与模式研发、成果推广应用 3 个阶段。①调查与试验研究。收集整理了 1978 年至 2014 年共 37 年的粮食产量、自然降水等 11 项农业投入要素的数据资料，结合多年来的田间试验结果进行了统计分析，建立了相关数学模型，对降水利用率等参数进行了计算。②降水生产潜力模型的建立。对历年来的自然降水与粮食产量进行了相关分析，并选用一元二次方程 $y=a+bx+cx^2$（y 为粮食单产，x 为降水量，a、b 为回归系数）数学模型进行模拟，分别以当地大豆、玉米、小麦和马铃薯等主栽作物建立了生育期和全年降水相关数学模型，相关性均达到了极显著水平，由此模型分别进行了满足作物生长的最大降水量（mm）、实际降水量、降水生产潜力（kg/hm^2）、降水利用率 [kg/（mm·hm^2）]、实际产量与理论产量吻合度等指标计算，确定各旗市及不同作物自然降水亏缺值和干旱等级，为农业生产田间管理上科学补灌水提供了科学依据。③农业投入与产出相关模型的建立。根据资料的完整性，筛选出了可查的并具有连续多年的 11 项投入要素数据资料参加统计分析，分别为：农业总投入、化肥、有机肥、农药、良种、农田基本建设、农业科技、农业机械、农业科技推广体系、农业专业技术人员和播种面积 11 个项目，由投入要素与粮食产量（总产或亩产）选用 $y=b_0+b_1x_1+b_2x_2+\cdots\cdots+b_ix_i$ 多元非线性回归方程式进行统计分析（y 为粮食产量，$x_1\cdots\cdots x_i$ 为投入要素，$b_1\cdots\cdots b_i$ 为回归系数），通过逐步回归分析，剔除 4 项相关性不显著的投入要素，由 8 项相关显著的投入要素与粮食产量建立了多元非线性回归方程，其中，化肥、良种、科技投入、播种面积 4 个方面对粮食产量的贡献显著，而其他要素不明显。由此多元非线性回归方程，在投入要素水平确定以后可以预测粮食产量，合理改善不利的投入要素即可明显提高粮食产量。④研发了以农艺、农机、平衡施肥为核心的旱作节水技术模式，并在生产上进行了大面积推广应用。

四、"优化配方施肥技术"项目

1. 授奖种类 内蒙古自治区星火科技奖。

2. 奖励级别 省级。

3. 授奖等级 三等。

4. 颁奖部门 内蒙古自治区人民政府。

5. 获奖年度 1994 年。

6. 完成单位 呼伦贝尔盟土壤肥料工作站，扎兰屯市农业技术推广中心，阿荣旗农业技术推广中心，莫力达瓦达斡尔族自治旗农业技术推广中心，牙克石市农业技术推广中心。

7. 主要完成人 崔文华，卢亚东，裴殿阁，李秀芬，韩虹。

8. 实施年限 1988—1993 年。

9. 鉴定单位与时间 内蒙古呼伦贝尔盟科学技术委员会，编号（91）呼科鉴字 17 号，1991 年 9 月 4 日。

10. 鉴定意见 主题符合呼伦贝尔盟农业发展的需要，试验设计严密，技术手段先进，技术资料齐全，数据准确，结论可靠。

在试验研究的基础上，经 1988—1991 年的推广，全盟配方施肥面积由 7.5 万 hm^2 增加到 24.2 万 hm^2，由 2 个作物发展到 5 个作物，覆盖率由 19.78%，扩大到 63.59%；4 年平均公顷产 3 170.8kg，比农民习惯施肥田公顷增产 486.15kg，增产率为 18.11%；平均公顷纯增收 268.5 元。技术开发工作中，通过对呼伦贝尔盟不同土壤的各种微量元素临界值试验和不同元素残留量对土壤中主要营养元素含量变化参数的研究，提出了轮作周期配方施肥技术和增施锌、钼肥的建议，为农田施肥技术定量化提供了科学依据，取得了显著的经济和社会效益。鉴定委员会一致认为：呼伦贝尔盟土肥站主持开发的优化配方施肥技术，从方法、研究手段到经济、技术效果均位于全区领先地位，达国家先进水平，不仅在呼伦贝尔盟具有广阔的推广前景，可以在区内外同类地区推广应用。同意通过验收鉴定。

11. 立项依据 呼伦贝尔盟优化配方施肥技术研究开始于 1985 年，当时针对农业上普遍存在的耕地 N、P、K 比例失调，肥力下降，中低产田较多，施肥落后等问题提出来的。首先在岭东的扎兰屯市、阿荣旗和莫力达瓦达斡尔族自治旗的大豆、玉米作物上进行小区试验、示范，之后陆续开展了小麦、水稻等作物，并扩展到岭北小麦产区。同时进行了化验室和计算设备的配方施肥技术咨询、服务和推广体系建设，形成了比较完善的技术开发推广应用体系。1988 年开始在全盟组织大面积推广，应用面积由 1986 年的 1.11 万 hm^2，发展到 1988 年的 7.52 万 hm^2，到 1993 达到了 31.03 万 hm^2，应用范围扩大到四个主要农业旗市，并辐射全盟种植业区。

由于优化配方施肥采用先进的技术和现代化的研究手段，使施肥实现定量、半定量化，做到了用地养地相结合，产量、效益兼顾，并以有效的组织措施，实现大面积推广应用，取得了巨大的经济效益和社会效益，具有广阔的推广应用前景。

12. 核心技术 优化配方施肥技术的创造点在于施肥技术和方法上有了重大突破，使施肥由定性上升为定量化阶段，首次实现了产前确定施肥配方，改变了生产上长期以来施肥凭经验的习惯，普遍提高了广大农民科学施肥技术水平，提高了施肥效应和肥料利用率。

（1）优化配方施肥方案的制定 采用联合国粮农组织（FAO）推荐的多点分散田间试验方法，试验点分散在不同肥力水平的土壤上。

播前取耕层 0～20cm 混合土样进行常规分析，分析方法和项目为：有机质—重铬酸钾氧化法；碱解氮—氢氧化钠碱解扩散吸收法；速效磷—碳酸氢钠浸提、OLSON 法；速效钾—醋酸铵浸提、火焰光度计法。

应用数理统计学的最小二乘法原理配置各方程式系数，并进行拟合性检验。相关系数 R 值的显著性测定。

①肥料效应方程式的配置。在施用两种肥料的情况下，作物是受两种肥料及交互的共同影响，对应的效应方程式是二元的，因此选用简化的二元二次方程式，包括交互项，方程式为：

$$y = b_0 + b_1 x + b_2 z + b_3 xz + b_4 x^2 + b_5 z^2$$

式中，y 为产量因素；x 为氮肥因素；z 为磷肥因素；b_0、b_1……b_5 为回归系数。

每个试验点，根据边际产值等边际成本原理，求算最高产量施肥量，以及最佳 N/P，相对产量等参数。

②年际效应R检验，T测验。由于多年试验是在不同的气候条件下进行的，对作物产量会有直接影响，所以对几年的试验结果分别进行了R值检验，将最佳N、P施肥量和最佳产量进行线性回归，对几年的R值进行T测验，T测验公式为：

$$F=(Z_2-Z_1)/(S_{Z2}-S_{Z1})$$

通过T测验结果，各年间的气候影响都不显著，几年的试验结果可作为一个总体进行统一分析。

③相关分析。以前在研究合理施肥方法时，直接引用试验结果，而客观生产实际的情况千变万化，土壤肥力差异很大，这种方法施肥一定造成施肥的盲目性，出现施肥的不合理性，而应用效应函数法配方施肥是通过土壤测试，把试验结果引用生产中，并实现因不同作物，不同肥力土壤定量施肥，在应用试验结论之前，要对土壤测定值与施肥量进行相关研究，选用相关性强的测试方法和拟合性好的数学模型，国内外研究证明，应用 $y=ae^{bx}$ 指数方程对土测值与最佳施肥量进行回归，拟合性很好（y 为最佳施肥量，x 为土测值，a、b 为回归系数）。同样用该模式对土测值与最佳氮磷比进行回归分析，相关性很强，用自然对数方程式 $y=a+b\ln x$ 对土测值与相对产量进行回归分析（y 为相对产量，x 为土测值。a、b 为回归系数），拟合性达到了显著水平，这就为测土定量施肥奠定了可靠的数学基础。

a. 土测磷值与最佳施磷量相关分析。通过全盟的配方施肥作物共1 035个试验点，分别进行土测值（mg/kg）与最佳施磷量的相关分析，遵循 $y=ae^{bx}$ 自然指数规律，达到了极显著标准，呈明显的负相关，即随土测值的升高施肥量而减少的趋势，证明采用Olsen法测定土壤速磷指标比较可靠，可作指导施磷定量指标。

b. 土壤碱解氮与最佳施氮量的相关分析。通过全盟各试验点的土壤碱解氮与最佳施氮量应用，$y=ae^{bx}$ 模式回归分析拟合性不强，达不到显著标准，即：土壤中碱解氮含量与施氮量多少无明显的相关联系，所以应用扩散吸收法不稳定，加之土壤中碱解氮含量变化很大，不能作为施氮量的定量指标，仅能作为参考值，氮的施用量是根据土测磷值，最佳氮磷比，确定最佳施磷量前提下而定量。

④土壤供肥丰缺指标的确定。为了确定土壤供肥水平，以缺肥区产量占全肥区产量的百分数，即相对产量划分土壤供肥丰缺指标。

相对产量=（缺素区产量/全肥区产量）×100

常以施磷肥为零时的相对产量划分土壤供磷肥力指标，作为指导施肥主要参数，根据农业部关于配方施肥技术要点的标准，丰缺指标划分为极缺、缺、中、丰、极丰五级，其相对产量丰缺范围分别为≤50%、50%～70%、70%～85%、85%～95%、>95%。应用数学模式 $y=a+b\ln x$ 使土测磷与相对产量建立联系，通过相关分析，各作物均达到显著水平，y 为相对产量（%），x 为土测值（P_2O_5，mg/kg），R均为正值，证明相对产量是随着土测磷的升高而以自然对数递增的变化规律，因此，可以确定不同土壤供磷能力指标和配方施肥推荐表。

⑤建立不同作物推荐表（表9-3）。

（2）方案的实施与目标的确定

①划分配方施肥区。由乡镇农技员及村、组领导或有经验的农民，把土壤肥力基本一致的农田划分为一个配方区，作为指导施肥的单元，按其土壤肥力水平对照配方施肥推荐表的肥力档次，拟定配方区的施肥方案。

②开方确定施肥量时应注意的问题。根据有机肥施用种类、数量及当季释放效果，从推荐施肥中扣除；田块前茬好的，施肥量应少一些，反之则高些；田块历年连续施用有机肥和磷肥的，施用量可取低一些，否则可高一些；土壤开垦年限长的可高些，新开荒的可适当减量；管理措施先进的可高些，耕作粗放可低一些；开方时，应参考土壤其他测试指标，如有机质、碱解氮等以便确切地确定施氮量。以上各因素应综合分析，在丰缺指标范围内确定施肥量，以充分发挥配方施肥优势，使施肥建议有的放矢，行之有效。

表 9-3 氮磷钾三因素肥料效应类方程汇总

作物	施肥量	极缺级	缺肥级			中肥级			高肥级			极高级
			1	2	3	1	2	3	1	2	3	
大豆	有效磷（mg/kg）	<4	4～7	8～11	12～15	16～19	20～23	24～25	26～32	33～39	40～45	>45
	亩施氮量（kg）	2.5	2.4	2.2	2	1.8	1.6	1.5	1.4	1.2	1	0.8
	亩施 P_2O_5 量（kg）	11.3	9.9	6.6	4.4	2.9	1.9	1.4	1	0.6	0.2	不施
玉米	有效磷（mg/kg）	<2	3～5	6～8	—	9～11	12～16	17～20	21～27	28～36	37～43	>43
	亩施氮量（kg）	4.02	4.03	4.05	—	4.1	4.11	4.12	4.13	4.18	4.21	4.21
	亩施 P_2O_5 量（kg）	8.99	8.06	7.5	—	6.48	5.41	4.67	3.62	2.61	2.02	2.02
小麦	有效磷（mg/kg）	<2	3～5	6～8	—	9～11	12～15	16～19	20～26	27～33	34～40	>40
	亩施氮量（kg）	2.4	2.4	2.4	—	2.4	2.3	2.3	2.3	2.2	2.2	2.2
	亩施 P_2O_5 量（kg）	7.25	6.45	5.81	—	5.2	4.49	3.87	2.99	2.31	1.78	1.5
水稻	有效磷（mg/kg）	<3	4～6	7～9	—	10～12	13～17	—	18～22	22～27	28～32	>32
	亩施氮量（kg）	4.3	4	3.8	—	3.7	3.4	—	2.8	2.3	2	1.5
	亩施 P_2O_5 量（kg）	7.62	6.47	5.48	—	4.65	3.9	—	2.9	2.4	2	1.4

③轮作周期配方施肥的技术探索。在以前的农业生产条件下，虽然没有形成一个固定的轮作制度，为了避免大豆重迎茬，提倡因地制宜地多种方式轮作，建立玉米、大豆为主栽作物的四年轮作制。具体为玉米—大豆—玉米—小麦；大豆—小麦—玉米—其他作物；小麦—大豆—玉米—小麦。

a. 有机肥施用量的确定。根据有机—无机定位试验结果，初步确定了公顷施有机肥料 19.5t，可以协调耕层土壤有机质的分解与积累的动态平衡，从而建立了有机肥料 2～3 年轮施一次，玉米公顷施 45t，大豆公顷施 30t 的轮施制，通过施肥等效当量换算 2t 优质农家肥相当于 1.35kg N 素和 1.25kg P_2O_5 素，作为开方时参考，其换算有机肥用量的参数如下：

按 20cm 耕层分析取土，每公顷耕层土壤重 225 万 kg。

求土壤中有机质数量，按平均含量 30g/kg 计算：225 万 kg×0.03＝67 500kg。

求自然土壤每年分解有机质数量，分解率 3%计算：67 500×0.03＝2 025kg。每年每公顷分解有机质 2 025kg 要求有机质归还，保持养分平衡，按腐殖化系数 0.3 计算：

2 025÷0.3＝6 750kg（干物质）加 50%水分为 13 500kg（鲜物），粪土比 1∶3 计算公顷归还有机肥为 40 500kg 左右。

b. 微量元素的配合。通过几年工作，开展了微肥的研究及微量元素临界值的相关校正。

微量元素锌的配合：首先根据作物缺素症状确定是否施用微量元素及施用量。玉米缺素症状表现为“白化苗”，后期玉米棒子突尖。以此症状为依据配合施用锌肥，几年的生产实践收到良好的效果，因此，开方时，增加了锌肥应用技术。

钼肥的配合：通过大田对比试验，岭东农区大豆作物对钼肥非常敏感，在肥料的配方中，又增加了大豆作物的钼肥拌种内容。

c. 钾肥的施用。由于作物产量水平不断提高，钾的增产作用逐渐表现出来。根据研究结果：全盟有 63%的耕地施用钾肥增产效果显著，并与土壤碱解氮、速效磷的含量有关。因此通过钾肥效应判别函数确定是否施用钾肥，并根据施肥量与土壤 N/K 比的关系式计算施肥量。

钾的肥效判别函数为：

大豆：$y=19.79+0.0579x_1-0.0918x_2$

y：增产率（%），x_1：碱解氮，x_2：速效钾

玉米：$y=19.79+0.0579x_1-0.0787x_2$

y：增产率（%），x_1：碱解氮，x_2：速效钾

小麦：$y=1.076+3.204x_1-0.1235x_2$

y：增产率（%），x_1：速效磷，x_2：速效钾

通过判别，如增产率 $y>5\%$，则应配施钾肥，施用量可根据土壤 N/K 比与最佳施钾量 y 的相关式 $y=a+b\ln x$ 求得，归纳整理结果见表 9-4。

表 9-4 施钾肥便查表（kg/hm^2）

N/K 值	大豆施 K_2O	玉米施 K_2O	小麦 K_2O
<0.5	14.40	23.85	21.90
0.5～1.0	47.85	50.40	55.35
1.0～2.0	67.35	65.85	66.30
2.0～3.0	91.95	85.35	79.95
3.0～4.0	125.25	111.75	98.55
>4.0	149.10	118.65	103.35

五、“呼伦贝尔盟岭东地区玉米配方施肥技术大面积推广应用”项目

1. 授奖种类 科技进步奖。

2. 奖励级别 厅级。

3. 授奖等级 二等。

4. 颁奖部门 内蒙古自治区农业厅。

5. 获奖年度 1995 年。

6. 完成单位 呼伦贝尔盟土壤肥料工作站，莫力达瓦达斡尔族自治旗农业技术推广中心，阿荣旗农业技术推广中心，扎兰屯市农业技术推广中心。

7. 主要完成人 崔文华，赵玉荣，宋凤娟，裴殿阁，卢亚东，范丽萍，韩虹。

8. 实施年限 1992—1994 年。

9. 鉴定单位与时间 内蒙古呼伦贝尔盟科学技术委员会，呼科鉴字〔1995〕第 30 号，1995 年 9 月 20 日。

10. 鉴定意见 立题符合呼伦贝尔盟发展玉米生产需要，推广方案合理，技术先进，数据准确，结论可靠，技术资料齐全。

该项目在原来氮磷施肥方法的基础上开发钾肥、微肥和植物生长素的施用技术，并提出了以土壤基础产量作为划分肥力等级标准，确定了多种养分的平衡施肥方案，改变了以往的以磷素确定肥力水平的片面性。

该项目自 1992 至 1994 年在岭东地区累计推广 20.6 万 hm^2，平均公顷产达到了 6 334.5kg，比农民习惯施肥公顷增产 723kg，增产率为 12.88%，总增产粮食 14 898.6 万 kg，总纯增收入12 686万元，取得了重大的经济效益、社会效益和生态效益，此项技术推广在同类推广项目中达到区内先进水平。同意通过验收。

11. 立项依据 由于呼伦贝尔盟岭东地区种植业结构不够合理，大豆播种面积占 80%以上，重迎茬现象严重，根据《呼伦贝尔盟农业种植业区划》合理的种植结构是减豆增粮，提高玉米播种面积，随玉米商品价值的提高种植面积可达 13 万～17 万 hm^2。因此，玉米配方施肥技术推广前景很可观，增产潜力很大。如实现此目标，按公顷增产玉米 720kg、公顷纯增收 600 元计算，仅配方施肥一项每年就可以提高粮食产量 0.96 亿～1.2 亿 kg，总纯增收益可达 0.8 亿～1.0 亿元。

12. 核心技术

①建立了以土壤基础产量为指标的土壤肥力分类方法。首先由相对产量（空白田产量占施肥最高产量）与基础产量的相关性建立了函数式 $y=8.82+4.46x$（x：相对产量，y：基础产量），根据该式以相对产量≤25%、25%～50%、50%～75%、75%～95%和>95%划分土壤肥力为极低、低、中等、高和极高五级（以土壤的基础产量数值表示）。

②根据土壤基础产量与土测值的相关性，通过逐步回归的方法，由相关显著的土测值速效磷（X_1）、碱解氮（X_2）与土壤基础产量值建立 $Y=-165.29+13.935X_1+0.9908X_2$ 非线性回归方程式，实现了通过土壤测试而确定肥力等级的目的。

③在不同肥力等级的地块上布置 N、P、K 小区试验，并建立相应的效应函数，由归并的类方程计算施肥量，用以指导施肥，达到分类定量施肥的目的。

④开展了玉米钾肥应用技术的研究，并提出了合理的施肥量，填补了该方面的空白。

⑤对呼伦贝尔盟岭东地区的 N、P、K 肥效以及相关的因素进行了系统研究。

⑥增加了微肥的施用技术内容。

⑦推广面积有了重大突破，在同类作物达总播面积的 94%以上，基本实现了配方施肥技术全面覆盖，同时取得了重大的经济效益。

六、"呼伦贝尔盟岭西高寒地区小麦配方施肥技术研究与应用"项目

1. 授奖种类 科技进步奖。

2. 奖励级别 厅级。

3. 授奖等级 二等。

4. 颁奖部门 内蒙古自治区农业厅。

5. 获奖年度 1996 年。

6. 完成单位 呼伦贝尔盟土壤肥料工作站，牙克石市农业技术推广中心，额尔古纳市农业技术推广站。

7. 主要完成人 崔文华，王启明，范玉昌，李建成，郭建靖，肇桂超，李学友。

8. 实施年限 1992—1995 年。

9. 鉴定单位与时间 内蒙古呼伦贝尔盟科学技术委员会，呼科鉴字〔1995〕第 31 号，1995 年 9 月 20 日。

10. 鉴定意见 立题符合呼伦贝尔盟岭西小麦生产需要，推广方案合理，技术先进，数据准确，结论可靠，技术资料齐全。

该项目针对岭西小麦生产中急需解决的技术问题，采用分期、分层和深施化肥技术，结合秸秆还田，有效地提高了肥料利用率，并在生产中进行秸秆还田分解速率试验，长期定位试验，为探讨合理轮作周期和秸秆还田技术提供了科学依据。

该项目自 1992 年至 1994 年在岭西地区累计推广 18 万 hm^2，平均公顷产为 3 627kg，比习惯施肥公顷增产 493.5kg，增产 15.75%，总增产 8 849.01 万 kg，纯增收入 9 482.6 万元，取得了重大经济效益、社会效益和生态效益。此项技术推广在同类推广项目中达到区内先进水平。

11. 立项依据 西方农业发达国家的配方施肥（平衡施肥）是 20 世纪 30～50 年代随石油化肥工业而发展起来的。由于计算机和土壤测试手段的进步，使施肥定量变为现实。根据粮农组织（FAO）的资料介绍，西欧农业发达国家在 60～70 年代施肥就实现了定量化，并应用了计算机指导施肥，已根据作物和土壤条件开始生产应用作物专用肥。

我国配方施肥是 80 年代初发展起来的，针对国内农业的发展，施肥水平的不断提高，肥料浪费、肥效下降而表现出来的问题，先由广东省首先进行的肥效和同量试验，之后全国各省开展了不同形式的试验研究，并在生产中推广应用取得了巨大的经济和社会效果。在方法上形成三大体系，共 6 种代表性的方法，其中效应函数法是最先进的，与传统的农民习惯施肥相比增产效果在 8%～25%，公顷增产粮食 300～1 200kg，公顷纯增收益 225～600 元。其中 1995 年全国推广配方施肥达 0.47 亿 hm^2，增产粮食近 300 亿 kg，纯增收益近 200 亿元。

12. 核心技术 小麦配方施肥技术关键在于能够根据土壤肥力，作物需肥规律确定最佳施肥量，并于播前提出施肥配方，使农民能够按方施肥。

①开方定肥。把地势、肥力水平相近的地块划分为一个配方区，在配方区内取农化分析土样进行常规分析，参照岭西小麦配方施肥总量推荐表确定最佳施肥量。

②结合播种一次性的种肥施入。如公顷推荐总量大于 90kg 时（纯量），因播种口难以下播，可分出 1/3 结合夏翻，秋耙做基肥深施。

③在低洼的甸子地要配合施用硼肥。

④在肥力“缺”和“极缺”地块应配施有机肥（或秸秆还田），在“中等”级以上轮作周期内应施用有机肥。

⑤进行秸秆还田的当年应增加一倍氮肥结合秸秆深施，以促进秸秆腐解，调节 C/N。

七、“呼伦贝尔盟第二次土壤普查”项目

1. 授奖种类 科技进步奖。

2. 奖励级别 地级。

3. 授奖等级 一等。

4. 颁奖部门 呼伦贝尔盟行政公署。

5. 获奖年度 1990 年。

6. 完成单位 呼伦贝尔盟土壤肥料工作站，呼伦贝尔盟农业处，呼伦贝尔盟土地管理处。

7. 主要完成人 谭跃，王进方，崔文华，唐群起，苏振友，赵玉荣，佟秀凤，李建成，徐金成。

8. 实施年限 1980—1989 年。

9. 鉴定单位与时间 内蒙古呼伦贝尔盟科学技术委员会，编号（89）呼科鉴字 11 号，1989 年 8 月 2 日。

10. 鉴定意见 呼伦贝尔盟第二次土壤普查经鉴定，其全部技术资料、各种图件、统计资料齐全，普查方法正确，手段先进，符合精度要求，化验数据准确可靠，编写的《呼伦贝尔盟土壤》及《土壤志》系统地、科学地全面反映了土壤客观实际，结构层次清楚，论述准确，为制定本地区农牧林业生产规划，合理开发利用土地资源，发展经济，改土培肥和科学种田提供了科学依据。是论述呼伦贝尔盟土壤资源方面的科学专著。

通过调查及综合分析，查清了呼伦贝尔盟土壤资源、土壤肥力状况和存在问题，并边普查边应用，在配方施肥、开发土地、改良中低产田等方面产生很大的经济效益、社会效益和生态效益，该项成果达到了全国同类工作的先进水平。

同意通过技术鉴定。

11. 立项依据 呼伦贝尔盟第二次土壤普查是根据国务院《关于在全国开展第二次土壤普查的通知》(〔1979〕111 号)，1980 年开始调查，1989 年全部结束。

12. 核心技术

①查清了全盟 25 万 km^2 土壤的种类、性状、分布以及性态特征和利用现状。

②采用的航空、航天遥感材料与野外验证相结合的调查方法，使用现代化的先进手段，对全盟土壤资源实施多幅员中比例尺调查，为呼伦贝尔盟首次。

③较精确的查清了呼伦贝尔盟土壤资源的底数，土壤分布规律，对于呼伦贝尔盟土壤分布的地理特点有了进一步的了解。

④对于全盟各类土壤的肥力特征、土壤肥力的调节途径以及土壤肥力的演化趋势进行了研究探讨，更进一步明确了各类土壤的主要适宜性，提出了改良土壤资源的措施，为呼伦贝尔盟土壤资源进一步地开发利用提供了大量的依据。

⑤通过大量的野外调查和室内综合、分析，盟级汇总整理形成了《呼伦贝尔土壤分布图》等 10 种成果图件，编撰了《呼伦贝尔盟土壤》、《呼伦贝尔土种志》等 6 部土壤专著，约 50 万字，汇编了《呼伦贝尔盟土壤普查数据册》(1~5 册)，形成了系统的呼伦贝尔盟第二次土壤普查成果资料。

八、“呼伦贝尔盟小麦氮、磷配方施肥技术研究”项目

1. 授奖种类 科技进步奖。

2. 奖励级别 地级。

3. 授奖等级 二等。

4. 颁奖部门 呼伦贝尔盟行政公署。

5. 获奖年度 1992 年。

6. 完成单位 呼伦贝尔盟土壤肥料工作站，牙克石市农业技术推广中心，扎兰屯市农业技术推广中心，阿荣旗农业技术推广中心，莫力达瓦达斡尔族自治旗农业技术推广中心。

7. 主要完成人 崔文华，李秀芬，裴殿阁，赵维国，谷淑湘，巴瑞明，张秀岩。

8. 实施年限 1989—1991 年。

9. 鉴定单位与时间 内蒙古呼伦贝尔盟科学技术处，编号（91）呼科鉴字 12 号，1991 年 12 月 17 日。

10. 鉴定意见 主题符合呼伦贝尔盟发展小麦生产的要求，试验设计科学，实施方案合理。3 年内共完成小区试验 46 个，提供有效材料 87 份，设置大田示范验证点 152 个，各项技术指标符合农业部关于优化配方施肥技术标准要求。

1990—1991 年共落实大面积示范田 18 665.8hm^2，参加示范农户 10 077 户，配方田比习惯施肥田平均公顷增产小麦 418.5kg，增产 17.09%，公顷平均纯增收益 346.95 元，取得了显著的经济效益和社会效益，有广阔的推广前景。同意通过验收。

11. 立项依据 配方施肥是一项先进的增产技术，该项技术的开发应用，改变了呼伦贝尔盟地区多年施肥凭经验的不合理施肥现象，提高了施肥效益和肥料利用率，由长期的定性施肥进入了定量化阶段。配方施肥技术的推广应用，对发展农业生产，充分发挥施肥技术的增产作用，做出了贡献。

应用效应函数法开发的小麦配方施肥技术具有现代技术特点，该方法建立在严密的数学、农业技术经济学、统计学和施肥的基本原理基础上。以田间试验为依据，应用计算机技术和土壤测试手段把试验结果引用到农业生产中，指导农民合理施肥。配方施肥的突出特点是能够根据不同作物的需肥特点和土壤肥力，在产前提出施肥的具体用量和施肥方法，达到了以最小的施肥成本获得较高产量和最大的经济效益。

呼伦贝尔盟小麦氮、磷配方施肥技术研究是继大豆、玉米之后的第三个作物，自 1989 年开始在岭东（扎兰屯市、阿荣旗、莫力达瓦达斡尔族自治旗）和岭北小麦集中产区牙克石市布置小区田间试验，为呼伦贝尔盟小麦合理施肥提供依据。

12. 核心技术

①应用效应函数法开发小麦氮、磷配方施肥技术是呼伦贝尔盟进行农田合理施肥技术系列化研究的主要内容之一。

该方法采用联合国粮农组织（FAO）推荐的多点分散试验方法，各试验点分散在不同肥力的土壤上。试验设氮、磷两因素，三水平（不施肥，1 倍和 2 倍施肥量），共九个处理：N_0P_0、N_0P_1、N_0P_2、N_1P_0、N_1P_1、N_1P_2、N_2P_0、N_2P_1、N_2P_2（N_0P_0为不施肥，N_1为纯氮 24kg/hm^2，P_1为 P_2O_5 49.35kg/hm^2）。各试验点产量（Y）和施肥量（N、P）配置二元肥料效应方程 $Y=B_0+B_1N+B_2P+B_3NP+B_4N^2+B_5P^2$（N 为氮肥，P 为磷肥，$B_0$、$B_1$……$B_5$ 为回归系数）。根据肥料效应方程式计算各点的最大和最佳施肥量、氮磷比、相对产量等参数，作为试验点的试验结果。由多年多点的最佳施肥量（Y）和对应土测值（X）的相关模式 $Y=Ae^{BX}$ 建立回归方程，以确定施肥定量；由土测值（X）与相对产量（Y）的相关模式 $y=a+b\ln x$ 建立回归方程式，用以确定土壤供肥等级标准。

②试验结果的统计分析。全盟 1989—1991 年 3 年共完成小区试验 43 个，提供有效材料 37 份。应用计算机对试验结果的统计分析，建立了 37 个标准的二元二次肥料效应方程（典型凸形曲面），通过各点试验结果与土测值的相关分析，得出了以下几类回归方程式：

a. 土测值（x：P_2O_5）与最佳施磷量（y）的回归方程式：

$$y=7.8088e^{-0.03687x},\ R=-0.512^{**}\ （以 666.7m^2 为面积单位计算）\quad (1)$$

b. 土测值（x）与最佳氮磷比的回归方程式：

$$y=0.3162e^{0.0342x}, R=-0.5598^{**} \quad (2)$$

c. 土测值（x）与相对产量（y）的回归方程式：

$$y=46.84+13.07\ln x, R=0.53^{**} \quad (3)$$

由方程式（1）确定磷的用量，由方程式（2）实现氮肥用量的确定，由方程式（3）划定土壤供肥等级，为分区施肥提供依据。由以上三类施肥模式总结出小麦氮、磷配方施肥推荐表，用以指导农民科学施肥。

九、“呼伦贝尔盟主要作物钾的肥效和氮磷钾平衡施肥研究与应用”项目

1. 授奖种类 科技进步奖。

2. 奖励级别 地级。

3. 授奖等级 二等。

4. 颁奖部门 呼伦贝尔盟行政公署。

5. 获奖年度 1994 年。

6. 完成单位 呼伦贝尔盟土壤肥料工作站，牙克石市农业技术推广中心，阿荣旗农业技术推广中心，扎兰屯市农业技术推广中心。

7. 主要完成人 崔文华，赵玉荣，佟秀凤，郭建靖，韩虹，巴瑞明，李常荣。

8. 实施年限 1991—1993 年。

9. 鉴定单位与时间 内蒙古呼伦贝尔盟科学技术委员会，编号（94）呼科鉴字 26 号，1994 年 5 月 3 日。

10. 鉴定意见 立题符合呼伦贝尔盟农业发展的需要，抓住了生产中急需解决的技术关键性问题进行试验研究，试验设计方案严密、技术先进、数据准确、基础理论充分、结论可靠、技术资料齐全。该项研究超出了常规的、传统的以氮为主的施肥技术，建立了钾肥有效性判别式，提出了呼伦贝尔盟耕地钾的总有效率、最佳施肥量和施用方法。并在全盟首次开展了氮、磷、钾平衡施肥技术研究，通过数字模拟，应用效应方程聚类和逐步判别分析等新技术，建立了不同土壤和生产条件下施肥量的最佳组合和土壤肥力识别函数组，在技术上取得了突破性进展。

1992—1993 年，该项技术进行了生产示范，应用面积累积 1.55 万 hm^2，公顷增产粮食 519.6kg，增产率为 13.39%，平均每年纯增效益 281.61 万元。该项技术的应用，填补了呼伦贝尔盟和自治区 N、P、K 平衡施肥技术领域的空白，在同类研究中达国内先进水平。为全盟科学施肥技术发展提供了理论和实践的依据。同意通过验收。

11. 立项依据 呼伦贝尔盟主要作物钾的肥效和 N、P、K 平衡施肥研究与推广项目由内蒙古自治区农委下达，呼伦贝尔盟农业局领导，盟土肥站承担的应用性研究课题。通过在岭东三旗市和牙克石市等地区 3 年的试验研究和大面积示范，基本摸清了呼伦贝尔盟地区主栽作物（大豆、玉米、小麦等）钾的有效施用环境，提出了钾肥最佳施用量和方法，初步形成了 N、P、K 平衡施肥技术体系。这项工作在呼伦贝尔盟农业历史上尚属首次，并具有创新性，对发展“两高一优”农业，使地区粮食产量再上新水平，提供了新技术，为全盟农作物开展 N、P、K 及微量元素的平衡施肥提供了科学依据。

12. 核心技术

（1）钾的肥效和用量试验研究　通过不同地区和作物钾的不同施用量的多点分散试验，解决钾肥的有效施用区域及施用量问题。按钾的增产幅度<5%、5%～10%、10%～20%和>20%划分出了微效区、低效区、中效区和高效区 4 级。每个试验的产量结果配置了 $y=a+bx+cx^2$ 效应方程（y 为产量，x 为施用量，a、b、c 为回归系数），对同一区域内效应方程归类，建立钾肥施用类方程。根据土测值项目与增产指标的相关性，建立了 $y=b_0+b_1x_1+\cdots\cdots+b_nx_n$（$y$ 为施钾肥增产率，x_n 为土测值项目，$b_0\cdots\cdots b_n$ 为回归系数）钾肥肥效判别式，通过肥效判别确定是否配施钾肥。如判别式 y 值>5%，则钾肥效应显著，应施钾肥；否则，不必施用。通过判别与归类分析，呼伦贝尔盟地区耕地钾的有效率面积（增产>5%）为 78.9%，平均最佳施 K_2O 量为：大豆：82.65kg/hm^2，可增产 11.80%；玉米：96kg/hm^2，增产率 14.43%；小麦：82.5kg/hm^2，增产率 19.25%。

（2）施用方式的试验研究　通过撒施和集中施用的对比试验，解决了主要作物钾的施用方法。设单因素、三种施用方式对比、多年多点试验，显著性测验结果表明：在钾肥有效区，以集中做种肥和基肥施用效果好于撒施。

（3）N、P、K 平衡施肥试验研究　为三因素、五水平最优回归设计，多年多点试验，设大豆、玉米两个作物，产量结果配置：$y=b_0+b_1N+b_2P+b_3K+b_4NP+b_5NK+b_6Pk+b_7N^2+b_8P^2+b_9K^2$ 三元二次方程（y 为产量，N、P、K 分别为氮、磷、钾施用量，b_0……b_9 为回归系数），并进行拟合性检验，对拟合性好的（显著）效应方程式应用系统聚类分析法进行聚类，建立类方程，通过土测值筛选和逐步判别分析，建立土壤肥力判别函数，以进行土壤肥力分类识别和效应方程式的选择。共建立大豆、玉米 8 个类方程，23 组 N、P、K 施肥组合和预测产可供分类指导施肥选择，同时建立两组共 8 个肥力判别函数，实现了通过土壤测试，N、P、K 施肥量和最佳配比的确定。

十、"岭西地区小麦平衡施肥技术推广"项目

1. 授奖种类　科技进步奖。

2. 奖励级别　地级。

3. 授奖等级　三等。

4. 颁奖部门　呼伦贝尔盟行政公署。

5. 获奖年度　1998 年。

6. 完成单位　呼伦贝尔盟土壤肥料工作站，牙克石市农业技术推广中心，额尔古纳市农业技术推广站。

7. 主要完成人　崔文华，肇桂超，赵文喜，吴春海，靳同权。

8. 实施年限　1992—1997 年。

9. 鉴定单位与时间　呼伦贝尔盟科学技术委员会，呼科鉴字〔1995〕第 31 号，1995 年 9 月 20 日。

10. 鉴定意见　立题符合呼伦贝尔盟岭西小麦生产需要，推广方案合理，技术先进，数据准确，结论可靠，技术资料齐全。

该项目针对岭西生产中急需解决的技术问题，采用分期、分层和深施化肥技术，结合秸秆还田，有效地提高了肥料利用率，并在生产中进行秸秆还田分解速率试验，长期定位试验，为探讨合理轮作周期和秸秆还田技术提供了科学依据。

该项目自 1992—1994 年在岭西地区累计推广 17.95 万 hm^2，平均公顷产为 3 627kg，比习惯施肥公顷增产 493.5kg，增产 15.75%，总增产 8 849.01 万 kg，纯增收入 9 482.6 万元，取得了重大的经济效益、社会效益和生态效益。此项技术推广在同类推广项目中达到区内先进水平。

11. 立项依据　呼伦贝尔盟岭西地区小麦生产发展很快，近 2～3 年播种面积可达 23 万～27 万 hm^2，机械化程度达 98%以上，施肥水平呈上升趋势，配方施肥技术应用前景很广，增产潜力很大，进一步加强组织领导和技术服务，3～4 年的时间可实现配方施肥技术全面覆盖。按公顷增产小麦 493.5kg、公顷纯增收 528 元指标计算，年可获总增产小麦 11 515 万～13 160 万 kg，纯增收益可达 12 320 万～14 080 万元，为实现以上目标，推广岭西地区小麦配方施肥技术是一项重要手段。

呼伦贝尔盟岭西地区小麦配方施肥是应用效应函数法开发的农业增产新技术，采用粮农组织（FAO）推荐的多点分散试验方法，通过小区试验，取得数据，用计算机分析，建立肥料效应函数，根据土壤肥力与施肥量的相关性，建立施肥模式，实现因土、因作物定量施肥。

12. 核心技术

（1）小麦平衡施肥技术的试验研究　试验研究工作是在《全区平衡施肥试验、示范、推广工作纲要》的指导下进行的。采用粮农组织（FAO）推荐的多点分散田间试验方法。

①土壤测试。播种前在试验点或平衡施肥田取 0～20cm 深度耕层土样进行常规分析。

②统计分析方法。应用数理统计学的最小二乘法原理配置效应模式，并进行拟合检验，和相关系数 R 值测定。

③施肥模式的建立。

a. 氮磷施肥模式的建立。氮磷肥的效应与产量的函数式选用 $y=b_0+b_1N+b_2P+b_3NP+b_4N^2+b_5P^2$ 二次方程式表达（y 为产量，N、P 分别为氮磷肥因素，b_0、b_1……b_5 为回归系数）。

土壤肥力分级：土壤肥力分级以相对产量表示（缺素处理区产量占全肥区产量的百分比）。

磷肥施用模式的建立：通过土测值与最佳施肥量的相关分析建立模式。

氮肥施用模式的建立：氮肥用量通过 N/P 值确立。

建立小麦氮肥施用总量推荐表，根据以上 3 个施肥模式建立了小麦氮磷施肥总量推荐表（表 9-5），供推荐施肥时应用。

表 9-5 小麦氮磷施肥总量推荐

肥力分级	极缺	缺		中			丰			极丰
		1	2	1	2	3	1	2	3	
土壤 P_2O_5 (mg/kg)	<2.0	2.0~5.0	5.1~8.0	8.1~11.0	11.1~15.0	15.1~19.0	19.1~26.0	26.1~33.0	33.1~40.0	>40
亩施 P_2O_5 量(kg)	7.25	7.3~6.5	6.5~5.8	5.8~5.2	5.2~4.5	4.5~3.9	3.9~3.0	3.0~2.3	2.3~1.8	1.5
亩施氮量（kg）	4.4	4.2	3.8	3.6	3.4	3.2	3.0	2.8	2.5	2.2

b. 钾肥施用模式的建立。选用 $y=a+bx+cx^2$ 一元二次方程式表达施钾量（x）与产量（y）的关系。由各效应回归方程式计算的最佳施钾量与土测值 N/K 进行相关分析（表 9-6），建立钾肥施用模式：

$$y=4.933+1.78\ln x，R=0.719^{**}$$

表 9-6 钾肥施用量推荐

项 目	施肥等级										
	1	2	3	4	5	6	7	8	9	10	11
土壤氮钾比（N/K）	<0.3	0.3~0.5	0.5~0.8	0.8~1	1~1.3	1.3~1.5	1.5~2	2~2.5	2.5~3	3~3.5	>3.5
最佳亩施 K_2O 量（kg）	2.5	3.7	4.4	4.8	5.3	5.7	6.2	6.6	6.9	7.12	7.41

c. 钾肥有效性判别。由于目前耕地施钾总有效率为 80%，还有 20%左右的面积施钾肥效果不明显。因此，施肥前要进行肥效检验，以做到施肥有的放失，提高施肥效应。通过肥效指标（增产率>5%）与土测值因子的逐步回归分析表明，在小麦作物上影响钾肥肥效的土壤肥力因子主要为速效磷和速效钾两项指标，并建立了如下相关式：

$$y=1.076+3.204x_1-0.1235x_2，F=41.3^{**}$$

y：增产率指标（%）；x_1：速效磷；x_2：速效钾。

（2）小麦平衡施肥方案的确定

①施肥区的划分和氮磷钾施肥量的确定。由农场主和技术人员参加，成立技术小组，对各农场土壤肥力基本一致的农田划分为一个平衡施肥区，作为指导施肥的基本单元。播前在施肥区取 0~20cm 耕层土壤样品进行常规分析。根据土壤分析数据查对小麦氮磷施肥总量推荐表和钾肥施用量推荐表，确立 N、P、K 施用量，同时进行钾肥有效必检验，再进一步明确是否配施钾肥。

②对比示范田的设置。为起示范作用和评价平衡施肥技术效果，在平衡施肥区内设置农民习惯施肥田和空白区（即三区对比田）。习惯施肥田面积不小于 333.35m²，空白区 33.34m² 左右。1992—1997 年 6 年共设置对比田 1 593 个，代表了 24.62 万 hm² 平衡施肥田。对比田的设置使平衡施肥技术

效果评价有了可靠的依据，提高了技术精度。

③跟踪试验。为使施肥模式不断适应农业的发展，每年设置一定量的跟踪试验，不断适应农业的信息，修正施肥模式，一般 3 年修正 1 次，加入新的试验数据，剔除过时的数据，保证施肥模式长期可用性。

④平衡施肥方案的实施。方案的实施分开定肥、技术培训、跟踪服务和生产调查几个环节。首先根据施肥区的土壤分析数据开出施肥处方，开春播前发到各农场。结合备耕生产，课题组组织技术力量分别到各项目区进行技术培训，帮助农民调剂肥料品种，提高农民技术水平，每个农场培训 2～5 名技术员，负责项目实施技术指导。生长季节，做好跟踪服务和田间调查，交流典型经验，提高项目实施质量。

十一、“呼伦贝尔市岭东地区旱作农业综合节水技术研究与推广应用”项目

1. 授奖种类　科技进步奖。

2. 奖励级别　地级。

3. 授奖等级　一等。

4. 颁奖部门　呼伦贝尔市人民政府。

5. 获奖年度　2005 年。

6. 完成单位　呼伦贝尔市农业技术推广服务中心，扎兰屯市农业技术推广中心，阿荣旗农业技术推广中心，莫力达瓦达斡尔族自治旗农业技术推广中心。

7. 主要完成人　崔文华，陈文贺，陈永杰，张清华，王金波，王新城，佟艳菊，唐群起，王向兰。

8. 实施年限　2000—2003 年。

9. 鉴定单位与时间　呼伦贝尔市科技局，呼科鉴字〔2003〕第 010 号，2003 年 12 月 20 日。

10. 鉴定意见　选题符合呼伦贝尔市岭东旱作农业区生产的实际。采用的技术先进可靠，推广措施切实可行，提交的技术文件资料齐全完整，可用于指导进一步大面积生产推广应用。

该项目针对呼伦贝尔市岭东旱作农业生产区水资源利用率低的现实，结合《国家旱作农业示范区建设项目》的实施，自 2000 年起，在该地区开展了以提高旱作农业水资源利用率为主要内容的研究课题。在项目区共完成各类试验 112 点次，调查内容 32 项次。通过技术分析研究，建立了项目区不同作物的降水生产潜力模型，基本掌握了当前该区域降水利用率情况及生产潜力，提出了农艺、农机、水利、生物、工程技术等多种技术集成组合提高项目区水分利用率的对策和有效途径，并进行了大面积的示范推广研究。2001—2003 年应用旱作农业综合节水技术累计推广面积 16.09 万 hm^2，取得了总增产粮食 7 574.42 万 kg、增收 9 312.91 万元的效果。项目实施取得了显著的经济效益和社会效益。为全市乃至自治区旱作农业生产的水资源科学利用提供了模式。

经查新，该项成果总体技术和组织管理水平均达到国内先进水平。

11. 立项依据　呼伦贝尔市岭东地区是以旱作农业生产为主的地区，旱耕地面积占总耕地面积 85%以上。由于该地区降水不足、生产条件较差，产量水平低而不稳，农业发展缓慢。多年来，各级政府为改善农业生产环境，确保农业稳步发展，全面实施了以旱作农业工程为主的各项发展计划，促进了旱作节水农业的发展，为提高农业综合生产能力发挥了重要作用。但农业生产基础条件落后的现状没有得到根本改变，始终没能摆脱“雨养农业”、“靠天吃饭”的被动局面。特别是近时期，气温持续升高，降水逐渐减少，旱灾频繁发生，已严重地影响了农牧各业生产的正常进行。即使在降水较丰的年份，也因水分的时空分布不均而造成的季节性干旱，使每年粮食减产 2～3 成。小灾小减产，大灾大减产已成为当地农业生产的一大特点，特别是干旱缺水，是限制农业生产发展的主要因素。因此，开发利用水资源，提高自然降水利用率，推广应用旱作节水技术是当地旱作农业生产的根本出路。针对以上问题，在自治区农业厅和土肥站的指导下，结合《国家旱作农业示范区建设项目》的实施，自 2000 年起，在该地区开展了以提高降水和水资源利用率为主要内容的研究与应用性课题，呼伦贝尔市农技推广服务中心土肥站承担了项目的设计、组织实施与汇总总结工作。四年来，在各级部

门大力帮助和支持下，经课题组全体技术人员的不懈努力，完成了各项计划任务指标。

12. 核心技术

(1) 降水综合生产潜力模型　以下各回归方程式中，x 为降雨量（mm），y 为产量（kg）。

①全年降水综合生产潜力模型。

扎兰屯市：$y=-325.8+10.52x-0.0081x^2$

阿荣旗：$y=-483.3+9.522x-0.0072x^2$

归并模型：$y=-404.55+10.022x-0.00785x^2$

②生育期降水综合生产潜力模型。

扎兰屯市：$y=262.8+9.668x-0.0084x^2$

阿荣旗：$y=-84.75+8.516x-0.00705x^2$

归并模型：$y=173.85+9.0915x-0.0078x^2$

岭东地区全年水分亏缺值为 146.5mm，生育期亏缺值为 125.1mm，以全年值来衡量，该地区总体看属微干旱等级，接近于干旱等级。

(2) 主要作物降水生产潜力模型　以下各回归方程式中，x 为降雨量（mm），y 为产量（kg）。

①大豆作物降水生产潜力模型。

a. 大豆全年降水生产潜力模型。

扎兰屯市：$y=-1693.8+11.811x-0.0084x^2$

阿荣旗：$y=-112.95+8.0955x-0.0063x^2$

归并模型：$y=-903.45+9.954x-0.00735x^2$

b. 大豆生育期降水生产潜力模型。

扎兰屯市：$y=-928.2+10.4475x-0.00825x^2$

阿荣旗：$y=179.7+7.971x-0.0069x^2$

归并模型：$y=-374.25+9.2085x-0.00765x^2$

大豆作物的降水生产潜力在 2 397～2 466kg/hm^2，所需的降水量为 601.9～677.1mm，降水利用率为 4.02～4.47kg/（mm·hm^2），耗水系数为 3.36～3.73mm/kg。全年有 144.2～168.5mm 的水分亏缺量，属于轻干旱等级。

②玉米作物降水生产潜力模型。

a. 玉米全年降水生产潜力模型。

扎兰屯市：$y=-1092.9+17.456x-0.01215x^2$

阿荣旗：$y=-1577.25+17.157x-0.01245x^2$

归并模型：$y=-1335.15+17.307x-0.0123x^2$

b. 玉米生育期降水生产潜力模型。

扎兰屯市：$y=-53.25+15.792x-0.01215x^2$

阿荣旗：$y=-804.9+16.299x-0.0129x^2$

归并模型：$y=-429+16.045x-0.01253x^2$

根据归并的生产潜力模型的分析，全年和生育期需水量分别为 640.5mm 和 703.52mm，降水生产潜力 4 078.5～4 753.5kg/hm^2，降水利用率为 7.845～8.70kg/（mm·hm^2），所需最大降水量较实际降水量多 182.8～194.9mm，玉米作物全年水分亏缺值为 194.9mm，属于轻干旱等级。

③小麦作物降水生产潜力模型。

a. 小麦全年降水生产潜力模型。

扎兰屯市：$y=-1157.7+11.508x-0.0087x^2$

阿荣旗：$y=-2296.65+14.739x-0.0111x^2$

归并模型：$y=-903.45+9.954x-0.00735x^2$

b. 小麦生育期降水生产潜力模型。

扎兰屯市：$y=-968.85+12.027x-0.0099x^2$

阿荣旗：$y=-1\ 921.95+15.066x-0.012\ 45x^2$

归并模型：$y=-374.25+9.208\ 5x-0.007\ 65x^2$

由归并的生产潜力模型计算小麦降水生产潜力为 2 622～2 661kg/hm^2，降水利用率为 4.23～4.71kg/（mm·hm^2）。最大需水量高于实际降水量 148.4～154.2mm，小麦全年水分亏缺值为 154.2mm，属于轻干旱等级。

④谷子作物降水生产潜力模型的建立。

a. 谷子全年降水生产潜力模型。

阿荣旗：$y=-598.5+8.362\ 5x-0.006\ 6x^2$

b. 谷子生育期降水生产潜力模型。

阿荣旗：$y=-211.5+7.866x-0.006\ 75x^2$

谷子生育期降水利用率为 3.555kg/（mm·hm^2），全年降水利用率为 3.24kg/（mm·hm^2）。全年降水生产潜力为 2 065.5kg/hm^2，生育期降水生产潜力也为 2 062.5kg/hm^2。所需最大降水量为 578.4～637.1mm，有 137.8～141.6mm 的亏缺量，全年水分亏缺值为 141.6mm，为微干旱等级。

⑤高粱作物降水生产潜力模型。

a. 高粱全年降水生产潜力模型。

阿荣旗：$y=-993.6+11.053\ 5x-0.007\ 8x^2$

b. 高粱生育期降水生产潜力模型。

阿荣旗：$y=-544.65+10.767x-0.008\ 25x^2$

由阿荣旗建立了降水生产潜力模型，降水生产潜力为 2 958～2 959.5kg/hm^2，所需降水量全年为 715.1mm，生育期为 650.5mm，降水利用率为 4.125～4.545kg/（mm·hm^2），高粱全年亏缺量为 219.6mm，属于轻干旱等级，接近干旱等级。

⑥马铃薯作物降水生产潜力模型。

a. 马铃薯全年降水生产潜力模型。

扎兰屯市：$y=-1\ 270.5+18.21x-0.014\ 4x^2$

阿荣旗：$y=-568.8+14.589x-0.012\ 15x^2$

归并模型：$y=-244.65+16.399\ 5x-0.013\ 35x^2$

b. 马铃薯生育期降水生产潜力模型。

扎兰屯市：$y=-697.65+18.142\ 5x-0.015\ 75x^2$

阿荣旗：$y=437.55+12.375x-0.015\ 5x^2$

归并模型：$y=-130.05+15.259\ 5x-0.013\ 65x^2$

马铃薯全年和生期内需水分别为 614.2mm 和 558.9mm，水分亏缺量分别为 105.6mm 和 101.2mm。降水生产潜力为 4 116～4 134kg/hm^2，降水利用率为 7.08～7.86kg/（mm·hm^2）。满足马铃薯正常生长的水分供给量为全年 614.2mm，有 105.6mm 的水分亏缺量，属于微干旱等级。

（3）其他主要技术成果

①自然降水与粮食产量的关系。

②不同农艺生产条件下的降水利用率变化。

③水资源贮量与开发利用潜力分析。

④提高水分利用率的途径。

（4）推广应用的主要技术

①节水补灌。根据作物不同，不同时期需水量不同，进行喷灌补水，补水量以达湿土层为准。

②深耕深松。采用全方位深松机，深度为 30～35cm；深耕应在前茬作物收获后立即进行，以便将根茬及残留杂草翻入土壤，使其腐烂肥田促进土壤熟化，同时能接纳降水，增加土壤蓄水量。

③起埂保水。在降水强度较大的坡耕地上，采取田块起埂的方法，拦蓄降水。在 3°～15°的旱坡地上采用沿等高线做埂，通过定向翻耕平整，建等高田，可以有效地增加土壤蓄水量。

④增施有机肥，应用平衡施肥技术。在每公顷施有机肥料 22.5m^3 的基础上，应用平衡施肥技术

施用N、P、K肥料，起到以肥调水，以水促肥作用，提高水分和肥料利用率。

⑤秸秆覆盖。采用秸秆覆盖，增加地表生物覆盖，以蓄水保墒。

⑥应用优良品种。整个项目区均采用优良抗旱品种，并采用种子包衣技术增强种子自身抗旱能力。项目区旗市均应建立良种繁育基地，将优良品种引进、繁育以适应当地环境。

⑦综合防治病虫害。大面积采用化学除草，加强对病虫草害的监测和治理，减轻灾害的损失。

十二、“呼伦贝尔市岭东黑土区土壤退化研究与应用”项目

1. 授奖种类 科技进步奖。

2. 奖励级别 地级。

3. 授奖等级 三等。

4. 颁奖部门 呼伦贝尔市人民政府。

5. 获奖年度 2007年。

6. 完成单位 呼伦贝尔市农业技术推广服务中心，阿荣旗农业技术推广中心，扎兰屯市农业技术推广中心，莫力达瓦达斡尔族自治旗农业技术推广中心。

7. 主要完成人 崔文华，王崇军，窦杰凤，李运，耿福文。

8. 实施年限 2003—2005年。

9. 鉴定单位与时间 呼伦贝尔市科技局，呼科鉴字〔2005〕第004号，2005年12月1日。

10. 鉴定意见 选题符合呼伦贝尔市岭东黑土区土壤退化治理的实际需要，采用的研究方法科学，提供的技术文件资料齐全、数据翔实可靠，可指导进一步黑土区土壤退化治理工作。

本研究成果，采取野外多点调查和不用行政区域及农户的抽样调查相结合的方式，通过定性分析和定量分析相结合的综合集成分析方法，应用“3S”技术等先进手段，形成了“黑土区域土壤退化数据库”等具有科学价值的图文资料，较全面地反映了呼伦贝尔市岭东黑土区土壤退化现状，提出了科学的综合治理方案。

该研究成果对当前本市退耕还林还草、生态建设、黑土区农业生产、综合开发具有重要的参考价值和指导作用。

11. 立项依据 长期以来，由于我国农业大国的现实，决定了经济建设以农业为基础的格局，造成了土地负担过重，中华人民共和国成立初期，由于国家经济薄弱，在开发东北黑土区时，重开发而轻保护、重生产而轻养育的生产方式破坏了黑土区的生态平衡，使黑土区土壤出现明显的退化特征。在以土地为主的农村经济建设中，缺乏整体规划和保护意识，短期的经济行为和掠夺式经营方式，引起大范围不可逆转的生态环境恶化，使土地生产力不断下降。黑土区形成了与土地相互依存的人类群体，加重了土地负担，使黑土区土壤退化不断加剧。黑土退化的后果是十分严重的。一是黑土退化破坏了宝贵的农业资源和生态环境，降低了商品粮基地的生产能力，进而危及粮食安全的大问题；二是丘陵山区的水土流失不仅带走宝贵的土壤，流失而形成的泥沙下泄，淤积江河、水库、道路，不仅直接影响水利工程效益的发展和交通运输，同时造成洪涝旱灾害频繁发生；三是黑土退化的主要标志之一的生态环境恶化，使四季分明、气候怡人的黑土区正在变成一个生态脆弱区，发生异常气候的频率近年来变得越来越高，自然灾害的种类增多，周期变短，特别是旱灾、洪灾和风灾发生的范围越来越广，频度越来越大，黑土区的生态环境如得不到有效的治理，有可能成为新的沙尘暴风源；四是人们虽然已经逐渐认识到黑土退化的严重后果，也投入了大量的人力、物力、财力进行治理，但是由于种种原因，治理效果并不理想，治理恢复的速度远不及退化的速度。所以，加强黑土退化研究与治理已是关系国计民生刻不容缓的大事。

我们研究工作的首要任务是摸清黑土退化现状，找出退化的原因，并提出切实可行的对策，通过调整黑土区经济建设的总体布局等措施，进一步巩固黑土区的粮仓地位，对促进商品粮基地建设，保障我国的粮食安全都具有重大意义。

12. 核心技术

(1) 查清了土壤养分变化动态　与1982年相对比，土壤有机质下降了15.59g/kg，下降幅度为

25.43%；全氮下降了 0.812g/kg，下降幅度为 26.09%；速效氮下降了 24.5mg/kg，平均每年递降 2.4mg/kg，下降幅度为 12.93%；土壤速效钾下降了 63.5mg/kg，下降幅度为 27.07%；只有土壤速效磷表现明显上升趋势，20 多年间提高了 11.8mg/kg，增长幅度为 105.36%。

（2）查清了岭东地区水土流失总面积 其中国土流失面积达 11 245.8km^2，占 29.83%；耕地土壤水土流失面积达 473 597.4hm^2，占耕地总面积的 55.94%。年流失表土层 0.1～1.2cm，流失总量达 916.74 万 t，按本地区耕层土壤的 N、P、K 平均含量值计算，相当于年流失纯氮 21 445.23t，$P_2O_5$219.72t，K_2O1 562.17t，流失养分总量是本地区年化肥施用总量的 1.42 倍。

（3）查清了耕地土壤侵蚀状况 在调查区域现已形成侵蚀沟 128 959 条。森林被砍伐，植被遭破坏，耕地失去保护，旱、风、冰雹等自然灾害增多，农业生产极不稳定。

（4）防止黑土退化的措施 黑土退化是综合因素引起的，主要包括农业不合理开发，林业过渡采伐，牧业发展滞后和比例失调，产业结构不合理，社会经济落后以及政策法规的不完善等因素。因此根据黑土退化现状、退化的原因及条件，防止黑土退化、保护和养育黑土区土壤、治理和修复黑土区生态环境是一项综合的技术措施。首先要调整产业结构，发展和开发第二、三产业转移农村过剩劳动力。其次，要调整种植业结构，实现农林牧各业合理布局。第三，国家需要启动重大生态工程项目，以修复破坏的生态环境。第四要启动黑土养育工程，对退化严重的地区进行重点治理。第五加强农林牧各业的区划工作，为合理开发与利用土地资源提供依据。第六要加强各部门合作，对黑土进行整体规划，实行山、水、林、田、路综合治理。第七要建立全国性的黑土退化监测体系与管理机构，开展黑土退化机理与治理技术的科学研究。

不仅要从技术措施上来治理黑土退化，而且要从战略措施上来防止黑土退化。首先要加强黑土区保护的立法工作，把黑土保育工作纳入法制化管理范畴。其次建立黑土保育监督机制，实行黑土区项目开发审批制度，专家评议制度和听政制度。第三把黑土区生态环境修复纳入政府议事日程，并列入常规年度预算。第四设立黑土自然环境保护区，发展黑土区特色经济。第五实施防止黑土退化的人才战略。

十三、“呼伦贝尔市耕地信息系统的建立及在测土配方施肥中的应用”项目

1. 授奖种类 科技进步奖。

2. 奖励级别 地级。

3. 授奖等级 一等。

4. 颁奖部门 呼伦贝尔市人民政府。

5. 获奖年度 2009 年。

6. 完成单位 呼伦贝尔市农业技术推广服务中心，牙克石市农业技术推广中心，阿荣旗农业技术推广中心，扎兰屯市农业技术推广中心，莫力达瓦达斡尔族自治旗农业技术推广中心。

7. 主要完成人 崔文华，窦杰凤，李运，陆雅君，蒋万波，孙福岭，于瑞齐，陈文贺，陈永杰，林宝洁，李晓东。

8. 实施年限 2005—2007 年。

9. 鉴定单位与时间 呼伦贝尔市科技局，呼科鉴字〔2008〕第 0301 号，2008 年 3 月 4 日。

10. 鉴定意见 选题符合呼伦贝尔市农业生产的实际。采用的技术先进可靠，推广措施切实可行，提交的技术文件资料齐全完整，可用于进一步指导大面积生产推广应用。

该项目利用“3S”技术，通过建立呼伦贝尔市耕地信息系统，集成了耕地的空间数据库和属性数据库。并针对呼伦贝尔市近时期随着氮磷肥施用量的大幅度增加，土壤综合能力持续下降的现实，以耕地信息系统为平台，建立了测土、配方、配肥、供肥、施肥指导技术模式，自 2005 年起，在牙克石市、扎兰屯市、阿荣旗和莫力达瓦达斡尔族自治旗大面积推广应用了测土配方施肥技术。在项目区共完成各类试验 826 点次。通过采用先进的土壤测试方法，三年来摸清了项目区土壤养分状况，建立了测土配方施肥指标体系，对土壤肥力等级进行了划分。按照不同肥力单元划分施肥类型区，

共确定了适宜不同地区的施肥系列配方 41 个，并根据不同作物提出了肥料科学施用技术与方法，实现了因土、因作物定量施肥。通过一系列技术集成创新使该项目应用效果达到了自治区领先水平。

建议：进一步加大测土配方施肥技术推广力度。

11. 立项依据 根据 2002 年以来全市耕地地力调查与质量评价成果，及多年来测土配方施肥试验示范技术资料，结合国家测土配方施肥补贴项目的实施，自 2005 年起，在全市主要农业区大面积推广应用了测土配方施肥技术，取得了显著效果。在生产实践中本着试验、示范、推广相结合的原则，不断优化技术模式，提高施肥精度，并应用计算机技术、"3S" 技术和先进快速的农化技术，提高了工作效率和技术的覆盖面，做到了因土施肥、技术到户，提高了肥料利用率和施肥的增产效应，实现了测土配方施肥节本增效的目的，为建设社会主义新农村做出了贡献。

项目区包括岭东的扎兰屯市、阿荣旗、莫力达瓦达斡尔族自治旗和岭西的牙克石市，总耕地面积为 100 多万 hm^2，是呼伦贝尔市的主要产粮区。主要栽培作物为大豆、玉米、小麦等，占总播种面积的 85%以上。耕地土壤类型主要为黑土、暗棕壤、草甸土、黑钙土等，开垦年限长的达百年以上，多数为 20 世纪 70～90 年代开发的耕地，开发年限以 30～50 年的耕地居多，土壤潜在肥力高，由于气温冷凉影响土壤矿化度，供磷、供氮能力较差。近时期随着氮磷肥施用量的大幅度增加，使土壤的供肥能力和结构发生明显的变化，基本趋势是有机质为负累积，有效磷递增，全氮和碱解氮递减，速效钾大幅度下降。土壤测试结果表明，1980—2005 年间，土壤有机质下降了 12.11g/kg，下降幅度为 20.94%；土壤全氮下降了 0.81mg/kg，下降幅度为 26.06%；土壤碱解氮下降了 27.7mg/kg，下降幅度为 12.93%；速效磷上升了 11.8mg/kg，上升幅度为 105.36%；速效钾下降了 63.5mg/kg，下降幅度为 27.07%。有机肥施用量不足和化肥的大量施用是导致土壤有机质下降的主要因素，而生产上长期大量施用含磷素较高的磷酸二铵化肥是造成土壤磷素富集，氮、钾素损失较重的直接原因。目前，土壤钾素已不再是有余了，85%以上的耕地施钾增产效果显著。因此，增施有机肥，补充施用钾肥，推广应用测土配方施肥技术，是农业可持续发展的根本保证。

12. 核心技术

（1）测土配方施肥技术的试验研究 试验研究工作是在农业部的《测土配方施肥技术规范》指导下进行的。采用多点分散田间试验方法，选用相应的函数式模拟肥料效应，进行施肥量和农业技术经济评估，从而优选模型，建立氮、磷、钾测土配方施肥模式，并应用"3S" 技术建立测土配方施肥数据库和施肥专家系统，最终实现计算机指导施肥。

①土壤测试和植株分析。播种前取耕层 0～20cm 深度混合土样进行常规分析。在作物生长季节和成熟期取植株样进行植株分析和生理生化测定。

②试验、示范方案设计。试验方案：肥料效应田间试验采用"3414" 方案设计，即氮、磷、钾 3 个因素、4 个水平、14 个处理小区。"3414" 方案设计吸收了回归最优设计处理少、效率高的优点，是目前应用较为广泛的肥料效应田间试验方案。为便于汇总，同一作物、同一区域内施肥量要保持一致。根据需要，在研究有机肥料和中、微量元素肥料效应时，可在此基础上增加处理。

③统计分析方法。通过计算机，应用数理统计学的最小二乘法原理配置效应方程式系数，并进行拟合性检验。通过效应方程聚类和土测值的判别分析，建立测土配方施肥模型。

④肥料效应函数的建立与相关分析。氮、磷、钾三元测土配方施肥模式的建立，在大豆、玉米作物上应用了该项技术。产量和施肥量应用三元二次效应方程 $y=b_0+b_1\mathrm{N}+b_2\mathrm{P}+b_3\mathrm{K}+b_4\mathrm{NP}+b_5\mathrm{NK}+b_6\mathrm{PK}+b_7\mathrm{N}^2+b_8\mathrm{P}^2+b_9\mathrm{K}^2$ 表达（y 为产量，N、P、K 分别为氮磷钾施肥量，b_0～b_9 为回归系数）。对拟合显著的典型回归方程式，通过用聚类分析和土壤肥力判别的汇总方法建立施肥模式。

⑤施肥量调查分析。通过农民常规施肥情况的调查，可以掌握当前农业生产的施肥现状，为科学准确的指导农民施肥提供依据。根据 2002—2005 年《耕地地力调查与质量评价项目》的 2 399 个农户的施肥情况调查统计，农民的习惯施肥量和种类基本一致，施肥品种主要为磷酸二铵和尿素，有少量的含钾复混肥，一般公顷施磷酸二铵 60～90kg，加尿素 30～60kg，钾肥施用量较少，多以复合肥的方式施用。农民的习惯施肥特点为施肥量偏低，氮肥不足，磷肥过量，钾肥用量很少。通过推广应

用测土配方施肥技术，改变了农民的常规施肥习惯（N、P、K 比例失调），适当提高了化肥施用量，调整了 N、P、K 施肥配比，明显提高了施肥效应。统计结果表明，配方施肥平均公顷用肥量为：96.75kg（纯量），比农民的习惯施肥平均提高施肥量 20.55kg/hm^2（纯量），其中氮肥增加了 7.8 kg/hm^2，磷肥降了 3.6kg/hm^2，钾肥增加了 16.35kg/hm^2，N、P、K 施肥比例为 1∶1∶0.7，较习惯施肥的 1∶1.4∶0.3 更趋合理。不同作物施肥量也有很大变化，但表现的基本趋势是一致的。

（2）测土配方施肥方案的确定

①施肥区的划分和氮磷钾施肥量的确定。由土壤图、基本农田规划图、行政区划图、坡度图等矢量化数字图进行叠加，生成测土配方施肥基本单元图。基本单元图的每个图斑即为开方定肥的基本单元。播种前在施肥单元内取耕层 0～20cm 深度混合土样送化验室进行常规分析。大豆、玉米作物根据土壤测试结果判别施肥模型，小麦作物根据土壤有效磷和 N/K 比值确定 N、P、K 施肥量。施肥的方法参照自治区标准 DB15/T37—92 和 DB15/T136—93 执行。施肥区内如有近期（两年以内）土壤分析数据均可以参考使用。

②有机肥的合理施用。由于化肥的使用增加了土壤有机质的分解速率，在测土配方施肥区内应配施有机肥料，以保持土壤有机质的平衡，提高施肥效应。根据长期定位试验结果，公顷施优质有机肥 19.5～22.5t，可以协调耕层土壤有机质分解与积累的动态平衡，从而确定了有机肥料 2 年轮施一次，公顷施肥 37.5t 的制度。由于农村有机肥质量差别较大，在施肥前应进行肥质分析，保证有机质的年均归还量在 2 025～2 100kg/hm^2，肥质低的按此标准折算有机肥实际用量。

③微量元素的合理施用。合理有效地施用微量元素肥料，能促进作物生长发育，提高作物产量。根据试验结果，明确了各地区主栽作物的微肥施用对象。要求在缺素区或肥效敏感区增施相应微量元素肥料，以减少最小养分限制。

④对比示范田的设置。为进行示范宣传和评价测土配方施肥技术效果，在大面积测土配方施肥田中设置了“二区”（配方施肥区、习惯施肥区）和“三区”（配方施肥区、习惯施肥区、空白区）对比示范田。对比田设在有代表性的施肥区，习惯施肥处理区的面积不小于 200m^2、空白对照（不施肥）处理不少于 30m^2。在项目区内每个村的主要作物都设置了对比田，2005—2007 年全市共设对比示范点 829 个。空白区（不施肥）要有计划地设置，以减少产量损失，一般每个乡镇的主要作物要有 3～5 个空白田，用以估测耕地生产能力和肥效分析。农民习惯施肥区按当地农民常规施肥量和方法施肥。对比田的其他栽培措施应当保持一致。对比田的设置对分析测土配方施肥技术、经济效果及展示宣传推广测土配方施肥技术发挥了重要作用。

⑤跟踪试验。由于农业生产不断发展，作物的肥效反应、肥料的需求量及配比相应随之而变化，为了使施肥模式长期适用于生产，跟踪试验是很有必要的，主要用于获取新的肥效信息，以修正施肥模式。采用滚动修正法，即间隔 1～2 年进行一次修正模式，剔除过时的试验材料，补充新的信息，使模式保持一个稳定的较新的数据基础，与农业生产的发展保持一致性。

⑥配方的研制与配方肥的生产施用。为了提高测土配方施肥技术的进村入户率和施肥效应，根据田间肥效试验结果和土壤养分分布情况，确定不同区域的施肥配方，作为分区指导施肥和生产配方肥的依据。具体做法是：根据每个配方覆盖面积大小，选择 5～8 个在养分配比上有明显差别（单项养分差别大于 3%）、同时覆盖面积较大的配方，作为区域配方施肥指导的主体，其他区域覆盖面积相对较小的配方就近进行归类，由此建立了各地区的配方组合，作为施肥指导和配方肥生产应用的依据。生产施用配方肥，使配方技术固化在肥料中，实现了真正意义上的技物结合，即推广了技术，又方便了农民，有效地促进了测土配方施肥工作进程。

⑦测土配方施肥方案的实施。测土配方施肥方案的实施分为开方定肥、技术培训和跟踪服务几个重要环节。首先根据配方施肥区的土壤测试结果开出施肥配方，在春播前，发放到农户。一种方式是以技术资料形式发放到农民手中，农民按方采购肥料，自行配制施用；另一种方式是为配肥企业开具区域配方，一般一个作物确定施肥配方 5～8 个，配肥厂按照农业技术部门提供的配方生产配方肥，并根据每个配方的实际控制区域、面积和施肥量确定配方肥的生产量，有针对性地供应给农民，农民按说明施用配方肥即可。配方施肥建议卡写明了应用地块、户名、施肥量及详细的施肥技术等项内

容，农民很容易掌握施肥要领。

(3) 测土配方施肥数据库与专家系统的建立 应用计算机技术、地理信息系统（GIS）和全球卫星定位系统（GPS），采用规范化的测土配方施肥数据字典，对野外调查、农户施肥状况调查、测试分析和田间试验示范的数据、历年土壤肥料田间试验数据和土壤监测数据，以及第二次土壤普查、国土部门的土地详查以及水利、气象等方面的图件和文本资料，进行有效组织，建立规范的测土配方施肥数据库。同时利用 Arcinfo 地理信息系统、县域耕地信息管理系统、Visual FoxPro 数据库管理系统以及 Excel 等软件建立了测土配方施肥专家系统，有效地提高了施肥精确度和工作效率，使测土配方施肥技术得以大面积推广应用，深入农村千家万户，解决了复杂多样千家万户施肥的难题。

(4) 测土配方施肥“三个一工程” 通过测土配方施肥数据库，在地理信息系统、耕地资源信息管理系统及测土配方施肥专家系统的支撑下，逐级建立旗市、乡镇和村级测土配方施肥分区图与测土配方施肥指导单元推荐表，根据图、表即可一次性精确地确定每个农户具体地块的施肥方案，并应用计算机开具测土配方施肥建议卡，实现对农民适时、高效、准确的施肥指导，这种图、表、卡相结合的方式称为测土配方施肥“三个一工程”。通过“三个一工程”的实施，实现了测土配方施肥的宏观调控与微观指导的有机结合，不仅可以进行测土配方施肥的区域规划，同时技术指导可具体到地块，由于建立了测土配方施肥数据库，使分区图的编制到施肥建议卡的开具都可在计算机上完成，提高了效率和施肥的针对性。

(5) 田间调查和植株测定分析 2005—2007 年在代表性的对比田中进行了取样调查分析，内容为生物性状、产量构成因素、植株生理生化分析和产品品质分析，目的是评估测土配方施肥对作物生物性状及生理代谢指标的影响。

①植株性状和产量构成因素的调查分析。大豆各项指标以测土配方施肥处理最高。与习惯施肥比较，株高增加了 5.5cm，株荚数增加了 1.5 个荚，增长了 10.49%，其中一粒荚减少，二、三、四粒荚增加；单株粒数增加了 5 粒，增长 13.96%；百粒重也略有提高，增加了 0.7g，增长 3.32%；单株粒重增加了 1.35g，增加了 17.38%；根瘤也增多了 15.84%。玉米配方施肥比习惯施肥株高平均增长了 7.9cm；果穗长增加了 0.4cm；果穗秃尖减少了 0.52cm，减少了 75.36%；穗粒数增加了 49 粒，增长了 12.47%；百粒重增加了 1.89g，增长了 5.9%；穗粒重增长了 24.3g，增长了 19.12%；次生根数增加了 11.1 条。小麦配方施肥株高增加了 6.5cm；单株小穗数增加了 2.8 个，增长了 16.47%，千粒重增加了 1.6g，增长 5.13%；单株产量为 0.65g，比习惯施肥增加了 0.12g，增长了 22.68%；秸秆产量也明显增加，平均增加了 307.5kg/hm^2，增长了 9.54%。

②玉米植株生理指标测定结果。扎兰屯市惠风川乡进行了该项测定工作。共测定了 3 个对比点。应用配方施肥技术促进了玉米的生理代谢作用，扩大了叶面积。与习惯施肥比较，体内硝态氮增加了 6.3mg/kg，增长了 3.92%；体内无机磷增加了 6.4mg/kg，增长了 5.16%；体内水溶钾增加了 123.6mg/kg，增长了 6.02%；叶绿素含量提高了 0.352mg/kg，增加了 7.26%；光合强度增加了 0.671 干物质 mg/（dm^2·h），增长了 3.68%；群体叶面积指数增加了 0.2，增长了 6.86%。各项指标均表现优势，植株体直观表现为高大、叶宽厚、色深绿，具备创高产的基本条件。

③大豆品质分析。在阿荣旗进行了测定工作。汇总结果表明，应用配方施肥技术，明显提高大豆籽粒的品质。其中，脂肪含量增加了 1.09 个百分点，增长幅度为 5.95%。蛋白质和氨基酸含量基本稳定。植株体的光合强度和叶面积指数都有提高，分别增加了 0.83 干物质 mg/（dm^2·h）和 0.44，增加比例分别为 5.92%和 10%。

(6) 目标产量吻合度检验 根据 2005—2007 两年 829 个“两区”“三区”对比示范点的产量反馈信息和效应函数预测的理论产量进行了对比分析，吻合度平均值为 0.986（吻合度：A＝实际产量/理论产量）。实际产量略高于理论产量，A 值大于 1，说明 2005—2007 年的综合结果，粮食产量较常年偏丰。吻合度 A 值变异标准差为 0.089，整体变异系数为 8.59%，低于 10%的标准，说明预测产量准确度较高。2005 年的 A 的平均值为 1.098，大于 1，说明该年是个丰收年。2006 年和 2007 年吻合度的平均值为 0.97 和 0.983，小于 1，说明该年较常年偏欠，汇总的 A 值变异在 0.9～1.1 之间，符合农业部级标准要求。

（7）测土配方施肥与当年农民习惯施肥的对比分析 2005—2007 年 3 年共推广应用了农作物测土配方施肥面积 32.68 万 hm^2、平均公顷产为 3 771.75kg，其中大豆面积 16.4 万 hm^2，玉米 8.08 万 hm^2，小麦 8.2 万 hm^2。根据农业部门和统计部门 3 年的测产结果汇总，测土配方施肥比农民习惯施肥平均公顷增产粮食 432.45kg，增产率为 11.71%，总增产粮食 14.14 万吨，公顷纯增收 573.15 元，总纯效益达 18 744 万元。测土配方施肥效应为每千克肥料增粮 9.94kg，习惯施肥为 7.51kg，肥效提高了 2.43kg，增长幅度为 32.36%。投产比为 1∶4.15，习惯施肥为 1∶3.16，配方施肥表现明显的优势。

（8）肥料对粮食产量贡献率分析 肥料贡献率为施肥增产的粮食占粮食总产的百分比。根据三年的大面积示范、推广结果，测土配方施肥田公顷均产量为 3 771.75kg，同期的空白田产量为 2 749.35kg/hm^2，公顷增产粮食 1 022.4kg，增产率为 37.19%，肥料贡献率为 27.11%，农民习惯施肥的肥料贡献率为 17.66%。不同作物和地区肥料贡献率比较接近，小麦作物为 28.21%，玉米作物为 26.21%，大豆作物为 27.24%。

（9）配方施肥增产因素分析 配方施肥的增产因素表现两个方面：一是增肥增效，二是 N、P、K 的配合增效。2005—2007 年 3 年汇总结果，配方施肥比农民的习惯施肥公顷均增产粮食 432.45kg，施肥效应为每千克肥料有效量增产粮食 9.94kg，配方施肥田公顷多投入肥料 20.55kg（折纯）。

十四、“呼伦贝尔市耕地地力评价应用与推广”项目

1. 授奖种类 科技进步奖。

2. 奖励级别 地级。

3. 授奖等级 一等。

4. 颁奖部门 呼伦贝尔市人民政府。

5. 获奖年度 2015 年。

6. 完成单位 呼伦贝尔市农业技术推广服务中心，牙克石市农业技术推广中心，阿荣旗农业技术推广中心，扎兰屯市农业技术推广中心，莫力达瓦达斡尔族自治旗农业技术推广中心，鄂伦春自治旗农业技术推广中心，额尔古纳市农业技术推广中心，海拉尔区农业技术推广中心。

7. 主要完成人 崔文华，辛亚军，窦杰凤，平翠枝，蒋万波，刘全贵，苏都，于先泉，耿福文，林志忠，姜英君。

8. 实施年限 2011—2014 年。

9. 鉴定单位与时间 呼伦贝尔市科技局，呼科鉴字〔2014〕第 6001 号，2014 年 6 月 12 日。

10. 鉴定意见 选题符合呼伦贝尔市农业生产的实际，采用的技术先进可靠，提交的技术文件资料齐全完整，可指导进一步推广应用。

该项目利用“3S”技术，通过耕地农化样品的采集与测试分析、田间肥效试验、耕地环境与农户生产施肥调查，获得了大量的耕地属性数据，使用微软的数据库管理系统进行处理分析，建立了耕地属性数据库。应用综合指数法对全市耕地地力进行了评价，对耕地的生产能力进行了等级划分；并分别进行了理化性状与面积分布统计分析，建立了呼伦贝尔市及各旗（市、区）的耕地地力分级图。同时运用区域地力综合指数法对每个行政区域的综合地力水平进行了量化，根据土壤污染评价方法和水质污染评价方法，对全市耕地环境质量做出了综合评价，形成了全市统一标准的地力等级成果，依据《全国耕地类型区、耕地地力等级划分》（NY/T309—1996）标准将结果归入全国耕地地力等级体系。

以全市大豆、玉米、小麦等七大主栽作物田间肥效试验数据为基础，通过汇总分析，建立了全市各项土壤肥力要素的丰缺指标体系，编辑出版了《呼伦贝尔市土壤与耕地地力图集》等系列专著，并广泛应用于农业生产实际中。为全市种植业区划、耕地的合理配置、土壤改良与培肥、农作物科学施肥、农田规划等项目的实施提供科学的依据和技术支撑。

该项目完成了地市级耕地地力评价工作，以地理信息系统、县域耕地资源管理信息系统为平台，通过卫星遥感照片的解译和土壤图等专业图件的矢量化，建立了耕地空间数据库。由耕地属性数据库和空间数据库的集成，建立的呼伦贝尔市耕地资源管理信息系统，达到了国内领先水平，对国内地级耕地地力评价汇总工作具有重要指导意义。该项成果经内蒙古科技查新中心查新：国内未见相同报

道，具有新颖性。

建议：进一步加快全市耕地地力评价结果的应用进程。

11. 立项依据 呼伦贝尔市国土总面积 25.3 万 km^2，其中耕地总面积 188.19 万 hm^2，位于东北黑土区带，约占内蒙古自治区总耕地面积的 1/5。主要种植大豆、玉米、小麦、油菜等作物，是全国重要的商品粮生产基地，也是高油大豆主产区。呼伦贝尔市耕地具有分布范围广、气候与地形多样化等特征，给耕地的开发应用与管理带来诸多不便。自 20 世纪 80 年代开展第二次土壤普查以来，呼伦贝尔市 20 多年没有进行过全面的耕地地力调查。由于耕作和施肥方式的改变，特别是不同农户间的种植制度、肥料投入、产量等差异较大，导致耕地地力和土壤养分发生了很大变化，应用第二次土壤普查数据已无法指导当前农业生产。迫切需要开展全市耕地地力调查与质量评价，对全市耕地质量基础数据进行全面更新，以此指导农业生产，实现节本增收与可持续发展的目标。

12. 核心技术

（1）全市耕地数据库的建立与评价方法　呼伦贝尔市耕地数据库与资源管理信息系统是以 ArcGIS 为支撑平台，利用 GPS、RS 获取动态信息，通过图层叠加等空间分析形成各类属性相对较一致的图斑，建立了全市耕地属性与空间数据库，对辖区内耕地利用、土壤环境、农业生产基本情况等资料进行统一管理。

（2）土壤肥力要素丰缺指标体系的建立　全市土壤有机质及大量元素等养分丰缺指标见表 9-7。

表 9-7　呼伦贝尔市土壤有机质及大量元素等养分丰缺指标

土壤养分	分级标准				
	≤50%极低	50%～70%低	70%～85%中	85%～95%高	>95%极高
有机质（g/kg）	≤15.5	15.5～37.4	37.4～72.5	72.5～112.7	>112.7
全氮（g/kg）	≤0.87	0.87～1.96	1.96～3.60	3.60～5.39	>5.39
有效磷（mg/kg）	≤3.4	3.4～9.9	9.9～22.0	22.0～37.6	>37.6
速效钾（mg/kg）	≤46	46～106	106～198	198～300	>300
全磷（g/kg）	≤0.16	0.16～0.41	0.41～0.83	0.83～1.34	>1.34
全钾（g/kg）	≤2.28	2.28～7.13	7.13～16.79	16.79～29.72	>29.72
碱解氮（mg/kg）	≤77	77～149	149～245	245～340	>340
缓效钾（mg/kg）	≤85	85～282	282～693	693～1 261	>1 261
阳离子交换量［cmol（+）/kg］	≤6.2	6.2～10.5	10.5～15.4	15.4～20.0	>20.0

根据田间试验示范结果和农业生产实际，研发并建立了全市耕地土壤中微量元素的有效施用临界值和必须施用临界值。以相对产量 95%对应的丰缺指标值为有效施用临界值；以相对产量 70%对应的丰缺指标值为必须施用临界值（表 9-8）。

表 9-8　呼伦贝尔市土壤中微量元素丰缺指标

土壤养分	分级标准				
	≤50%极低	50%～70%低	70%～85%中	85%～95%高	>95%极高
有效锌（mg/kg）	≤0.30	0.30～0.74	0.74～1.43	1.43～2.23	>2.23
有效钼（mg/kg）	≤0.09	0.09～0.18	0.18～0.32	0.32～0.47	>0.47
有效铁（mg/kg）	≤5.6	5.6～14.5	14.5～29.7	29.7～47.9	>47.9
有效锰（mg/kg）	≤4.0	4.0～15.0	15.0～30.0	30.0～50.0	>50.0
水溶态硼（mg/kg）	≤0.14	0.14～0.42	0.42～0.94	0.94～1.61	>1.61
有效硫（mg/kg）	≤4.9	4.9～11.7	11.7～22.3	22.3～34.4	>34.4
有效铜（mg/kg）	≤0.10	0.10～0.20	0.20～1.00	1.00～2.00	>2.00

（3）耕地和人工牧草地土壤属性分析　全市耕地和人工牧草地土壤呈微酸性，除有效钼为低水

平外，其余大中微量元素均达到中等或中等以上水平（表 9-9、表 9-10）。

表 9-9　呼伦贝尔市耕地土壤农化分析结果

项目	平均值	变幅	指标评价	项目	平均值	变幅	指标评价
有机质（g/kg）	59.2	11.7～151.6	中等水平	有效铜（mg/kg）	1.32	0.05～5.27	高水平
全氮（g/kg）	2.918	0.49～7.86	中等水平	有效锌（mg/kg）	1.14	0.04～6.23	中等水平
全磷（g/kg）	0.804	0.12～4.86	中等水平	水溶态硼（mg/kg）	0.59	0.02～2.94	中等水平
全钾（g/kg）	16.9	0.8～44.3	高水平	有效钼（mg/kg）	0.15	0.01～1.73	低水平
碱解氮（mg/kg）	247	35.5～588.0	高水平	交换性钙（mg/kg）	4 462.2	118.4～9 830.7	—
有效磷（mg/kg）	23	2.2～107.9	高水平	交换性镁（mg/kg）	580.2	25.6～1 836.6	—
速效钾（mg/kg）	204	23～588	高水平	有效硫（mg/kg）	18.9	1.5～123.9	中等水平
缓效钾（mg/kg）	825	59～1 881	高水平	有效硅（mg/kg）	218.8	38.4～667.2	—
有效铁（mg/kg）	88.1	1.3～371.0	极高水平	pH	6.02	4.6～8.5	微酸性
有效锰（mg/kg）	46.3	0.2～166.9	高水平	阳离子交换量［cmol（+）/kg］	29.2	7～76.4	—

表 9-10　呼伦贝尔市人工牧草地土壤农化分析结果

项目	平均值	变幅	指标评价	项目	平均值	变幅	指标评价
有机质（g/kg）	54.1	11.4～117.1	中等水平	有效铜（mg/kg）	0.83	0.04～4.25	中等水平
全氮（g/kg）	2.678	0.51～6.53	中等水平	有效锌（mg/kg）	1.01	0.08～6.98	中等水平
全磷（g/kg）	0.734	0.29～4.61	中等水平	水溶态硼（mg/kg）	0.77	0.05～2.08	中等水平
全钾（g/kg）	22.0	1.3～45.1	高水平	有效钼（mg/kg）	0.30	0.01～1.76	中等水平
碱解氮（mg/kg）	229	40.9～494.8	中等水平	交换性钙（mg/kg）	3 679.2	268.2～9 220.7	—
有效磷（mg/kg）	16.8	1.0～71.3	中等水平	交换性镁（mg/kg）	625.0	100.8～1 858.6	—
速效钾（mg/kg）	210	10～562	高水平	有效硫（mg/kg）	13.9	1.7～64.0	中等水平
缓效钾（mg/kg）	787	30～1 722	高水平	有效硅（mg/kg）	238.6	33.6～630.9	—
有效铁（mg/kg）	66.9	2.0～333.5	极高水平	pH	6.41	5.0～8.6	微酸性
有效锰（mg/kg）	33.9	4.0～120.5	高水平	阳离子交换量［cmol（+）/kg］	29.2	7～76.4	—

（4）全市耕地地力等级概述　全市耕地和人工牧草地均以三、四级地面积最大，为1 083 846.7 hm^2，占耕地和人工牧草地总面积的 52.30%。一、二级地面积 672 604.8hm^2，占总面积的 32.45%。五、六、七级地面积 315 949.3hm^2，占总面积的 15.25%。

（5）耕地地力区域性综合评价　在 13 个旗（市、区）中，额尔古纳市区域地力水平最高，新巴尔虎右旗区域地力水平最低。各旗（市、区）区域地力水平排序为：额尔古纳市>陈巴尔虎旗>牙克石市>鄂伦春自治旗>莫力达瓦达斡尔族自治旗>扎兰屯市>根河市>满洲里市>新巴尔虎左旗>阿荣旗>鄂温克族自治旗>海拉尔区>新巴尔虎右旗。

（6）耕地环境质量评价　岭东地区水土综合指数为 0.55，岭西地区水土综合指数为 0.46，均小于 0.7，耕地土壤单项因素和综合因素评价均为非污染，综合环境质量状况属于清洁水平。

（7）开展了地市级耕地地力专题研究，集成了土壤培肥改良与利用配套技术　结合耕地地力评价结果，将全市耕地按《全国各耕地类型区高中低产田粮食单产指标参照表》划分为高产田和中低产田，根据不同耕地的立地条件、土壤属性、土壤养分状况和农田基础设施建设，制定了切实可行的耕地土壤改良利用方案。

（8）编辑出版了地市级的耕地地力与科学施肥系列专著　为了加快技术成果的推广应用和促进不同地区之间的技术交流，项目组成立了编辑委员会，编撰出版了 6 部专著，是呼伦贝尔市耕地地力评价项目所取得的主要技术成果之一。

第二节 农牧渔业丰收奖

一、“呼伦贝尔盟80万亩大豆综合增产技术”项目

1. 授奖种类 全国农牧渔业丰收奖。

2. 奖励级别 部级。

3. 授奖等级 二等。

4. 颁奖部门 农业部。

5. 获奖年度 1991年。

6. 完成单位 呼伦贝尔盟土壤肥料工作站，莫力达瓦达斡尔族自治旗农业技术推广中心，阿荣旗农业技术推广中心，扎兰屯市农业技术推广中心，呼伦贝尔盟农机管理站，呼伦贝尔盟种子公司，呼伦贝尔盟农业技术推广站，呼伦贝尔盟植保站。

7. 主要完成人 谭跃，姜秀明，苏子才，贾占林，籍德志，戴永林，卢亚东，原兆仁，崔文华，裴殿阁，郭庭远，靳相成，李方阁，王启明，孙范军，王进方，李明琴，侯志儒，苏振友，张伟，牛万鹏，何永平，范玉昌，郝桂娟，邱方吉。

8. 实施年限 1990年3～11月。

9. 鉴定单位与时间 内蒙古自治区农业委员会，1991年2月。

10. 鉴定意见 “呼伦贝尔盟80万亩大豆综合增产技术”项目的实施，符合呼伦贝尔盟大豆生产实际，抓住了生产技术关键，选用适宜良种、增施有机肥、配方施肥、采用半精量机械播种、缩垅增行、合理提高密度、病虫杂草防治的切实可行的技术措施，创造了呼伦贝尔盟大豆大面积生产历史的最高单产水平。测产数据可靠，技术资料齐全。

通过该项目的实施不仅收到显著经济效益、社会效益和生态效益，还培训了一大批农民技术员，普及了增产技术，为呼伦贝尔盟大豆基地的开发利用奠定了基础。同意通过验收。

11. 立项依据 “呼伦贝尔盟80万亩大豆综合增产技术”是1990年农业部下达的“丰收计划”项目，由内蒙古自治区农业委员会承担，在区内大豆主产区呼伦贝尔盟实施，呼伦贝尔盟土壤肥料工作站负责项目的具体实施工作。该项目是针对本地区大豆生产存在的投入少、技术含量低、产量不高等突出问题提出来的，通过综合运用各项适用增产技术，增加配套的资金、物资的投入，实行资金、物资、技术、人员的集约化管理等措施，以提高大豆生产的整体水平。由于对各单项栽培技术进行了有机组合，同时提供了行政、资金保障，调动了各方面的积极性，充分发挥了各项技术的综合增产潜力，实现了大豆大面积生产的丰产丰收。

12. 核心技术 “呼伦贝尔盟80万亩大豆综合增产技术”项目，是以“呼伦贝尔盟岭东旱作大豆内豆三号公顷产3 000kg栽培模式”为指导，突出推广良种应用、合理密植、科学施肥、机械播种等几项主要增产栽培技术。在探讨北方高寒地区大豆栽培技术体系优化方面，取得了显著成效。

（1）选择适宜的品种 根据目前呼伦贝尔盟大豆应用的主要品种结合“呼伦贝尔盟80万亩大豆综合增产技术”项目分布区域的纬度、积温，确定了呼伦贝尔盟不同地区大豆的主栽品种。扎兰屯市南部以合丰30号、九丰1号、内豆3号、丰收20号为主，扎兰屯市北部以黑河4号为主；阿荣旗南部以内豆3号、九丰1号为主，阿荣旗北部以黑河4号为主；莫力达瓦达斡尔族自治旗南部以九丰1号、黑河4号为主。

（2）推广缩垅增行技术 针对目前大豆种植密度不足的情况，推广应用了缩垅增行技术，要求项目田密度必须在30万～37.5万株/hm^2之间。根据田间调查，项目田密度一般在36万/hm^2株以上，一般田密度平均为27.75万～30万株/hm^2。由于实行了合理密植，项目田形成了合理的群体结构，主体层次分明，提高了水、肥、光能的利用率，发挥了群体增产优势。

（3）精量播种 为了保证合理密植播种质量，缩短播期，我们在项目田大量使用了单体播种机，

实施大面积机播。据统计，共投入单体播种机 2 115 台，机播面积达 3.67 万 hm^2，占全部项目田的 66.4%。由于单体播种机的使用，提高了播种质量，缩短了播种时间。单体播种机的使用是大豆播种技术的一项改革，为北方高寒地区大豆生产中克服早春干旱，生育期短等不利因素开辟了新的途径。

（4）推广优化配方施肥技术　根据大豆生育期内吸肥规律，结合项目区域内的土壤养分状况、供肥水平，项目田重点应用了优化配方施肥技术。项目田每公顷施用农家肥必须在 15t 以上，在此基础上合理配置 N、P 比例。一般情况下，在低肥力土壤（有效磷含量低于 15mg/kg）公顷施用磷酸二铵 300～450kg，尿素 150kg；较高肥力土壤公顷施磷酸二铵 90～120kg，尿素 30～75kg。配方施肥因土施肥，避免了肥料的浪费，协调了养分平衡，降低了成本，提高了产量。跟踪田测定结果，配方田公顷产在 2 370～2 940kg/hm^2之间，高于一般田 8%～15%。

（5）设置高产示范田　在大面积实施本项目同时，设置了 266.7hm^2高产示范攻关田，年终测产表明平均单产达到 3 096kg/hm^2，比一般田公顷增产 807kg，增产率为 35.26%。高产攻关田完全保证各项优化技术以及物资的投入，产生了明显高产示范作用，对于大面积项目实施是一个有力的促进。

二、“大豆综合增产技术”项目

1. 授奖种类　全国农牧渔业丰收奖。

2. 奖励级别　部级。

3. 授奖等级　三等。

4. 颁奖部门　农业部。

5. 获奖年度　1994 年。

6. 完成单位　呼伦贝尔盟土壤肥料工作站，莫力达瓦达斡尔族自治旗农业局，扎兰屯市农业局。

7. 主要完成人　王启明，戴永林，潘森，王秀芳，崔文华，严小平、崔淑萍、张友清，张伟，王进方，韩虹，寇世宏，王国志，丁秀清，恩和巴图，崔贵发，陈彤，王瑞华，王学元，唐群起。

8. 实施年限　1992—1993 年。

9. 鉴定单位与时间　呼伦贝尔盟农业局，1994 年 3 月 31 日。

10. 鉴定意见　1992—1993 年，呼伦贝尔盟土壤肥料工作站承担了农业部下达的百万亩大豆“丰收计划”项目，经过周密的组织领导和广大科技人员、农民的共同努力，实际完成了 11.36 万 hm^2，超额完成了计划指标。项目田两年平均公顷产量达到了 2 164.5kg，比项目区两个旗前 3 年平均公顷产 1 944kg，公顷增产 220.5kg，增产率为 11.34%，投产比为 1∶2.92，两年总增产大豆2 504.6万 kg，两年总纯增效益 2 640.4 万元。取得了显著的经济效益和社会效益。

大豆“丰收计划”项目的实施，符合呼伦贝尔盟大豆生产实际，抓住了生产技术关键，选用适宜良种、增施有机肥、配方施肥、采用半精量机械播种、缩垅增行、合理提高密度、病虫杂草防治等切实可行的技术措施，创造了呼伦贝尔盟大豆大面积生产历史的最高单产水平。测产数据可靠，技术资料齐全。

通过大豆“大豆计划”项目的实施不仅收到显著经济效益，社会效益和生态效益，还培训了一大批农民技术员，普及了适用增产技术，为呼伦贝尔盟大豆基地的建设做出了贡献。

11. 立项依据　呼伦贝尔盟 1992—1993 年大豆综合增产技术是由农业部下达的“丰收计划”项目。两年计划完成 6.66 万 hm^2，每年实施 3.33 万 hm^2。该项目是针对北方高寒地区大豆生产存在的突出问题，重点推广应用良种、机播播种、合理密植、配方施肥等多项适用增产技术。在大面积实施优化栽培技术的同时，设置了高产示范攻关田，以推动北方高寒地区大豆的生产的整体水平。

12. 核心技术　呼伦贝尔盟大豆“丰收计划”项目是在大面积实施模式化栽培的基础上，重点抓住了选用良种、合理密植、配方施肥、精量机播、药剂除草等几项主要技术措施。

（1）轮作倒茬，加强深翻整地　呼伦贝尔盟是大豆主产区，大豆播种面积大，重迎茬现象较严重，我们在落实大豆“丰收计划”田时尽量避开重迎茬地块，选择玉米、马铃薯茬口，并达到 3 年内深翻一次。翻地多在秋季进行，翻深 20cm 左右，并及时耙耢。播前整地全部进行机械灭茬，做到地表平坦，无坷垃和直立根茬残留。1992 年全盟大豆“丰收计划”田秋翻面积达 9.52 万 hm^2，占 93.3%。1993 年秋翻面积达 5.11 万 hm^2，3 年深翻面积占 100%。

（2）全部选用优良品种 大豆“丰收计划”田实现了良种化，由于呼伦贝尔盟地域辽阔，南北气候差别很大，根据积温带选择了适宜的大豆品种。全盟仍以合丰 20 号、合丰 25 号、内豆 3 号、九丰 1 号等品种为主体。在地域上做了明确规定。1993 年又新增了 6007、5005、8012 三个新品种，使大豆种植区域有了扩展。为保证种子质量，所有良种均由种子部门统一供应，按种植区调拨。两年盟旗市两级调拨大豆优良品种 1 805.1 万 kg，纯度达 98%以上，良种应用面积达 100%。

（3）应用缩垅增行技术，合理提高种植密度 大豆“丰收计划”田种植密度为 37.5 万株/hm^2，比一般田平均多 4.5 万株/hm^2。在南部高积温带应用了平播缩垄增行技术，其他地区也相应缩小垄距 5cm，使垅距保持 55～60cm。根据土壤条件和品种类型，各地区规定了适宜的密度，水肥条件好的地块和分枝型品种适当稀植，密度为 34.86 万株/hm^2，瘠薄地块和主茎型品种种植密度适当增加，公顷保苗 37.5 万～39 万株。

（4）机械精量播种，提高了播种质量 1992—1993 年两年在全盟原有 2 230 台单体播种机的基础上，新进 946 台分层施肥播种机，使机播面积达 10.35 万 hm^2，占 91.6%。新型播种机保证了播种质量，缩短了播期，抓住了墒情，把地种在了“腰窝”上，为大豆丰产丰收提供了保障。

（5）增施有机肥料 大豆“丰收计划”田公顷平均施农家肥 13.09t，结合深翻整地做基肥施入土壤，使土肥混匀，施深为 15cm。两年全盟投入有机肥总量为 148.7 万 t，占全盟同期农肥总量的 16.52%，而播种面积只占总面积的 8.7%，有机肥的用量较一般田平均值高一倍多。

（6）应用配方施肥技术 大豆“丰收计划”田全部应用了配方技术施肥。根据《内蒙古大兴安岭岭东大豆配方施肥技术规程》（DB151T37—92）要求，播前取土样分析。开方，确定最佳氮磷肥的用量和配方，并将施肥配方发到农民手中，做到按方施肥，提高了施肥效应。两年共取分析土样 1 963个，分析测定 9 639 项次，发放配方施肥卡 27 309 份。通过对比田的测产，配方施肥技术可增产 12%～16%。

（7）微肥施用 呼伦贝尔盟地区土壤 60%的面积硼的含量在临界值以下，钼含量 40%在临界值以下。根据土壤缺素症状，有针对性地施用了微肥，两年施用微肥面积为 5.09 万 hm^2。施用方法主要为钼酸铵或硼砂拌种或叶面喷施。

（8）田间管理 大豆“丰收计划”田全部应用了模式化栽培的田间管理措施，具体为以下几项：实行药剂灭草；大面积机械中耕深松；8 月上旬进行大豆食心虫防治；人工间苗、拔大草。

（9）设置了高产示范片和对比田 为了对大豆“丰收计划”的技术效果进行评估及提供样板，在全盟的 18 个重点科技示范村中布置 2 588.3hm^2 的大豆高产示范田（1992 年 553.3hm^2，1993 年 2 035hm^2），在有代表性的地块设置了 209 个对比点。高产示范田做到了大面积连片，莫力达瓦达斡尔族自治旗 1 573.9hm^2，扎兰屯市 1 014.4hm^2，平均公顷产达 2 800.5kg。其中莫力达瓦达斡尔族自治旗西瓦尔图镇宝龙村的 207.1hm^2示范田和扎兰屯市惠风川乡惠风川村的 104.3hm^2示范田平均公顷产分别为 3 085.5kg 和 3 024kg，位于全盟首位。高产示范田严格地应用了各项增产技术，并由过硬的技术人员蹲点服务，充分发挥了“丰收计划”的技术效果，验证了综合技术增产效应，为周围农民提供了活样板，扩大了“丰收计划”项目的影响面，提高了广大农民科学种田意识，推动了农业增产技术的普及。

三、“农作物平衡施肥与钾肥推广”项目

1. 授奖种类 全国农牧渔业丰收奖。

2. 奖励级别 部级。

3. 授奖等级 二等。

4. 颁奖部门 农业部。

5. 获奖年度 1998 年。

6. 完成单位 呼伦贝尔盟土壤肥料工作站，扎兰屯市农业技术推广中心，阿荣旗农业技术推广

中心，莫力达瓦达斡尔族自治旗农业技术推广中心，牙克石市农业技术推广中心，额尔古纳市农业技术推广站，海拉尔市农业技术推广中心，满洲里市农业技术推广站。

7. 主要完成人 崔文华，卢亚东，郝桂娟，辛亚军，石珂，付智林，戴永林，张清华，谷淑湘，李学友，范丽萍，王贵财，李秀芬，涂文孝，王启明，肇贵超，张淑华，姜瑞梅，李东明，王崇军，裴殿阁，史凤田，潘双山，郭建靖，赵文喜。

8. 实施年限 1996—1997 年。

9. 鉴定单位与时间 内蒙古自治区农业厅，内农丰鉴字〔1998〕第 02 号，1998 年 3 月 11 日。

10. 鉴定意见 农作物平衡施肥技术，是我区种植业所需的先进适用技术。项目的实施，对提高项目区大豆、玉米、小麦生产的科技含量和劳动者素质，推动经营方式由粗放型向集约型转变具有重要意义。

1996—1997 年，在呼伦贝尔盟 51 个乡镇大面积推广应用平衡施肥技术，超额完成了计划面积任务。平衡施肥平均亩产 251kg，比农民习惯施肥亩增产 34.3kg，增产率为 15.8%。亩增纯收益 43.24 元。平衡施肥每千克肥料增产 9.14kg，比农民习惯施肥增加 1.37kg，肥效提高 17.6%。按期完成计划任务的各项经济技术指标，增产增收效益十分显著。

实践证明，课题组采用的根据土壤养分测定值与不同作物的肥料效应函数，确定 N、P、K 及微肥施用量的平衡施肥技术是先进的、成熟的、可靠的。为全区测土施肥技术的广泛应用提供了宝贵经验。

项目主题准确，研究方法先进，技术路线正确，数据资料齐全。采用试验、示范、推广相结合，深入开展多种形式技术培训等推广措施，采用边推广，边跟踪试验，及时修正施肥模式，不断完善、充实、提高平衡施肥技术的做法，取得了重大的经济和社会效益。在整体上达国内同类项目先进水平。

建议对土壤钾临界值及钾施用条件做进一步研究。

11. 立项依据 呼伦贝尔盟自 1991 年起就开始进行了农作物平衡技术研究工作，到 1994 年完成了试验研究和验证，摸清了本地区钾肥有效施用环境，建立了主栽作物的平衡施肥技术模式，并通过了地区科技部门的技术鉴定，取得了“同类研究国内先进水平”的结论。由于该项技术科技含量高，技术进步，大面积推广应用将改变生产上不合理施肥习惯，具有很高的增产潜力和广阔的推广前景，得到了有关部门的高度重视，因此，1995 年列入全盟重点推广的十项农业增产新技术之一，1996 年又列入自治区丰收计划项目。

土壤测试结果表明，目前耕地土壤的钾素损失较快，磷素明显富集。1980—1995 年间，土壤速效钾平均下降了 58.4mg/kg，占 22.76%的比例，有 87%的耕地施钾肥增产效果显著，说明土壤钾素已不再是有余了。而农民的习惯施肥是以 N、P 为主，很少施用钾肥，造成供肥比例失调和肥效不高的不良后果。所以，合理增施钾肥，调整 N、P、K 施肥配比，大力推广平衡施肥技术是当前农业生产所急需。只有通过大面积推广应用平衡施肥技术，才能有效地改变生产上施肥不合理的现象，充分发挥平衡施肥技术的增产效应。

12. 核心技术

（1）平衡施肥技术的试验研究 试验研究采用了粮农组织（FAO）推荐的多点分散田间试验方法进行的。试验结果选用相应的效应函数式模拟，进行施肥量和农业技术经济分析，最终建立 N、P、K 平衡施肥模式，用于指导生产施肥。

①土壤测试和植株分析。播种前取耕层 0～20cm 深度混合土样进行常规分析。生长季节在试验田取植株样进行常规分析和生理生化指标测定。方法和项目如下：有机质—重铬酸钾氧化法；碱解氮—氢氧化钠碱解扩散吸收法；速效磷—碳酸氢钠浸提，Olson 法；速效钾—醋酸铵浸提，火焰光度法；体内硝态氮—硝酸还原法；体内无机磷—磷钼蓝法；体内水溶钾—四苯硼钠法；叶绿素含量—丙酮提取比色法；光合强度—改良半叶法；氨基酸总量—茚三酮比色法；蛋白质—半微量滴定法；脂肪—索氏提取法。

②统计分析法。应用数理统计学的最小二乘法原理配置方程式系数，并进行拟合性检验，相关系数 R 值的显著性测定。

③大豆、玉米作物氮磷钾平衡施肥模式的建立。在大豆、玉米作物上应用了该项技术。产量和施肥量选用三元二次效应方程式 $y = b_0 + b_1N + b_2P + b_3K + b_4NP + b_5NK + b_6PK + b_7N^2 + b_8P^2 + b_9K^2$ 表达（y 为产量，N、P、K 分别为氮、磷、钾施肥量，$b_0 \cdots\cdots b_9$ 为回归系数）（以 $666.7m^2$ 为面积单位统计）。对典型的回归方程式，通过聚类分析和土壤肥力判别的汇总方法建立施肥模式。

聚类分析：根据系统聚类分析的原理，特征相似的方程归为一类，多点方程可分为若干类，并建立类方程，用于分类指导施肥。大豆、玉米作物各划分出 4 个类，由类方程建立 N、P、K 施肥量组合和目标产量（表 9-11、表 9-12）。每个类方程根据不同的耕地等级（低、中、高）确定施肥下限、中值和上限。地力等级的划分参照自治区标准 DB15/T44—92 执行。地力等级高，有利于肥效发挥，施肥可以选中值或上限，一般情况下选用施肥下限，以增加施肥的可靠性。

表 9-11 氮磷钾平衡施肥模式

作物	类别	增产率（%）	回归效应类方程 $y=f(x_i)$（以 $666.7m^2$ 为面积单位统计）	R 值
大豆	Ⅰ	71.3	$y=103.924+12.639N+6.025P+5.56K-0.119NP-0.238PK-1\,232N^2-0.169P^2-0.674K^2$	0.966**
	Ⅱ	66.5	$y=82.7+110.423N+6.089P+2.815K-0.299NP+0.153NK+0.089\,7PK-169N^2-0.313P^2-0.189K^2$	0.981**
	Ⅲ	105.7	$y=76.86+15.473N+5.66P+5.633K-0.281NP+0.255NK+0.275PK-1.735N^2-0.379P^2-0.491K^2$	0.934**
	Ⅳ	107.5	$y=78.18+15.473N+5.667P+5.633K-0.281NP+0.255NK-1.554N^2-0.379P^2-0.491K^2$	0.988**
玉米	Ⅰ	34.34	$y=303.29+21.034N+5.085P+10.025K-0.163NP+0.413NK-0.002\,5PK-1.966N^2-0.131P^2-0.990\,4K^2$	0.919**
	Ⅱ	48.54	$y=292.85+20.735N+16.394P+6.479K-0.976NP+1.378NK-2.019N^2-0.91P^2-0.835K^2$	0.924**
	Ⅲ	61.8	$y=203.397+7.51N+0.148P+11.54K+0.170NP+0.263NK+0.857PK-0.393N^2-1.293P^2-1.170K^2$	0.939**
	Ⅳ	94.1	$y=174.08+21.553N+19.967P+11.828K-0.378NP+1.247NK+1.779PK-1.853N^2-0.649P^2-0.474K^2$	0.999**

表 9-12 氮磷钾施肥量计算

作物	类别	利润率	亩施肥量（kg）			亩产（kg）	N∶P_2O_5∶K_2O	施肥界限
			N	P_2O_5	K_2O			
大豆	Ⅰ	1	3.7	2.05	2.75	156.9	1∶0.6∶0.7	下限
		0.5	4.09	6.06	2.8	172.6	1∶1.5∶0.7	中限
		0.2	4.28	8.07	2.83	178.1	1∶1.9∶0.7	上限
	Ⅱ	1	2.031	4.93	4.77	129.1	1∶1.4∶1.0	下限
		0.5	2.19	6.19	6.31	134.9	1∶1.2∶1.7	中限
		0.2	2.29	6.96	7.23	137.7	1∶1.49∶1.8	上限
	Ⅲ	2	2.39	3.29	2.29	140.1	1∶1.4∶1.0	下限
		1	3.73	4.62	6.2	153.5	1∶0.6∶1.5	中限
		0.5	3.89	5.79	7.02	158.1	1∶0.7∶1.5	上限
	Ⅳ	2	3.86	1.2	5.37	150.3	1∶0.3∶1.4	下限
		1	4.33	2.65	6.29	159.1	1∶0.6∶1.5	中限
		0.5	4.56	3.38	6.75	162.2	1∶0.7∶1.0	上限
玉米	Ⅰ	0.2	4.77	0.78	4.76	396.8	1∶0.2∶1.0	下限
		0	4.86	3.34	4.99	407.4	1∶0.7∶1.0	上限
	Ⅱ	2	3.05	1.99	2.75	384.4	1∶0.7∶0.9	下限
		1	4.44	3.37	5.33	422	1∶0.8∶1.2	中限
		0.5	5.14	4.06	6.62	435	1∶0.8∶1.3	上限
	Ⅲ	1	2.99	2.97	4.53	285.9	1∶1.0∶1.5	下限
		0.5	5.86	4.23	5.95	315.4	1∶0.7∶1.0	中限
		0.2	7.58	4.99	6.74	329.1	1∶0.7∶1.3	上限
	Ⅳ	2	3.12	4.38	1.58	304.6	1∶1.4∶0.5	下限
		1	4.08	5.95	2.16	329.3	1∶1.5∶0.5	中限
		0.5	4.56	6.74	2.45	337.9	1∶1.5∶0.5	上限

判别分析：根据聚类分析结果，以土测值为判别要素，进行逐步判别分析，建立判别函数，用于确定类方程。

a. 大豆作物判别函数。

Ⅰ类：$y=-96.575+22.5812x_1+0.3077x_2-1.0301x_3+0.2276x_4$

Ⅱ类：$y=-79.7837+20.2359x_1+0.2989x_2-1.0029x_3+0.1826x_4$

Ⅲ类：$y=-53.187+16.4783x_1+0.2361x_2-0.735x_3+0.1568x_4$

Ⅳ类：$y=-37.246+13.2195x_1+0.1234x_2-0.056x_3+0.1349x_4$

式中：x_1为有机质；x_2为碱解氮；x_3为速效磷；x_4为速效钾。

显著性检验：$x_2=29.14$，$x_2{}^{0.05}=26.3$，$x_2>x_2{}^{0.05}$。达显著水平。

b. 玉米作物判别函数。

Ⅰ类：$y=-22.477+10.1062x_1+0.0072x_2$

Ⅱ类：$y=-11.3774+7.3197x_1-0.0558x_2$

Ⅲ类：$y=-10.4124+5.8559x_1+0.0857x_2$

Ⅳ类：$y=-21.3474+11.049x_1-0.2921x_2$

式中：x_1为有机质；x_2为速效磷。

显著性检验：$x_2=18.92$，$x_2{}^{0.05}=15.51$，$x_2>x_2{}^{0.05}$。达显著水平。

回判检验：应用建立的判别函数对各试验点的土测值进行归类验，以了解判别准确率。

判别准确率＝（样本总数－误判总数）/样本总数×100

回判结果为：大豆、玉米作物各一个点误判，判别准确率分别为92.8%和93.3%。回判准确率是比较高的。

类别差异性检验：对分类方程的独立性检验，以测定方程的代表性。检验结果见表9-13。表中可知，多数类间差异显著，具有独立性。说明N、P、K效应方程的分类是因为土壤肥力差异引起的，每个类方程代表一个特定的土壤条件，具有独立特征。

④小麦作物氮磷钾施肥模式的建立。小麦作物应用了氮磷施肥模式，与钾肥效应函数配合，实现了小麦作物的N、P、K平衡施肥技术指导。

建立效应函数：选用$y=b_0+b_1N+b_2P+b_3NP+b_4N^2+b_5P^2$二次方程（$y$为产量，N、P分别为氮磷肥因素，$b_0$……$b_5$为回归系数）。每个标准的效应方程，根据边际产量等于边际成本的原理计算最佳施肥量，N/P值等参数。

表9-13 大豆、玉米作物类间土壤肥力F检验

作物	类别	Ⅰ	Ⅱ	Ⅲ
大豆	Ⅰ	1.766		
	Ⅱ	5.663*	1.823	
	Ⅲ	13.002**	9.254**	4.653*
玉米	Ⅰ	4.624*		
	Ⅱ	5.22*	1.073	
	Ⅲ	5.107**	4.128	7.984*

相关分析：

a. 肥力分级应用相对产量值表示（缺素区产量占全肥区产量的百分比），与土测磷值建立$y=a+b\ln x$自然对数关系式（y为相对产量，x为土测磷值，a、b为回归系数）。建立的回归方程式为：$y=46.84+13.07\ln x$，$R=0.638^{**}$。

以相对产量≤50%、50%～70%、70%～85%、85%～95%、>95%划分土壤供肥能力为极缺、缺、中、丰、极丰五级，在极丰级以上可以不施肥。

土壤速效磷与最佳施磷量或 N/P 值的相关式，可以用 $y=ae^{bx}$ 指数函数式表达（y 为施磷量或 N/P 值，x 为土壤速效磷，a、b 为回归系数），并用于确定非试验地磷和氮肥施用量的确定。

b. 土测值与最佳施磷肥的相关式：$y=7.808\,8e^{-0.036x}$，R$=0.612\,1^{**}$。

c. 土测值与最佳 N/P 值的相关式：$y=0.316\,3e^{0.034\,2x}$，R$=0.659\,8^{**}$。

由以上三个函数建立了施肥推荐表（表 9-14）。

表 9-14 小麦氮磷施肥总量推荐

肥力分级	极缺	缺		中			丰			极丰
		1	2	1	2	3	1	2	3	
土壤 P$_2$O$_5$ 含量（mg/kg）	<2.0	2~5	5.1~8	8.1~11	11.1~15	15.1~19	19.1~26	26.1~33	33.1~40	>40
亩施 P$_2$O$_5$ 量（kg）	7.25	7.25~6.45	6.45~5.81	5.8~5.2	5.2~4.49	4.49~3.87	3.87~2.99	2.99~2.31	2.31~1.78	1.5
亩施氮量（kg）	4.4	4.2	3.8	3.6	3.4	3.2	3	2.8	2.5	2.2

⑤钾肥效应函数的建立。选用 $y=a+bx+cx^2$ 一元二次方程式表达钾肥效应（y 为产量，x 为施钾肥量，a、b 为回归系数）。肥效指标以增产百分比表示，增产指标≤5%、5%~10%、10%~15%、>15%，分为微效、低效、中效和高效 4 级，结果见表 9-15（以 666.7m^2 为面积单位统计）。

表 9-15 钾肥肥效和用量试验结果统计分析汇总

作物	钾肥肥效分级	增产指标（%）	回归方程式（$y=ax+bx+cx^2$）（以 666.7m^2 为面积单位统计）	R 值
大豆	微效区	≤5	$y=177.55+2.609x-0.263x^2$	0.754
	低效区	5~10	$y=137.64+4.178x-0.459x^2$	0.999**
	中效区	10~15	$y=139.45+4.687x-0.334x^2$	0.862*
	高效区	>15	$y=133.31+7.46x-0.389x^2$	0.975**
玉米	微效区	≤5	$y=410.45+2.584x-0.338x^2$	0.602
	低效区	5~10	$y=382.45+9.411x-0.837x^2$	0.999**
	中效区	10~15	$y=311.08+7.709x-0.375x^2$	0.996**
	高效区	>15	$y=377.63+22.272x-1.368x^2$	0.992*
小麦	微效区	≤5	$y=265.82+4.948x-0.575x^2$	0.989**
	低效区	5~10	$y=268.36+6.803x-0.672x^2$	0.846*
	中效区	10~15	$y=259.956+12.176x-0.84x^2$	0.862*
	高效区	>15	$y=101.63+12.73x-0.889x^2$	0.978**

亩最大量（kg）		亩最佳量（kg）				钾肥效应（kg/kg）
施肥	产量	施肥	产量	投资	纯收益	
4.96	182	3.28	181.3	9.84	8	1.75
4.55	147.2	3.59	146.7	10.77	17.32	2.52
7.01	155.9	5.69	155.3	17.07	32.07	2.79
9.57	169	8.43	168.5	25.29	83.8	4.17
5.3	419.9	2.13	416.1	6.39	0.96	2.65
5.61	408.9	4.34	407.5	13.02	19.55	5.77
10.28	350.7	7.42	347.7	22.26	25.35	4.94
8.13	468.3	7.35	467.4	22.05	94.65	12.21
4.29	276.5	2.99	275.5	8.97	4.58	2.24
5.06	285.6	3.94	284.7	11.82	11.06	4.15
7.24	304	6.35	303.4	19.05	41.78	6.84
7.15	147.2	6.31	146.6	18.93	44.04	7.13

钾肥施用量的确定：钾的肥效和施用量受土壤肥力影响。经相关分析，由于土壤的 N/K 值（x）与最佳施钾量（y）建立了对数回归式。

大豆：$y=5.41+3.21\ln x$，$R=0.753^{**}$

玉米：$y=5.21+2.54\ln x$，$R=0.771^{**}$

小麦：$y=4.933+1.78\ln x$，$R=0.719^{**}$

由以上 3 个回归函数式建立了钾肥适宜用量建议表（表 9-16）。

表 9-16 钾肥施用量

土壤氮钾比（N/K）	亩施肥量（K_2O，kg）		
	大豆	玉米	小麦
<0.25	0.96	1.59	2.46
0.25～0.5	3.19	3.36	3.69
0.5～0.75	4.49	4.39	4.42
0.75～1.0	5.41	5.12	4.83
1.0～1.25	6.13	5.69	5.33
1.25～1.5	6.71	6.15	5.66
1.5～2.0	7.64	6.88	6.17
2.0～2.5	8.35	7.45	6.57
2.5～3.0	8.94	7.91	6.89
3.0～3.5	9.43	8.3	7.12
3.5～4.0	9.86	8.64	7.41

钾肥有效性判别：为了做到合理有效地施用钾肥，施肥前应进行肥效判别，通过逐步回归分析，使土测值项目与肥效（增产百分比）建立了如下判别式：

大豆：$y=19.79+0.0579x_1-0.0918x_2$　　$F=13.4^{**}$

式中：y 为增产率（%）；x_1为碱解氮；x_2为速效钾。

玉米：$y=19.33+0.0445x_1-0.0787x_2$　　$F=6.61^{**}$

式中：y 为增产率（%）；x_1为碱解氮；x_2为速效钾。

小麦：$y=1.076+3.204x_1-0.1235x_2$　　$F=41.3^{**}$

式中：y 为增产率（%）；x_1为速效磷；x_2为速效钾。

通过土壤测试，进行肥效判别以确定是否施用钾肥。如增产指标>5%，表明施钾肥有效，否则可考虑少施或不必施用钾肥。

施肥方式：试验结果表明，大豆作物条施，玉米穴施，小麦种肥效果最好。钾肥施用应避免漫撒，应集中施在根系能伸到的部位。不同施用方式的测验结果见表 9-17、表 9-18。

表 9-17 钾肥不同施用方式方差分析

变异来源	大豆				玉米				小麦			
	DF	SS	MS	F	DF	SS	MS	F	DF	SS	MS	F
处理	2	3.1	1.58	28.02**	2	23.1	11.6	15.4**	2	6.5	3.3	21.9**
点间	17	48.1	2.83	50.2**	17	571.9	33.6	44.9**	8	157.6	19.7	132.1**
机误	34	1.92	0.06		34	25.5	0.75		16	2.4	0.15	
总和	53	53.2			53	620.5			26	166.5		

表 9-18 显著性检验

处理	大豆			玉米			小麦		
	$\overline{X}$	显著性		$\overline{X}$	显著性		$\overline{X}$	显著性	
		5%	1%		5%	1%		5%	1%
集中施	164.4	a	A	431	a	A	211.5	a	A
撒施	152.6	b	B	407.4	b	B	199.7	b	B
CK	145	c	C	380.4	c	C	174.1	c	C
	LSD (0.05) =5.08			LSD (0.05) =18.53			LSD (0.05) =12.2		
	LSD (0.01) =6.82			LSD (0.01) =24.88			LSD (0.01) =16.81		

⑥施肥量的调查统计分析。1996—1997 年共进行了 2 399 个农户的施肥情况调查统计，主要内容为摸清各地区农民 1995 年以来的常规施肥量和施肥种类（习惯施肥），并对两年开方实施的平衡施肥量进行了统计。结果表明，农民的习惯施肥量和种类基本一致，施肥品种主要为磷酸二铵和尿素，一般亩施磷酸二铵 5～10kg，加尿素 2.5～5kg，很少施用钾肥，习惯施肥特点为氮不足、磷过量、缺钾。通过推广应用作物平衡施肥技术，改变了农民的常规施肥习惯（N、P、K 比例失调，施肥一刀切），提高了化肥施用量，调整了 N、P、K 施肥比例，明显提高了施肥效应。统计结果表明，平衡施肥较农民的习惯施肥亩平均提高施肥量 2.88kg（纯量），其中氮肥增加了 1.03kg，磷肥降了 0.53kg，钾肥增加了 2.38kg，N、P、K 施肥比例为 1：0.9：0.7，较习惯施肥的 1：1.4：0 更合理，不同作物的施肥量都有很大变化，但基本趋势是一致的（表 9-19、表 9-20）。

表 9-19 不同施肥方式施肥量调查统计结果

旗市	年度	作物	平衡施肥肥料亩施用量（kg）				习惯施肥亩施肥量（kg）		
			N	P_2O_5	K_2O	N：P：K	N	P_2O_5	N：P
扎兰屯市	1996	大豆	3.01	3.04	2.67	1：1：0.9	1.8	4.6	1：2.6
		玉米	4.69	2.08	2.58	1：0.4：0.6	3.38	2.76	1：0.8
	1997	大豆	2.89	3.12	2.5	1：1.1：0.9	1.8	4.6	1：2.5
		玉米	4.51	2.16	2.67	1：0.5：0.6	3.38	2.76	1：0.8
阿荣旗	1996	大豆	2.78	3.96	2.43	1：1.4：0.9	1.62	4.14	1：2.6
		玉米	4.42	2.33	2.25	1：0.5：0.5	3.2	2.3	1：0.7
	1997	大豆	2.89	2.51	2.54	1：0.9：0.9	1.6	4.14	1：2.6
		玉米	4.21	2.49	2.37	1：0.6：0.6	3.2	2.3	1：0.7
莫力达瓦达斡尔族自治旗	1996	大豆	2.44	4.23	2.06	1：1.7：0.8	1.62	4.14	1：2.5
		玉米	3.96	2.26	2.03	1：0.6：0.5	3.2	2.3	1：0.7
	1997	大豆	2.63	4.04	2.21	1：1.5：0.8	1.62	4.14	1：2.6
		玉米	4.09	2.31	2.06	1：0.6：0.5	3.2	2.3	1：0.7
牙克石市	1996	小麦	3.02	3.47	2.31	1：1.1：0.8	2.73	3.45	1：1.3
	1997	小麦	3.21	2.06	2.48	1：0.6：0.8	2.73	2.3	1：1.3
额尔古纳市	1996	小麦	2.76	3.06	2.05	1：1.1：0.7	2.27	3.45	1：1.5
	1997	小麦	3.01	2.95	2.14	1：1：0.7	2.27	3.45	1：1.5
合计			3.44	2.95	2.38	1：0.9：0.7	2.41	3.48	1：1.4

（续）

旗市	平衡施肥亩施肥量增减（kg）				参加调查统计点数
	N	P_2O_5	K_2O	合计	
扎兰屯市	1.21	−1.56	2.67	2.32	176
	1.31	−0.68	2.58	3.21	203
	1.09	−1.48	2.5	2.11	154
	1.13	−0.6	2.67	3.2	267
阿荣旗	1.16	−0.18	2.43	3.41	262
	1.22	0.03	2.25	3.5	161
	1.29	−1.63	2.54	2.2	194
	1.01	0.19	2.37	3.57	155
莫力达瓦达斡尔族自治旗	0.82	0.09	2.06	2.97	245
	0.76	−0.04	2.03	2.75	107
	1.01	−0.1	2.21	3.12	156
	0.89	0.01	2.06	2.96	67
牙克石市	0.29	0.02	2.31	2.62	81
	0.48	−1.39	2.48	1.57	85
额尔古纳市	0.49	−1.39	2.05	2.15	44
	0.74	−0.5	2.14	2.38	42
平均（合计）	1.03	−0.53	2.38	2.88	2 399

表 9-20 不同作物施肥量调查趋势结果

作物	平衡施肥亩肥料用量（kg）				习惯施肥亩施肥量（kg）			平衡施肥亩施肥量增减（kg）			
	N	P_2O_5	K_2O	N∶P∶K	N	P_2O_5	N∶P	N	P_2O_5	K_2O	合计
大豆	2.76	3.54	2.39	1∶1.28∶0.87	1.67	4.27	01∶02.6	1.09	−0.73	2.39	2.75
玉米	4.39	2.25	2.42	1∶0.52∶0.51	3.29	2.53	01∶00.8	1.1	−0.28	2.42	3.24
小麦	3.04	2.84	2.29	1∶0.93∶0.75	2.57	3.45	01∶01.3	0.47	−0.61	2.29	2.15

（2）平衡施肥方案的确定

①施肥区的划分和氮磷钾施肥量的确定。由乡镇农技员及村、组领导或有经验的农民组成技术组，把土壤肥力基本一致的农田划分为一个平衡施肥区，作为指导施肥的基本单元。播种前在施肥区取耕层 0～20cm 深度的混合土样送化验室进行常规分析。大豆、玉米作物根据土壤测试结果判别施肥模型，小麦作物根据土壤速效磷和 N/K 值确定 N、P、K 施肥量。施肥的方法参照自治区标准 DB15/T37—92 和 DB15/T136—93 执行。施肥区内如有近期（两年以内）土壤分析数据可以参考使用。

②有机肥的合理使用。由于化肥的施用增加了土壤有机质的分解速率，在平衡施肥区内应配施有机肥料，以维持土壤有机质的平衡，提高施肥效应。根据长期定位试验结果，666.7m^2的面积施优质有机肥 1 200～1 300kg，可以协调耕层土壤有机质分解与累积的动态平衡，从而确定了有机肥料两年轮施制，666.7m^2的面积施肥 2 500kg。

农村有机肥质量差别较大，在施肥前应进行肥质分析，保证有机质的年均归还量每 666.7m^2 在 135～140kg，肥质低的按此标准折算有机肥实际量。

③微量元素的施用。合理有效地施用微量元素肥料，能促进作物生长发育，提高作物产量。根据试验结果，明确了呼伦贝尔盟地区主栽作物的微肥施用对象。要求在缺素区或肥效敏感区增施相应微肥，以减少最小养分限制。

锌肥的施用：锌肥主要用于玉米作物。全盟耕地锌平均含量较高（1mg/kg），由于磷的大量施用，使锌的有效性降低。所以，有缺素症状（白化苗、玉米棒秃尖）、土壤锌含量<0.5mg/kg（监界值）或磷锌比大于 15 时，应配施锌肥。施用方法以拌种为宜，每千克种子用 7 水硫酸锌 4～6g 拌种。

钼肥的施用：主要用于大豆作物。岭东地区大豆种植面积大而集中，重迎茬较严重，增施钼肥可以减轻重迎茬的不良后果。要求平衡施肥区全部应用钼酸铵拌种，每千克豆种用2～3g钼酸铵。

硼肥的施用：主要应用于小麦作物。呼伦贝尔盟很多地区，因地势低洼、冷凉，造成小麦吸硼障碍，出现花而不实情况。增施硼肥有效地增加了小麦结实率和产量。硼肥施用选用喷施技术，在苗期有0.1%～0.2%硼砂水溶液喷施1～2次，每次666.7m^2用液量25～30kg。

④农用稀土和“891”钛植物促长素的施用。稀土和“891”钛植物促长素都能明显地促进作物生长，提高作物产量和产品品质。稀土以拌种为主，每千克种子用稀土2～4g拌种，喷施可用300～400mg/kg的稀土溶液每666.7$m^2$25～30kg，于苗期喷施。“891”钛植物促长素每666.7m^2用原液20ml兑水25～30kg于苗期喷施。

⑤对比示范田的设置。为进行示范宣传和评价平衡施肥增产效果，在大面积平衡施肥田中设置了“二区”（平衡施肥区、习惯施肥区）、“三区”（平衡施肥区、习惯施肥区、空白区）对比示范田。对比田设在有代表性的地区，习惯施肥处理区的面积不小于666.7m^2。要求项目区内每个村的主要作物设置对比田一个，1996—1997两年全盟共设对比示范点829个。空白区（不施肥）要有计划地设置，以减少产量损失，一般每个乡镇的主要作物要有3～5个空白田，用以估测耕地生产能力和肥效分析。农民习惯施肥对照区按当地农民常规施肥量和方法施肥。对比田的其他栽培措施应保持一致。对比田的设置对分析平衡施肥技术、经济效果起到了重要作用。

⑥跟踪试验。由于农业生产不断发展，作物对肥料用量相应增加，肥效反应也随之变化。为了使施肥模式长期适用于生产，要进行跟踪试验，不断提供新的信息，修正施肥模式。采用流动修正法，即间隔2～3年进行一次模式修正，剔除过时的试验材料，补充新的信息，使模式保持一个稳定的较新数据基础。1996—1997年共进行了各类试验203点次，提供材料121份，修正了施肥模式，提高了施肥精度。

⑦平衡施肥方案的实施。平衡施肥方案的实施分开方定肥、技术培训和跟踪服务几个环节。首先根据施肥区的土壤测试结果开出施肥处方，于春播前以技术资料形式发放到农民手中，处方要写明应用地块、户名、施肥量及详细的施肥技术等项内容。农技部门播前备耕期间做好技术宣传和培训，帮助农民取土分析。技术人员下基层包村组，做好现场指导和跟踪服务，帮助农民调剂化肥种类，使农民能按方施肥。生长季节组织典型经验交流，提供样板，并做好田间试验调查、记载。秋后由农业部门和统计部门统一组织测产和汇总工作。

（3）田间调查和植株测定分析　1996—1997年在代表性的对比田中进行了取样调查分析，内容为生物性状、产量构成因素、植株生理生化分析和产品品质分析。汇总表明，N、P、K平衡施肥田的各项指标均优于农民的习惯施肥。在扎兰屯市的惠风川、中和镇、阿荣旗的伙尔奇镇、三岔河乡、莫力达瓦达斡尔族自治旗等地进行了该项调查。

（4）产量吻合度检验　根据1996—1997年829个对比示范点的产量反馈信息和效应函数预测的理论产量进行了对比分析，吻合度平均值为1.036（吻合度：A＝实际产量/理论产量）。实际产量略高于理论产量，A值大于1，说明1996、1997两年的综合结果，粮食产量较常年偏丰。吻合度A值变异标准差为0.089，整体变异系数为8.59%，低于10%的标准，说明预测产量准确度较高。1996年的A平均值为1.098，大于1，说明该年是个丰收年。1997年的A平均值为0.973小于1，说明该年较常年欠收，有86.7的对比点实际产量低于理论产量。汇总的A值变异在0.9～1.1之间，符合农业部级标准要求。

四、“呼伦贝尔市耕地地力评价与应用”项目

1. 授奖种类　全国农牧渔业丰收奖。

2. 奖励级别　部级。

3. 授奖等级　三等。

4. 颁奖部门　农业部。

5. 获奖年度　2016年。

6. 完成单位　呼伦贝尔市农业技术推广服务中心，阿荣旗农业技术推广中心，牙克石市农业技术推广中心，扎兰屯市农业技术推广中心，莫力达瓦达斡尔族自治旗农业技术推广中心，鄂伦春自治旗农业技术推广中心，额尔古纳市农业技术推广中心，海拉尔区农业技术推广中心。

7. 主要完成人　崔文华，王璐，张连云，郜翻身，孙亚卿，马立晖，付智林，王崇军，王红霞，冯丹，李东明，高丽丹，史琢，刘全贵，杨胜利，王星，孙洪波，丛培军，朴晓英，崔亚芬，吴曙照，冯淑杰，于心岭，孙丽华，张丽。

8. 实施年限　2011—2015 年。

9. 鉴定单位与时间　内蒙古自治区农牧业厅，内农牧丰鉴字〔2015〕第 04 号，2015 年 12 月 11 日。

10. 鉴定意见　2015 年 12 月 11 日，内蒙古农牧业厅组织专家对呼伦贝尔市农业技术推广服务中心主持实施的“呼伦贝尔市耕地地力评价与应用”项目进行了鉴定。专家组通过资料审阅、听取汇报、质询答疑后，形成了如下鉴定意见：

①该项目利用“3S”技术，调查农户 7 万个，采集农化样 7.8 万个、植株样 4 300 个，共化验分析 108.7 万项次。布置田间肥效试验 998 个，矢量化 210 幅专业图，建立了耕地属性和空间数据库，形成了呼伦贝尔市耕地资源管理信息系统。

②应用综合指数法对全市耕地地力等级、环境质量进行了评价分析，对耕地的生产能力进行了等级划分，形成了市级、县级统一标准的地力等级成果，并归入全国耕地地力等级体系。

③以田间肥效试验和化验分析数据为基础，建立了市级、县级的施肥指标体系，为指导种植业区划、土壤改良与培肥、农作物科学施肥、农田规划、发展区域经济等提供科学依据和技术支撑。

④依托测土配方施肥“三个一工程”的推广模式指导农户施肥，3 年来累计推广应用面积 342.8 万 hm^2，平均公顷新增纯收益 1 068 元，总新增纯收益 229 794.1 万元。取得了显著的经济、社会和生态效益。

⑤编辑出版了《呼伦贝尔市耕地地力与科学施肥》、《呼伦贝尔市土壤与耕地地力图集》等 7 部系列专著。

该项目首次完成了地市级耕地地力和环境评价，施肥指标体系填补了区域空白，项目整体达到了国内领先水平。

11. 立项依据　呼伦贝尔市国土总面积达 25.3 万 km^2，其中耕地总面积 188.19 万 hm^2，约占全区总耕地面积的 1/5，位于各盟市之首。同时具有分布范围广、气候与地形多样化等特征，给耕地的开发应用与管理带来诸多不便。

自 20 世纪 80 年代开展第二次土壤普查以来，呼伦贝尔市 20 多年没有进行过全面的耕地地力调查。由于耕作和施肥方式的改变，特别是不同农户间的种植制度、肥料投入、产量等差异较大，导致耕地地力和土壤养分情况发生了很大变化，应用第二次土壤普查数据已经无法指导当前的科学施肥。迫切需要开展全市耕地地力调查与质量评价，对全市耕地质量基础数据进行全面更新，以此指导农民科学施肥，实现节本增收、提质增效的目标。

自 2005 年起，全市先后有 22 个旗（市、区、单位）开展了测土配方施肥补贴项目，取得了大量的农户调查、农化分析及田间肥效试验等数据资料。为了充分发挥这些宝贵技术资料的价值，建立全市统一规范的耕地管理与科学施肥技术体系，由呼伦贝尔市农业技术推广服务中心组织，于 2011—2013 年开展了全市耕地地力评价项目汇总工作，集成了测土配方施肥“三个一工程”技术推广模式和耕地土壤改良与利用技术，并从 2013 年开始在主要种植业区域进行大面积推广应用，取得了显著的经济效益、社会效益和生态效益。

12. 核心技术　该项目应用“3S”技术建立了呼伦贝尔市耕地资源管理信息系统，完成了全市耕地地力评价汇总工作，为合理开发利用耕地资源及耕地质量监测提供理论依据和技术手段，为土壤培肥改良与利用、测土配方施肥等技术的实施搭建了可靠的技术平台。

（1）构建了全市耕地空间数据库与属性数据库　利用卫星遥感（RS）信息的解译技术矢量化土地利用现状等专业图层，构建耕地空间数据库。结合耕地农化样品的定位（GPS）采集与测试分析、耕地环境调查等，获取了详细的耕地属性数据，以标准化的数码字典建立属性数据库。

（2）建立了呼伦贝尔市耕地资源管理信息系统　以地理信息系统（GIS）和县域资源管理信息系统（CLRMIS4.0）为平台，通过评价条件的筛选、Kriging空间插值等一系列科学分析，实现了耕地空间数据库与属性数据库的挂接，建立了呼伦贝尔市耕地信息系统。

（3）建立了各项土壤肥力要素的丰缺指标及主栽作物施肥指标体系　以田间肥效试验数据为基础，建立了各项土壤肥力要素的丰缺指标及全市7大作物施肥指标体系，制定了系列的施肥配方与施肥技术模式。研制了高寒地区作物中微量元素的施用临界值。

（4）对呼伦贝尔市耕地地力与环境质量进行评价　以耕地信息系统为平台，对全市耕地进行了地力评价，划分出7个等级，并归入全国耕地地力等级体系。分别进行了理化性状、面积分布与生产能力分析及对耕地环境质量进行了评价。

（5）运用区域地力综合指数法确定了各行政区域的耕地地力综合水平　通过耕地地力区域性综合评价对每个行政区域的综合地力水平进行了量化，其中额尔古纳市综合地力水平最高，新巴尔虎右旗最低。

（6）建立了测土配方施肥“三个一工程”技术推广模式　在全市耕地资源管理信息系统的支撑下，逐级建立了旗市、乡镇和村级测土配方施肥分区图和施肥指导单元推荐表，实现了对农民适时、高效、准确的施肥指导。“三个一工程”的实施，实现了测土配方施肥宏观调控与微观指导的有机结合，不仅可以进行测土配方施肥的区域规划，同时做到了技术指导到户，措施应用到田，提高了技术的入户率、覆盖率和到位率。

（7）土壤培肥改良与利用综合配套技术集成　以全市耕地资源管理信息系统为平台，结合农业生产现状，集成了土壤培肥改良与利用综合配套技术措施，对全市高、中低产田制定了切实可行的耕地土壤培肥与改良利用方案。

五、“旱作农业技术研究与推广应用”项目

1. 授奖种类　内蒙古自治区农牧业丰收奖。

2. 奖励级别　厅级。

3. 授奖等级　三等。

4. 颁奖部门　内蒙古自治区农牧业丰收奖评审委员会。

5. 获奖年度　2004年。

6. 完成单位　呼伦贝尔市农业技术推广服务中心，扎兰屯市农业技术推广中心，阿荣旗农业技术推广中心，莫力达瓦达斡尔族自治旗农业技术推广中心。

7. 主要完成人　陈文贺，崔文华，陈永杰，王新城，王崇军，王金波，佟艳菊，张清华，王金华，王进方，那德伟，谷淑湘，苏晓燕，王丽君，呼如霞。

8. 实施年限　2000—2003年。

9. 鉴定单位与时间　呼伦贝尔市科技局，呼科鉴字〔2003〕第010号，2003年12月20日。

10. 鉴定意见　选题符合呼伦贝尔市旱作农业区生产的实际。采用的技术先进可靠，推广措施切实可行，提交的技术文件资料齐全完整，可用于指导进一步大面积生产推广应用。

该项目针对呼伦贝尔市旱作农业生产区水资源利用率低的现实，结合《国家旱作农业示范区建设项目》的实施，自2000年起，在该地区开展了以提高旱作农业水资源利用率为主要内容的研究课题。在项目区共完成各类试验112点次，调查内容32项次。通过技术分析研究，建立了项目区不同作物的降水生产潜力模型，基本掌握了当前该区域降水利用率情况及生产潜力，提出了农艺、农机、水利、生物、工程技术等多种技术集成组合提高项目区水分利用率的对策和有效途径，并进行了大面积的示范推广研究。2001—2003年应用旱作农业综合节水技术累计推广面积16.09万hm^2，取得了总增产粮食7 574.42万kg、增收9 312.91万元的效果。项目实施取得了显著的经济效益和社会效益。为全市乃至自治区旱作农业生产的水资源科学利用提供了模式。

经查新，该项成果总体技术和组织管理水平均达到国内先进水平。

11. 立项依据 呼伦贝尔市岭东地区是以旱作农业生产为主的地区，旱耕地面积占总耕地面积85%以上。由于该地区降水不足、生产条件较差，产量水平低而不稳，农业发展缓慢。多年来，各级政府为改善农业生产环境，确保农业稳步发展，全面实施了以旱作农业工程为主的各项发展计划，促进了旱作节水农业的发展，为提高农业综合生产能力发挥了重要作用。但农业生产基础条件落后的现状没有得到根本改变，始终没能摆脱"雨养农业"、"靠天吃饭"的被动局面。特别是近时期，气温持续升高，降水逐渐减少，旱灾频繁发生，已严重地影响了农牧各业生产的正常进行。即使在降水较丰的年份，也因水分的时空分布不均而造成的季节性干旱，使每年粮食减产 2～3 成。小灾小减产，大灾大减产已成为当地农业生产的一大特点，特别是干旱缺水，是限制农业生产发展的主要因素。因此，开发利用水资源，提高自然降水利用率，推广应用旱作节水技术是当地旱作农业生产的根本出路。

12. 核心技术 旱作农业技术研究与推广应用项目是结合《国家旱作农业示范区建设项目》的实施，而开展的以提高降水利用率为核心的应用性研究项目。由呼伦贝尔市农技推广服务中心承担了项目的组织实施工作，项目区位于岭东地区的扎兰屯市、阿荣旗和莫力达瓦达斡尔族自治旗三旗市。该项目是以试验研究为主线，采用试验、示范、推广相结合的方式，使研究成果迅速应用到生产中。通过该项目的实施，不仅获取了丰富的技术资料，而且在技术上有重大突破和创新，以提高降水利用率，来有效地补充自然降水的不足，增强抗旱性能，使呼伦贝尔市农业达到高产稳产目标，为旱作区农业生产探索出了一条新路子，并取得了明显的经济、社会、生态效益，从而加快农业可持续发展进程。

自 2000 年起，旱作农业技术研究与推广应用项目课题组进行了大量的调查研究、试验和示范。据统计，3 年来在项目的实施过程中，共完成各项试验 112 点次，调查内容 32 项次，各试验成果在生产上得到了广泛推广应用。在市、旗、乡各级部门和领导的大力支持下，经课题组全体技术人员的艰苦努力，至 2003 年年底累计推广应用旱作综合节水技术面积 16.09 万 hm^2，取得了总增产粮食 7 574.42万 kg、总增收 9 312.91 万元的好成绩，并圆满完成了项目的各项任务指标。

（1）采取的主要技术措施 大力推广旱作农业新技术，以提高农业综合生产水平，提升全市农作物市场竞争力。旱作农业生产要摆脱大旱大减产、小旱小减产被动局面最有效的措施是发展旱作节水农业，充分开发各种水资源，推广综合节水技术。为充分实现该项技术的高产高效的显著效应，课题组采取田间试验与生产调查分析相结合的研究方法在岭东旱作农业示范区布置了土壤培肥技术、生物覆盖保水增效技术、深松蓄水保墒技术、覆膜增水提效技术、平衡施肥调水技术、节水补灌技术等多项新型适用技术的研究，并进行了科学的组装，在生产上进行了大面积的示范推广。同时结合国家旱作农业示范区建设项目的实施，开展了农业生产基本情况、水资源开发利用情况、气象资源以及自然因素等项目的调查，探索出不同农业生产措施和条件下的降水利用率变化规律及提高水资源利用效率的有效途径，建立了不同旗市各类作物的降水生产潜力模型，找出限制农业生产发展的因素，确立了有效的对策。

（2）组织管理措施

①加强组织领导，确保项目的顺利实施。为了加强项目建设工作的领导和规范化管理，高标准、高质量地抓好该项目的实施工作，成立了项目建设工作领导小组和办公室，办公室具体负责项目年度计划的上报和下达，并负责组织协调各有关部门的有关项目所需物资和资金的筹措工作，检查项目资金使用和项目进展情况，形成上下贯通的组织领导体系，实行统一组织领导，统一规划管理分级负责的基地建设项目管理制度，使各项工作科学、高效、有序运行。

同时市农业技术推广中心组织项目旗市农技中心抽调业务能力强、有敬业精神的专业技术人员成立项目课题组，深入项目区进行调查研究，开展试验、示范、推广工作。按照项目实施方案的要求，明确责任，奖惩分明，跟踪服务，一包到底。各项指标均通过项目专题会议下达，并逐级签订责任状，实行目标化管理，责任到人，村村有任务，层层有专人负责，以确保项目顺利实施。

②进行大量调查研究和试验，建立生产潜力模式，加大推广力度。经课题组全体人员四年来的不懈努力，在项目区内共完成各项试验 112 点次，调查内容 32 项次，取得了丰富的技术资料，并建立

了降水生产潜力模型，同时在该项目实施过程中，以抓典型、树样板、以点带面为原则，为扩大辐射效果，组织参观学习，向重点项目示范户学习经验，使广大干部、农民看有样板，学有典型，加大了力度，促进了该项目的推广进程。

③组织现场会，推广项目实施成果。为进一步提高广大干部和农民群众对旱作农业综合节水技术的认识，不断总结经验，推广项目实施成果，呼伦贝尔市农技中心多次在项目区内组织召开了现场观摩会，通过现场会，进一步统一了思想，提高了认识，取得了突出的示范效果，从而为进一步提高项目实施质量奠定了基础。

旱作农业技术研究与推广应用项目，通过4年来的试验、示范与推广，圆满完成项目各项指标，并为广大农民所认可，是符合旱作农业生产特点的技术模式。针对旱作农区十春九旱的实际，墒情差时采取坐水种或种后及时补灌，可延长生育期，使产量提高30%。在增施有机肥的前提下，实施氮磷钾及微量元素的平衡施肥，可提高作物产量、品质和土壤肥力。深耕深松、生物覆盖、地膜覆盖是防止春天跑墒很有效的措施。旱作农业技术已渐成熟，并将成为旱作区农业增产、农民增收的一项适用技术。现已引起各级领导和部门的高度重视，切实成为发展农村经济的新的亮点，也将为全市乃至全自治区旱作农业的发展做出新贡献。

六、“呼伦贝尔市数字化测土配方施肥技术推广”项目

1. 授奖种类 内蒙古自治区农牧业丰收奖。

2. 奖励级别 厅级。

3. 授奖等级 一等。

4. 颁奖部门 内蒙古自治区农牧业丰收奖评审委员会。

5. 获奖年度 2011年。

6. 完成单位 呼伦贝尔市农业技术推广服务中心，牙克石市农业技术推广中心，阿荣旗农业技术推广中心，扎兰屯市农业技术推广中心，莫力达瓦达斡尔族自治旗农业技术推广中心，大兴安岭农场管理局，海拉尔农牧场管理局，鄂伦春自治旗农业技术推广中心，额尔古纳市农业技术推广中心，海拉尔区农业技术推广中心。

7. 主要完成人 崔文华，窦杰凤，王璐，李文彪，谷淑湘，黄复民，孙福岭，刘全贵，王崇军，于瑞齐，王清，李学友，高玉秋，李运，于先泉，姜英君，耿福文，王磊磊，张清华，孟丽芳，张连云，王敏，杨舟，李晓东，黄凤霞，张福兴，曹玉兰，草原，额尔德木图，李国荣。

8. 实施年限 2008—2010年。

9. 鉴定单位与时间 呼伦贝尔市科技局，呼科鉴字〔2008〕第0301号，2008年3月4日。

10. 鉴定意见 选题符合呼伦贝尔市农业生产的实际。采用的技术先进可靠，推广措施切实可行，提交的技术文件资料齐全完整，可用于进一步指导大面积生产推广应用。

该项目利用“3S”技术，通过数字化测土配方施肥系统，集成了耕地的空间数据库和属性数据库。并针对呼伦贝尔市近时期随着氮磷肥施用量的大幅度增加，土壤综合能力持续下降的现实，以数字化测土配方施肥系统为平台，围绕测土、配方、配肥、供肥、施肥技术指导五项关键技术环节，通过测土配方施肥“三个一工程”的技术推广模式的实施，自2008年起，在全市7个农业主产区和2个农牧场管理局大面积推广应用了测土配方施肥技术。在项目区共完成各类试验2 300点次。通过数字化测土配方施肥技术，实现了对农村千家万户大面积农田的计算机指导施肥，做到了技术到农户的具体田块，实现了因土、因作物施肥，提高了肥料利用率和施肥的增产效应。通过一系列技术集成创新使该项目应用效果达到了自治区领先水平。

11. 立项依据 呼伦贝尔市总耕地面积为160多万hm^2，耕地土壤类型主要为黑土、暗棕壤、草甸土、黑钙土等。开垦年限长的达百年以上，多数为20世纪70～90年代开发的耕地，开发年限以30～50年的耕地居多。土壤潜在肥力高，由于气温冷凉影响土壤矿化度，供磷、供氮能力较差。近时期随着氮磷肥施用量的大幅度增加，使土壤的供肥能力和结构发生明显的变化，基本趋势是有机质为负累积，有效磷递增，全氮和碱解氮递减，速效钾大幅度下降。

实施测土配方施肥项目以前，农村普遍存在有机肥施用量不足和化肥盲目施用等现象。生产上重氮磷，轻钾肥的施肥习惯是致使土壤磷素富集，氮、钾素损失较重，土壤供肥失衡的直接原因。由于缺乏对辖区内耕地资源的全面了解，导致测土配方施肥技术覆盖率低、推而不广。施肥精度低，不能做到因土、因作物施肥。没有建立起规范的测土配方施肥数据库和施肥指标体系。

通过建立县域耕地资源管理信息系统，实现了对辖区内的地形、地貌、土壤、土地利用、土壤污染、农业生产基本情况等资料的统一管理。集成了测土配方施肥“三个一工程”的推广模式。完成了采样地块基本情况和农户施肥情况调查，建立了规范的测土配方施肥数据库和施肥指标体系。摸清了测土配方施肥与作物产量构成因素的关系。建立了大豆、玉米、小麦主栽作物的测土配方施肥技术模式并研制了主栽作物系列的施肥配方。建立了一批信誉好，质量可靠的配肥企业，形成了覆盖全市农业区的农化服务体系。

12. 核心技术

（1）数字化测土配方施肥技术平台的建立　应用“3S”技术构建数字化测土配方施肥技术平台，实现了对辖区内耕地资源的动态管理。应用此平台结合各类管理模型，为农业政府部门制定农业发展规划、土地利用规划、种植业规划等宏观决策提供决策支持，为基层农业技术推广人员、农民进行科学施肥等农事操作、耕地质量动态变化、土壤适宜性、施肥咨询、作物营养诊断等多方位的信息服务。数字化测土配方施肥技术平台主要包括属性数据库和空间数据库。

①属性数据库的建立。属性数据的内容包括行政界线、湖泊、交通道路等属性数据，土壤分析化验、耕地灌溉水分析结果以及大田采样点基本情况和农户调查数据等。在对各旗市所有调查表和分析数据资料进行系统的审查之后，采用 ACCESS 进行数据录入，最终以 DBASE 的 dbf 格式保存，建立了属性数据库。

②空间数据库的建立。空间数据库资料包括各旗市行政区划图、土壤图、土地利用现状图等。首先采用 Arcinfo 软件完成图件数字化工作，建立空间数据库，再进行属性数据库和空间数据库的连接，之后确定测土配方施肥单元并录入属性数据。

以农业部开发的“耕地资源管理信息系统 v. 2. 1”，对数字化图件进行管理，同时还收集、整理并调入反映呼伦贝尔市各旗市基本情况和土壤性状的文本资料、图片资料和录像资料，最终建立了呼伦贝尔市耕地资源管理信息系统。

（2）测土配方施肥指标体系及技术研发

①测土配方施肥技术的试验研究。采用多点分散田间试验方法，选用相应的函数式模拟肥料效应，进行施肥量和农业技术经济评估，建立氮、磷、钾测土配方施肥模式，并应用“3S”技术建立测土配方施肥数据库和施肥专家系统，最终实现计算机指导施肥。

试验采用“3414”方案设计，播种前取耕层 0～20cm 深度混合土样进行常规分析。在作物生长季节和成熟期取植株样进行植株分析和生理生化测定。应用数理统计学的最小二乘法原理配置效应方程式系数，并进行拟合性检验。通过效应方程聚类和土测值的判别分析，建立氮、磷、钾三元测土配方施肥模型。

通过推广应用测土配方施肥技术，改变了农民的常规施肥习惯（N、P、K 比例失调），适当提高了化肥施用量，调整了 N、P、K 施肥配比，明显提高了施肥效应。

②测土配方施肥方案的确定与实施。由土壤图、基本农田规划图、行政区划图、坡度图等矢量化数字图进行叠加，生成测土配方施肥基本单元图。播种前在施肥单元内取耕层混合土样进行常规分析。大豆、玉米作物根据土壤测试结果判别施肥模型，小麦作物根据土壤有效磷和 N/K 比值确定 N、P、K 施肥量。

设置对比示范田，进行示范宣传和评价测土配方施肥技术效果。同时进行跟踪试验，采用滚动修正法剔除过时的试验材料，补充新的信息，使模式保持一个稳定的较新的数据基础，以便与农业生产的发展保持一致。

为了提高测土配方施肥技术的进村入户率和施肥效应，根据田间肥效试验结果和土壤养分分布情况，确定不同区域的施肥配方，作为分区指导施肥和生产配方肥的依据。生产施用配方肥，使配方技术固化在肥料中，实现了真正意义上的技物结合，既推广了技术，又方便了农民，有效地促进了测土配方施肥工作进程。

（3）数字化测土配方施肥技术推广应用　通过测土配方施肥数据库，在地理信息系统、耕地资源信息管理系统及测土配方施肥专家系统的支撑下，逐级建立旗市、乡镇和村级测土配方施肥分区图与测土配方施肥指导单元推荐表，根据图、表即可一次性精确地确定每个农户具体地块的施肥方案，并应用计算机开具测土配方施肥建议卡，实现对农民适时、高效、准确的施肥指导，这种图、表、卡相结合的方式称为测土配方施肥“三个一工程”。

通过“三个一工程”的实施，实现了测土配方施肥的宏观调控与微观指导的有机结合，不仅可以进行测土配方施肥的区域规划，同时技术指导可具体到地块。由于建立了测土配方施肥数据库，分区图的编制到施肥建议卡的开具都可在计算机上完成，使测土配方施肥技术得以大面积推广应用，深入农村千家万户，解决了复杂多样千家万户施肥的难题，提高了效率和施肥的针对性。

（4）信息反馈与效益评估

①田间调查和植株测定分析。通过多年试验的取样调查分析，结果表明，测土配方施肥对作物生物性状及生理代谢指标具有显著的影响。应用测土配方施肥技术促进了作物的生理代谢作用，扩大了叶面积，提高了作物的产量和品质。

②测土配方施肥技术效益分析。2008—2010 年 3 年全市累计推广测土配方施肥面积 170.44 万 hm^2，应用测土配方施肥技术 3 年平均综合单产为 3 459kg/hm^2，比农民的习惯施肥新增单产 335.7kg/hm^2,新增总产 57.22 万 t，增产率为 10.75%，平均公顷新增产值 718.8 元，新增总产值 122 512.3 万元，扣除每公顷新增加的肥料成本 145.2 元，每公顷平均新增纯收益 573.6 元，总经济效益 92 764.4 万元。

测土配方施肥田综合肥料效应为 7.32kg/kg，比农民习惯施肥的肥料效应提高了 1.4kg/kg，增长幅度为 23.65%。

应用测土配方施肥技术，肥料单因素的投入产出比为 3.38，比农民习惯施肥增加了 0.62，增长幅度为 22.46%。

根据三年的大面积示范、推广结果测算，测土配方施肥田公顷均产量为 3 459kg，同期的空白田（不施肥）产量为 2 619.6kg/hm^2，施肥公顷增产粮食 839.4kg，增产率为 32.07%，肥料贡献率为 24.27%，农民习惯施肥的肥料贡献率为 16.15%。不同作物和地区肥料贡献率比较接近，小麦作物为 28.21%，玉米作物为 26.21%，大豆作物为 27.24%。

配方施肥的增产因素表现两个方面：一是增肥增效，二是 N、P、K 的配合增效。2008—2010 年 3 年汇总结果，配方施肥比农民的习惯施肥公顷均增产粮食 335.7kg，施肥效应为每千克肥料有效量增产粮食 7.32kg，配方施肥田公顷多投入肥料 30.75kg（折纯）。配方施肥的增产效应中，提高施肥量的作用占 67.05%，N、P、K 的配合效应占 32.95%，前者所占比重较大。

七、“呼伦贝尔市耕地地力评价与应用”项目

1. 授奖种类　内蒙古自治区农牧业丰收奖。

2. 奖励级别　厅级。

3. 授奖等级　一等。

4. 颁奖部门　内蒙古自治区农牧业丰收奖评审委员会。

5. 获奖年度　2014 年。

6. 完成单位　呼伦贝尔市农业技术推广服务中心，内蒙古自治区土壤肥料与节水农业工作站，内蒙古自治区农牧业信息中心，牙克石市农业技术推广中心，扎兰屯市农业技术推广中心，阿荣旗农业技术推广中心，莫力达瓦达斡尔族自治旗农业技术推广中心，大兴安岭农场管理局，海拉尔农牧场管理局，鄂伦春自治旗农业技术推广中心，额尔古纳市农业技术推广中心，海拉尔区农业技术推广中心。

7. 主要完成人　崔文华，王璐，窦杰凤，辛亚军，李文彪，张连云，蒋万波，刘鑫，马立晖，

付智林，李晓东，赵红岩，张更乾，秦世宝，姜英君，郭健，张福兴，赵志波，黄金平，骆瓔珞，杨鹏，沙松，许常艳，由美霞，齐春燕，李东明，吴国志，张健强，张金慧，冯丹，白春华，高玉秋，刘立岩，王金波，张斌。

8. 实施年限　2011—2013 年。

9. 鉴定单位与时间　呼伦贝尔市科技局，呼科鉴字〔2014〕第 6001 号，2014 年 6 月 12 日。

10. 鉴定意见　选题符合呼伦贝尔市农业生产的实际，采用的技术先进可靠，提交的技术文件资料齐全完整，可指导进一步推广应用。

该项目利用“3S”技术，通过耕地农化样品的采集与测试分析、田间肥效试验、耕地环境与农户生产施肥调查，获得了大量的耕地属性数据，经过 Visual FoxPro、Microsoft Office Access 的处理分析，建立了耕地属性数据库。应用综合指数法对全市耕地地力进行了评价，对耕地的生产能力进行了等级划分；并分别进行了理化性状与面积分布统计分析，建立了呼伦贝尔市及各旗（市、区）的耕地地力分级图。同时运用区域地力综合指数法对每个行政区域的综合地力水平进行了量化，根据土壤污染评价方法和水质污染评价方法，对全市耕地环境质量做出了综合评价，形成了全市统一标准的地力等级成果，依据《全国耕地类型区、耕地地力等级划分》（NY/T309—1996）标准将结果归入全国耕地地力等级体系。

以全市大豆、玉米、小麦等七大主栽作物田间肥效试验数据为基础，通过汇总分析，建立了全市各项土壤肥力要素的丰缺指标体系，编辑出版了《呼伦贝尔市土壤与耕地地力图集》等系列专著，并广泛应用于农业生产实际中。为全市种植业区划、耕地的合理配置、土壤改良与培肥、农作物科学施肥、农田规划等项目的实施提供科学的依据和技术支撑。

该项目完成了地市级耕地地力评价工作，以 ArcGIS、CLRMIS4.0 系统为平台，通过卫星遥感照片的解译和土壤图等专业图件的矢量化，建立了耕地空间数据库。由耕地属性数据库和空间数据库的集成，建立的呼伦贝尔市耕地资源管理信息系统，达到了国内领先水平，对国内地级耕地地力评价汇总工作具有重要指导意义。该项成果经内蒙古科技查新中心查新：国内未见相同报道，具有新颖性。

建议：进一步加快全市耕地地力评价结果的应用进程。

11. 立项依据　呼伦贝尔市国土总面积达 25.3 万 km^2，其中耕地总面积达 188.18 万 hm^2，位于各盟市之首。为了掌握全市耕地地力现状，实现对全市耕地质量全程的实时、实地监控管理，迫切需要开展耕地地力调查与质量评价，对全市耕地质量基础数据进行全面更新，以此指导农民科学施肥，实现节本增收、提质增效的目标。

12. 核心技术

①耕地资源管理信息系统的建立与评价方法。

②全市耕地地力评价结果分析。

③耕地环境质量评价。

④评价成果推广应用。

八、“呼伦贝尔市主要作物降水利用率和旱作节水技术研究与应用”项目

1. 授奖种类　内蒙古自治区农牧业丰收奖。

2. 奖励级别　厅级。

3. 授奖等级　三等。

4. 颁奖部门　内蒙古自治区农牧业丰收奖评审委员会。

5. 获奖年度　2017 年。

6. 完成单位　呼伦贝尔市农业技术推广服务中心，呼伦贝尔田园土壤肥料技术研究所，牙克石市农业技术推广中心，阿荣旗农业技术推广中心，扎兰屯市农业技术推广中心，莫力达瓦达斡尔族自治旗农业技术推广中心，鄂伦春自治旗农业技术推广中心。

7. 主要完成人　崔文华，王丽君，苏都，张连云，焦玉光，窦杰凤，辛亚军，平翠枝，张清华，高玉秋，冯丹，刘全贵，王敏，李金龙，廉博，张培青，张鑫，谷永丽，杜翠梅，魏晓军，韩翠萍，

林志忠，姜英君，董清华，李晓明，史琢，王国华，孙平立，董平，孙洪波，孙艳荣，张艳，刘鲁娜，郭文仙。

8. 实施年限　2000—2016 年。

9. 鉴定单位与时间　呼伦贝尔市科技局，呼科鉴字〔2017〕第 13 号，2017 年 7 月 4 日。

10. 鉴定意见　鉴定委员会审阅了项目单位的相关材料，听取了工作汇报，经质疑、答辩，形成如下鉴定意见：

①提交的材料齐全，内容翔实，符合鉴定要求。

②本项目针对呼伦贝尔市旱作农业生产区水资源利用率低的现实，自 2000 年起，开展了以提高旱作农业水资源利用率为主要内容的研究课题。建立了项目区不同作物的降水生产潜力模型，摸清了该区域降水利用率情况及生产潜力，研发了以农艺、农机等综合技术集成的旱作节水技术模式，并进行了大面积推广应用。

③本项目主要创新点：

a. 开展了呼伦贝尔市主要作物降水利用率与生产潜力的研究，摸清了作物降水利用率指标，并建立了主要作物降水生产潜力模型。

b. 建立了呼伦贝尔市农业投入要素与粮食产量的多元非线性相关数学模型，并对农业投入要素贡献情况进行了综合评价。

c. 通过多年多点分散田间试验，掌握了不同的农机和农艺等措施下 1m 土体深度的耕地土壤水分演变规律。

d. 以 ArcGis 地理信息系统为平台，实现区域墒情监测数据可视化，制定了全市土壤墒情与旱情等级指标体系。

e. 通过多年的试验研究和生产示范验证，制定了大兴安岭丘陵区旱作节水技术模式。

④2014—2016 年累计推广应用旱作综合节水技术面积 216.33 万 hm^2，新增总产 128.12 万 t、总经济效益 104 447.8 万元，取得了显著的经济效益和社会效益。

建议：加大宣传培训力度，促进成果转化与应用，进一步开展旱作节水技术与生态农业、绿色农业的相关研究。

11. 立项依据　呼伦贝尔地区以旱作农业生产为主，旱耕地面积占总耕地面积 87%。由于降水不足，农田基础设施不配套，产量水平低而不稳，没能摆脱“雨养农业”的被动局面。旱灾连年发生，给全市的农业生产造成巨大损失，成为限制农业生产发展的主要障碍因素。呼伦贝尔市虽有丰富的水资源，但因开发成本巨大、农田设施落后等因素的限制，而不能有效地发挥作用。

自 2000 年起，在全市开展了以提高降水和水资源利用率为主要内容的旱作节水技术研究与应用性课题。十余年来，经课题组全体技术人员的不懈努力，在项目区内共完成各项试验 112 点次，调查内容 32 项次，取得了丰富的技术资料。通过项目试验研究和示范验证，建立了项目区不同作物的降水生产潜力模型，摸清了该区域降水利用率情况及生产潜力，集成了旱作节水综合技术模式，并于 2014—2016 年进行了大面积的示范推广。

12. 核心技术

(1) 开展了呼伦贝尔市主要作物降水利用率与生产潜力的研究　结合国家旱作农业示范区建设项目的实施，开展了农业生产基本情况、水资源开发利用情况、气象资源以及自然条件等因素调查，进行了呼伦贝尔市主要作物降水利用率与生产潜力的研究，建立了大豆、玉米、小麦和马铃薯的全年及生育期的降水生产潜力模型。

(2) 建立了农业投入要素与粮食产量的相关模型　从旱作农业生产的物资投入、劳工投入、资金投入、科技投入等要素中筛选出农业总投入、化肥、有机肥、农药、良种、农田基本建设、农业科技、农业机械、农业科技推广体系、农业专业技术人员和播种面积 11 个项目参加统计分析，作为主要的投入要素，建立农业投入要素与粮食产量的相关模型，并对农业投入要素贡献情况进行综合评价。

分析结果为：对粮食单产水平贡献较大的要素为化肥、良种、农业科技、农业机械几方面。其中贡献最大的为化肥和良种，这与总投入与产出分析结果一致。

(3) 建立了呼伦贝尔市农田土壤墒情与旱情等级指标体系　基于“3S”技术对全市农田土壤水分监测数据的短期和中长期汇总及分析，探索研究主要作物生育期内土壤水分时序变化及空间格局，并结合作物需水量，建立了呼伦贝尔市土壤墒情与旱情指标体系（表9-21）。

表9-21　作物不同生育时期适宜土壤相对含水量

生育时期		播种期	幼苗期	分枝期	结荚期	鼓粒期	成熟期
大豆	土层深度（cm）	0～20	0～30	0～60	0～60	0～60	0～60
	土壤相对含水量（%）	75～80	60～70	65～75	75～85	65～70	60～70
玉米	土层深度（cm）	0～20	0～30	0～50	0～60	0～80	0～80
	土壤相对含水量（%）	70～80	60～70	70～80	75～85	70～80	60～70
小麦	土层深度（cm）	0～20	0～30	0～40	0～60	0～60	0～60
	土壤相对含水量（%）	60～70	60～70	70～80	70～80	70～80	70～80
马铃薯	土层深度（cm）	0～20	0～30	0～50	0～60	0～60	0～60
	土壤相对含水量（%）	50～60	50～60	70～80	70～80	60～70	60～70

(4) 集成了旱作节水综合技术模式并在农业生产中推广应用　采取田间试验与生产调查分析相结合的研究方法在全市旱作农业示范区布置了土壤培肥技术、生物覆盖保水增效技术、深松蓄水保墒技术、覆膜增水提效技术、平衡施肥调水技术、节水补灌技术等新型适用技术的研究，并修改完善了以农艺、农机、生物、工程综合技术集成的旱作节水技术模式。

①大兴安岭东麓丘陵区玉米全膜双垄沟播技术模式。该模式适用于大兴安岭东麓丘陵区旱作玉米地膜覆盖生产。该模式可提高耕地保墒增墒效应、创造膜下增温效应、有效抑制田间杂草、减轻土壤的盐碱危害。

②大兴安岭东麓丘陵区大豆大垄宽台种植技术模式。该模式适用于大兴安岭东麓丘陵区以及高寒、干旱、半干旱的旱作大豆的生产种植。该模式基于该地区春旱、低温等特点，采取深松、垄作，可以提高地温，增加土壤库容、保持水分；通过缩小行距，扩大株距的方式，增加群体密度，提高光能利用率；采取分层施肥、精量点播，保证出苗率。

③大兴安岭西麓旱作区保护性耕作技术模式。该模式适用于呼伦贝尔市大兴安岭西麓地区，适宜大型机械化作业。该模式改革耕作制度，研究推行保护性耕作技术，采用免耕残茬覆盖技术，覆盖度达30%以上时，可减轻土壤侵蚀50%，防风蚀能力提高20%以上。

第十章 论文论著

第一节 论 著

一、呼伦贝尔盟土壤

1. 内容提要 《呼伦贝尔盟土壤》是呼伦贝尔盟第二次土壤普查的主要成果之一，是一部全面、系统论述呼伦贝尔盟土壤资源的专著。该书在对呼伦贝尔盟第二次土壤普查资料做了系统的综合、分析的基础上对呼伦贝尔盟土壤的分布规律、发生特征和生产适宜性进行了比较详细的阐述；针对土壤自然分布特征，结合其他自然地理要素，参照当时土壤利用现状和农牧林生产布局提出了各类土壤的改良利用方向、生产中存在的问题和今后改良利用应采取的措施，进而提出了呼伦贝尔盟土壤改良利用分区规划并对土壤资源加以单项和综合评价；全面论述了呼伦贝尔盟土壤肥力状况、演变规律，提出了在生产中改良土壤、培肥地力的具体措施。

2. 主编 康烈年。

3. 副主编 徐金城，谭跃。

4. 编委 康烈年，徐金城，谭跃，崔文华。

5. 责任编辑 郭巨珍。

6. 出版社 内蒙古人民出版社。

7. 出版时间 1992 年 7 月。

8. 字数 353 千字。

9. 刊号 ISBN7-204-01919-9。

二、阿荣旗耕地

1. 内容提要 耕地作为一种资源，包括数量和质量。随着数量的不断减少，质量的高低则显得更为重要。在新时期，调整农业结构、改善农产品品质、提高农业生产效益、增加农民收入、保持农业的可持续发展，都迫切需要对当前的耕地质量、生产性能、环境状况进行全面了解。为了摸清耕地底数，掌握耕地土壤质量状况，国家农业部于“十五”期间在全国开展耕地地力调查与质量评价工作。2002 年在 10 个省（自治区、直辖市）的 10 个县、市、旗进行试点，内蒙古自治区选择了呼伦贝尔市阿荣旗作为试点单位。

试点工作取得了丰硕成果，并于 2003 年 3 月通过农业部验收。为了全面介绍阿荣旗试点的耕地地力调查与质量评价方法、经验和成果，促进各试点工作经验的交流和成果的应用，编辑了出版了《阿荣旗耕地》一书，供我区和全国各地同行参考。全书分三部分，即耕地地力调查与质量评价、耕地地力调查与质量评价成果应用及土种志。该书图、文、表并茂，详尽介绍了调查与评价的理论、方法，全面展示了应用“3S”技术所取得的成果，明确了生产中存在的问题，提出了对策。

2. 主编 郑海春。

3. 副主编 郜翻身，唐杰，郝桂娟，崔文华。

4. 编委 王新城，王金波，王英莲，田有国，包玉海，朴明姬，任意，李文彪，李静，师秀峰，陈文贺，陈永杰，谷淑湘，张淑华，张咏梅，林宝奇，郑海春，庞学成，郝桂娟，郜翻身，郭玉峰，索全义，唐杰，高天云，常玉山，崔文华，廉升光。

5. 责任编辑 钟海梅。

6. 出版社 中国农业出版社。

7. 出版时间 2003年11月。

8. 字数 317千字。

9. 刊号 ISBN7-109-08488-4。

三、大兴安岭东南麓黑土退化的研究

1. 内容提要 黑土是我国重要的土地资源，分布于东北三省一区，即辽宁省、吉林省、黑龙江省、内蒙古自治区，其广袤的土地、肥沃的土壤、适宜的气候，为粮食生产提供了得天独厚的条件，是我国最大的粮食储备“粮仓”，被称为“粮食市场稳压器”和“中国最大的商品粮战略后备基地”。

内蒙古黑土区是中国东北黑土区的主要组成部分，总面积为17.15万hm^2，约占中国东北黑土区总面积的1/5～1/4，主要分布在自治区东北部的呼伦贝尔市、兴安盟、通辽市和赤峰市，是我区最重要的粮食生产基地。长期以来，黑土资源的开发过程经历了狩猎→游牧→农耕的转换替代过程以及人口的台阶性倍增过程，每个过程都存在着不同程度的滥牧、滥垦、滥采等破坏自然资源与生态环境的现象，而且在利用方面重用轻养、掠夺式经营，导致黑土区生态环境恶化，水土流失严重，耕地土壤退化，严重制约了当地农业和农村经济的持续发展。

2002—2005年，内蒙古自治区土肥站承担农业部“耕地地力调查与质量评价”项目时，选择具有代表性的大兴安岭东南麓丘陵山区进行了黑土退化的专题调查与研究，目的是通过解剖一个典型地段，明确黑土退化的现状，分析黑土退化的原因，为我区乃至整个东北黑土区生态重建、保护和提高耕地质量提供科学依据。调查区域包括呼伦贝尔市的扎兰屯市、阿荣旗和莫力达瓦达斡尔族自治旗，总面积为3.826万km^2，其中耕地面积84.87万hm^2，主要土壤类型为黑土、暗棕壤及区域内的草甸土。调查内容有生态环境、国民经济和农林牧各业生产和耕地质量等方面，在时间上纵深到1970年的36年间。为了全面展示调查成果，编著了《大兴安岭东南麓黑土退化的研究》一书。全书共分6章，全面论述了调查区域的基本情况、黑土退化现状，分析了黑土退化原因，并提出了黑土区生态修复、防止黑土退化、保护和提高耕地质量的对策。通过了解该区情况，掌握第一手资料，为领导决策提供依据。

2. 主编 郑海春。

3. 副主编 崔文华，郜翻身，陈申宽。

4. 编委 于先泉，王崇军，王金波，王金鑫，尹晓光，卢亚东，冯连棣，朴明姬，刘长顺，师秀峰，孙洪波，李文彪，李晓东，张咏梅，张清华，陈永杰，陈申宽，谷淑湘，杜长玉，郑海春，杨荣芹，郜翻身，郝桂娟，赵雪荣，郭健，曹玉兰，崔文华，蒋万波，窦杰凤。

5. 责任编辑 锡光。

6. 出版社 内蒙古人民出版社。

7. 出版时间 2005年6月。

8. 字数 60千字。

9. 刊号 ISBN7-204-07972-8。

四、扎兰屯市耕地

1. 内容提要 国家农业部于“十五”期间在全国开展耕地地力调查与质量评价工作，内蒙古自治区2002年在呼伦贝尔市阿荣旗开展试点调查的基础上，2003年在扎兰屯市开展区域性调查。

本次调查充分利用第二次土壤普查成果资料和国土部门的土地详查资料，应用地理信息系统（GIS）、全球定位系统（GPS）、遥感（RS）等高新技术以及科学的调查和评价方法，对全市19.95万hm^2的耕地进行了系统的调查和评价，为了全面展示调查成果，编著了《扎兰屯市耕地》一书。全书分三部分，即耕地地力调查与质量评价、耕地地力调查与质量评价成果应用和耕地资源数据册。该书详尽介绍了调查与评价的技术路线、方法和评价成果，仅供参考。

2. 主编 郑海春。

3. 副主编 卢亚东，郜翻身，李文彪。

4. 编委 于先泉，马玉华，王向兰，王成志，王秀芳，王秀英，王革，王继刚，王崇军，王鹏，卢亚东，史琢，刘云龙，刘佳东，刘宝君，刘恩泽，刘朝霞，孙丹，孙巨敏，孙秀荣，孙昱，孙洪波，孙桂华，朴明姬，闫晓岚，吴忠信，张宝红，张清华，李文彪，李艳，李淑萍，杜长玉，杜运芹，杨荣芹，辛双文，陈文贺，陈永杰，陈申宽，呼如霞，郑海春，姜国兴，宫畔林，封凯戎，封慧戎，段浩民，赵宏岩，赵维国，郜翻身，栾永庚，秦来清，贾占东，郭桂清，高天云，高冰竹，高德臣，崔文华，曹玉兰，曹宏平，黄复民，黄复超，黄振刚，韩虹，韩冰，韩翠萍，佟秀凤。

5. 责任编辑 钟海梅。

6. 出版社 中国农业出版社。

7. 出版时间 2006年4月。

8. 字数 310千字。

9. 刊号 ISBN7-109-10426-5。

五、呼伦贝尔市土壤资源数据汇编

1. 内容提要 根据国务院1979年（79）111号文件部署，20世纪80年代开展了全国第二次土壤普查，呼伦贝尔市历时7年，完成了全市各个旗（市、区）的外业调查与内业汇总工作，首次查清了全市土壤分类、分布以及属性，提出了合理开发利用意见，取得了大量的技术资料和科技成果，为后续几十年的农牧林业资源规划与开发利用做出了重要贡献。《呼伦贝尔市土壤资源数据汇编》是全市第二次土壤普查的重要技术成果之一，该书汇编了各旗（市、区）第二次土壤普查全部的土壤分析数据、面积统计数据、土壤调查数据、土地利用现状和土壤分类系统等技术资料。其中包括6106个农化样、574套剖面理化样、7989套剖面性态特征数据，以及各旗（市、区）1985—1989年间的土地利用现状调查数据，是一部不可多得的、比较完整地记录20世纪80年代全市土壤环境背景的数据字典。

全国第二次土壤普查已过去20多年，由于机构的变更等原因，使各旗（市、区）大量野外调查的基础性资料多数散失，但1988年完成的全市（盟）汇总资料保存比较完整。为了避免这些宝贵的技术资料遗失，并实现其应有的价值，呼伦贝尔市农业技术推广服务中心组织了精干技术力量，于2011年对全市第二次土壤普查技术资料进行了系统的整理与归类，并编辑了《呼伦贝尔市土壤资源数据汇编》一书。为增强土壤分析数据的可用性，我们在矢量化土壤图上精确定位了所有农化、理化采样点，并以北京1954年坐标系为基准提取了各个点位的经纬度，使第二次土壤普查的土壤分析数据具有准确的空间位置，为读者进行纵向时间定位研究提供了方便。为保持历史资料的真实性，各个采样点的土壤类型是以当时各旗（市、区）调查的基础资料为准，所有表格的土壤类型均以呼伦贝尔市级分类系统命名，采样地点以2008年的行政区划为准。为了方便读者应用，书后附有旗县级、呼伦贝尔市级和内蒙古自治区级的土壤类型对照表，便于进行不同行政区域土壤类型的比较与归属。

《呼伦贝尔市土壤资源数据汇编》的完成，比较全面地展示了呼伦贝尔市土壤资源的数量与属性，在编汇的过程中注重资料的科学性、准确性和实用性。该书对农业科研及农业技术部门具有很高的参考价值，使研究全市的土壤与环境的演变规律有了可靠的背景资料，为合理开发利用土壤资源、土壤改良与生态环境建设等方面提供了科学依据。

2. 主编 崔文华。

3. 副主编 窦杰凤，王璐。

4. 编委 王璐，王文华，王红霞，苏都，谷永丽，张连云，唐群起，崔文华，蒋万波，焦玉光，窦杰凤。

5. 责任编辑 贺志清。

6. 出版社 中国农业出版社。

7. 出版时间 2012 年 2 月。

8. 字数 1 200 千字。

9. 刊号 ISBN978-7-109-16209-9。

六、呼伦贝尔市岭东耕地土壤农化分析数据汇编

1. 内容提要 呼伦贝尔市自 2005 年起实施国家测土配方施肥补贴项目，截至 2009 年实施的项目单位达到了 22 个，项目区遍及 13 个旗（市、区）、海拉尔农牧场管理局和大兴安岭农场管理局，覆盖了全市所有的种植业区域，成为目前农业生产上应用农户最多、覆盖面积最广的一项农业增产新技术。

测土配方施肥是在土壤测试分析基础上进行的。全市通过 7 年的项目实施，取得了大量的土壤测试分析数据，充分代表了当前全市耕地土壤养分状况。根据农业部、财政部《2010 年全国测土配方施肥补贴项目实施指导意见》等相关文件关于“积极推进测土配方信息公开”的精神，为了广泛公布测土信息，促进不同行政区域间的信息交流，方便农业技术部门、广大农民和配肥企业了解和应用土壤测试数据，呼伦贝尔市农业技术推广服务中心组织各项目实施单位，对 2005—2010 年实施测土配方施肥项目以来的土壤测试分析数据进行了全面、系统的审核，并按行政区域和农垦系统进行了归纳整理，筛选并集结了有代表性的 19 950 个农化样点的分析数据，编撰了《呼伦贝尔市岭东耕地土壤农化分析数据汇编》。

《呼伦贝尔市岭东耕地土壤农化分析数据汇编》涵盖了大兴安岭以东地区的扎兰屯市、阿荣旗、莫力达瓦达斡尔族自治旗、鄂伦春自治旗、大兴安岭农场管理局的 8 个农场，共计 19 950 个耕地土壤农化样品的 20 个测试项目的农化分析数据，是迄今为止化验项目最全的区域性农化分析数据汇编。

按照测土配方施肥项目实施的相关规定，结合当地土壤属性和农业生产的实际需要，90%以上的农化样进行了有机质、全氮、有效磷、速效钾、缓效钾、pH、水溶态硼、有效锌、有效铜、有效铁、有效锰和有效硫项目的测试分析，60%以上的农化样进行了有效钼项目的测试分析，30%以上的农化样进行了碱解氮项目的测试分析，9%以上的农化样进行了全磷、全钾、交换性镁、交换性钙和阳离子交换量项目测试分析，4%的农化样进行了有效硅项目的测试分析。部分测试分析的项目是根据土壤类型、肥力水平的分布等因素，选择有代表性的农化样进行的。各个采样点的土壤类型以呼伦贝尔市级分类系统命名，采样地点以 2008 年行政区划为准。书后附有各旗市土壤类型对照表和土壤农化样品测试分析方法，以方便广大读者进行不同行政区域间土壤类型的比较与归属。

《呼伦贝尔市岭东耕地土壤农化分析数据汇编》的编辑完成，不仅使这些宝贵的数据资料得以永久保存，同时为各级农业科研与推广部门开展土壤改良、配方施肥等项工作提供了可靠的依据，也可实现农业生产、科研教学和配肥企业等各部门土壤测试信息的共享。

2. 主编 崔文华。

3. 副主编 谷淑湘，刘连华，黄复民，马立晖。

4. 编委 马立晖，王璐，王向兰，王金波，史琢，冯丹，刘连华，毕瑞金，杨舟，李运，李晓东，李晓明，苏都，张连云，张淑敏，谷淑湘，孟伟，唐群起，高玉秋，黄复民，黄福玲，崔文华，崔岑艳，董平，蒋万波，韩翠萍，窦杰凤，谭志广，德玉锋。

5. 责任编辑 贺志清。

6. 出版社 中国农业出版社。

7. 出版时间 2012 年 7 月。

8. 字数 1 980 千字。

9. 刊号 ISBN978-7-109-16690-5。

七、呼伦贝尔市岭西耕地土壤农化分析数据汇编

1. 内容提要 《呼伦贝尔市岭西耕地土壤农化分析数据汇编》涵盖了大兴安岭以西地区的海拉尔区、牙克石市、额尔古纳市、陈巴尔虎旗、鄂温克族自治旗、新巴尔虎左旗、新巴尔虎右旗、根河

市、满洲里市和海拉尔农牧场管理局的16个农场，共计20 000个耕地土壤农化样品的20个测试项目的农化分析数据，是迄今为止化验项目最全的区域性农化分析数据汇编。

按照测土配方施肥项目实施的相关规定，结合当地土壤属性和农业生产的实际需要，95%以上的农化样进行了有机质、碱解氮、有效磷、速效钾、缓效钾、pH、水溶态硼、有效锌、有效铜、有效铁、有效锰和有效硫项目的测试分析，85%以上的农化样进行了全氮项目的测试分析，20%以上的农化样进行了全磷、全钾、交换性镁、交换性钙项目的测试分析，10%以上的农化样进行了有效钼、阳离子交换量和有效硅项目的测试分析。部分测试分析的项目是根据土壤类型、肥力水平的分布等因素，选择有代表性的农化样进行的。各个采样点的土壤类型以呼伦贝尔市级分类系统命名，采样地点以2008年行政区划为准。书后附有各旗市土壤类型对照表和土壤农化样品测试分析方法，以方便广大读者进行不同行政区域间土壤类型的比较与归属。

2. 主编 崔文华。

3. 副主编 辛亚军，张更乾，包金泉，付智林。

4. 编委 丁继伟，王敏，王清，王璐，王宏伟，元春梅，由美霞，付智林，包金泉，刘立岩，刘全贵，朱晓红，许常艳，孙秀琳，孙福岭，沙松，杨鹏，李学友，李国荣，辛亚军，张更乾，姜英君，骆璎珞，崔文华，矫日国，韩玉香，窦杰凤。

5. 责任编辑 贺志清。

6. 出版社 中国农业出版社。

7. 出版时间 2012年7月。

8. 字数 1 980千字。

9. 刊号 ISBN978-7-109-16689-9。

八、牙克石市耕地与科学施肥

1. 内容提要 新中国成立以来，牙克石市分别于1958年和1979年开展过两次土壤普查工作，全面查清了土壤资源的类型、数量、质量和分布，普查成果为当时指导科学施肥、中低产田改良、调整作物布局以及土壤资源的开发利用等做出了重要贡献。第二次土壤普查至今已有30年了，农村经营管理体制、土壤资源的利用、农业生产水平和化肥的使用等发生了较大变化，再加上多年的洪涝灾害和严重的水土流失，第二次土壤普查结果已不能真实反映现今的耕地质量和土壤肥力状况，而且随着种植业结构的调整，作物品种的更新换代，作物自身对养分的需求也发生了变化，旧的土壤养分含量指标、土壤养分分级标准已与指导科学施肥的需要不相适应。因此，按照农业部和自治区农牧业厅的总体安排，牙克石市于2006年开展了耕地地力调查与质量评价和测土配方施肥技术的研究应用，为全面开展耕地质量建设、提高土壤肥力、指导科学施肥、优化资源配置、保护生态环境、促进农业可持续发展提供科学依据。

耕地地力调查与质量评价，在充分利用第二次土壤普查成果资料和国土部门的土地详查资料基础上，应用计算机、地理信息系统（GIS）、全球定位系统（GPS）、遥感技术（RS）等高新技术，并采用科学的调查与评价方法，摸清了耕地的环境质量状况，对耕地地力进行了分等定级，研究明确了各等级耕地的分布、面积、生产性能、主要障碍因素、利用方向和改良措施，建立了全市耕地资源管理信息系统。测土配方施肥技术的研究与应用，在开展了大量的土壤样品测试分析和肥料肥效田间试验的基础上，确立了主栽作物科学施肥指标体系，建立了测土配方施肥数据库，研究开发了测土配方施肥专家系统。为了全面展示耕地地力调查与质量评价及测土配方施肥的主要成果，编著了《牙克石市耕地与科学施肥》一书。全书共分八章，即自然与农业生产概况、耕地土壤类型及性状、耕地地力现状、耕地施肥现状、主要作物施肥指标体系建立、施肥配方设计与应用效果、主要作物施肥技术、耕地土壤改良利用与主要作物高产栽培技术，以及耕地资源数据册、成果图件等。书中较为详细地介绍了牙克石市耕地地力现状和测土配方施肥取得的主要技术成果，可供同行们参考及当地农民借鉴。

2. 主编 郑海春。

3. 副主编 辛亚军，孙福岭。

4. 编委 王敏，朴明姬，孙福岭，李文彪，李学友，辛亚军，郑海春，蒋万波，窦杰凤。

5. 责任编辑 孟令洋。

6. 出版社 中国农业出版社。

7. 出版时间 2013 年 8 月。

8. 字数 318 千字。

9. 刊号 ISBN978-7-109-18281-3。

九、呼伦贝尔市土壤与耕地地力图集

1. 内容提要 《呼伦贝尔市土壤与耕地地力图集》是全市耕地地力评价与测土配方施肥项目汇总工作的重要技术成果之一，该书是依据 2002 年以来，全市实施的耕地地力调查与质量评价项目、国家测土配方施肥补贴项目取得的各类数据，经过精心设计编撰而成。共汇编了全市和各旗（市、区）的土壤分布图、耕地地力分级图、耕地土壤有机质含量分级图等各类专业成果图 235 幅，全面展示了呼伦贝尔市的土壤分布、耕地土壤理化性状和耕地地力等方面的现状。

自 2002 年起，在农业部的组织下，内蒙古自治区土壤肥料工作站在呼伦贝尔市实施了全国耕地地力调查与质量评价试点项目，历时四年，先后完成了阿荣旗、扎兰屯市、莫力达瓦达斡尔族自治旗和牙克石市的耕地地力调查与质量评价试点工作，取得了宝贵的经验与技术成果，为后期的全市汇总奠定了可靠的基础。2005 年农业部、财政部又启动了国家测土配方施肥补贴项目，在全国范围内开展了测土配方施肥普及行动。截至 2009 年，全市实施测土配方施肥项目的旗（市、区）和单位达到了 22 个，覆盖了所有的种植业区域。测土配方施肥项目的全面实施，大力推进了耕地环境调查与土壤农化测试分析工作进程，取得了大量的耕地土壤农化分析数据、耕地环境调查数据和农户生产与施肥等方面的技术资料，2005—2011 年的 7 年间，全市共采集分析耕地土壤农化样 7.8 万个，平均 25～30hm^2的耕地面积采集了一个农化样，具有很高的代表性。每个农化样都进行了大量元素、中量元素和微量元素等项目的测试分析，测试分析总量达 107 万项次。分析项目为有机质、全氮、碱解氮、全磷、有效磷、全钾、速效钾、缓效钾、有效铁、有效锰、有效铜、有效锌、水溶态硼、有效钼、有效硫、有效硅、交换性钙、交换性镁、阳离子交换量、pH 和质地 21 个指标，是呼伦贝尔市有史以来土壤农化样品采集量最大、密度最高、测试项目最全的耕地体检。通过对大量数据的有效整合，建立了全市耕地土壤农化分析、立地条件和农户生产与施肥情况数据库，并以 GIS 地理信息系统和县域耕地资源管理信息系统（CLRMIS4.0）为平台，通过评价条件的筛选、专家测评、Kriging 空间插值等一系列的科学分析，使各个相对独立的点状数据转化为耕地管理单元面状图斑的属性数据，建立了全市耕地资源管理信息系统，通过该系统，可以对全市的耕地分布、耕地地力和质量变化适时有效的监测与管理。

根据《呼伦贝尔市耕地地力评价与测土配方施肥项目汇总工作方案》的规定，选取立地条件、剖面性状、土壤管理、耕层养分四个方面共计 15 项评价要素对全市耕地进行了地力评价，划分出 7 个等级，分别进行了理化性状与面积分布统计分析，建立了呼伦贝尔市及各旗（市、区）的耕地地力分级图，可以为耕地的合理配置、土壤改良与培肥、农田规划等项目的实施提供科学的背景资料。以全市测土配方施肥项目田间肥效试验数据为基础，通过全市汇总分析，研发了各项土壤肥力要素的丰缺指标，建立了全市的施肥指标体系，以作物的相对产量≤50%、50%～70%、70%～85%、85%～95%、>95%分别划分耕地土壤肥力要素为极低、低、中、高、极高五个等级，以此为标准对全市耕地土壤属性进行单项评价，分别建立了全市及各旗（市、区）的耕地土壤的有机质、全氮等营养元素和理化性状分级图，为全市种植业区划、农作物科学施肥等方面提供技术支撑。

《呼伦贝尔市土壤与耕地地力图集》的完成，全面展示了呼伦贝尔市土壤与耕地资源的分布与属性，使海量数据以图形符号化的形式直观表达，并配以图表信息，增加了可读性。该书对农林牧各行业科研及技术部门具有很高的参考价值，使研究全市耕地土壤与环境的演变规律有了可靠的背景资料，为合理开发利用耕地土壤资源、土壤改良与生态环境建设等方面提供了科学依据。

2. 主编 崔文华。

3. 副主编 辛亚军，马立晖，张爱民，秦世宝。

4. 编委 丁亚杰，于先泉，马立晖，王宇，王璐，王晓燕，王崇军，王彩灵，元春梅，白永同，白春华，冯丹，付智林，刘全贵，许红梅，孙秀琳，苏都，李学友，李宏伟，李建平，何兆东，辛亚军，张连云，张树勇，张爱民，陈托，其力格尔，孟伟，草原，胡思宇，姜英君，姜瑞梅，秦世宝，高玉秋，崔文华，蒋万波，窦杰凤，谭志广，德玉锋，额尔德木图。

5. 责任编辑 尹嘉珉，陈卓宁。

6. 出版社 中国地图出版社。

7. 出版时间 2013年12月。

8. 成果图 编入235幅专业成果图。

9. 刊号 ISBN978-7-5031-8020-0。

十、呼伦贝尔市耕地地力与科学施肥

1. 内容提要 《呼伦贝尔市耕地地力与科学施肥》一书是全市耕地地力评价与测土配方施肥项目汇总工作的重要技术成果之一，该书是依据2005年以来，全市实施国家测土配方施肥补贴项目取得的各类数据资料，通过精心设计编撰而成。全书主要包括耕地地力与质量评价、测土配方施肥技术研发、统计数据汇编和图册4个部分，通过图、文、表相结合的形式，全面阐述了呼伦贝尔市土壤与耕地资源的分布与属性和测土配方施肥技术的研究过程与结果，并对耕地的合理开发利用提出了建设性意见。该书对农牧林各业科研及技术部门具有很高的参考价值。

2. 主编 崔文华。

3. 副主编 王璐，张连云，窦杰凤，姜英君。

4. 编委 丁继伟，于瑞齐，马立晖，王璐，王红霞，王君海，王金波，王崇军，王彩灵，王滟晴，乌日娜，冯晓琴，付智林，孙伟，孙福岭，刘全贵，齐战友，许常艳、杨舟、杨鹏，杨胜利，李运，李世岭，李学友，李国荣，李金霞，李晓东，沙松，苏都，张广会，张连云，张更乾，张金慧，张清华，张福兴，谷永丽，陈永杰，宋海英，林宝洁，郑娟，草原，姜凤友，姜英君，秦世宝，高玉秋，崔文华，黄凤霞，蒋万波，董清华，廉博，窦杰凤，谭志广，德玉峰。

5. 责任编辑 贺志清。

6. 出版社 中国农业出版社。

7. 出版时间 2014年4月。

8. 字数 748千字。

9. 刊号 ISBN978-7-109-18640-8。

十一、呼伦贝尔市土种志

1. 内容提要 根据国务院1979年（79）111号文件部署，20世纪80年代开展了全国第二次土壤普查，呼伦贝尔市历时7年，完成了境内各旗（市、区）的外业调查与内业汇总工作，首次查清了全市土壤的分类、分布以及属性。由于呼伦贝尔市地域辽阔，地形复杂，土壤资源丰富多样，在调查中因不同地区，根据农林牧业的实际需要，采用不同的调查精度和分类级别。岭东农业主产区和岭西牙克石市、额尔古纳市、海拉尔区、根河市调查到了土种级，土壤分类划分为土类、亚类、土属和土种四级。岭东北部的林区和岭西牧业区的鄂温克族自治旗、陈巴尔虎旗、新巴尔虎左旗和新巴尔虎右旗只调查到土属级，土壤分类划分为土类、亚类和土属三级。根据以上调查原则，全市土壤共划分为15个土类、39个亚类和83个土属、137个土种，其中耕地土壤共包含9个土类、21个亚类、39个土属和99个土种，涵盖了全市1 881 898.9hm^{2}的耕地面积。由于土种是土壤的基本分类单元，并具有相对稳定的属性和利用方向的基本一致性，所以，摸清土种属性和生产性能，对于合理开发利用土壤资源、科学指导农牧林各业生产具有重要意义。

自2005年起，在全国测土配方施肥普及行动的推动下，各地广泛开展了耕地环境调查和大批量、高密度的农化样采集测试分析，并开展了耕地地力研究与评价工作，建立了耕地资源管理信息系统。截至2011年，全市共采集分析耕地土壤农化样7.8万个，平均25～30hm^{2}的耕地面积采集了一个农化样，具有很高的代表性，每个农化样都进行了大量元素、中量元素和微量元素等项目的测试分析，测试分析总量达107万项次，取得了大量的数据资料，丰富了全市土壤资源数据库，填补了全国第二次土壤普查有关耕地研究资料的空白。为使这些科技成果转化为生产力，指导农业生产，对农业节本增效发挥更大的作用，呼伦贝尔市农业技术推广服务中心组织技术人员编纂了《呼伦贝尔市土种志》一书。该书是以全国第二次土壤普查呼伦贝尔市土壤的分类、分布为基础，结合全市测土配方施肥与耕地地力评价项目取得的大量数据资料，详细地阐述了各耕地土种的分布面积与区域、形态特征、理化性状、耕层土壤农化性状、生产性能和障碍因素，并提出了切实可行的利用指导意见。

书中土种剖面理化性状表中的数据是引用全国第二次土壤普查数据资料，土壤养分测定值除了阳离子交换量项目单位因无法转换保持原来的毫克当量（me/100g土）单位外，其他的测试项目均按农业部《测土配方施肥技术规范》进行了转换，机械组成中1/C表示土壤粒径0.02～0.002mm与<0.002mm含量的比值。耕地农化分析等数据来源于2012年建立的全市耕地资源管理信息系统。土壤养分指标评价以全市测土配方施肥项目田间肥效试验数据为基础，通过全市汇总分析，建立了各项土壤养分的丰缺指标和全市的施肥指标体系，以作物的相对产量≤50%、50%～70%、70%～85%、85%～95%、>95%对有机质、全氮等各项养分指标划分为极低、低、中、高、极高5个等级，以此为标准进行单项评价，地力等级是以全市耕地资源管理信息系统评价结果确定，共划分出7个等级。耕地综合地力水平则是采用区域地力综合指数法确定，共评价出较高、中等和较低3个水平。

《呼伦贝尔市土种志》的编纂完成，比较全面展示了呼伦贝尔市主要耕地土种的数量、分布与属性，在编写的过程中以指导农业生产为目的，注重资料的科学性、准确性和实用性。该书对农业科研及农业技术部门具有很高的参考价值，为各级各部门合理开发利用土壤资源、土壤改良与生态环境建设等提供了可靠的科学依据，是对广大农民群众进行农业生产与实践的指导性书籍。

2. 主编 崔文华。

3. 副主编 窦杰凤，王崇军，李学友，宋海英。

4. 编委 王清，王辉，王璐，王宏伟，王崇军，王敏华，王新城，冉照丹，付智林，刘健，刘立岩，刘丽英，刘铁柱，齐春艳，关阳，孙丹，孙泽清，苏都，李志，李小明、李学友，李金龙，李崇勃，宋海英，张连云，张晓云，赵兰，赵伦，峥喜，骆璎珞，唐群起，黄福玲，曹玉兰，矫日国，崔文华，董平，蒋万波，焦玉光，詹孟，窦杰凤，谭志广，魏晓军。

5. 责任编辑 贺志清。

6. 出版社 中国农业出版社。

7. 出版时间 2014年5月。

8. 字数 608千字。

9. 刊号 ISBN978-7-109-18900-3。

十二、呼伦贝尔市牧区耕地

1. 内容提要 根据农业部、财政部的部署，自2009年起，呼伦贝尔市农业技术推广服务中心承担了牧区四旗、满洲里市和根河市测土配方施肥补贴项目的实施工作。项目区域包括陈巴尔虎旗、鄂温克族自治旗、新巴尔虎左旗、新巴尔虎右旗、根河市和满洲里市。由于该区域的耕地分布较少，并且分散，所以整合为捆绑单位统一由呼伦贝尔市农业技术推广服务中心组织实施。截至2012年，全面完成了项目区农化样的采集与测试分析、耕地环境和农户施肥现状调查等项工作，并以ArcGIS地理信息系统和县域耕地资源管理信息系统（CLRMIS4.0）为平台，开展了耕地地力评价。

通过对大量数据的有效梳理与统计分析，建立了项目区和各旗市的耕地土壤农化分析、立地条件和农户生产与施肥现状数据库，选取剖面性状、立地条件、理化性状3个方面共计12个评价要素作为耕地地力的评价指标，经过专家测评、评价要素隶属度和权重的计算、Kriging空间插值等一系列的科学分析，实现了耕地属性数据与空间数据的挂接，建立了项目区及各旗市的耕地资源管理信息系统，划分出5个地力等级，分别进行了理化性状与面积分布统计分析，并对各等级耕地土壤属性进行了综述和单项评价，提出了合理的改良利用建议，可以为耕地的合理配置、土壤改良与培肥、农田规划等项目的实施提供科学依据。

2. 主编 崔文华。

3. 副主编 王璐，平翠枝。

4. 编委 王璐，王红霞，王丽君，乌日娜，毛国伟，平翠枝，米建国，祁国彬，齐战友，苏都，谷永丽，李秀文，张连云，张福兴，郑娟，草原，峥喜，胡晓彬，姜凤友，索尤乐其，敖永军，唐群起，崔文华，黄凤霞，蒋万波，廉博，窦杰凤，额尔德木图，魏晓军。

5. 责任编辑 贺志清。

6. 出版社 中国农业出版社。

7. 出版时间 2015年4月。

8. 字数 630千字。

9. 刊号 ISBN978-7-109-20062-3。

第二节 论 文

一、化肥和有机肥对作物产量和土壤养分影响的研究

1. 内容摘要 1986—1991年在草甸黑土上设置肥料效应定位试验。结果表明，氮磷钾配合连续施用可使作物持续增产，单施氮或磷肥效果不佳。施用有机肥料可使作物产量提高10%以上。化肥和有机肥都有维持土壤养分平衡、提高土壤肥力的作用，单施某一种肥料都会加剧土壤养分失衡。化肥加速了土壤有机质分解，并缩短其半衰期，配施有机肥缩小了有机质的分解系数。公顷施15t有机肥，明显增强了土壤有机质的积累，可使其半衰期延长119.95年之久。

2. 编写人员 崔文华(1)，卢亚东(2)。

3. 完成单位 （1）呼伦贝尔盟土壤肥料工作站，（2）扎兰屯市农业技术推广中心。

4. 期刊名称 《土壤通报》。

5. 期刊类型 中文核心期刊。

6. 发表时间 1993年第24卷第6期。

7. 页码 270～272。

8. 刊号 ISSN：0564-3945，CN：21-1172/S。

二、呼伦贝尔盟岭东地区大豆施肥模型的建立及应用判别技术

1. 内容摘要 对1986—1990年在大兴安岭东部地区设置的27个大豆肥料效应田间试验结果，采用效应方程聚类和土壤肥力判别分析方法，建立了大豆的施肥模型及判别函数，筛选出土壤有机质、碱解氮和速效磷等3项指标，为实现施肥模型的选择及确定最佳施肥量提供依据。

2. 编写人员 崔文华。

3. 完成单位 呼伦贝尔盟土壤肥料工作站。

4. 期刊名称 《土壤通报》。

5. 期刊类型 中文核心期刊。

6. 发表时间 1994年第25卷第5期。

7. 页码 213～215。

8. 刊号 ISSN：0564-3945，CN：21-1172/S。

三、稀土不同拌种剂量对玉米生理指标和产量的影响

1. 内容摘要 本文以玉米稀土拌种不同剂量的试验、示范结果，讨论了稀土对玉米作物的生理

生化指标、生物性状和产量效应的影响，提出了稀土拌种以每千克种子用稀土 4g 的适宜剂量。

2. 编写人员　崔文华，赵玉荣。

3. 完成单位　呼伦贝尔盟土壤肥料工作站。

4. 期刊名称　《稀土》。

5. 期刊类型　中文核心期刊。

6. 发表时间　1994 年第 15 卷第 1 期。

7. 页码　34～37。

8. 刊号　ISSN：1004-0277，CN：15-1099/TF。

四、大豆喷施稀土的增产效应

1. 内容摘要　由连续三年的大豆喷施稀土试验，结果表明，稀土能增加大豆的有效分枝、株粒数和百粒重，对大豆的增产作用显著。喷施浓度以 400mg/kg 为宜，在分枝期和结荚期两次喷可提高产量 16.88%。

2. 编写人员　崔文华。

3. 完成单位　呼伦贝尔盟土壤肥料工作站。

4. 期刊名称　《土壤肥料》。

5. 期刊类型　中文核心期刊。

6. 发表时间　1995 年第 5 期。

7. 页码　46～48。

8. 刊号　ISSN：1673-6257，CN：11-5498/S。

五、旱地保墒剂的效应和喷施量的试验研究

1. 内容摘要　地表喷施旱地保墒剂试验表明，保墒剂能有效地封闭土壤毛管空隙，增强土壤保水性，减轻土壤水分散失，其有效期为 20～30d。保墒剂的适宜喷施量为 150kg/hm^2，可使 0～40cm 土层土壤含水量提高 1.85%，增长比例为 9.71%；提高大豆出苗率 14.63%，增产 16.09%，公顷纯增收益 409.5 元。

2. 编写人员　崔文华[(1)]，李秀芬[(2)]，杜长玉[(3)]，袁仲贤[(3)]，金英[(3)]。

3. 完成单位　(1) 呼伦贝尔盟土壤肥料工作站，(2) 牙克石市种子管理站，(3) 扎兰屯农牧学校。

4. 期刊名称　《土壤通报》。

5. 期刊类型　中文核心期刊。

6. 发表时间　1996 年第 27 卷第 2 期。

7. 页码　64～66。

8. 刊号　ISSN：0564-3945，CN：21-1172/S。

六、呼伦贝尔盟岭东地区大豆、玉米氮磷钾平衡施肥模式的建立及应用

1. 内容摘要　应用回归最优设计方法进行了大豆、玉米 N、P、K 三元肥效小区试验，取得 33 个典型的肥料效应方程，通过用聚类分析进行汇总和判别方程确定非试验地块的适宜类型，建立起大豆、玉米平衡施肥模式，提出了 21 个氮、磷、钾施肥组合。

2. 编写人员　崔文华[(1)]，王贵财[(2)]，吕文亮[(3)]。

3. 完成单位　(1) 呼伦贝尔盟土壤肥料工作站，(2) 牙克石市牧原镇农业技术推广站，(3) 呼伦贝尔盟农管局大河湾农场。

4. 期刊名称　《土壤肥料》。

5. 期刊类型　中文核心期刊。

6. 发表时间　1997 年第 6 期。

7. 页码 11～13。

8. 刊号 ISSN：1673-6257，CN：11-5498/S。

七、大兴安岭旱作农业区主要作物钾素肥效和施用技术

1. 内容摘要 在呼伦贝尔盟农业区设置单因子五水平钾肥肥效试验，获得134个一元二次钾肥效应回归方程。结果表明，91.04%的试验点 K_2O 增产明显，大豆、玉米和小麦的 K_2O 最高亩施用量分别为6.35.8.29和6.58kg，平均增产11.19%、13.24%和16.21%。K_2O 的最佳用量（y）与土壤有效养分N/K比值（x）呈 $y=a+b\ln x$ 的函数关系，由此可以根据土壤碱解氮和有效钾含量确定钾肥施用量。另根据施肥方式试验的结果表明，钾肥以集中施用的肥效最佳。

2. 编写人员 崔文华[(1)]，王贵财[(2)]，吴春海[(2)]，郭德高[(2)]，靳同权[(2)]，宋玉珊[(2)]，姜瑞梅[(3)]，张福兴[(3)]。

3. 完成单位 （1）呼伦贝尔盟土壤肥料工作站，（2）牙克石市牧原镇农技站，（3）满洲里市农技推广站。

4. 期刊名称 《土壤通报》。

5. 期刊类型 中文核心期刊。

6. 发表时间 1998年第29卷第5期。

7. 页码 32～33，35。

8. 刊号 ISSN：0564-3945，CN：21-1172/S。

八、农业投入与产出的相关性研究

1. 内容摘要 应用非线性相关方程对内蒙古东部旱农地区的农业投入与产出进行了相关分析，建立了相关模型，分析了各投入要素的作用。

2. 编写人员 崔文华[(1)]，林宝奇[(1)]，陈文贺[(1)]，王新城[(1)]，石村民[(2)]。

3. 完成单位 （1）呼伦贝尔市农业技术推广服务中心，（2）内蒙古农业多种经营站。

4. 期刊名称 华北农学报。

5. 期刊类型 中国自然科学核心期刊。

6. 发表时间 2002年第17卷，内蒙古土肥学会第七届会员代表大会论文集。

7. 页码 158～160。

8. 刊号 ISSN：1000-7091，CN：13-1101/S。

九、内蒙古东部旱作区降水利用率现状与生产潜力的调查研究

1. 内容摘要 2000年至2002年在内蒙古东部区9个国家级旱作农业示范区旗（市）开展了主要作物降水利用率与生产潜力的调查研究，建立了主要作物降水生产潜力模型，分析讨论了不同作物的降水利用率现状。

2. 编写人员 崔文华，陈永杰，佟艳菊，蒋万波，王新城。

3. 完成单位 呼伦贝尔市农业技术推广服务中心。

4. 期刊名称 《华北农学报》。

5. 期刊类型 中国自然科学核心期刊。

6. 发表时间 2002年第17卷，内蒙古土肥学会第七届会员代表大会论文集。

7. 页码 161～164。

8. 刊号 ISSN：1000-7091，CN：13-1101/S。

十、钾肥施用量对旱作春小麦产量及相关性状影响的试验初报

1. 内容摘要 试验表明，在高寒地区牙克石市的春小麦栽培中，合理施用钾肥，具有明显的增

产作用。随着钾肥施用量的不同，增产量为200～750kg/hm^2，增幅为0.5%～17.5%，且随着施用量的增加，增幅递减，直至造成减产。钾肥的增产作用可能来自籽粒重量的增加和有效分蘖的增加。当地旱作春小麦钾肥的适宜施用量为38～75kg/hm^2。

2. 编写人员 辛亚军，孙福岭。

3. 完成单位 牙克石市农业技术推广中心。

4. 期刊名称 《华北农学报》。

5. 期刊类型 中国自然科学核心期刊。

6. 发表时间 2002年第17卷，内蒙古土肥学会第七届会员代表大会论文集。

7. 页码 233～236。

8. 刊号 ISSN：1000-7091，CN：13-1101/S。

十一、呼伦贝尔市绿色双低油菜配套技术分析

1. 内容摘要 从抗旱保墒耕作、品种选择、种子处理、适时早播、合理密植、平衡施肥、病虫草害综合防治、适时割晒收获7个方面，简要分析了呼伦贝尔市绿色双低油菜综合配套技术。

2. 编写人员 辛亚军，肇贵超，孙福岭。

3. 完成单位 牙克石市农业技术推广中心。

4. 期刊名称 《华北农学报》。

5. 期刊类型 中国自然科学核心期刊。

6. 发表时间 2003年第18卷，农业理论与实践论文集。

7. 页码 198～201。

8. 刊号 ISSN：1000-7091，CN：13-1101/S。

十二、大豆作物降水利用率与生产潜力的研究

1. 内容摘要 结合《国家旱作农业示范区建设项目》的实施，在内蒙古东部区四盟市的七个示范区旗市开展了该项研究工作。历时三年，调查了1978—2001年的降水和粮食产量资料，并进行了相关分析，建立了大豆作物的降水生产潜力模型。

2. 编写人员 崔文华(1)，辛亚军(2)，王金波(3)，王新城(1)，蒋万波(1)。

3. 完成单位 (1) 呼伦贝尔市农业技术推广服务中心，(2) 牙克石市农业技术推广中心，(3) 阿荣旗农业技术推广中心。

4. 期刊名称 《土壤肥料》。

5. 期刊类型 中文核心期刊。

6. 发表时间 2004年第3期。

7. 页码 34～36。

8. 刊号 ISSN：1673-6257，CN：11-5498/S。

十三、内蒙古东部区主要作物降水利用率与生产潜力研究

1. 内容摘要 2000—2002年在内蒙古东部区四盟市开展了主要作物降水利用率与生产潜力的研究。经过3年的调查研究，建立了大豆、玉米等六大主栽作物的降水生产潜力模型，分析讨论了各地区不同作物降水资源的利用现状。

2. 编写人员 崔文华(1)，辛亚军(2)，佟艳菊(1)，王崇军(3)，张清华(3)，潘双山(3)。

3. 完成单位 (1) 呼伦贝尔市农业技术推广服务中心，(2) 牙克石市农业技术推广中心，(3) 扎兰屯市农业技术推广中心。

4. 期刊名称 《土壤通报》。

5. 期刊类型 中文核心期刊。

6. 发表时间 2004年第35卷第5期。

7. 页码 592～595。

8. 刊号 0564-3945，CN：21-1172/S。

十四、呼伦贝尔市大兴安岭东麓黑土区土壤侵蚀研究

1. 内容摘要 利用卫星遥感资料结合全国耕地地力调查与质量评价项目的实施，在内蒙古呼伦贝尔市大兴安岭东麓低山丘陵黑土区进行了土壤侵蚀现状调查研究，摸清了该地区土壤侵蚀现状。结果表明，该地区国土面积的29.83%、耕地面积的55.94%已经产生了水土流失，年流失表土层总量达916.74万t，已对当地人民的生产生活产生了严重影响。

2. 编写人员 崔文华[(1)]，辛亚军[(2)]，于彩娴[(3)]。

3. 完成单位 （1）呼伦贝尔市农业技术推广服务中心，（2）牙克石市农业技术推广中心，（3）中北大学分校。

4. 期刊名称 《土壤》。

5. 期刊类型 中国科技核心期刊。

6. 发表时间 2005年第37卷第4期。

7. 页码 439～446。

8. 刊号 ISSN：0253-9829，CN：32-1118/P。

十五、呼伦贝尔市岭东黑土区耕地土壤肥力的演化

1. 内容摘要 本研究结合全国耕地地力调查与质量评价项目的实施，利用“3S”技术对呼伦贝尔市岭东黑土区的68.11万hm^2耕地进行了系统调查。根据1980—1982年全国第二次土壤普查927个土壤农化样点，与2002—2003年全国耕地地力调查与质量评价项目的1 007个农化样点的同位对比资料，对该地区土壤的肥力现状进行了系统的分析。结果表明，该地区的耕地土壤肥力退化明显，其中土壤有机质、全氮、碱解氮和速效钾下降幅度较大，20年间分别下降了15.52g/kg、0.813g/kg、27.7mg/kg、64.3mg/kg，下降幅度分别为25.38%、26.3%、12.93%和27.35%。只有土壤速效磷表现明显上升趋势，增长幅度达105.83%，这与多年大量施用磷肥有关，说明人类的生产活动对土壤肥力的变化有重大影响，通过合理有效地补充土壤养分是能够调节土壤养分平衡的。

2. 编写人员 崔文华[(1)]，于彩娴[(2)]，毛国伟[(1)]。

3. 完成单位 （1）呼伦贝尔市农业技术推广服务中心，（2）中北大学分校。

4. 期刊名称 《植物营养与肥料学报》。

5. 期刊类型 中国科技核心期刊。

6. 发表时间 2006年第12卷第1期。

7. 页码 25～31。

8. 刊号 ISSN：1008-505X，CN：11-3996/S。

十六、阿荣旗土壤养分现状及变化趋势

1. 内容摘要 2006年通过对阿荣旗29万hm^2耕地土壤取土化验分析，结果表明：土壤有机质含量平均为47.20g/kg，全氮含量平均为2.36g/kg，有效磷含量平均为23.18mg/kg，速效钾含量平均为163.8mg/kg。与1982年和2002年土壤化验结果相比，有机质、全氮、速效钾含量下降明显，有效磷大幅度上升。

2. 编写人员 谷淑湘[(1)]，李晓东[(1)]，白雪岩[(2)]。

3. 完成单位 （1）阿荣旗农业技术推广中心，（2）阿荣旗兽医工作站。

4. 期刊名称 《华北农学报》。

5. 期刊类型 中国自然科学核心期刊。

6. 发表时间 2007年第22卷（专辑）。

7. 页码　85～87。

8. 刊号　ISSN：1000-7091，CN：13-1101/S。

十七、呼伦贝尔盟岭东地区玉米氮磷钾肥效及施肥技术的研究

1. 内容摘要　本文根据1988—1993年在岭东地区进行的44个玉米氮磷配合试验和14个钾肥用量试验结果，分析了旱地玉米氮磷钾肥效及相关的肥力因子。同时进行了肥力分级，建立了相应的施肥模式和肥力判别函数，提出了合理施肥对策。

2. 编写人员　崔文华，王进方，李崇勃，郭建靖。

3. 完成单位　呼伦贝尔盟土壤肥料工作站。

4. 期刊名称　《黑龙江农业科学》。

5. 期刊类型　省级期刊。

6. 发表时间　1995年第4期。

7. 页码　7～10。

8. 刊号　ISSN：0564-3945，CN：23-1204/S。

十八、不同中微量元素对玉米生理指标和产量的影响

1. 内容摘要　本文通过不同中微量元素组分的对比试验，分析了各种元素对玉米生理代谢指标和产量的影响。试验结果表明：影响玉米生理代谢和产量的微肥组分主要为锌、硼两元素，钼次之，铜、锰、铁三元素的作用不明显。

2. 编写人员　崔文华[(1)]，郝桂娟[(2)]，谷淑湘[(2)]，王金波[(2)]。

3. 完成单位　（1）呼伦贝尔盟土壤肥料工作站，（2）阿荣旗农业技术推广中心。

4. 期刊名称　《黑龙江农业科学》。

5. 期刊类型　省级期刊。

6. 发表时间　1998年第4期。

7. 页码　13～17。

8. 刊号　ISSN：0564-3945，CN：23-1204/S。

十九、呼伦贝尔盟岭西地区机械化农场小麦氮磷钾平衡施肥技术研究与应用

1. 内容摘要　根据1991—1994年在岭西地区进行的133个氮、磷、钾肥料小麦试验结果，建立了小麦作物的氮、磷、钾平衡施肥模式，并在生产上进行了大面积推广应用，对提高肥料效应和小麦产量发挥了重要作用。

2. 编写人员　崔文华[(1)]，王贵财[(2)]，靳同权[(2)]，吴春海[(2)]，宋玉珊[(2)]，李东明[(3)]。

3. 完成单位　（1）呼伦贝尔盟土壤肥料工作站，（2）牙克石市牧原镇农业服务站，（3）呼伦贝尔盟农科所。

4. 期刊名称　《黑龙江农业科学》。

5. 期刊类型　省级期刊。

6. 发表时间　1999年第4期。

7. 页码　20～23。

8. 刊号　ISSN：0564-3945，CN：23-1204/S。

二十、阿荣旗化肥利用率现状及提高化肥利用率的技术措施

1. 内容摘要　随着农业生产水平的逐步提高，增施化肥已成为我旗提高粮食产量的重要措施。阿荣旗自1976年开始施用化肥以来，全旗化肥施用量由300t增加到24 200t，施肥水平由5kg/667m^2增加到8～10kg/667m^2，肥料品种由尿素、磷酸二铵两个品种增加到磷酸二铵、尿素、硫酸钾、氯化钾、液体肥、生物肥、复合肥等多个品种，粮食亩产也由105.2kg增加到148.3kg。这里化

肥起着至关重要的作用。面对中国即将加入 WTO，我国农业将面临世界农业的冲击。因此，增加农业科技含量，科学施肥提高作物品质，降低生产成本是摆在科技工作者面前的重要任务。

2. 编写人员 谷淑湘，张淑芳，韩同庆，李晓东，王敏华。

3. 完成单位 阿荣旗农业技术推广中心。

4. 期刊名称 《内蒙古农业科技》。

5. 期刊类型 省级期刊。

6. 发表时间 2001 年，土壤肥料专辑。

7. 页码 46。

8. 刊号 ISSN：2096-1197，CN：15-1375/S。

二十一、内蒙古东部区水资源开发利用现状与潜力分析

1. 内容摘要 内蒙古东部区是水资源比较丰富的地区，4 盟市水资源总量占全区总量的 80%以上；随着农业生产的不断发展，丰富的水资源逐步得以开发利用，对发展旱作节水农业做出了重要贡献。

2. 编写人员 崔文华，林宝奇，陈文贺。

3. 完成单位 呼伦贝尔市农业技术推广服务中心。

4. 期刊名称 《内蒙古农业科技》。

5. 期刊类型 省级期刊。

6. 发表时间 2003 年第 2 期。

7. 页码 9～10。

8. 刊号 ISSN：2096-1197，CN：15-1375/S。

二十二、大豆连作土壤肥力变化与有害生物发生的关系

1. 内容摘要 1995—2003 年采用定点定期采样系统调查与室内测定相结合的方法，针对连作大豆土壤营养含量、病虫基数与植株体营养，生物学性状、病虫草发生及产量品质的关系进行了研究，并对各相关性状间的关系进行了系统的统计分析，建立了数学模型，对指导大豆的高产优质栽培具有重要的意义。

2. 编写人员 陈申宽(1)，黄复民(2)，郭桂清(2)，张清华(2)，郑海春(3)，卢亚东(4)，崔文华(4)。

3. 完成单位 （1）扎兰屯农牧学校，（2）扎兰屯市农业技术推广中心，（3）内蒙古土壤肥料工作站，（4）呼伦贝尔市农业技术推广服务中心。

4. 期刊名称 中国农学通报。

5. 期刊类型 国家级期刊。

6. 发表时间 2006 年第 22 卷第 7 期。

7. 页码 373～376。

8. 刊号 ISSN：1000-6850，CN：11-1984/S。

二十三、大兴安岭岭东黑土区农业生态环境与土地生产力的演化

1. 内容摘要 通过 2002—2004 年在呼伦贝尔市岭东地区实施的国家耕地地力调查与质量评价项目，进行了农业生态环境、土地的生产水平等项目的调查研究。结果表明：该地区的植被破坏严重，气候变劣，环境恶化，导致了土地生产力水平下降。

2. 编写人员 林艳玲(1)，崔文华(2)。

3. 完成单位 （1）呼伦贝尔市林木病防站，（2）呼伦贝尔市农业技术推广服务中心。

4. 期刊名称 《内蒙古农业科技》。

5. 期刊类型 省级期刊。

6. 发表时间 2006 年第 2 期。

7. 页码 51～54。

8. 刊号 ISSN：2096-1197，CN：15-1375/S。

二十四、阿荣旗耕地质量状况及改良利用措施

1. 内容摘要 耕地作为一种资源，是人们获取粮食及其他农产品不可代替的生产资料。随着耕地数量的不断减少。质量的高低及其改良利用则显得更为重要。2002 年，阿荣旗作为国家农业部耕地地力调查与质量评价项目试点旗县，对全旗耕地质量进行了全面的调查，分等定级，针对不同区域耕地提出改良利用措施，对调整产业结构、提高农业生产效益、增加农民收入、保持农业的可持续发展都具有重要意义。

2. 编写人员 谷淑湘，王建明，李明琴，刘凤梅，魏鲜竹，王晓辉。

3. 完成单位 阿荣旗农业技术推广中心。

4. 期刊名称 《内蒙古农业科技》。

5. 期刊类型 省级期刊。

6. 发表时间 2006 年第 4 期。

7. 页码 75～77。

8. 刊号 ISSN：2096-1197，CN：15-1375/S。

二十五、内蒙古东部地区玉米降水利用率与生产潜力的研究

1. 内容摘要 2000—2004 年在内蒙古东部呼伦贝尔等 4 个盟（市）进行了玉米降水利用率与生产潜力的专题调研。经过 4 年的调查研究，建立了玉米降水生产潜力模型，分析讨论了各地区 7 个示范旗县降水资源的利用现状。

2. 编写人员 窦杰凤，蒋万波，崔文华。

3. 完成单位 呼伦贝尔市农业技术推广服务中心。

4. 期刊名称 《内蒙古农业科技》。

5. 期刊类型 省级期刊。

6. 发表时间 2006 年第 5 期。

7. 页码 34～35，56。

8. 刊号 ISSN：2096-1197，CN：15-1375/S。

二十六、阿荣旗耕地水土流失现状及治理对策

1. 内容摘要 阿荣旗地处大兴安岭东南麓，地形地貌以中低山、丘陵漫岗为主，大面积耕地分布在丘陵漫岗的坡地上。全旗现有大于 3°的坡耕地 14.18 万 hm^2，占总耕地面积的 45.4%，加之降水量较大且集中的气候特点和人为活动的影响，特别是 20 世纪 80 年代以后，中低山、丘陵漫岗中上部的坡地大面积开垦为耕地，造成境内水土流失严重。

2. 编写人员 谷淑湘，王建明，李运，李明琴。

3. 完成单位 阿荣旗农业技术推广中心。

4. 期刊名称 《内蒙古农业科技》。

5. 期刊类型 省级期刊。

6. 发表时间 2006 年第 5 期。

7. 页码 64～65。

8. 刊号 ISSN：2096-1197，CN：15-1375/S。

二十七、对扎兰屯市种植业布局的建议

1. 内容摘要 分析扎兰屯市种植业生产现状与存在问题，根据种植业结构调整的原则和依据、提出全市种植业的科学布局。

2. 编写人员 张清华，史琢，于先泉，王崇军。

3. 完成单位 扎兰屯市农业技术推广中心。

4. 期刊名称 《内蒙古农业科技》。

5. 期刊类型 省级期刊。

6. 发表时间 2008 年第 7 期。

7. 页码 55～57。

8. 刊号 ISSN：2096-1197，CN：15-1375/S。

二十八、扎兰屯市耕地质量现状与改良措施

1. 内容摘要 针对扎兰屯市耕地质量存在物理性状变差、土壤肥力降低等问题，文章分析了造成这些问题的原因，进而提出改良措施。

2. 编写人员 张清华，史琢，韩翠萍，王崇军。

3. 完成单位 扎兰屯市农业技术推广中心。

4. 期刊名称 《内蒙古农业科技》。

5. 期刊类型 省级期刊。

6. 发表时间 2009 年第 4 期。

7. 页码 89～90。

8. 刊号 ISSN：2096-1197，CN：15-1375/S。

二十九、内蒙古东部区小麦作物降水利用率与生产潜力研究

1. 内容摘要 2002—2006 年在内蒙古东部呼伦贝尔等四盟市进行了小麦降水利用率与生产潜力的专题调研。经过 6 年的调查研究，建立了小麦作物的降水生产潜力模型，分析讨论了各地区 7 个示范旗县降水资源的利用现状。

2. 编写人员 王璐，窦杰凤，崔文华。

3. 完成单位 呼伦贝尔市农业技术推广服务中心。

4. 期刊名称 《内蒙古农业科技》。

5. 期刊类型 省级期刊。

6. 发表时间 2010 年第 4 期。

7. 页码 34～35，37。

8. 刊号 ISSN：2096-1197，CN：15-1375/S。

三十、阿荣旗耕地地力评价与测土配方施肥技术应用

1. 内容摘要 利用测土配方施肥调查数据，开展耕地地力评价是测土配方施肥补贴项目的一项重要内容，通过耕地地力评价，对耕地地力进行分等定级，分析各等级耕地的分布、面积、生产潜力、主要障碍因素、利用方向、改良措施，为推进农业结构调整、开展测土配方施肥、发展无公害农业、加强耕地质量保护与建设、改良利用土壤和促进生态建设提供重要科学依据。

2. 编写人员 李晓东，王宇，王刚。

3. 完成单位 阿荣旗农业技术推广中心。

4. 期刊名称 《内蒙古农业科技》。

5. 期刊类型 省级期刊。

6. 发表时间 2012 年第 4 期。

7. 页码 58～59。

8. 刊号 ISSN：2096-1197，CN：15-1375/S。

三十一、提升阿荣旗耕地地力的技术措施

1. 内容摘要 加强对耕地质量的保护和对耕地土壤的培肥改良，坚持用地养地相结合，做到养分的投入和消耗平衡，是促进农业可持续发展必由之路。通过大力推广增施有机肥、秸秆还田综合利

用技术、测土配方施肥技术、高效节水农业技术等措施，改良土壤、培肥地力，全面提升耕地质量。

2. 编写人员 李晓东。

3. 完成单位 阿荣旗农业技术推广中心。

4. 期刊名称 《内蒙古农业科技》。

5. 期刊类型 省级期刊。

6. 发表时间 2013 年第 1 期。

7. 页码 73。

8. 刊号 ISSN：2096-1197，CN：15-1375/S。

三十二、鄂温克族自治旗耕层土壤有效硫含量及分布特征研究

1. 内容摘要 2009—2011 年，鄂温克族自治旗实施国家测土配方施肥项目，采集了 4 个乡镇 6 种主要土壤类型的 1 676 个耕层土壤样品，测试分析了土壤有效硫含量。结果表明：该旗耕层土壤有效硫平均含量为 13.1mg/kg，属于中等水平。锡尼河镇与辉苏木土壤有效硫含量缺乏面积较大。沼泽土有效硫含量最高，风沙土最低。农业生产中，在施用含氮、磷、钾配方肥的基础上，应该有针对性地配合施用硫肥。

2. 编写人员 窦杰凤，王璐。

3. 完成单位 呼伦贝尔市农业技术推广服务中心。

4. 期刊名称 《内蒙古农业科技》。

5. 期刊类型 省级期刊。

6. 发表时间 2014 年第 1 期。

7. 页码 61～62，67。

8. 刊号 ISSN：2096-1197，CN：15-1375/S。

三十三、新巴尔虎左旗耕层土壤养分现状分析

1. 内容摘要 对新巴尔虎左旗 2009—2011 年测土配方施肥项目化验的 1 133 个土壤样品进行统计分析，结果表明：新巴尔虎左旗耕层土壤呈微酸性，有机质、全氮、速效钾含量中等，碱解氮、有效磷缺乏。在农业生产中，应增施有机肥，实行秸秆还田，推广配方施肥技术。

2. 编写人员 王璐，窦杰凤。

3. 完成单位 呼伦贝尔市农业技术推广服务中心。

4. 期刊名称 《内蒙古农业科技》。

5. 期刊类型 省级期刊。

6. 发表时间 2014 年第 1 期。

7. 页码 59～60，73。

8. 刊号 ISSN：2096-1197，CN：15-1375/S。

三十四、陈巴尔虎旗黑土区小麦施肥指标体系的建立

1. 内容摘要 小麦是陈巴尔虎旗的主栽作物之一，2009—2011 年完成了 11 个小麦“3414”肥料田间试验。通过对试验数据的统计分析，建立了高寒黑土区小麦的施肥指标体系，并计算了主要的施肥参数，用以指导农业生产。主要结果：小麦氮肥推荐亩施肥范围 2.18～4.82kg，磷肥推荐亩施肥范围 3.09～5.60kg，钾肥推荐亩施肥范围 2.95～4.26kg。

2. 编写人员 张连云，王璐，窦杰凤。

3. 完成单位 呼伦贝尔市农业技术推广服务中心。

4. 期刊名称 《内蒙古农业科技》。

5. 期刊类型 省级期刊。

6. 发表时间 2014 年第 1 期。

7. 页码 56～58。

8. 刊号 ISSN：2096-1197，CN：15-1375/S。

三十五、玉米施用"抗腐威"配方施肥免追肥效果研究

1. 内容摘要 抗腐威配方施肥作玉米基肥一次性施入免追肥，有效解决玉米大喇叭口期因雨追不上肥或追肥质量不高而影响产量，又减少追肥生产成本 150 元/hm^2，一举双赢；促玉米早熟 2d 左右，对于早霜冻年份，有效提高玉米质量；两年较常规配方施肥平均增产 10%，平均增收 1 443.70 元/hm^2，增产增收效果显著。

2. 编写人员 高振福(1)，于荣莉(2)，蒋万波(3)，孙泽清(4)，谭志广(5)，王崇军(6)。

3. 完成单位 （1）呼伦贝尔市农牧业局，（2）阿荣旗国营格尼河农场，（3）呼伦贝尔市农业技术推广服务中心，（4）阿荣旗国营那吉屯农场，（5）莫力达瓦达斡尔族自治旗农业技术推广中心，（6）扎兰屯市农业技术推广中心。

4. 期刊名称 《大麦与谷类科学》。

5. 期刊类型 省级期刊。

6. 发表时间 2014 年第 1 期。

7. 页码 33～35。

8. 刊号 ISSN：1673-6486，CN：32-1769/S。

三十六、扎兰屯市耕地土壤养分状况及施肥建议

1. 内容摘要 为促进农业结构的调整，带动农民科学施肥，扎兰屯市通过测土配方施肥项目真正掌握了该地区耕地的基础生产能力，为科学施肥提供有力依据。该文从有机质、大量元素、中微量元素的变化情况、分布状况以及存在问题和农户施肥情况，提出增施有机肥，培肥地力、科学施用中微量元素、推广测土配方施肥等施肥建议。

2. 编写人员 史琢，刘家东，王崇军。

3. 完成单位 扎兰屯市农业技术推广中心。

4. 期刊名称 《内蒙古农业科技》。

5. 期刊类型 省级期刊。

6. 发表时间 2014 年第 4 期。

7. 页码 40～41，54。

8. 刊号 ISSN：2096-1197，CN：15-1375/S。

三十七、马铃薯施用氮肥效果的研究

1. 内容摘要 在马铃薯生产中，当施用磷、钾肥数量确定的前提下，增施氮肥对产量增加效果极显著。当在 $N_2P_2K_2$ 均衡施肥的情况下，增产效果最佳，比不施肥亩增产 583kg，提高了 40.53%，亩效益最好，为 428.41 元。当施肥在 P_2K_2 的水平下，每增加 1 个水平的氮，亩产可平均提高 228.2kg，增加 2 个水平的氮，亩产可提高 451.2kg，提高 3 个水平的氮，由于氮素过量，产量反而下降。可见增施氮肥对马铃薯增产效果极其显著。

2. 编写人员 刘全贵(1)，张国峰(2)，杜长玉(3)。

3. 完成单位 （1）海拉尔区农业技术推广中心，（2）呼伦贝尔市农业广播电视学校，（3）扎兰屯农牧学校。

4. 期刊名称 《内蒙古农业科技》。

5. 期刊类型 省级期刊。

6. 发表时间 2014 年第 5 期。

7. 页码 34～35。

8. 刊号 ISSN：2096-1197，CN：15-1375/S。

三十八、扎兰屯市耕地地力评价与种植业布局

1. 内容摘要 内蒙古自治区扎兰屯市于2007年实施测土配方施肥项目，开展了耕地地力调查与质量评价工作，明确了耕地地力和耕地环境质量状况，摸清了种植业结构中存在的问题。以此为依据，进一步调整种植业结构，合理利用耕地资源，充分发挥区域资源优势，提高经济效益，增加农民收入，同时注重加强生态环境保护，实现社会、生态、经济效益的同步增长。

2. 编写人员 史琢，王崇军，刘家东。

3. 完成单位 扎兰屯市农业技术推广中心。

4. 期刊名称 《中国农技推广》。

5. 期刊类型 国家级期刊。

6. 发表时间 2014年第7期。

7. 页码 39～41。

8. 刊号 ISSN：1002-381X，CN：11-2834/S。

三十九、扎兰屯市坡耕地土壤培肥改良技术措施

1. 内容摘要 根据内蒙古自治区扎兰屯市坡耕地面积对粮食产量的贡献，以及存在的问题和障碍因素，提出改良培肥的技术措施和步骤，达到良好效果。

2. 编写人员 王向兰(1)，李秀华(2)，高冰竹(1)张清华(1)。

3. 完成单位 （1）扎兰屯市农业技术推广中心，（2）阿荣旗向阳峪镇政府。

4. 期刊名称 《基层农技推广》。

5. 期刊类型 省级期刊。

6. 发表时间 2014年第9期。

7. 页码 51～52。

8. 刊号 ISSN：2095-5049，CN：11-9329/S。

四十、扎兰屯市旱作农业现状与发展措施

1. 内容摘要 文章介绍了扎兰屯市地形、地貌、气候条件、水资源状况和耕地类型，旱地占耕地的比例。干旱是影响作物高产的关键因素，目前旱作农业存在的问题，根据存在的问题提出发展旱作农业的措施。

2. 编写人员 王向兰，刘金波，王崇军。

3. 完成单位 扎兰屯市农业技术推广中心。

4. 期刊名称 《现代农业》。

5. 期刊类型 省级期刊。

6. 发表时间 2014年第10期。

7. 页码 74～76。

8. 刊号 ISSN：1008-0708，CN：15-1098/Z。

四十一、海拉尔垦区机械化保护性耕作技术的应用推广

1. 内容摘要 2003年之前，内蒙古海拉尔垦区农业生产一直沿用平翻、重耙等传统耕作方式。传统耕作方式下，土壤板结、风蚀、水蚀、养分流失现象十分严重，随着极端气象的增加，每年约30%的油菜，10%的粮食作物遭受灾害，给垦区农业经济造成了巨大的损失。针对此问题，垦区从改善生态环境和促进农业生产可持续发展角度出发，开展了保护性耕作技术的研究和推广。目前，形成了一套成熟的具有可操作性的集深松整地、免耕播种、病虫草害综合防治、收获留茬、秸秆覆盖等综合性的生产技术模式，并实现了大面积应用与推广。

2. 编写人员 姜英君(1)，张更乾(2)，张建民(3)。

3. 完成单位 (1) 海拉尔农牧场管理局，(2) 海拉尔农牧场管理局拉布大林农场，(3) 内蒙古农牧业科学院。

4. 期刊名称 《内蒙古农业科技》。

5. 期刊类型 省级期刊。

6. 发表时间 2015 年第 2 期。

7. 页码 122～123。

8. 刊号 ISSN：2096-1197，CN：15-1375/S。

四十二、阿荣旗保护黑土地的做法

1. 内容摘要 黑土地是我国极其珍贵的土地资源，也是不可再生的环境资源，在我国乃至世界都具有非常重要的地位，但由于长期超负荷利用，重用轻养，珍贵的黑土地不断退化流失。该文阐述了阿荣旗黑土地的现状及保护黑土地工作的做法及建议。

2. 编写人员 王宇，平翠枝，李晓东，李金龙。

3. 完成单位 阿荣旗农业技术推广中心。

4. 期刊名称 《现代农业》。

5. 期刊类型 省级期刊。

6. 发表时间 2016 年第 4 期。

7. 页码 88～89。

8. 刊号 ISSN：1008-0708，CN：15-1098/Z。

四十三、阿荣旗低山丘陵地区黑土地保护利用技术模式

1. 内容摘要 近年来，阿荣旗以保障国家粮食安全和农业生态安全为目标，探索出一条黑土资源利用率、产出率和生产率持续提升，生态环境明显改善“可复制、可推广、能落地”的黑土地保护利用的现代农业发展之路，为更大范围地开展黑土地保护利用奠定坚实的基础。

2. 编写人员 平翠枝。

3. 完成单位 阿荣旗农业技术推广中心。

4. 期刊名称 《农业与技术》。

5. 期刊类型 省级期刊。

6. 发表时间 2016 年第 22 期。

7. 页码 253。

8. 刊号 ISSN：1671-962X，CN：22-1159/S。

四十四、呼伦贝尔市肥料使用现状及科学施用对策

1. 内容摘要 本文基于呼伦贝尔市土壤养分变化和化肥利用现状，对呼伦贝尔市肥料使用中存在的问题进行了分析，提出了对策建议。

2. 编写人员 王璐[1]，姜英君[2]，窦杰凤[1]，张连云[1]，蒋万波[1]。

3. 完成单位 (1) 呼伦贝尔市农业技术推广服务中心，(2) 内蒙古海拉尔农牧场管理局。

4. 期刊名称 《农业与技术》。

5. 期刊类型 省级期刊。

6. 发表时间 2017 年第 13 期。

7. 页码 26～27，30。

8. 刊号 ISSN：1671-962X，CN：22-1159/S。

大 事 记

1.1977 年 4 月，根据黑龙江省呼伦贝尔盟编制委员会《关于将土地利用科改为土地管理科并成立土地勘测队的批复》(呼编字〔77〕14 号)，成立呼伦贝尔盟土地勘测队。编制为 20 人，土地勘测队的主要任务是进行土地勘测、解决土地纠纷、开荒规划及土地划界利用。

2. 呼伦贝尔盟第二次土壤普查工作是根据国务院 1979 年批转农牧渔业部《关于开展全国第二次土壤普查工作方案》114 号文件精神，从 1980 年开始，经过 8 年的努力奋斗，完成了全盟 13 个旗市土壤普查和盟级汇总任务。基本查清了全盟土壤类型和数量、质量及其分布；摸清了各类土壤在农、牧、林生产利用中的适宜性和限制因素，制定了土壤改良利用措施，为合理利用土壤资源，不断提高土壤生产力提供了科学依据。

3.1985—1991 年，扎兰屯市和阿荣旗开展了氮磷两因素肥料效应函数法配方施肥技术研究。

4.1987 年 9 月，呼伦贝尔盟土地勘测队改建为呼伦贝尔盟土壤肥料工作站，隶属于盟农业处，成为专门从事土壤、肥料和中低产田改造工作的部门。职责是负责土壤资源的调查、区划、研究和探索呼伦贝尔盟土壤资源的改良、利用措施，为合理利用和开发土壤提供科学依据；负责新肥料品种及施肥技术的引进、试验、示范。

5.1987—1988 年，扎兰屯市、阿荣旗和莫力达瓦达斡尔族自治旗进行了硝酸磷肥肥效试验研究项目。

6.1989—1992 年，扎兰屯市、阿荣旗、莫力达瓦达斡尔族自治旗、牙克石市、额尔古纳右旗、鄂温克族自治旗、新巴尔虎左旗、海拉尔农场局和大兴安岭农场局进行了中低产田改良项目。

7.1991—1993 年，岭东的扎兰屯市、阿荣旗、莫力达瓦达斡尔族自治旗和岭西的牙克石市、额尔古纳右旗、海拉尔市等地开展钾肥效应和氮磷钾三因素平衡施肥技术研究。

8.1992—1993 年，扎兰屯市和莫力达瓦达斡尔族自治旗进行了农业部下达的“丰收计划”项目——大豆综合增产技术项目。

9.1996—2006 年，在扎兰屯市、阿荣旗和莫力达瓦达斡尔族自治旗实施旱作农业示范区建设项目。

10.1999 年 11 月，呼伦贝尔盟土壤肥料工作站、呼伦贝尔盟农业技术推广站、呼伦贝尔盟农业多种经营站合并，组建呼伦贝尔盟农业技术推广服务中心。

11.2001 年 10 月 10 日，国务院国函〔2001〕130 号文件“国务院关于同意内蒙古自治区撤销呼伦贝尔盟设立地级呼伦贝尔市的批复”及 10 月 25 日自治区人民政府内政发〔2001〕122 号文件“内蒙古自治区人民政府关于撤销呼伦贝盟设立地级呼伦贝尔市的通知”，呼伦贝盟正式撤盟建市。2002 年，呼伦贝尔盟农业技术推广服务中心更名为呼伦贝尔市农业技术推广服务中心。

12.2002—2005 年，阿荣旗、扎兰屯市、牙克石市和莫力达瓦达斡尔族自治旗完成了耕地地力调查与质量评价试点项目。

13.2005—2008 年，阿荣旗、莫旗、扎兰屯市、鄂伦春自治旗、海拉尔农场管理局、大兴安岭农场管理局实施了标准粮田建设项目。

14.2005—2011 年，阿荣旗、莫力达瓦达斡尔族自治旗、扎兰屯市建立了示范点，进行“水肥”双节技术示范，推广节水、节肥新技术。

15.2005—2015 年，呼伦贝尔市 22 个旗（市、区）及单位承担实施国家测土配方施肥补贴项目。

16.2007—2017 年，阿荣旗、扎兰屯市、牙克石市、额尔古纳市和莫力达瓦达斡尔族自治旗开展实施了农田土壤墒情与旱情监测工作。

17.2008—2009 年，呼伦贝尔市阿荣旗、大兴安岭农场管理局以及莫力达瓦达斡尔族自治旗、海拉尔区和鄂伦春自治旗实施了旱作农业示范基地建设项目。

18. 2009—2013 年，牙克石市、莫力达瓦达斡尔族自治旗、阿荣旗、海拉尔农牧场管理局先后实施了土壤有机质提升补贴项目。

19. 2011—2015 年，呼伦贝尔市农业技术推广服务中心完成了全市耕地地力评价汇总工作，出版了《呼伦贝尔市耕地地力与科学施肥》系列丛书。

20. 2014—2015 年，扎兰屯市、莫力达瓦达斡尔族自治旗、阿荣旗实施了耕地保护与质量提升项目。

21. 2015—2017 年，阿荣旗承担实施了黑土地保护利用试点项目。

参 考 文 献

蔡常被，王凤书，温发钧．1988．稀土在花生大豆生产中的应用［M］．北京：中国农业科技出版社．

常用叶面肥的种类及使用方法［EB/OL］．https：//wenku. baidu. com/view/425c7003cf84b9d528ea7a88. html? from＝search.

褚天铎，杨清，刘新保，等．1993．微量元素肥料的作用与应用［M］．成都：四川科学技术出版社．

康烈年．1992．呼伦贝尔盟土壤［M］．呼和浩特：内蒙古人民出版社．

崔文华．2012．呼伦贝尔市土壤资源数据汇编［M］．北京：中国农业出版社．

崔文华．2012．呼伦贝尔市岭西耕地土壤农化分析数据汇编［M］．北京：中国农业出版社．

崔文华．2012．呼伦贝尔市岭东耕地土壤农化分析数据汇编［M］．北京：中国农业出版社．

崔文华．2013．呼伦贝尔市耕地地力和科学施肥［M］．北京：中国农业出版社．

崔文华．2013．呼伦贝尔市土壤与耕地地力图集［M］．北京：中国地图出版社．

崔文华．2014．呼伦贝尔市土种志［M］．北京：中国农业出版社．

崔文华．2015．呼伦贝尔市牧区耕地［M］．北京：中国农业出版社．

黄和平，周建光，余勇，等．2007．配方肥的生产与应用［J］．现代农业科技（21）：118-119.

解惠光，宁加贲．1988．稀土在小麦水稻生产中的应用［M］．北京：中国农业科技出版社．

李笃仁，黄照愿．1989．实用土壤肥料手册［M］．北京：中国农业科技出版社．

郑海春．2006．“3414”肥料肥效田间试验的实践［M］．呼和浩特：内蒙古人民出版社．

六种类型叶面肥的优缺点普及［EB/OL］．http：//www. 360doc. com/content/15/0421/14/1562789 3 _ 464835015. shtml.

陆欣，谢英荷．2011．土壤肥料学［M］．北京：中国农业大学出版社．

农牧渔业部农业局．1986．微量元素肥料研究与应用［M］．湖北：湖北科学技术出版社．

农业部人事劳动司，农业职业技能培训教材编审委员会．2007．肥料配方师职业技能培训大纲［M］．北京：中国农业出版社．

配方肥施用注意［EB/OL］．https：//wenku. baidu. com/view/5c1116a3d4d8d15abe234e32. html? from＝search.

施元亮，熊炳昆，赖远生．1988．稀土浅说［M］．北京：中国农业科技出版社．

汤锡珂．1989．稀土元素与植物生长［M］．北京：中国农业科技出版社．

叶面肥基础知识［EB/OL］．https：//wenku. baidu. com/view/40f6550c524de518974b7d1f. html.

叶面肥知识大全［EB/OL］．https：//wenku. baidu. com/view/1c11f93e5fbfc77da369b1fd. html? from＝search.

云大 120［EB/OL］．http：//www. docin. com/p-151742015. html.

浙江农业大学．1991．植物营养与肥料［M］．北京：中国农业出版社．

中国农业科学院土肥所．2009．土肥站工作规范标准、制度模式创新建设与测土配方平衡施肥、养分调控技术指导应用手册［M］．北京：中国农业大学出版社．

中国农业科学院土壤肥料研究所．1994．中国肥料［M］．上海：上海科学技术出版社．

周金玲．2012．大豆根瘤菌剂作用功效［J］．科技致富向导（6）：307-307.

图书在版编目（CIP）数据

呼伦贝尔土壤肥料科技/崔文华主编．—北京：
中国农业出版社，2019.6
ISBN 978-7-109-25424-4

Ⅰ.①呼… Ⅱ.①崔… Ⅲ.①土壤肥力－研究－呼伦
贝尔市 Ⅳ.①S158

中国版本图书馆 CIP 数据核字（2019）第 071727 号

中国农业出版社出版
（北京市朝阳区麦子店街 18 号楼）
（邮政编码 100125）
责任编辑　贺志清

中农印务有限公司印刷　　新华书店北京发行所发行
2019 年 6 月第 1 版　　2019 年 6 月北京第 1 次印刷

开本：880mm×1230mm 1/16　　印张：18.25
字数：550 千字
定价：100.00 元